2014—2015

海洋科学

学科发展报告

REPORT ON ADVANCES IN
MARINE SCIENCE

中国科学技术协会　主编
中国海洋学会　编著

中国科学技术出版社
·北　京·

图书在版编目（CIP）数据

2014—2015 海洋科学学科发展报告 / 中国科学技术协会主编；中国海洋学会编著．—北京：中国科学技术出版社，2016.2

（中国科协学科发展研究系列报告）

ISBN 978-7-5046-7065-6

Ⅰ. ① 2… Ⅱ. ①中… ②中… Ⅲ. ①海洋学—学科发展—研究报告—中国—2014—2015 Ⅳ. ① P7-12

中国版本图书馆 CIP 数据核字（2016）第 025912 号

策划编辑	吕建华 许 慧
责任编辑	赵 晖 左常辰
装帧设计	中文天地
责任校对	杨京华
责任印制	张建农

出 版	中国科学技术出版社
发 行	科学普及出版社发行部
地 址	北京市海淀区中关村南大街16号
邮 编	100081
发行电话	010-62103130
传 真	010-62179148
网 址	http://www.cspbooks.com.cn

开 本	787mm×1092mm 1/16
字 数	420千字
印 张	19.75
版 次	2016年4月第1版
印 次	2016年4月第1次印刷
印 刷	北京盛通印刷股份有限公司
书 号	ISBN 978-7-5046-7065-6 / P · 188
定 价	84.00元

首席科学家 袁业立 侯保荣

顾问专家组

组 长 潘德炉 张 偲

成 员 （按姓氏笔画排序）

丁平兴 于宜法 于洪军 王 颖 王清印

孙 松 孙湘平 李培英 杨惠根 张海生

吴立新 何起祥 徐鸿儒 余兴光 高 抒

焦念志 温 泉 翦知湣

项目负责人 雷 波

编 写 组

组 长 徐承德 王文海

成 员 （按姓氏笔画排序）

卜文瑞 于广利 马秀敏 马绍赛 马德毅

王 祎 王 静 王长云 王其茂 王岩峰

石学法 叶 俊 乔方利 朱 凌 刘淑静

李 彦 李永祺 李希红 张 镭 张雨山

›››› 序

党的十八届五中全会提出要发挥科技创新在全面创新中的引领作用，推动战略前沿领域创新突破，为经济社会发展提供持久动力。国家“十三五”规划也对科技创新进行了战略部署。

要在科技创新中赢得先机，明确科技发展的重点领域和方向，培育具有竞争新优势的战略支点和突破口十分重要。从 2006 年开始，中国科协所属全国学会发挥自身优势，聚集全国高质量学术资源和优秀人才队伍，持续开展学科发展研究，通过对相关学科在发展态势、学术影响、代表性成果、国际合作、人才队伍建设等方面的最新进展的梳理和分析以及与国外相关学科的比较，总结学科研究热点与重要进展，提出各学科领域的发展趋势和发展策略，引导学科结构优化调整，推动完善学科布局，促进学科交叉融合和均衡发展。至 2013 年，共有 104 个全国学会开展了 186 项学科发展研究，编辑出版系列学科发展报告 186 卷，先后有 1.8 万名专家学者参与了学科发展研讨，有 7000 余位专家执笔撰写学科发展报告。学科发展研究逐步得到国内外科学界的广泛关注，得到国家有关决策部门的高度重视，为国家超前规划科技创新战略布局、抢占科技发展制高点提供了重要参考。

2014 年，中国科协组织 33 个全国学会，分别就其相关学科或领域的发展状况进行系统研究，编写了 33 卷学科发展报告（2014—2015）以及 1 卷学科发展报告综合卷。从本次出版的学科发展报告可以看出，近几年来，我国在基础研究、应用研究和交叉学科研究方面取得了突出性的科研成果，国家科研投入不断增加，科研队伍不断优化和成长，学科结构正在逐步改善，学科的国际合作与交流加强，科技实力和水平不断提升。同时本次学科发展报告也揭示出我国学科发展存在一些问题，包括基础研究薄弱，缺乏重大原创性科研成果；公众理解科学程度不够，给科学决策和学科建设带来负面影响；科研成果转化存在体制机制障碍，创新资源配置碎片化和效率不高；学科制度的设计不能很好地满足学科多样性发展的需求；等等。急切需要从人才、经费、制度、平台、机制等多方面采取措施加以改善，以推动学科建设和科学研究的持续发展。

中国科协所属全国学会是我国科技团体的中坚力量，学科类别齐全，学术资源丰富，汇聚了跨学科、跨行业、跨地域的高层次科技人才。近年来，中国科协通过组织全国学会开展学科发展研究，逐步形成了相对稳定的研究、编撰和服务管理团队，具有开展学科发展研究的组织和人才优势。2014—2015 学科发展研究报告凝聚着 1200 多位专家学者的心血。在这里我衷心感谢各有关学会的大力支持，衷心感谢各学科专家的积极参与，衷心感谢付出辛勤劳动的全体人员！同时希望中国科协及其所属全国学会紧紧围绕科技创新要求和国家经济社会发展需要，坚持不懈地开展学科研究，继续提高学科发展报告的质量，建立起我国学科发展研究的支撑体系，出成果、出思想、出人才，为我国科技创新夯实基础。

2016 年 3 月

›››› 前言

在中国科协的高度重视与支持下，中国海洋学会承担了《2014—2015 海洋科学学科发展报告》的编写工作。这是中国海洋学会继 2008 年组织编写《2007—2008 海洋科学学科发展报告》后，时隔 6 年再次承担海洋学科发展报告的编写工作。过去的 6 年里，中国经济社会发展发生了深刻变化。在党和国家的正确领导下，广大海洋工作者不懈奋斗、锐意进取，我国海洋事业进入跨越发展的历史新时期，海洋经济在国民经济中的占比不断加大、海洋综合管理和防灾减灾能力不断提高、海洋国际合作和权益维护力度不断加强，海洋科技创新更是在党的"十八大"报告中关于建设海洋强国战略和创新驱动发展战略的指引下，发展日新月异，成就斐然，无论是海洋综合调查、基础研究、技术开发、成果转化，还是支撑海洋科技发展的基础条件平台和人才培养等都取得了显著进步，新认识、新技术、新装备不断涌现。一批重大科技成果如西太平洋物理海洋学研究、海洋微型生物碳泵、海洋特征寡糖的制备技术、海浪—潮流—环流耦合模式、"蛟龙号"载人潜水器、"海洋石油 981"钻井平台、天然气水合物勘探、国际海底矿区选划、南北极科学考察、近海海洋综合调查与评价等不仅有力支撑了我国海洋事业的健康发展、科学发展，更在世界科技舞台上充分展现了我国海洋科技工作者勇于创新、敢于拼搏的豪迈精神风貌。因此，认真梳理和客观总结过去 6 年，特别是近两年我国海洋科技发展取得的成绩、遇到的瓶颈和面临的挑战，对于进一步推动海洋科技工作围绕大局、服务中心，发挥优势、扬长避短，开拓创新、顺势而为具有十分重要的现实和长远意义。

中国海洋学会为切实完成好海洋学科年度发展报告的编写工作，充分发挥自身专家聚集、学科多元、领域广泛等优势，分期分批组织有关专家学者对当下我国海洋科技的各个领域发展现状进行了系统分析和凝练总结，在此基础上，按照突出重点、兼顾全面的原则，聚焦海洋科技发展的 14 个领域，按照成就进展、形势挑战以及未来发展等内容布局，对 2009—2015 年我国海洋科学技术研究所取得的主要成就、国际海洋科学技术研究现状、我国海洋科技研究与世界先进国家的差距，我国海洋科学技术研究目标与对策等做了系统阐述，形成《2014—2015 海洋科学学科发展报告》。

2015 年是"十二五"规划的收官之年，也是谋划"十三五"规划的关键之年，我们相信，中国科协在此期间组织出版海洋科学等学科年度发展报告对于推进相关学科领域未来 5 年的发展具有重要的借鉴和参考作用。由于作者水平所限，加之时间仓促、资料收集不足等原因，在报告编写内容上可能存有疏漏，在论述上存有偏颇，文字、数据亦有可能出现差错，敬请读者谅解和指正。

中国海洋学会

2015 年 10 月

›››› 目录

综合报告

专题报告

ABSTRACTS IN ENGLISH

综合报告

海洋科学近年研究进展与发展趋势

一、引言

（一）海洋科学的重要地位

海洋占地球表面积的71%，占地球总水量的97%。海洋不仅具有极为丰富的矿产资源、生物资源和广袤的空间资源，而且与全球变化和人类的生存、发展息息相关。尤其是在人口急剧增长，陆地资源日见匮乏，环境日益恶化的今天，海洋具有更为重要的特殊意义。为了人类的生存和可持续发展，了解海洋、保护海洋、开发海洋、利用海洋、成为当今人类切身相关的课题。开发海洋资源，平衡海洋权益，维护国家海洋利益，成了当代世界政治舞台上最引人关注的问题之一。

海洋与大气圈、岩石圈、生物圈、水圈、人类圈关系异常密切，是地球系统的重要组成部分，因此，海洋科学也是地球系统科学的重要构架之一。

海洋科学是研究海洋的自然现象、变化规律，及其与大气圈、岩石圈、生物圈的相互作用，以及开发、利用、保护海洋等有关的知识体系。

海洋科学是一门综合性大学科，通常把它分为物理海洋学、海洋化学、海洋生物学和海洋地质学四大基础学科。海洋科学从本质上讲是实践性科学，因此还包含海洋调查观测、海洋开发利用等科学技术。

随着社会经济的发展和科技进步，各学科间的交叉渗透与影响也越来越紧密，海洋科学的分工越来越细，从而形成了众多分支学科，如卫星海洋学、环境海洋学、工程海洋学和新兴学科，如海洋环境生态学等。

由于开发海洋资源，平衡海洋权益，维护国家海洋利益，已成为当代世界政治外交和经济领域中最引人关注的问题之一。海洋科学和社会科学相互交叉渗透，并由此产生了海洋经济学、海洋文化学、海洋法学、军事海洋学等有关海洋的社会科学。

由此可见，海洋科学不仅是关于海洋及其与周边地球其他系统相互作用过程与机理的自然科学，而且也是开发海洋、利用海洋与保护海洋的技术科学，同时还是关系国计民生的经济科学和国家权益安全的社会科学。海洋科学到目前已经历了两个发展阶段：初期阶段，即初步开展海洋调查、积累资料，将各基础学科（物理学、化学、生物学、地质学）应用于海洋科学，认识解释海洋；深化调查研究阶段，即通过现场观测，发现现象，提出假说，形成理论；现在正处于快速发展阶段，由于观测手段的改进，观测的全球化数据的量和质、时和空都有巨大进步，使海洋研究实现观测与模拟融合发展，多时空尺度定量研究，多学科交叉融合，从而使海洋科学进入快速发展时期，也使构筑大的综合的海洋科学体系成为可能。目前，空天科技、网络科技、海洋科技已成为与国家和民族生死存亡攸关的三大重要科技领域。

为了推动海洋事业的发展和海洋科学技术的进步，2006 年 2 月 9 日国务院颁布了《国家中长期科学技术发展规划纲要（2006—2020）》（简称《纲要》）。该《纲要》把海洋科学和空间科学列为优先发展学科，把海洋科学技术的发展提高到了新的历史高度，成为基础研究中的重要内容。为了落实《纲要》，国家海洋局、科学技术部、国防科学技术工业委员会、国家自然科学基金委员会联合印发了《国家“十一五”海洋科学和技术发展规划纲要》；2007 年 7 月，国家发展和改革委员会发布了《高技术产业发展“十一五”规划》，涉及海洋生物产业、深海资源产业、海水综合利用为重点发展的海洋产业；2008 年，国务院批复了首部《国家海洋事业发展规划纲要》，其中就海洋科技方面的长期发展问题，提出了明确的目标、原则和任务；同年 9 月 25 日，国家海洋局、科学技术部联合颁布了《全国科技兴海规划纲要（2008—2015）》；2011 年 7 月 4 日，科学技术部颁布了《国家“十二五”科学和技术发展规划》；当年，国家海洋局、科学技术部、教育部和国家自然科学基金委员会等部门联合印发了《国家“十二五”海洋科学和技术发展规划纲要》。这些《规划》和《纲要》的出台，大大促进了海洋科学技术的发展。

“十二五”期间，海洋高技术总体发展思路是：挺进深远海、深化近浅海、坚持军民合作，以维护国家海洋战略利益和培育海洋新兴产业为导向，以形成海上技术作业能力为目标，突破一批前沿核心技术，开发重大装备和技术系统，初步形成深海环境观测、运载作业和资源勘探开发的技术能力，为实现海洋技术由沿海向深远海转移、建设海洋强国提供高技术保障。

2012 年 6 月 11 日，时任中共中央总书记的胡锦涛在中国科学院和中国工程院两院院士大会上的讲话指出：“空间海洋和平利用和开发将为可持续发展提供巨大增量资源”。“发展海洋战略高技术，提高我国海洋经济水平，保护海洋航运安全，开发深海资源”“要加强基础研究和原始科学创新，在生命科学、空间海洋、地球科学、纳米科技等领域力争取得原创性突破”。

2012 年 11 月 8 日，中国共产党第十八次代表大会确立了“提高海洋开发能力，发展海洋经济，保护海洋生态环境，坚决维护国家海洋权益，建设海洋强国”的宏伟战略目标。

近年来，习近平总书记多次强调："我国既是陆地大国，也是海洋大国，拥有广泛的海洋战略利益……，我们要着眼于中国特色社会主义事业发展全局，统筹国内国际两个大局，坚持海陆统筹，坚持走依海富国、以海强国、人海和谐、合作共赢的发展道路，通过和平、发展、共赢的方式，扎实推进海洋强国建设。""要提高海洋开发能力，扩大海洋开发领域，让海洋经济成为新的增长点。要加强海洋产业规划和指导，优化海洋产业结构，提高海洋经济增长质量，培育壮大海洋战略性新兴产业，提高海洋产业对经济增长的贡献率，努力使海洋产业成为国民经济的支柱产业。"

2013 年 10 月，习近平总书记在印度尼西亚国会讲演时提出了"共同建设二十一世纪海上丝绸之路"经济带的战略构想，为我国海洋事业的发展提出了新的要求。

经过近几年的努力，我国在海洋科学研究、高技术创新方面取得了重要进展。

（二）本报告的定位和主要内容

本报告是继《2007—2008 海洋科学学科发展报告》之后的又一份跨年度的学科发展报告。因 2008 年之后未再续编《海洋科学学科发展报告》，故本报告是跨越 2009—2015 年的海洋科学学科发展报告，主要展示"十二五"期间海洋科学出现的新观点、新理论、新方法、新技术和新成果及其在我国国民经济发展、海洋权益维护、海洋管理等方面发挥的作用，分析国内外海洋学科发展水平、战略需求、研究方向，提出我国海洋科学和技术发展战略与对策。

海洋科学既是一门综合性学科，又是一门实践性很强的学科。因此，本报告主要从海洋科研平台建设、海洋和极地考察、海洋科学研究、海洋技术创新等方面综述"十二五"期间海洋科学各学科的主要进展。

二、我国海洋科学的最新研究进展

我国的海洋科学调查、考察和科学研究都是在"开发海洋、建设海洋强国"战略指引下，在我国海洋科学发展中长期规划、计划和国家社会经济发展、海洋权益维护、国防建设需求推动下以及国家有关部门支持下进行的。近几年来，特别是 2012 年以来，我国海洋科学得到了长足发展，取得了众多的调查研究成果，提高了海洋科技水平，增强了海洋技术装备的自主研发、设计、制造能力，受到了国内外广泛关注和高度评价，同时促进了海洋经济的发展。

据统计，海洋生产总值已占全国 GDP 的近 10%，海洋经济已成为我国经济增长的亮点和驱动力。数据显示，2009—2014 年我国海洋经济年增速（现价）达 12.4%。我国海洋经济的快速发展与我国海洋科学技术整体实力稳步提升关系甚为密切，从而增强了海洋产业创新能力、优化了产业结构、提高了海洋科技成果的转化能力，最终促进了海洋经济持续健康发展。据统计，海洋科学技术对海洋经济的贡献率达 60%。

（一）我国海洋科研平台建设和科研概况

1. 科研平台建设

（1）海洋调查船队

调查船是取得海洋科学研究第一手资料的重要运载工具和工作平台之一。2012 年之前，我国海洋调查船数量少，又分散在各个部门，虽有数千吨甚至上万吨级船只，但在科研用船时难以统一安排、部署，致使有些科研工作很难开展。为适应我国海洋战略利益拓展的需要，提高海洋调查、科研、开发、控制和综合管理能力，维护国家海洋权益，参与国际海洋事业的竞争，在国家发展和改革委员会的建议与协调下，国家海洋局联合教育部、科学技术部、财政部、中国科学院、国家自然科学基金委员会等部委，于 2012 年 4 月 18 日组建了国家海洋调查船队。船队成立之后，调查船的调查设备有了极大的改进，如各类测深仪、侧扫声纳、深潜器、各类传感器、取样、摄像等大批设备上船，船队调查能力大幅度提高。船队初建时，有调查船 19 艘，现有 34 艘。船队作为调查资源有效共享平台，在支持我国海洋调查事业发展方面，发挥了越来越重要的作用。船队由国家有关部门、科研院所、高等院校以及企业等具备相应海洋调查能力的科研调查船组成，主要承担国家基础性、综合性和专项等调查任务，以及国家重大研究项目、国际重大海洋科学合作项目和政府间海洋合作项目涉及相关的调查任务。

国家船队自成立以来，通过统筹协调，充分挖掘调查船队潜力，仅 2013 年就为远洋调查船协调安排了 300 余天的国家多项海洋调查任务。为国家海洋局、科学技术部、教育部和中国科学院等 30 多个部门（单位）提供了海洋调查船服务。完成了国家海洋专项调查、公益性项目、“863”计划、“973”计划、自然科学基金共享航次、载人深潜试验等 200 余项海洋调查任务。

（2）重点实验室建设

目前，已有国家级海洋实验室 1 所，国家级重点实验室 15 所（附录 3-2）。另有省部级重点实验室 86 所、中央与地方合办的实验室数所，如由外交部、国家海洋局与南京大学共建的“中国南海研究协同创新中心”等。还有非涉海国家重点实验也进入海洋，如西北大学的“大陆动力学国家重点实验室”。

2006 年申报筹建、2013 年 12 月正式获科学技术部批复、2014 年 12 月正式挂牌的青岛海洋科学与技术国家实验室于 2015 年 6 月开始正式运行。其依托单位是中央驻青的院校和科研院所。由中国海洋大学牵头、中国科学院海洋研究所、国家海洋局第一海洋研究所、农业部黄海水产研究所和国土资源部青岛海洋地质研究所共建。青岛海洋国家实验室将成为国家海洋科学创新体系的核心力量，是建立和发展中国完整海洋科学体系主力军，担负着海洋知识创新、海洋技术创新的主要职责，保障我国海洋科学的可持续发展。

（3）海洋样品馆（库）的建设

海洋科学研究的重要基础之一是来自海洋的样品——水样、生物样品、地质样品。因此，海洋样品馆（库）的建设及其水平，就直接体现了国家的海洋科学实力和自主创新能力。海洋样品馆（库），主要用于各类海洋样品的收集、整理、保存和利用馆藏样品。

我国海洋样品馆（库）的建设最早始于1931年1月开始建设的青岛水族馆。20世纪80年代之后建设的主要海洋生物标本馆有中国科学院海洋生物标本馆、中国科学院南海海洋生物标本馆，国家海洋局依托第三海洋研究所建立的“908专项”海洋生物样品库等。同时沿海各省市和相关高等院校也相继建立了海洋生物标本馆（库），如福建省海洋生物标本馆、厦门大学海洋与环境学院海洋生物标本馆、中国海洋大学海洋生物标本馆、广东海洋大学水生生物博物馆、上海海洋大学中国鱼文化博物馆、农业部东海水产研究所生物资源标本馆等。上述的馆（库）是以生物为对象的馆（库）。其主要任务是进行教学、科普教育，其次为科学研究提供素材。这些馆（库）中以中国科学院海洋生物标本馆和中国科学院南海海洋生物标本馆最具代表性。

除上述我国较早建成的具有代表性的海洋生物标本馆（库）外，近年还建成了中国大洋样品馆、海洋微生物菌种资源库和海洋药源生物种质资源库、水产种质基因库。

1）中国大洋样品馆：中国大洋样品馆筹建于2001年（原称中国大洋样品库）。2005年样品馆新楼建成，2007年样品馆内部建设完成，正式投入使用。该馆由样品库、实验室、数据库、展览馆和办公室组成，总面积3000多平方米。样品库包括常温库、4℃样品库和 –20℃样品库组成，保存了我国2001年以来各大洋调查航次所获得的多金属结核、富钴结壳、热液硫化物、海底岩石和沉积物等样品。配套实验室具有先进的样品预处理与分析测试能力，样品管理数据库可以实现样品的网上申请和远程查询，展览馆则主要展示我国“区域”海洋考察活动历程与成果，面向社会开放。

2）海洋微生物菌种资源库：2005年初建设国家微生物资源平台海洋微生物子平台，该平台（菌种资源库）主要负责收集、整理、鉴定、保藏、供应和与国外交流的中国近海、四大洋、南北极以及国际重要通道中微生物菌种资源，整合资源类型是细菌、放线菌、酵母菌、线状真菌等培养物。当年库房仅有86m^2，库容量18000余株，能够保藏液氮冻存，–80℃冻存和冷冻干燥三种长期保藏形式。经过5年多建设，整合了国家海洋局第一海洋研究所等10家单位的相关资源，形成了我国资源量最大、运行最规范的海洋微生物菌种资源平台。到目前已有用房800m^2，规划了专门菌种库、–80℃冻结库、4℃冷藏库、实验室、办公室等。同时，DNA自动提取工作站，微生物资源保藏管理系统等设备陆续到位。到目前为止，菌种资源库已保藏海洋微生物15000余株。这些菌种来自中国近海、深远海、极地等多种生境，包括表层水样、沉积物、红树林土壤、养殖环境、盐场、热液羽流、硫化物、热液烟囱、冰芯、极地冻土、大型生物等。

菌种资源库面向社会各科研单位提供了菌种共享、委托鉴定等开放服务。中心自运行以来，共开展科研服务菌株1万株（次）左右，服务国内外科研院所和大专院校150余个，为国家自然科学基金、“863”课题、“973”课题等国家各类科研计划提供了资源支撑。据不完全统计，2014年中心共为65个单位、71个项目提供了菌种资源支撑，其中包括

“863”计划6项,“973”计划4项、自然科学基金17项、杰出青年基金1项等。

在资源采集与分离鉴定方面，该中心自主分离保藏海洋微生物菌种10900多株，正式公布新发现的种（属）66个。推动了我国海洋微生物资源调查和海洋微生物分类学的发展。

3）海洋药源生物种质资源库：由国家海洋局第三海洋研究所牵头负责实施，旨在使海洋药源生物种质资源的收集、保存和鉴定更加标准化和系统化，使收集到的种质资源得到妥善和安全保存。通过项目实施，建设海洋药源动物库、大型药源海藻库、药源微藻库、核心种质库、基因库、种质创制平台、展示平台、规模化制种技术平台和信息服务系统。2013年已完成海洋药源生物种质资源库的选址工作，并基本完成厂房的装修工作；同时开展了本年度仪器设备的选型和部分设备招标工作和信息平台、数据库的框架设计工作；新增种质资源200多份；完成部分海洋药源生物采集和保存；已制定《海洋药源微藻种质资源描述、保藏规范》《海洋药源微生物种质资源描述、保藏规范》等相关技术规范。

（4）野外海洋观测站网

海洋观测站网是由岸基站、海基站（海面站和海底站）和空基站组成。野外海洋观测站网是获取海洋各种信息和资料不可或缺的手段。没有长期和实时的海洋观测资料，就难以了解海洋环境变化，有效预测海洋灾害，就不可能应对全球变化给我国造成的影响，更不可能保证和促进国民经济的发展。

目前，我国已初步形成涵盖岸基海洋观测系统，离岸海洋观测系统及大洋和极地观测系统的海洋观测网基本框架。

岸基海洋观测系统主要包括岸基海洋站点、河口水文站、海洋气象站、验潮站、岸基雷达岸站等。目前已建设国家基本海洋站（点）120多个，地方基本海洋观测站点数个，其中有75个海洋站在2013年完成升级改造，新建29个长期验潮站，完成海啸预警观测网一期15个宽带地震台建设并实现业务化运行。

离岸海洋观测系统由各种浮（潜）标、调查断面、海上平台、志愿船和卫星组成。我国已建成业务化观测浮（潜）标40余个，主要布设在我国陆架海域；漂流浮标常年保持数十个，主要布设在中远海和大洋；设置海洋标准断面调查站120个，由国家海洋调查船队常年进行调查；在近海海域建有多座海上观测平台，依托数十个海上生产作业平台以及近百艘近海和远洋船舶开展海上志愿观测；已发射3颗海洋卫星，目前在轨2颗，搭载海洋红外、可见光和多种微波传感器，可进行海水温度、水色和海洋动力环境要素等遥感观测。

大洋观测由大洋科学考察站、浮（潜）标、卫星和志愿船等承担，除了完成赋予他们调查观测任务外，同时积极参加全球和区域海洋调查观测计划。

极地观测由极地科学考察船、极地科考站［南极的长城站、中山站、昆仑站（2009年建成），泰山站（2014年2月建成）、北极的黄河站］承担。目前每年进行1次南极考察，每1 ~ 2年进行1次北极考察。

为了适应我国经济发展，维护海洋权益，加强对海洋灾害的预防与预警能力，提高海洋科学技术水平，国家海洋局于2014年12月17日公布了《全国海洋观测网规划（2014—

2020)》，根据规划要求，到 2020 年，建成以国家基本网为骨干，地方基本观测网和其他行业专业观测网为主的海洋综合观测网络，覆盖范围由近岸向近海和中远海拓展，由水面向水下和海底延伸，实现岸基观测、离岸观测、大洋和极地观测的有机结合，初步形成海洋立体观测能力；建立与完善海洋观测网综合保障体系和数据资源共享机制，进一步提升海洋观测网运行管理与服务水平；基本满足海洋防灾减灾、海洋经济发展、海洋综合管理、海洋领域应对气候变化、海洋环境保护和海洋权益维护等方面的需求。

（5）海洋生态野外观测站

除了上述的国家海洋观测站网外，中国科学院海洋研究所于 1981 年建立“胶州湾海洋生态系统国家野外研究站”、中国科学院南海海洋研究所 1984 年建立了“中科院大亚湾海洋生物综合实验站”等野外观测站、农业部 2005 年正式命名的“农业部黄渤海渔业资源环境重点野外科学观测试验站”，这些站是海洋综合研究与技术支撑平台，为国家和区域的一系列科研和应用项目提供了野外试验和科学数据，在我国海洋经济、生态环境、渔业资源等各领域的研究中发挥了重大作用。

2. 科研概况

（1）海洋科技人才的培养

我国的海洋科技人才培养，一般由大学本科教育、研究生教育、国外交流培养、在职研究培养等多方面构成。我国的海洋教育事业在稳步发展。2013 年我国开设涉海专业的学校达 393 个；研究生教育也在发展和提高：涉海专业的硕士点，由 2009 年的 288 个，增加到 2014 年的 322 个，增加了 44 个，同期硕士毕业生增加了 387 人。博士点由 2009 年的 121 个，增加到 2014 年的 140 个，增加了 19 个，博士毕业生增加了 45 人。

（2）海洋科研机构和科技队伍

表 1 给出了 2009 年和 2014 年我国海洋科研机构和人员情况。

表 1　2009 年和 2014 年中国分地区海洋科研机构和人员分布情况

地区	年份	机构数（个）	从事科技活动人员数（人）	从事科技活动人员职称结构（人）		
				高级职称	中级职称	其他
北京	2009	25	10026	4265	3219	2542
	2014	24	14091	6054	4107	1218
天津	2009	15	1860	630	575	655
	2014	14	2772	889	744	417
河北	2009	5	520	181	114	225
	2014	5	547	213	118	29
辽宁	2009	17	1583	577	428	578
	2014	22	2246	698	597	214

续表

地区	年份	机构数（个）	从事科技活动人员数（人）	从事科技活动人员职称结构（人）		
				高级职称	中级职称	其他
上海	2009	15	2906	948	970	988
	2014	15	3866	1264	1347	649
江苏	2009	12	2023	678	475	870
	2014	11	3161	852	522	376
浙江	2009	18	1171	439	401	331
	2014	20	1914	599	527	264
福建	2009	12	939	308	296	335
	2014	14	1156	365	390	222
山东	2009	22	2882	992	809	1081
	2014	21	3922	1218	1324	592
广东	2009	28	2162	795	699	668
	2014	25	3835	1233	1169	501
广西	2009	9	321	58	119	144
	2014	11	1199	190	255	147
海南	2009	3	173	17	26	130
	2014	3	277	56	51	100
其他	2009	5	1322	510	563	249
	2014	4	1553	530	541	162
合计	2009	186	27888	10398	8694	8796
	2014	189	40539	14161	11692	4891

资料来源:《中国海洋统计年鉴》。

由表 1 可以看出，2009—2014 年，我国从事海洋科学研究的机构，由 186 个增加到 189 个。此外，海洋研究事业发达地区，海洋研究机构变化不大或略有减少，如北京、山东、上海、广东等省市；而海洋研究事业欠发达地区，研究机构则有所增加，如辽宁增加 5 处，广西增加 2 处等。

从事海洋科学技术活动的人数近几年有明显增加。如全国从事海洋科学研究的人数由 2009 年的 27888 人，增加到 2014 年的 40539 人，实际增加人数 12651 人，增长了 45.36%；高级职称科研人员增加了 3763 人，增长 36.19%。但各省市区增加人数并不平衡，广东省从事海洋科研人数和高级职称人数增加的最多，分别为 1673 人和 438 人；高级科研人员相对增加最快的是广西壮族自治区（227.6%）和海南省（229.4%）。

上述数据表明我国的海洋科学研究，无论机构和人员数量，还是地域布局上都有了明显的变化。

我国不同行业机构及海洋科研人员数量及分布情况见表 2。

表 2　2009 年和 2014 年分行业海洋科研机构及人员情况

行业	机构数（个）		人员数（人）	
	2009	2014	2009	2014
合计	186	189	34076	40539
海洋基础科学研究	105	104	15961	18441
海洋自然科学	56	62	11573	14121
海洋社会科学	5	3	1087	781
海洋农业科学	40	37	3201	3446
海洋生物医药	4	2	100	93
海洋工程技术研究	68	73	16294	20375
海洋化学工程技术	13	12	5464	6322
海洋生物工程技术	2	2	209	230
海洋交通运输工程技术	16	19	3339	5361
海洋能源开发技术	4	4	2594	3150
海洋环境工程技术	11	14	877	1194
河口水利工程技术	18	18	2934	3319
其他海洋工程技术	4	4	877	799
海洋技术服务业	3	3	691	673
其他海洋专业技术服务	2	2	119	130
海洋工程管理服务	1	1	572	543
海洋信息服务业	10	9	1130	1050
其他海洋信息服务	10	9	1130	1050

资料来源：《中国海洋统计年鉴》。

表 2 表明，我国不同行业的科研机构和科研人员结构有了明显变化。

首先，基础研究和应用研究结构有了变化：海洋基础科学研究机构由 2009 年的 105 个，减少到 2014 年的 104 个；而海洋工程技术研究机构则由 68 个增加到 78 个。科研人员在各类研究机构中都有明显增加，其中基础科学研究人员增加了 2480 人，增加 15.54%；海洋工程技术研究人员增加了 4081 人，增加了 25.05%。在海洋工程技术研究机构中，海洋交通运输工程研究机构增加 3 个，人员增加了 2022 人，增加 60.55%。另外，海洋化学工程技术、海洋能源开发技术的研究人员数量也有明显增加。

海洋科研机构和机构人员的变化，适应了我国海洋经济发展的需求，从而使海洋科学研究对我国海洋经济发展做出了应有的贡献。

在海洋科学技术研究机构不断扩大，科研人员不断增加的同时，海洋学科的创新队伍也在不断扩大和充实（附录 3–1），并在我国海洋科学技术研究创新中发挥重要作用。

（3）海洋科学研究基本情况

2009—2015 年，我国海洋科学技术工作围绕相关部门制定的海洋科学技术发展规划，结合海洋管理、海洋权益维护和国防建设的需要，大力推进科技兴海工作、全面执行各项重点科技任务、不断完善海洋科技创新体系，进一步增强了海洋科技创新和成果转化能力，为发展海洋产业、支撑海洋管理、促进海洋经济发展，维护国家海洋主权与权益做出了显著的成就。

我国政府围绕海洋经济发展，海洋主权权益、海洋管理以及当代海洋科技水平，从不同的角度给海洋科学与技术研究和创新给予支持，使我国海洋科学技术在不长的时间内取得了重大进展。

2009—2014 年我国海洋科学技术研究基本情况可从两个方面来说明。

首先看海洋科学研究课题和论著发表情况（表 3）。从课题总数看，2014 年课题总数增加了 5102 个，较 2009 年增长 40.49%。其中基础研究增加课题 1694 个，增长 61.53%；应用研究课题增加 784 个，增长 23.48%。从不同类型课题分布与增长情况看，基础研究：2009 年占 21.85%，2014 年占 25.12%，2014 年比 2009 年增加 3 个百分点；应用研究：2009 年占 26.49%，2014 年占 23.29%，减少了 3 个百分点；而服务研究有明显减少，减少了 7 个百分点，说明近年来基础研究有所加强。

从成果方面看，论文发表数量 2014 年比 2009 年增加 2457 篇，增长 17%；在国外发表的论文数量增长迅猛，2014 年比 2009 年增加 2648 篇，增长 82.75%。国外发表的论文占发表论文总数百分比：2009 年为 22.14%，2014 年为 34.5%。国外发表论文数量的明显增加，说明我国海洋科学研究水平与国际参与度明显提高。

表 3　2009 年、2014 年各省（市、区）科研机构科技课题和论文、论著发表、出版情况

地区	年份	课题合计	基础研究	应用研究	试验发展	成果应用	科技服务	发表科技论文		出版科技著作
								总数	国外	
合计	2009	12600	2753	3338	2550	1074	2885	14451	3200	248
	2014	17702	4447	4122	4480	1861	2792	16908	5848	314
北京	2009	4402	1072	1033	896	187	1214	6370	1672	91
	2014	6655	1865	1517	1248	670	1355	5909	2111	115
天津	2009	526	0	25	205	80	216	548	28	10
	2014	751	17	51	346	87	250	1038	193	14
河北	2009	57	2	11	9	16	19	490	0	38
	2014	90	9	23	31	18	9	494	5	48

续表

地区	年份	课题合计	基础研究	应用研究	试验发展	成果应用	科技服务	发表科技论文		出版科技著作
								总数	国外	
辽宁	2009	242	0	15	109	91	27	243	29	3
	2014	391	4	72	183	96	36	442	37	14
上海	2009	1040	122	396	228	77	217	851	189	10
	2014	1131	112	288	329	200	202	1058	296	21
江苏	2009	1434	62	493	381	240	258	933	161	15
	2014	2202	66	597	910	335	294	1196	333	17
浙江	2009	536	70	93	60	79	234	472	69	11
	2014	619	115	55	110	127	212	525	104	16
福建	2009	620	138	134	110	79	159	359	87	1
	2014	608	184	217	117	55	35	304	130	7
山东	2009	1254	357	450	250	83	114	1619	421	26
	2014	1633	393	563	360	184	133	2275	932	29
广东	2009	1519	446	447	183	63	380	1260	342	21
	2014	2140	687	624	554	43	232	2152	1046	23
广西	2009	100	12	24	24	30	10	86	2	1
	2014	101	10	17	66	7	1	190	18	0
海南	2009	50	0	3	0	41	6	45	0	0
	2014	10	0	0	0	10	0	78	3	2
其他	2009	820	472	214	95	8	31	1175	200	21
	2014	1371	985	98	226	29	33	1247	640	8

资料来源:《中国海洋统计年鉴》。

其次，从海洋技术专利增长情况来看我国海洋高新技术发展的一般情况。我国海洋科技专利申请受理总数 2014 年比 2009 年增加 3561 项，其中发明专利增加 2651 项，2014 年比 2009 年增长率专利受理总数为 139%，其中发明专利为 122.8%。专利受权数总数增加 2770 项，增长 221.6%；发明专利增加 1721 项，增长 185.90%。说明这几年我国海洋技术有较快发展与进步。

近几年，我国海洋科学技术之所以发展迅速，是由于国际、国内政治形势和经济发展需求，加大了对海洋科学技术支持面和支持力度，以国家自然科学基金涉海项目为例（表 4、表 5），就充分说明了这一问题。

表 4　2009—2013 年国家自然科学基金项目审批情况表

年份	面上项目	青年基金	地区项目	重点项目	杰出青年	创新群体	国际合作	重大项目	专项资助	联合资助	共享航次
2009	116	103	3	5	2	1	2	–	1	4	5
2010	136	119	3	7	2	–	4	–	–	2	7
2011	174	168	2	5	2	–	3	12	–	1	9
2012	203	189	4	5	5	1	3	11	3	–	10
2013	194	208	3	7	1	1	2	–	6	6	9

资料来源:《中国海洋统计年鉴》。

表 5　2009—2013 年国家自然科学基金涉海项目情况

年份	2009	2010	2011	2012	2013
项目数	243	280	376	437	451
总支持资金（万元）	11250	13280	25776	31034	32468
单项平均支持额度（万元）	46.29	47.42	68.55	71.01	71.99

资料来源:《中国海洋统计年鉴》。

（二）海洋调查与极地考察

海洋科学调查、考察及海洋矿产资源勘探是海洋科学研究和海洋资源勘探开发利用的最基础性工作。我国自 2009—2015 年共完成大洋调查 12 个航次，北极考察 3 次，南极考察 6 次，完成了“908”专项调查，16 个 1 : 1000000 国际标准分幅海洋区域地质调查和 1 个 1 : 250000 标准分幅的海洋区域地质调查及其他一些远洋与近海专项调查，其主要调查成果介绍如下。

1. 我国管辖海域海洋调查

（1）我国近海海洋综合调查与评价

“我国近海海洋综合调查与评价”专项（简称“908”专项）是由国务院 2003 年 9 月正式批准，2004 年 3 月正式启动的项目，2012 年 10 月通过总验收。

在历时 8 年调查和综合评价工作中，中央和沿海省（市、区）80 余家涉海单位的海洋工作者 30000 多人次参与了工作，调动了 500 余艘船只，采用世界先进海洋调查仪器设备，海上作业约 20000 工作日；飞机 294 架次，飞行 26 万 km；完成水体调查面积约 102 万 km^2（$1km^2$=$100hm^2$，下同），海底调查面积约 64 万 km^2，海岛海岸带卫星遥感调查面积 152 万 km^2，航空遥感调查面积约 9 万 km^2。专题调查中实地调查了 2310 个海岛，卫星遥感调查了 9273 个海岛，航空遥感调查了重要海岛和海岸带；海岸实地调查，完成全部大陆海岸线修测；海域使用现状，调查了用海 7.81 万宗；沿海社会经济基本情况调查了沿海省市区、51 个沿海地市、243 个沿海县，获得基础数据 66 万条。同时进行了海洋灾害、海洋可再生能源调查。我国近海海洋综合评价完成 9 类评价课题、52 个专题评价任务。在中国数字海洋信息基础框架构建方面，建成了我国国家和沿海省（市、区）标准统一的数字海洋数据库、构建了我国第一个数字海洋原型系统，初步形成了海洋信息综合应用与决策支持的服务能力。

专项成果集成采用了三级集成方式，最终形成的成果有：2036 册数据集，约 6.7 万幅图件、3364 份技术报告、58 份政策建议书与公报、196 部专著和 3200 多篇论文。其主要成果概述如下。

实现了对我国近海约 60 万 km^2 的全覆盖观测，基本摸清了近海环境和资源的家底。获取了我国大陆岸线长度和海岛数量；查明了我国近海可再生能源数量为 15.08 亿 kW，调查海砂资源面积约 30.3 万 km^2，估算资源量约 4749 亿 m^3，已探明具有工业储量的滨海砂矿产地 91 处；全面更新了我国近海海底环境基础数据和资料，系统开展了海洋底质，地球物理、地形地貌调查研究，覆盖了我国内水、领海和部分管辖海域；编制了近海大比例尺沉积物类型图、详细阐明了沉积物的分布规律、控制因素、古环境演化特征，初步阐明了悬浮体变化规律和重金属元素的分布变异规律，为海域使用管理、海底工程建设、海洋减灾防灾等提供了基础数据和科学依据，其中多项工作是我国首次进行。

首次获得了准同步、全覆盖的我国近海海洋环境基础数据；首次查明了我国海洋可再生能源等新兴海洋资源分布及可开发潜力；全面摸清了我国近海空间资源的基本状况及利用前景；全面掌握了我国主要海洋灾害的分布、特点、强度及影响；全面深化了我国近海环境基本特征及其变化规律的科学认识；系统厘清了我国海洋经济结构、产业规模；系统认识了我国近海海洋生态系统健康状况和服务价值；系统编撰了一批集中反映我国最新海洋调查研究成果的系列图书、专著及大型工具书，如《中国近海海洋图集》22 个分册、《中国近海海洋》27 册、《中国区域海洋学》8 册、《中国海洋本草》9 册、《中国海岛志》11 卷共 21 册（现已出版 8 册）、《中国海洋物种和图集》上下卷 4 册等；创新建设了体现当前海洋信息水平的中国数字海洋信息基础框架。

（2）1∶1000000 海洋区域地质调查

2013 年 6 月 6 日，中国地质调查局组织专家对广州海洋地质调查局和青岛海洋地质研究所实施“海洋地质保障工程”以来近年完成的海南岛幅、上海幅进行成果评审。至 2015 年 9 月已全部完成我国管辖海域 16 个图幅的调查任务。海上调查以高新技术为支撑，采用深水多波束测深、地震、重力、磁力、地质取样、海底浅地层钻探、热流等多种先进技术方法，开展了浅—中—深全方位的综合调查，采集了大量的基础地质数据，对海底地形地貌、地球化学场、地球物理场、断裂构造及岩浆活动、环境地质要素以及矿产资源等方面开展了调查研究，探讨了区域构造演化、大陆边缘性质、海盆形成和地壳结构等关键性科学问题。

1∶1000000 图幅调查研究，不仅获取了海量的海洋区域地质基础数据，填补了我国海洋地质调查的空白，编制了一批满足国家经济建设、海洋军事和海域划界需求的海洋区域地质成果图件，而且划分了矿产资源远景区，解决了一批关键的地质科学问题。同时，利用实测资料，开展国际科技交流与合作，提升了我国海洋地质调查程度和研究水平。为维护我国海洋权益和外交谈判提供了翔实的地形地貌、物质来源和矿产资源等基础地质资料。

（3）1 : 250000 海洋区域地质调查

我国首个中比例尺海洋区域地质调查的示范图幅 1 : 250000 青岛幅海洋区域地质调查取得了重要阶段性成果。获取了一批高精度、海量的实测资料，查明了区内海底地形、地貌、海底沉积物类型、地层结构及其分布规律，环境地质因素分布特征，重要潮流通道海洋动力学特征，矿产资源类型和分布状况等基础地质信息，并探索了我国 1 : 250000 比例尺海洋区域地质调查的方法与思路，编制了 1 : 250000 海洋区域地质调查规范，为全面、系统、规范实施中比例尺海洋区地质调查奠定了基础。

从 2009 年起至今，除已完成青岛示范图幅，目前正在进行实测的有锦西—营口幅、日照—连云港幅、霞浦县幅、钓鱼岛幅、福州幅、莆田幅、泉州幅、厦门幅、乐东幅和三沙市幅。

（4）海砂与相关资源潜力调查评价

从 2005 年起至今，国土资源部青岛海洋地质研究所承担了“近海海砂与相关资源潜力调查评价”项目，共设计近海 9 个调查区块，总面积为 13.85 万 km^2，完成了南海珠江口—东平、东海舟山、黄海成山头等区块的海砂及相关资源潜力调查，估算海砂资源潜力体积为 60.8 亿 m^3。同时，还完成了重点调查区块海砂资源开采规划，圈定了海砂资源有利区块以及采矿权招拍挂的重点区块。

编写了全国 1 : 2000000 近海海砂资源规划报告及图件，为国土资源部门在浙江舟山进行海砂开采规划试点提供了基础资料，及时解决了港珠澳大桥人工岛填筑等重大工程对海砂资源的需求。与此同时还开展了海砂开采对海域沉积动力环境影响综合效应评估，综合分析了海砂勘探开发对海洋环境影响效应，为海砂合理开发利用和环境保护等提供了科学依据。

（5）海洋油气资源调查

继续开展南海北部东沙隆起潮汕、笔架等一系列中生代陆缘盆地和东沙至神狐隆起以新生代为主的西沙海槽、双峰、尖峰北、笔架南和台西南盆地海域陆坡深水区油气资源的调查和普查；同时开展了南黄海海域油气资源普查、南黄海崂山隆起和滩海区海相地层油气资源战略选区和东海陆架盆地南部战略调查与选区等项目，都取得了重要进展。

（6）重点海岸带地质环境

从 1999 年开始，中国地质调查局启动了“我国重点海岸带滨海环境地质调查与评价”项目，在沿海 11 个重点海岸带地区开展环境地质基础调查、滨海湿地系统的综合地质调查与评价等工作，调查的海岸线总长 3250km，约占全国大陆岸线总长度的 18%，获取了海岸带地形地貌、底质类型、地质灾害、近 10 万年以来地层结构与环境演变、海底工程地质环境等方面的基础地质数据，揭示了海岸线变迁历史与趋势、在海岸带地区晚第四纪古环境演化、陆架沉积作用、海岸变迁、沉积物地球化学、海洋沉积动力学、遥感地质等方面取得了重要阶段性成果。

编制了《中国海岸带国土资源与环境图集》(1∶4000000)。此外，还分别选择我国北方和南方两个典型海岸带湿地系统——黄河三角洲滨海湿地和华南西部滨海湿地，开展了滨海湿地系统的综合地质调查与生态环境评价，为开发利用和保护湿地提供了基础地质资料。

(7)渤黄海海洋动力环境和生态环境综合调查

围绕渤、黄海主要科学问题，兼顾与历史调查观测的衔接，综合调查共设 16 条断面，108 个大面观测站位；4 个潜标海流观测站和 1 个多层温度观测锚系链；ADCP 和 pCO_2 全程走航观测。物理海洋观测要素包括水温、盐度、浊度、海况、水色、透明度、海发光、海流与水位等；海洋化学要素包括溶解氧、pH 值、碱度、硝酸盐、亚硝酸盐、铵盐、活性磷酸盐、活性硅酸盐、pCO_2；污染物质：油类、溶解有机碳、重金属（铜、铅、锌、铬、镉、汞、砷），同位素 ^{226}Ra、^{224}Ra、^{223}Ra 等；海洋生物要素包括叶绿素 a、微生物、浮游植物、浮游动物、底栖生物等。

通过上述观测获得了南黄海与东海、北黄海与南黄海、渤海与北黄海间水交换和物质通量研究所需的基础资料，也为分析苏北沿岸流、南黄海冷水团结构及变异、南北向海洋锋的生态环境效应、黄海浒苔来源及其在风生流作用下的输运、冬季黄海暖流路径和强弱、北黄海冷水团及其年际变异以及辽南沿岸流和鲁北沿岸流的生态环境效应等提供数据支持；同时，为渤海环境的长期变化趋势、渤海内部环境变化以及渤海和其三个内湾的物质与水体的交换等提供了基础资料。

2. 极地考察

(1)南极考察

从 1984 年我国建立在南极的第一座考察站——长城站起，至 1988 年建立中山站、2008 年在南极建立内陆考察站——昆仑站、2014 年 2 月 8 日泰山站建成开站，我国在南极已有 4 个考察站，共进行了 31 次科考。2009 年，长城站和中山站已经进入了常规的调查研究，昆仑站在 2009 年之后逐渐完善并开始常规调查研究工作。2009 年，在冰穹 A 地区钻取了 130m 长冰芯，创该区取芯新纪录。2010—2013 年为钻取深冰芯做准备并在第 29 次科考期间试钻深冰芯。在第 26 次科考期间在昆仑站的天文观测站安装了一台频谱更宽的太赫兹傅立叶频谱仪，开辟了天文观测新窗口，以后两年为架设新的天文望远镜做准备工作；探测出格罗夫山局部 1200m 冰层之下的地形。在第 28 次考察期间顺利安装并调试了我国自主研发的南极巡天望远镜；获取了世界上第一批南极地区大口径天文望远镜的观测数据。该次科考期间在其附近海域首次建立了一座数据实时传输的永久性验潮站。在冰深探测时寻找到冰盖由底快速生长的三维雷达图像证据。

陨石收集研究，第 26 次南极科学考察暨第 5 次格罗夫山内陆考察期间共收集到陨石 1618 块，重量 17.2kg。我国目前从该区域收集到的陨石总重量已达到 124kg。首次在梅森峰区域发现陨石，并在格罗夫山核心区的天问碎石带发现 50 多块陨石，进一步扩大了陨石的富集区。我国第 30 次（2013 年 11 月—2014 年 4 月）南极科考，在格罗夫山发现583块陨石，其中最大一块陨石重达1300g，经检测为极其珍贵的“灶神星”陨石，国际命名为GRV13001。至今，除月球外，陨石是人类获得的唯一一种地球外岩石样品，堪称“天外珍宝”。截至目前，我国在格罗夫山地区共发现12035块南极陨石，已完成分类2737块，其中仅有3块为“火山神星陨石”，前两块（GRV19018和GRV51523）仅数克重。

进行了火星陨石GRV99027在1亿8千万年前由岩浆结晶形成、冲击变质和高压矿物研究，GRV020043-原始无球粒陨石的初始物质、橄辉无球粒陨石的形成和冲击变质历史、中铁陨石铂族等微量元素的微区分布研究以及Yamato984028火星陨石的合作研究。

第31次南极科学考察（2014年10月30日—2015年4月10日），除了在长城站、中山站和昆仑站常规考察外，还在南大洋开展了水文、气象、海洋地质、地球物理、地球化学、海洋生态学等考察，特别是普里兹湾的生物生态、海底地质、空间物理、大气和环境、冰川、冰架等多学科的考察与研究，还回收了第29次、第30次在普里兹海布放的4套海底地震仪（OBS），圆满完成了“一船三站”各项任务。同时，科考队在维多利亚难言岛开展基础测绘，为建第5个南极考察站做前期准备。

（2）北极考察

从1999年7月我国开始首次北极考察起，至今已完成6次考察。其中，第4次至第6次是在2009—2015年完成的。我国北极考察起步较晚，许多工作都是摸着石头过河。

在第4次考察中，实现了中国考察队依靠自己的力量到达北极点开展科学考察；在北极点冰面上布放了冰浮标，发射了抛弃式温盐深剖面探测仪，进行了生态学观测，采集了大量海冰、海水样品；首次获得4.4m长的北极冰芯；在白令海盆地3742m水深处完成24h连续站位海洋学观测；首次将中国海洋考察站延伸到北冰洋高纬度的深海平原，并获得全程大气物理、大气化学观测资料。考察队在世界范围内利用浮游生物多通道采集器在北纬88° 26′的近极点区进行了3000m水深的精确分层采样。同时完成了135个站位的海洋调查、1个长期冰站的海冰气综合观测、1个北极点站位观测；顺利回收了中国第3次北极科学考察队布设线长超过1300m、观测时间超过1年的综合观测潜标系统。冰站科考依靠冰面观察、冰浮标、水下机器人、系留汽艇、探空气球、航空遥感等多种手段，共获得冰面和高空气象、海冰、冰表融池、水下水文和生态学特征等各类观测数据800多万组，采集冰芯样品192根，获得总长度300m的冰芯样品及大量水样、沉积物样品和生物样品。

在第5次北极考察中首次实现北极和亚北极五大区域准同步考察，积累了较全面的现场观测数据；实现了系统的地球物理学观测；在极地海域布放大型海—气耦合观测浮标，在北极高纬度地区布放极地长期现场自动气象观测站。在调查中新增了海洋湍流、甲烷含量等调查内容。首次抵达北大西洋与环北极国家进行以海洋地质为主的古海洋学合作研究，完成大洋深层水循环研究。

2014年第6次北极综合科考，先后在白令海、白令海峡、楚科奇海和海台、加拿大海盆等区域获得多项成果：① 首次在北太平洋海域成功布放一套锚碇浮标，再次在加拿大海盆布设一套沉积物捕获器，首次在楚科奇海台和加拿大海盆进行了综合地球物理测量，并获得了重力、磁力、地震和热流多项数据资料；② 开展多项走航观测，完成400多个抛弃式XBT（温深剖面观测）、XCTD（温盐深剖面观测）浮标、10枚Argo浮标、8枚Argo表层漂浮标布放；③ 回收各种仪器设备。

3. 大洋调查

在2009—2015年，共进行12个航次的大洋调查和矿产资源勘探。在这些调查航次中，除了进行常规的海洋环境、生物多样性、生态等调查外，主要执行了海底矿产资源的调查与勘查任务。

矿产资源调查是每航次大洋调查的重要任务：2009年10月17日—11月10日大洋DY115-21航次第3航段期间，在东太平洋海隆发现两个热液活动区；10月31日，3500m深海观测和取样型无人遥控潜水器成功下潜到太平洋洋中脊2770m水深，搜索观测到了巨型热液黑烟囱，并成功取样。2010年3月11日—4月15日大洋DY115-21航次第7航段期间，在西南印度洋中脊新发现1个热液活动区。2010年12月8日—2011年12月11日在DY115-22航次的印度洋、大西洋和太平洋的调查中，在大西洋和东太平洋发现16个海底热液区。2012年4月28日—12月28日大洋DY115-26航次中进行了西北印度洋、北大西洋、南大西洋、尼日利亚几内亚湾和西南印度洋的多金属硫化物、深海环境和深海生物多样性调查，取得了6项主要成果，新发现两处海底多金属硫化物热液区，使我国发现的多金属硫化物热液区增至35处；还在印度洋脊发现1处非活动海底热液区。在南大西洋利用无人缆控潜水器（ROV）观测到正在喷发的黑烟囱；在西南大西洋利用电视抓斗成功获取1200kg多金属硫化物；在TAG热液区成功完成了8条拖曳式资源综合探测系统测线作业，获取了大量资料——验证了我国自主研制的拖曳式资源综合探测系统，获取了宝贵的南大西洋多金属硫化物矿藏资料。2012年6月2日—9月28日DY115-27航次，进一步摸清了西太平洋调查区海山结壳分布情况，初步圈定4个成矿富集区；首次在西太平洋海山周边深海盆地地区发现多金属结核，初步圈定矿区范围；建立起首个海山区深海多目标立体环境监测系统，为环境评价和成矿理论研究提供依据；开展了世界最深海沟——马里亚纳海沟科学考察，获取了该海沟水深最新数据："挑战者海渊"区内有西部、中部和东部三个洼地，其中西部洼地最深，其中心位置（142° 12.54′ E，11° 19.92′ N）水深10917m。

除了矿产资源调查外，其他学科也取得许多新的进展，如2012年第26航次中，对南大西洋正在喷发的黑烟囱区的热液生物群落组成有了较系统的了解，并取得了生物和微生物样品；建立了首个海山区深海多目标立体环境监测系统；在西太平洋某典型海山东、西两侧不同水深位置成功布施了7套锚系潜标，这是我国首次大规模布设潜标系统。

大洋调查担负的另一项目重要任务是对我国自主研制的仪器设备进行海试。载人潜水器的海试工作便是其中之一。

除"蛟龙号"海试工作外，还进行了其他仪器设备的海试工作。2009年6月10日—

7月11日，“大洋一号”科学考察和调查设备综合海试在南海实施，海试内容包括动力定位、声学深拖、浅剖、电视抓斗、浅钻、深海摄像、绞车等60种、78台（套）的设备试验。2010年12月8日，在DY115-22航次中成功进行了中深孔岩芯取样机试验和无人缆控潜水器和深海声学深拖新技术装备的应用。2012年在DY125-29航次西太平洋调查过程中开展了6000m无人无缆潜器（AUV）“潜龙一号”应用性海上试验及6000m声学深拖试验性应用调查。

至今，大洋科考已完成36个航次，历时32年，在大洋多金属矿产资源、生物多样性、深海环境，特别是热液硫化物的发现及其成矿作用的研究等方面取得了一系列重要成果。2015年7月20日，国际海底管理局（ISA）理事会通过决议，核准了中国五矿集团公司提出的东太平洋海底多金属结核资源勘探矿区申请。该矿区位于东太平洋CC区，面积近7.3万km^2，是继中国大洋协会2001年获得东太平洋多金属结核勘探矿区、2011年获得印度洋多金属硫化物勘探砂区和2013年获得西太平洋富钴结壳勘探矿区之后，中国在国际海底区域获得的第四块专属勘探矿区。

（三）海洋科学技术最新进展

1. 海洋科学研究

（1）物理海洋学

1）中国近海海洋——物理海洋与海洋气象：通过“908”专项调查与分析，对我国近海主要海流、近海水体涌升和水团等有了新的认识，揭示了渤海、北部湾以及东海黑潮与台湾暖流之间的弱流区结构。如发现渤海夏季呈6个涡旋型、冬季3个涡旋型的多涡状弱环流结构；黄海暖流具有一个主干、三个时相分支的结构特征，并且冬季存在向青岛近海的分支；粤西沿岸流在夏季主要为西向流；北部湾在冬、夏季基本上都是逆时针结构的环流形态。冬季渤海除莱州湾和辽东湾顶外，盐度分布趋势与以前截然相反，由以前的“西北低、东南高”演变成目前的“西北高、东南低”。

2）中国东部陆架边缘海海洋物理环境演变及其生物资源环境效应：通过对历史资料的收集与分析，应用现场调查观测、室内分析试（实）验、数值模拟、理论分析等多种研究手段，基本阐明了海洋能量级联机制、颗粒物和生物资源对海洋物理环境演变的响应、海洋物理环境演变对海上重要活动的影响机理三大科学问题。

项目获得的主要创新性研究成果概括为如下四个方面：揭示了我国近海海洋环境在不同时间尺度上的变化及演变规律；建立了我国近海环流形成与维持机制的理论体系；揭示了中国东部陆架海沉积记录对海洋物理环境演变的响应规律；构建了东中国海海洋物理环境演变研究的支撑平台。

3）太平洋低纬度西边界环流系统与暖池低频变异：围绕太平洋低纬度西边界流的变化机制的科学目标，在热带西太平洋海洋环流与暖池变异等方面开展了系统深入研究，成功实现了太平洋西边界流区6100m深海潜标系统观测，是我国第一次在大洋成功布放、回收超过 6000m 长达两年的深海锚碇测流潜标系统，实现了深海潜标观测的突破，也是国际上第一次在西边界流海域成功布放超过 6000m 的深海潜标测流系统，取得连续两年海流实测数据，获得了潜流存在的直接证据及其季节、季节内变化特征，终结了有关棉兰老潜流是否存在的争议；拓展了传统的大洋西边界流定常理论，从理论及观测上系统阐释了太平洋低纬度西边界环流系统的结构及其变异特征与机理；建立了关于北赤道流分叉季节—年际变异的时变理论模型，发现北赤道流分叉长期南移的变异特征；深刻揭示了太平洋低纬度西边界环流系统对暖池低频变异调控的关键过程和机理，提出了暖池区淡水强迫下海洋环流的调整及其对气候影响的动力学框架。

4）太平洋低纬度西边界海洋混合过程及其对上层环流——次表层环流相互作用的影响：针对海洋中普遍存在的海洋混合现象，基于观测资料开展了海洋湍流混合过程研究，基于 Argo 资料开展了中尺度涡扩散研究，基于约化重力模式，给出了非线性 Rossby 波传播解析，开展了上层与次表层环流的解析研究；阐明了太平洋低纬度西边界混合分布的基本特征，给出了全球中尺度输运空间特征，分析了非线性 Rossby 波的传播特性，初步揭示了混合对上层—次表层环流相互作用过程机制的影响。

5）近 30 年我国近海及邻近洋区时均海面温度持续升高的动力学过程与机制：从海洋动力和热力过程及海气相互作用过程入手，以我国近海及邻近洋区平均 SST（海面温度）持续升高的过程与机制为研究载体，高分辨率区域海气耦合的降尺度技术（Downscaling）为该技术途径开展深入系统的研究。主要取得以下成果：①全球海洋的西边界流区在过去近百年都是升温最显著的区域，形成所谓的“热斑”效应；而近 30 年我国近海 SST 经历了快速升温的过程，某些区域的升温速率是全球平均升温速率的 5 ~ 10 倍；②我国近海 SST 在各个时间尺度上的变异，陆架浅水区主要受大气强迫控制，黑潮及暖流流经区域主要受海洋平流热输送控制；SST 的变异还存在显著的季节差异，冬季升温比夏季快并在年代际变化上与太平洋年代际变化（PDO）密切相关，而夏季的年代际变化则与大西洋年代际变化（AMO）关系紧密；③过去 30 年我国近海 SST 的快速增暖是黑潮平流热输送增加导致，全球变暖和 PDO 的正负位相改变共同引起的太平洋中高纬度风场增强是黑潮流量增加的主要原因，而地形波导的存在是中高纬度风场信号能传递到副热带海区控制黑潮流量变化的主要物理机制；大气强迫引起的 SST 季节变化与黑潮热平流效应的共同作用是导致 SST 升温及年代际变化季节差异的主导机制；④黑潮通过和岛屿地形的相互作用诱生陆架逆风暖流系统，是黑潮影响陆架海区 SST 的主要机制；区域风场通过直接能量输入及风浪的作用，可以改变海气通量交换和海洋层结并进而影响 SST 的变异。

6）北太平洋副热带环流变异及其对我国近海动力环境的影响：围绕北太平洋副热带内区环流变异的机理及其对黑潮的影响、黑潮源头变异机理及其对吕宋海峡水体交换的影响、黑潮变异机理及其对东部陆架海动力环境的影响这三个关键科学问题，在北太平洋副热带环流变异和调整机理、黑潮与我国近海的能量与水体交换过程及机制、北太平洋副热带环流变异与大气驱动力的耦合效应、我国近海及邻近大洋动力环境变异的可预测性研究四个方面开展了深入系统的研究。形成了一批有国际影响力的研究成果。

本项目聚焦西太平洋—我国近海这一全球海洋最为独特的大洋—边缘海动力系统开展了深入系统的研究，揭示了北太平洋副热带内区环流变异的规律及其对西边界流的影响，阐明了西边界流与我国近海能量、物质交换过程和机理及其对近海动力环境的影响；建立大洋—陆架边缘海动力系统的物理模型和数值模式；丰富发展了大洋与近海相互作用理论和北太平洋副热带环流—大气环流耦合理论。其水平与创新性主要体现在：①构建并实施了大洋—边缘海观测实验系统，为建立西太平洋—我国近海观测网提供了重要基础；②自主发展了拥有自主知识产权的我国高分辨率大洋—近海环流模式，为海洋环境和气候变化预测提供了重要的数值平台；③阐明了深海大洋混合与能量传递过程及机理，提出了涡旋在深海大洋混合低频变异中的调控机制，开辟了利用 Argo 观测计划来揭示全球深海大洋混合过程的新方向；④揭示了 20 世纪全球大洋副热带西边界流变异的特征及机理，从海—气耦合的角度拓展了传统的副热带环流调整理论。

7）北太平洋中纬度海洋—大气耦合系统近 50 年演变特征与机制：抓住黑潮 / 亲潮延伸体海域海洋动力过程决定北太平洋海洋—大气耦合系统时间尺度这一关键科学问题，研究在全球气温变暖背景下该系统近 50 年来演变的特征和机理；揭示决定该海域海洋—大气相互作用的几个关键物理过程。本项目发展了一种新的动力统计方法：广义平衡反馈方法，定量地区分了近 50 年来不同海洋海表温度异常对北太平洋大气环流变异的贡献；发现了热带印度洋海温异常影响东亚和北太平洋副热带大气环流的物理过程和途径；揭示了北大西洋海温异常对北太平洋海洋—大气耦合系统的影响过程和机制；理解了北太平洋年代际变化的不同模态转换关系及中纬度太平洋与热带太平洋之间的联系；发现了由黑潮 / 亲潮延伸体海域混合层“潜沉”决定的北太平洋副热带逆流年代际变化的新模态，指出该模态对温室气体增加的响应是振幅减少、周期变短；确定了过去 50 年气溶胶增加导致的亲潮延伸体冷平流效应加强是北太平洋中纬度 SST 出现变冷趋势的主要原因；发现在温室气体增加的背景下，热带印度洋海盆一致模态及其电容器效应有增强的趋势。该项目的研究结果丰富和发展了中纬度海洋—大气相互作用理论，确定了热带印度洋在东亚气候变化中的重要地位，初步评估了人类活动对北太平洋和热带印度洋的影响和自然变化的相对重要性，有助于改善中国预测年代际气候变化的能力。

8）风浪对大气边界层的影响及其在海气交换中的作用：进行了海上和实验室海气通量的观测研究，观测要素包括大气边界层要素、海浪及波浪破碎和表层海流，研究了风浪对大气边界层的影响及其在海气交换中的作用。主要研究结果：①提出了一个同时考虑风浪成长状态及海面飞沫影响的、适用于从中低风速到高风速的拖曳数参数化方案；②提出了适用于各种沫滴的飞沫生成函数；③基于所提出的飞沫生成函数，提出了一个同时考虑风浪成长状态及海面飞沫影响的、适用于从中低风速到高风速的海气热通量参数化方案；④将随机点过程的理论方法引入风浪破碎研究，提出了描述风浪破碎随机性、间歇性和阵发性的点过程模型；⑤将所提出的海气动量、热量参数化方案应用于建立海洋—海浪—大气耦合系统，并利用该系统研究了风浪成长状态和飞沫对台风强度的影响。

9）低纬度西边界环流系统对暖池低频变异的关键调控过程：紧扣低纬度西边界环流系统如何影响暖池的低频变异及气候这一核心问题，开展了西太平洋暖池季节—年际时间尺度上热力收支平衡、低纬度西边界环流系统对暖池热力充放过程的调控机理以及暖池热力充放过程的气候效应等三个方向的工作。主要研究成果包括：精确重建了过去1100年来厄尔尼诺强度的逐年变化；阐明了西太平洋暖池年代际变化及其可预测性；分析了IPCC模式偏差及其成因；阐明了北赤道流分叉季节变化和长期变化特征及动力学机制；提出了暖池对淡水强迫的响应的海—气耦合动力学框架；阐明了热带太平洋近30年来海温变化趋势的机制；揭示了西太平洋暖池与中纬度海气耦合动力关联的机理。此外，还阐明了热带西太平洋大气季节内振荡与厄尔尼诺现象的关系；发现了印度洋海温异常对夏季西北太平洋低层反气旋异常的作用以及提出了海洋水循环对全球变暖起到加速作用的新观点。该课题的完成有助于揭示暖池热力充放的关键海洋动力调控过程及低纬度西边界环流系统在暖池低频变异中的作用机理，同时为揭示西边界环流系统变异对ENSO循环以及季风的影响打下坚实的基础。

10）南海东北部深层环流结构与变异：以南海东北部深层环流结构研究为核心，以巴士海峡深水“瀑布”研究为切入点，以混合机制研究为纽带，以巴士海峡深水“瀑布”和深层环流的控制机制研究为重点，围绕研究目标组织了若干次南海深海环流与混合观测试验，首次揭示了巴士海峡深海“瀑布”空间结构，阐明了吕宋海峡深层流的空间结构及时间变异特征，发现并深入研究了南海深层西边界流，刻画了南海混合三维空间分布，探究了混合对南海深层环流调控机制，研制了海洋混合长期观测潜标，建立和完善了吕宋海峡及南海深层环流观测网，为南海沉积物源、搬运机制和深海碳循环过程的研究奠定了良好的基础，对推动我国深海研究与观测技术协同发展、提升我国深远海研究水平有重要意义。

11）黑潮与东海陆架动力环境相互作用的关键动力过程：通过收集大量与项目有关的历史资料和2009年成功在东海南部布放的海床基观测资料及通过水文断面观测及数值模拟发现黑潮次表层水入侵东海陆架的新现象，证实其对夏季东海陆架海区障碍层形成的关键作用。基于观测资料分析，发现台湾以东黑潮显著季节内变异主要来自太平洋西传信号而非局地不稳定所致，并从理论上解释了黑潮显著季节内变异的形成机制，初步研究了上述变异对东中国海环流系统的影响。基于ROMS模式构建了东中国海高分辨率数值模型，成功模拟了黄东海主要环流结构，为下一步研究长江冲淡水对黑潮的浮力强迫奠定良好的基础。建立了黑潮入侵东海陆架的层化理论模型，从中得到黑潮水和陆架水之间跃层的分布规律，成功地模拟了我国台湾东北部冷暖涡结构。

12）西太平洋—东印度洋暖池海气耦合过程及其对我国气候的影响研究：研究认为，年际水平热通量对强海洋环流区域的SST误差很敏感，这对ENSO预测是一个挑战；揭示了印度洋偶极子（IOD）事件中海平面变化的长波动力学机制，明确了印尼海域贯穿流在IOD对热带太平洋年际变化的强迫中的作用。指出了江淮流域夏季降水的低频振荡对西太平洋副热带高压的季节内变化的响应，以及热带大气低频振荡对西北太平洋台风生成的调制作用；初步尝试用前期（晚春）MTO 指数来提前预测南海 ISO 的活动。揭示了东亚气候年际变化率的两个主导模态及其原因；指出热带印度洋的增暖是导致西北太平洋副热带高压年代际西伸的重要因子，热带大洋增暖是东亚夏季风年代际减弱的一个主要原因。利用 LASG/IAP 气候系统模式开展"季风—暖海洋"相互作用的数值模拟。明确了南海海面温度在年际变化尺度上的空间分布与南海的局地环流和涡漩密切相关，同时又受 ENSO 影响具有大尺度的时间变化特征。

13）亚印太交汇区海气相互作用及其对我国短期气候的影响：通过对海洋观测所得资料进行整编和分析，研究印太暖池变异和海气耦合的动力机制；探讨"亚印太交汇区"各海域表面蒸发过程对东亚季风区水汽供应、输送的影响；分析太平洋热带—副热带流涡和西太副热带高压之间的相互作用关系；研究亚洲季风系统年循环的形成机制；继续结合资料诊断，开展数值模拟的敏感性试验，检验概念性假设；继续进行大洋环流模式及其耦合模式的发展和评估分析。揭示了印太暖池变异和海气耦合的动力机制；阐明"亚印太交汇区"各海域表面蒸发过程对东亚季风区水汽供应、输送的影响；在海陆差异、海气作用以及青藏高原影响季风和气候异常的机理方面、在海陆气作用的气候效应方面提出了新的理论，提出海陆热力差异与副热带季风—沙漠共存机制；提出改进上层海洋垂直混合的物理表达，研制出新的大洋环流数值模式，发展了新一代的大洋环流气候系统耦合模式。

14）西太平洋暖池与近海海域热力状态和海气通量变化特征：项目利用 NCEP/NCAR 的再分析资料、全球海温资料（OISST）及区域气候模式（RegCM3）研究了东亚夏季低层（925hPa）大气环流对东海及其邻近海域热力异常的响应。研究发现，夏季当东海及其邻近海域的海温升高 0.5℃和 1.0℃时，在中国东部和东海及其邻近海域上空均会出现一个异常的气旋性环流，而且海温越高，气旋性环流越明显，并在海面上空形成辐合中心；反之，当东海及其邻近海域海温降低时，中国东部和东海及其邻近海域上空将出现一个异常的反气旋性环流，并在海面上空形成辐散中心。东海及其邻近海域夏季海温的异常可通过热力作用影响低层大气的辐合（散）和垂向运动，并影响局地低层大气和上层海洋的相互作用，从而使得东亚大气环流发生改变，进而可能对中国大陆东部气候和近海环境的变化产生重要作用。另外，基于日本气象厅长序列水文再分析资料，通过估算台湾以东黑潮 24° N 断面热输送量，分析了该断面黑潮热输送的低频变异特征，并探讨了热输送变异与我国近海海表温度异常变化以及前期（前秋、前冬和春季）和同期（夏季）热输送变异与我国夏季降水异常变化的关联性。相关分析的结果表明，台湾以东黑潮（24° N 断面）热输送低频变异可能是我国东部近海 SST 变化的一个重要因素。同时，回归分析发现，前期及同期台湾以东黑潮（24° N 断面）热输送变异对我国东部夏季降水异常变化有显著指示性，可能存在较大影响。

（2）海洋物理学

1）中国近海海洋光学特性与遥感研究：通过"908"专项调查和近几年卫星遥感资料

的研究，首次获得了我国近海水体光学特性的系统参数与时空变化规律，发现了近海水体特征光谱与相应水体成分的内在联系。建立了我国近海二类水体综合要素的分类体系，发展了高精度、定量化并适用于我国近海水色水温的遥感反演模型，可直接为我国 HY-1 系列卫星遥感信息提取、辐射校正和真实性检验等业务化运行提供技术支撑，在我国自主海洋卫星的发展中发挥了重要作用。

2）加拿大海盆海水光学特性及衰减层化分立关系：利用 2006 年夏季在北冰洋加拿大海盆进行光学考察的数据，研究了光学衰减特性，得出以下结果：由于海冰长期覆盖，加拿大海盆水体透光性很好，光学衰减系数远小于世界其他大洋。将加拿大海盆的垂向光学衰减特征分为 3 种类型，即近岸高衰减类型、中部高衰减类型和垂向均匀类型。揭示了太平洋水主要在 30 ~ 60m 的水深范围内沿加拿大海盆西侧向北扩展。研究结果指出了在加拿大海盆深海部分普遍存在的衰减层化关系。

（3）海洋化学

1）中国近海海洋—海洋化学：通过“908”专项调查摸清了我国近海海洋化学环境特征及其变化规律。除一般海洋化学要素外，本研究首次进行了大气化学和放射性化学调查，并取得许多新认识。海水的营养盐浓度，在河口区和沿岸流与上升流等海域比较高，其中长江口、杭州湾、珠江口等河口海湾、渤海和苏北近岸海域、闽浙沿岸流区的富营养化尤为突出；重金属和石油类主要分布在河口区、港口区、沿岸流区和石油开发海域。沉积化学要素的分布和变化与海底沉积物类型分布密切相关。近海气溶胶化学要素的分布与变化受季风作用所控制，冬季受东北风输送的陆源物质影响为主，夏季反之。陆地径流入海携带的物质对海洋生物体质量影响大，长江口、珠江口和黄河口等河口海域生物体中的重金属、持久性有机污染物和石油类含量较高。

2）海洋生物地球化学：针对生源要素循环在生态系统的可持续发展中的重要作用，重点探讨了东黄海生源要素埋藏的关键过程及其组成与结构演变的沉积记录。取得的主要认识有：①沉积物中氮的循环过程。通过溶解氧、NH_4^+ 和 NO_3^- 的整柱培养交换通量以及沉积物 ^{15}N 受控培养实验，证实在黄东海沉积物中反硝化、厌氧铵氧化、异化硝酸盐还原为铵（DNRA）以及细胞内硝酸盐储存与释放等过程共同存在。DNRA 的存在干扰了对反硝化和厌氧铵氧化的量化，通过对 DNRA 的影响加以量化，给出了准确定量反硝化和厌氧铵氧化在化合态氮移除中的各自贡献。对于硝酸盐异化还原，主要贡献为反硝化和厌氧铵氧化，最终以 N_2 的形式被移除，而 DNRA 的贡献约为 1/5 左右。在黄海总的化合态氮移除速率为 0 ~ 0.45mmol $Nm^{-2}d^{-1}$，厌氧铵氧化占 10% ~ 70%；在东海总的化合态氮的移除速率为 0 ~ 0.89mmol $Nm^{-2}d^{-1}$，比黄海略高，厌氧铵氧化占 30% 左右。黄东海每年被移除的氮不足以影响到矿化后无机氮的再利用，暗示着水体中的有机氮的矿化比较强烈，以维持比较高的初级生产。存在的细胞内硝酸盐储存与释放线索也预示着更深一步研究黄东海底栖氮循环的必要性。②沉积物中生源要素的分布及生态环境的演变历史。黄东海沉积物中磷的含量和分布特征受多种因素的影响。在东海，随着离岸距离的增加，沉积物中

TP 的含量逐渐减小。可交换态磷、铁结合态磷、自生钙结合态磷分别占 TP 的 1% ~ 5%、7% ~ 25% 和 14% ~ 24%，随深度变化不明显。有机磷占 TP 的 11% ~ 31%，是活性磷主要的埋藏汇，随深度增加而逐渐减小，反映了有机质的降解和成岩过程。碎屑磷占 TP 的 35% ~ 65%，是主要存在形态，随深度增加变化不大，表明物质来源和沉积环境稳定。有机质降解和铁锰氧化物还原，使磷酸盐浓度随深度增加而增大。黄东海沉积物中生物硅含量呈区域性变化。黄海表层沉积物生物硅的溶解度为 118.9 ~ 251.2μm，溶解速率常数为 8.57 ~ 17.7nmol/g · h，比溶解速率常数为 0.13 ~ 1.72/a。通过对沉积物中生源要素的分析，揭示了近几十年来随着人类活动的影响，黄东海生态环境发生了变化。

（4）海洋生物学

1）近海海洋生物调查研究。对“908”专项海洋生物与生态调查所获得的数据、样品进行了统一规范的整理和分析，完成调查数据集共 17 集,《中国近海海洋图集——海洋生物》共 1141 幅的编制。系统分析了生物与生态要素的空间分布和季节变化规律，结合历史资料，对我国近海生态系统变化规律进行了较深入的分析，撰写了《中国近海海洋——海洋生物与生态》专著。

2）海洋生物的细胞、发育、分子遗传研究。重要模型动物纤毛虫的细胞研究，在国际上首次报道了 30 种的细胞发生模式，完成了 400 余形态种的分子种建库及 200 余种 SSUrRNA 等基因的测序并向 GenBank 数据库的提交工作，利用现代技术对 250 余种长期存在混乱、不详属种的重厘定、重定义、纤毛图式资料的建立，建立了 1 新亚目、2 新科、20 新属、90 余新种和新组合，在个体发育与 18s 小亚基基因序列分析的基础上完成了对盘头类、凯毛类等目级阶元的系统探讨与修订。

海洋桡足类是海洋生态系统的主要次级生产者，对其滞育的研究，在物种的系统发生、进化、种群的生存和发展中具有重要的意义。通过对我国 20 多种海洋桡足类滞育卵的研究，掌握了滞育卵产生的原因和规律，为解释自然海区桡足类的种群季节演替提供了理论依据；构建了桡足类滞育概率模型预测法，以及滞育指数量化法；还应用生物信息学研究方法，对桡足类滞育的生态遗传学及其进化开展了研究，开创了我国海洋浮游动物研究的新方向。

通过养殖贝类重要经济性状的分子解析与设计育种的基础研究，构建了牡蛎全基因组精细图谱和牡蛎基本数据库；建立了迄今为止已报道的最高密度的牡蛎和扇贝遗传连锁图谱，初步实现了与遗传图谱、BAC 物理图谱及基因组序列图谱的整合；提出了牡蛎幼虫变态基因网络调控模型以及多个重要抗性基因的调控作用等。培育的“蓬莱红”栉孔扇贝、“海大金贝”虾夷扇贝等多个新品种，居国际领先水平，在北方沿海大面积推广，取得了显著的经济效益。

3）海洋初级生产力研究。通过对南海北部基础生物生物过程的深入调查研究，阐明了南海北部基础生物生产力与代谢的关键物理—生物海洋学耦合调控过程，以及对碳循环、生物泵效率与水层碳能量的调控过程与机制；揭示了浮游植物群落演替是南海北部初级生产力季节变化的重要原因之一，南海 CO_2 的源汇格局和南海北部中尺度冷涡和暖池的生态效应；并发现浮游植物由氮限制向磷限制的转变趋势。

通过 2007 年和 2009 年对黄海中部春季水华发展过程的连续追踪观测，对黄海春季水华发展的特征、物种演替、环境控制机制等取得了新的认识。在长江口冲淡水区浮游植物旺发与缺氧区形成的关系、东中国海的浮游植物生态功能划区、东中国海初级生产力遥感反演等也都取得了明显进展。

对黄海动力过程与生物生产之间的关系研究，建立了浮游植物水华模型、中华哲水蚤种群动态模型、基于个体发育的鳀鱼模型，并在初级生产模型的基础上建立了微食链模型，上述模型能较好地反映黄海生态系统时空变化的主要特征。

4）深海微生物研究。完成了多个大洋、深海航次所取沉积物、结核区和生物样品的微生物分离鉴定，分离出了几千株微生物，并开展了硫氧化菌、铁还原菌的分离、功能试验和菌株保藏工作。发现在富钴结壳海山生态系统中，氮循环是一种极其重要的生物地球化学循环过程。

对南大西洋洋中脊热液区一种特有的盲虾（*Rimicarisexoculata*），采用非培养方法构建的盲虾共附生微生物 16SrRNA 基因文库，以及群落结构多样性分析的方法。结果发现盲虾鳃部和肠道菌群的结果有较大差异：鳃部以具有硫氧化功能的 ε－变形菌占绝对优势，而肠道具有氧化功能的脱铁杆菌有较大的比例。

从不同深海热液环境样品中，构建了细菌 16SrRNA 基因文库，进一步分离纯化，获得了多株高温产氢菌。

对从南大西洋洋中脊硫化物中分离了两株嗜热铁还原菌进行了铁还原机制研究。其中一株 TPFO1360，相似性最高为 *Halothermothrix orenii*（86.9%），为疑似新属；另一株 TPFO1960 相似性最高为 *Caloranarerobacter azorensis*（97.3%），为疑似新种。两个菌株均能够还原难溶的 FeOOH 和铁氧化物，并能在一定培养条件下生成磁铁矿。半透膜实验表明，菌株不是通过细胞直接接触还原铁化合物，而是菌株分泌电子穿梭体（*Shuttle*）进行电子传递并最终还原铁化合物。这类穿梭体应该是一类腐植酸（*humic acid*）物质，在培养过程中添加 AQDS（*anthraquinone*–2，6–*disulfonare*）可以增加两个菌株的铁还原能力，提高 FeII 的浓度；相反，氨基三乙酸（NTA）则对该过程没有促进作用，表明菌株不能还原 Fe（III）–NTA 复合物。

从大西洋热液硫化物及邻近沉积物样品中，分离得到 121 株细菌，隶属 28 个属。实验表明，大多菌株属于产酸硫化菌，其中 38 株产酸能力较强，有 10 株具有较强利用硫代硫酸钠的能力，菌株 *LiOM1*–6，在异类条件下，能利用 20mM 的硫代硫酸钠进行氧化生长。推测这些微生物在南大西洋热液环境中可能参与了硫氧化过程。

高通量测序结果表明，取自西北冰洋楚科奇陆架（CS）、大加拿大海盆陆坡（CBS）和大加拿大深海海盆（CBIZ）的 11 个站位表层沉积物中的细菌种群结构，存在明显的地区分布特征。δ－和 α－变形菌门的细菌分别是 CS、CBS 和 CBIZ 区域中的代表类型。

PCA 分析结果表明，沉积物中有机物含量的水平是影响细菌种群结构的重要因素之一。

对南极细菌适应低温的深入研究结果，提出了胞外多糖在南极适冷菌 *Pseudoalteromonas* sp. S-15-13 对低温的适应是：胞外多糖 EPSs 可通过改变菌体周围的冻结特征，以抵御冰晶对微生物的损伤来实现其在低温下的保护作用。

5）海洋生物在碳、硫海洋循环中的作用。海洋惰性溶解有机物（RDOM）的储量与大气 CO_2 总量相当，海洋 RDOM 碳库的变动与全球气候变化密化相关。2010 年 8 月，焦念志院士在 *Nature Reviews Microbiology* 发表论文，提出了“微型生物碳泵（MCP）”理论框架，阐释了微型生物产生 RDOM 的 3 种机制，揭示了微型生物生态过程在 RDOM“碳汇”形成过程中的重要作用，为深入了解海洋碳循环及其对全球变化的影响提供了新的认识。

通过对中国近海碳收支、调控机理及生态效应的大规模调查和实验与分析研究，在碳的源汇格局及其调控过程、生物泵结构、海洋酸化生态效应等取得了创新成果。提出的基于蓝紫光波段的高浑浊水体大气校正算法已被纳入国际海洋水色协调组织（IOCCG）静止轨道海洋水色观测报告（IOCCG Report 12：*Ocean Colour Obser Vations from a Geostationary Orbit*）。基于这一成果，我国新一代水色卫星 HY-1C，HY-1D 已计划增设两个紫外波段，用于近海浑浊水体大气的校正；在海洋酸化与 LU 辐射对浮游钙化藻类耦合效应所取得的成果，已被 UNEP 报告采用。

通过对我国黄、渤、东和南海多个航次调查，在甲板围墙实验、室内研究，结果表明：在水平分布上，海水上二甲基硫（DMS）、二甲基巯基丙酸（DMSP）由近岸向远海递减，与叶绿素 a 的分布一致；在垂直分布上，两者的最大值一般出现在表层；表层海水中，DMS 和 DMSP 呈现出明显的白天高、夜晚低，且呈现出季节和区域性差异。黄渤海 DMSP 主要来源于微型浮游植物（2μm ～ 20μm），而东海和南海 DMSP 主要来源于小型浮游植物（> 20μm）；DMS 的微生物降解是其主要的降解途径。

6）生态环境演变、灾害及生态修复。完成了多项古生态、古环境重建指标，重建了过去 6000 年我国陆架海洋生态环境的记录，初步分清了自然变化和人类活动的影响。提出了我国陆架海洋生态环境演变机制的新认识，对未来的变化趋势进行了预测，并出版了未来 50 年海洋生态环境变化的预测图集。

通过国家多项研究项目：“长江口邻近海域春季藻华演替过程与生物学机制”“长江口有害藻华分布格局的关键控制因素”“大规模甲藻藻华的生态安全效应”“我国近海藻华演变机制与防范对策”等研究，基本查清了我国近海的藻华灾害与发生的原因，基于藻华发生过程的关键环境要素，提出了藻华防治措施。

除了赤潮（藻华）外，还对近几年我国近海发生的褐藻（渤海局部海域）、大型水母，以及黄海南部沿海大规模绿潮（浒苔）的生物学基础和生态过程进行了大量、深入的研究，取得了许多创新性的认识。对浒苔快速增长机制进行了深入研究，较好阐释了浒苔生物量快速积累策略，为全面认识发生在春夏之交的黄海浒苔灾害提供了重要理论基础。

鉴于我国沿海许多海域的污染和生态损害较严重的状况，为改善海洋生态环境、建设海洋生态文明和促进海洋经济发展，近几年，国家和地方重视受损生物和受损生态系统恢复研究的投入。研究内容包括一些经济生物的育种、增殖放流、人工渔礁和海洋牧场建设；大型海洋藻类（如马尾藻）、多毛类（如沙蚕）、贝类等的培育和较大规模繁育；用微生物和海藻消解污染物；以及河口、海湾、海岛和典型生态系统的恢复等。通过研究项目的实施，探索了不少实践经验，取得了一些较好的成果。

如“渤海海岸带典型岸段与重要河口生态修复关键技术与示范研究”项目，通过3年多的努力，建立了盐渍化区生态修复技术等12项典型受损生境构建与修复关键技术，建成各类受损生境修复技术示范基地6个，示范基地总面积达333hm^2。

又如“西沙群岛珊瑚礁生态恢复与特色生物资源增殖利用关键技术与示范研究”项目，发现永兴岛海域珊瑚产卵在4月初，产卵的主要优势种为鹿角珊瑚，收集到的受精卵经半个月培养出现生长成双环的个体；并建立了捆绑和网片悬挂的成体珊瑚移植方法。在西沙永兴岛上建立了西沙海参人工繁殖和育苗试验基地，首次在国内确定了花刺参的产卵规律、胚胎发育、幼体发育和稚参生长的规律，建立了热带海参骨片电镜鉴定技术与PCP-RFLP和FLNS检测技术，突破了在热带花刺参人工繁殖与增殖的关键技术。花刺参的人工繁殖、育苗、养殖、增殖放流和产品加工等关键技术已成功地应用到广东、广西和海南三省区。

目前，在山东荣成市桑沟湾、长岛县小黑山岛、莱州市近海域，河北省唐山市祥云岛、辽宁省樟子岛等海域，生态恢复都取得了较好的成果。但我国的海洋生态恢复工作，起步相对较晚，在生态恢复的规划、理论、方法、规模、标准等方面尚有许多不足。

7）河口近海生物地球化学过程及其环境效应研究：针对以往重点关注河流输入的局限性、海底释放被以往研究所忽视，以及相关的技术难点，近5年来，运用同位素示踪方法，在阐明大气沉降、河流输入和海底释放等不同入海途径的生源要素组成及其结构特征的基础上，揭示了海底释放在生源要素收支和循环中与河流输入具有同等重要的作用。将物理海洋学与海洋生物地球化学过程相结合，利用^{13}C和^{15}N阐明了夏季长江冲淡水及其生物过程对颗粒态有机碳、氮从长江口到对马海峡传输路径上的时空分布特征及行为控制作用，定量估算了从河口到东海陆架沉积物中^{14}C的年龄及其有机物“新”“老”碳的组成和转化关系。揭示了长江口邻近海域低氧过程中有机质降解途径的南北差异，通过国际对比，诠释了世界范围内近海低氧变化与人类活动的关系，指出长江口外低氧区温室气体排放在世界上居于中上水平。建立了新型有机污染物被动采样和定量分析方法，揭示河口近岸水域新型有机污染物分布特征。

8）典型海岸带生态系统脆弱性评估研究：构建了典型海岸带生态系统脆弱性评价指标体系，建立了定量评价海岸带生态系统脆弱性方法，实现了在不同海平面上升情景下我国典型海岸带生态系统脆弱性的定量空间评价。以长江口滨海湿地、广西红树林生态系统和海南珊瑚礁生态系统为对象，采用SPRC评估模式，分析了气候变化所导致的海平面上升对典型海岸带生态系统的主要影响；构建了以海平面上升速率、地面沉降/抬升速率、生境高程、淹水阈值、潮滩坡度和沉积速率为指标的脆弱性评价体系；在 GIS 平台上量化各脆弱性指标，计算脆弱性指数并分级，建立了定量评价海岸带生态系统脆弱性方法。实现了在不同海平面上升情景和时间尺度下我国典型海岸带生态系统脆弱性的定量空间评价。

（5）海洋地质学

1）中国近海海洋—海底地形地貌：通过“908”专项揭示了我国近海，特别是重点海域的海底地形地貌特征及其区域分布，发现了一些新的重要地貌现象。首次编制了 1∶50000 和 1∶250000 我国近海高精度大比例尺海底地形图与地貌图，详细划分了海底地形单元和地貌类型，阐明了海底地形地貌特征、分布及其变化规律。在闽江口外、马祖列岛、白犬列岛之间海底，发现面积约 200km^2 的潮流沙脊群，呈 NE–SW 走向的条带状分布；在苏北废黄河口与连云港之间的近岸海底，进一步探明一套面积约 500km^2 的三角洲沉积体前缘及内部存在 U 形古河道沉积结构；在东海古潮流沙脊群中部，发现了出露海底的基岩高地，最浅点水深 35.9m（我国近海 1∶50000 比例尺海底地形图，与周期性修测的同比例尺陆地地形图具有同等的国家地位，是使用广泛的最重要基础图件）。

2）中国近海海洋—海洋底质：通过“908”专项调查研究，查清了我国近海海底沉积物类型及分布特征、物质来源、古环境演化历史，以及悬浮体的物质组成和运移规律。首次编制了近海 1∶250000 比例尺的海底沉积物类型分布图和全新世沉积物等厚度图，划分了我国近海末次冰消期以来的地层层序；揭示了渤海距今 100 万年、黄海距今 190 万年以来的古环境演化史，在渤海识别出 9 次海进—海退地质事件，黄海曾经历了 10 次海进—海退旋回；阐明了东海内陆架全新世以来沉积环境演化及其与东亚冬季风的联系，曾经历 10 次冬季风增强事件；定量估算了黄河物质和长江物质对黄海、东海沉积物的贡献。近 30 年来，黄河、长江、珠江输沙量呈明显下降趋势，导致三角洲海岸进入蚀退阶段；渤海、黄海和东海悬浮体浓度，由岸向海逐渐降低、自表层至底层逐渐增加。

3）中国近海海洋—海洋地球物理：通过“908”专项揭示了我国近海重磁场特征、重磁异常和构造活动分布规律，并填补了我国近海地球物理资料空白。调查研究发现，从山东半岛至闽浙交界处之间的近海隆起构造上重力异常显著降低，存在一个 $-15\times10^{-5}m/s^2$ 的负异常区，莫霍面最深达 35km，莫霍面起伏反映北黄海与南黄海盆地的形成与构造隆起相关。郯庐断裂带、红河断裂带的走滑拉张作用，分别导致渤海湾盆地、莺歌海盆地断陷大于其他张性盆地，基底岩浆活动使得磁异常升高。南海西北部和珠江口及其两侧重磁异常系统降低，以沉降活动为主。台湾海峡重力异常系统升高，台湾造山运动通过 NW 向走滑断裂及滨海断裂，对大陆近海地震活动影响增大。渤海湾、苏北近海和琼州海峡新构造运动较为活跃。

4）高低纬海区的交换及其全球影响：通过菲律宾海研究发现黏土矿物和稀土元素以及初级生产力在冰期—间冰期的规律变化与亚洲大陆粉尘存在遥相关，并主要受控于太阳辐射变化的轨道驱动机制。利用有机地球化学指标与矿物学指标恢复了中晚全新世以来副热带高压脊 ITCZ 演变的历史。明确了硅藻成席的“冰期冬季风加强一方面提供硅源，同时刺激生产力生成硅藻勃发，大规模有机碳输出形成缺氧环境”机理，并提出了成席硅藻发育海区缺氧环境并不是大洋侧向环流减弱引起的水体停滞造成的新观点。发现热带西太平洋暖池区域距今 15 万年以来冰期—间冰期温跃层深度波动类 ENSO 式变化记录。通过 NEC 西端分叉处从表层水到底层水三位空间上变化进行高分辨率的古海洋学再造，获得了 30Ka B.P 以来 NEC 西端分叉处海水结构的变化记录，发现了可与北半球高纬海区对比的千年至百年尺度的高频气候变化事件。建立了南大洋中高纬度距今 90 万年以来高分辨（~2Ka）氧同位素地层学，采用钙质超微化石的末现事件（Lo. Last ocurrence）作为年龄的控制点，结合标准曲线的冰期、间冰期界限，第一次确定了南大洋中高纬度距今 90 万年以来的高分辨率的地层学。

5）南黄海中部环流沉积体系形成和发育与气候环境演化关系：依托大量的地层、海底观测站、水体、底质等调查资料以及年代、粒度、古 SST、生物硅和化学成分等测试资料，结合数学模型和遥感信息，对南黄海泥质区沉积体系和环境变化进行了系统的研究。定义了海侵边界层概念，研究了末次冰期以来中国东部陆架三个体系域时空变化规律，建立了东部陆架海末次盛冰期以来层序演变和高水位期沉积物“源—汇”效应模式；研究了东部陆架海温跃层对悬浮泥沙输运的作用规律，揭示了黄海暖流对渤黄海的热动力作用和对南黄海中部泥质区的沉积作用机制，揭示了黄海中部泥质区形成和演变的沉积动力机制；研究证明，黄河、长江和韩国河流源的沉积物输入量只占南黄海中部和东南部这两个泥质沉积区 48%，沉积物的另一个重要来源很明显是来自黄海海底的侵蚀、再悬浮和再沉积，进而探讨了南黄海中部泥质区的物源和演变机制；研究了南黄海冷水团演变与流场变化关系和四季节悬浮体运移规律，发现温跃层附近产生的惯性振荡是冷水团兴消的关键控制因素，揭示了南黄海冷水团季节演变规律和控制因素：获得了长江河口物质扩散的替代性指标，研究了陆架泥质沉积区生源硅来源及其对气候波动的响应，揭示了自然变化和人类活动影响下的长江口及邻近海域生态环境百年演变规律；研究了记录在南黄海沉积物中的全新世气候变化，证明西太平洋暖池是促发中国东部气候变化的关键因素；揭示了跨海大桥桥墩对胶州湾动力和沉积环境影响的强度和机制。

6）南海新生代大陆边缘沉积演化：利用大量的二维地震剖面研究了南海北部深水区的生物礁发育特征，识别出了生物礁的分布范围及其类型，并利用地质和地球物理手段进行了论证，认为中新世是生物礁的发育期。该项研究发现并研究了块体搬运沉积体系，通过 2D、3D 地震研究，在南海北部陆坡首次发现两个巨大的第四系块体搬运沉积体；利用 3D 地震资料，在琼东南盆地南部发现深水水道沉积体系；系统研究了南海北部的碳酸盐岩台地演化并对地震储层进行预测研究。利用 2D 多道地震数据及相关生物礁油田地震及钻井数据，识别了琼东南深水盆地的碳酸盐岩储层；阐述了南海海域盆地新生代构造沉积演化特征。北部古近纪以断陷沉积为主，发育两大沉积体系：滨湖相沼泽沉积体系和海陆过渡及海相沉积体系。新近纪以坳陷—披覆沉积为主，发育坳陷—披复型滨岸—浅海陆架沉积体系和坳陷型三角洲—浅海—碳酸盐岩台地体系。研究了中新世气候适宜期的全球性极端侵蚀和风化与碳循环。发现了南海北部早—中中新世有一段快速沉积期，对这一段时间进一步运用常微量元素，并结合 Nd 同位素和元素地球化学资料，认识到南海沉积物揭示出中新世气候适宜期具有极端风化和侵蚀的特征，经对比认为这是一个全球气候变化事件。

7）南海中生代主动边缘的构造系统、盆地改造及油气资源潜力：从外围周边中生代地质背景和潮汕坳陷地层属性分析两个角度开展了研究。取得成果包括：①建立了华南衡阳盆地、攸县盆地、茶陵盆地、永新盆地、吉泰盆地和永泰盆地群的综合地层对比图，将研究区盆地演化分为两个阶段，即晚三叠世、早侏罗世的坳陷阶段（局部断陷）和中侏罗世以来的断陷盆地发育阶段，从而建立了华南地区中生界的演化格局；②揭示了中生代以来南海地区发生了多期的构造运动；③指出南海东北部的磁静区及其所处的南部隆起带是目前正处在发展初始阶段的南海北部第二期火山型被动边缘的前沿，发育有年代较新的下地壳高速体，该高速体具有很高的初始侵入温度（1300℃），它和沿磁静区两侧的北倾断裂带、洋陆交界断裂带及其他一些构造薄弱带侵入的地质年代较新的火山或岩墙一起造成磁静区处居里面的显著抬升，磁性层减薄，从而形成了“热成因模式”的磁静区；④潮汕坳陷位于南海北部中新生代强烈构造活动的枢纽部位，其中生代海相沉积具有受到强烈改造的条件。潮汕坳陷中东部 LF35-1-1 钻井揭示的油气储集物性总体较差，缺少良好的储油地层。长排列地震资料揭示该区中生界的地震波速度（4.0 ~ 5.0km/s）较高，也从地球物理上指示了沉积地层由于改造而致密。新的长排列资料速度分析研究表明，潮汕坳陷西南部局部存在折射地震波速度在 3.5 ~ 4.2km/s 的中生代沉积，岩石物性适合油气的聚集，可以作为未来进一步勘探研究的主要区域。此外，通过与南沙海区新采集长排列地震资料的对比，发现南沙海区北部也存在反射密集的中生代海相沉积，尽管由于构造活动，中生界已发生了强烈的断裂和褶皱形变，但地层内部良好的连续性，指示南海南部与北部的中生界仍具有一定的油气潜力。

8）南海大陆边缘动力学及油气资源潜力：通过天然地震观测和热流探测剖面获得的实际资料，对重磁资料处理分析、南海各种演化模式的对比研究，南、北大陆边缘层序地层划分及其对比研究，首次建立了完整的南海共轭陆缘的层序地层格架，揭示了重要构造事件的沉积响应特征，探讨了沉积特征对构造活动响应关系以及古气候的沉积效应，在此基础上对南海周边各块体的相对特征进行探讨，提出南海新生代大陆边缘的构造及沉积演化模式，并对南海油气资源潜力进行了评估。

9）南海深海过程演变：初步总结了实施 3 年来课题的进展和阶段性研究成果。其中“海底天然地震台阵观测实验”OBS 探测海底地壳及上地幔结构并进行 3D 成像，探索了南海地质构造演化及海底深部结构。在南海中央海盆的黄岩—珍贝海山链两侧布放 18 台 OBS（成功回收 11 台），这是在我国海域进行较大规模的被动源海底观测实验，不仅记录了南海中央海山区地震频率，还对海山链下面的地质构造进行了探测和摸底，其中多半设备都记录到了六七次震级大于 6.0 级的中强震，还发现地震记录和海洋活动（如台风、洋流）之间存在很大的相关性。

首次运用了深拖磁测系统，在接近南海海底的高度进行高分辨率磁异常测量，在南海中央与西南海盆 4 条测线成功获得 1220km 的深拖磁异常记录，确定了海盆扩张的时间和过程。

2014 年 3 月，作为国际大洋发现计划（IODP）新十年首个航次（IODP 349），在南海 4000 多米的深海进行了钻探，采获当年形成的南海大洋地壳的岩样，确定了南海最终形成的年龄为距今 1600 多万年前，并且终结了多年来的争论，确认南海东部海盆生成于 3300 万年前，消亡于 1500 万年前；西南部海盆生成于 2360 万年前，消亡于 1600 万年前。该研究计划把深海浅钻和载人深潜观测相结合，2012 年“蛟龙”号下潜至 3000m 深海的破裂火山口，发现多金属结核密集分布区，为确定深海火山形成后的沉积覆盖历史提供了新的线索。此前，科学家并不知道南海形成初期有过如此强烈的火山活动。

10）南黄海陆架区科学钻探：《大陆架科学钻探工程项目（CGS-CSDP）》，完成了南黄海陆架区科学钻探 CS-DP-01 孔的海上钻探作业，总进尺超过 300.1m，总取芯率达到 80% 以上。这是迄今为止中国东部陆架区最深的全取芯科学钻孔，也是陆架区所获取的第四系全岩芯的首钻，它不仅为近海海域第四系全取芯地质深孔施工积累了宝贵经验，更重要的是为实现我国陆架海第四纪科学研究的新突破提供了珍贵样品。对探讨我国（亚洲地区）新生代地质演化历史中的构造运动和地貌演化、陆架沉积物从源到汇、亚洲季风形成与演化、海陆变迁及其环境效应等具有里程碑式的科学意义。2015 年 9 月，在黄海中部隆起打的 CS-DP-02 孔，于 866m 处钻获含油气岩芯 10m。此次钻探也是在南黄海中古界碳酸盐岩中首次发现油气显示。

11）海陆地质地球物理系列编图：完成了《中国海陆地质地球物理系列图》8 种专题图件的编制。该 1∶500 万系列图包括地质图、大地构造格架图、大地构造演化图、莫霍面深度图、空间重力异常图、布格重力异常图、磁力异常图、地震层析成像图。

项目组利用叠置法和透视法编制了海域地质图，用此方法可以在一张地质图上较充分地表现海区新近纪以下的盆地沉积地质内容。根据已有的资料和最新的研究成果，将编图范围内块体构造单元划分出 26 个块体、13 条结合带、12 条缝合带（俯冲带、对冲带），利用古地磁数据恢复了中国主要块体的古纬度，并探讨了中国大陆概要的构造演化过程。按照计划，项目组还将继续编制中国海及邻域（1∶1000000）和中国各海区（1∶500000）各类系列图件。并初步建立了我国海洋区域地质调查成果的数据库。

12）多金属结核和富钴结壳资源调查与评价：①开展了结壳宏观成矿特征和小尺度微观空间矿分布特征研究，探讨了以地形为基础，地形、沉积堆积和底流三因素相互制约的联合控矿机制，为深入了解海山结壳资源的成矿空间展布理清了思路，为加密调查和圈定富矿区提供了科学依据；②对特定海山富钴结壳不同层位主要成矿元素（Mn、Fe、Co、Ni、Cu），伴生稀土元素（REE）的平均含量进行分析研究，开展了小尺度结壳品位、伴生有用元素的三维空间分布特征研究，依据综合成矿能力选定了有成矿前景的海山地貌单元和水深段；③完成了富钴结壳分析取样代表性及 K 值研究，研究表明在各种取样方式中，钻孔取样、切割取样和破碎取样均有较好的数据稳定性，拣块取样的数值偏差和数值重现性最差；获得了结壳中 4 种元素的 K 值，为今后化学分析样品重量和粒度的选取提供了科学依据；④开展了我国多金属结核试采区选择及资源综合评价研究，圈定了试采区，确定了资源量类型：采用多维数据融合技术分析结核覆盖率、丰度与坡度、坡向和水深等多因素的相关性；采用分类和回归算法预测结核小尺度分布；完成了工艺矿物学及综合利用评价的研究工作，发现 Mo 和 Ce 的独立矿物，认为氨浸法能够实现 Mn、Cu、Co、Ni 以及 Mo 的综合回收利用。

13）富钴结壳区基础地质研究：阐述了太平洋海水溶解氧和 pH 值的空间分布特征；总结了西太平洋海山成矿系统成矿过程和控矿要素，初步建立了富钴结壳评价模型；利用系统动力学分析软件 STELLA 分析了海山沉降与海水水化学特征对金属 Mn 清扫的控制作用，初步建立了富钴结壳成矿作用过程的系统动力学模型；进一步揭示了富钴结壳的物质来源，分析了结壳中碎屑物质的常量、稀土、微量元素和 Sr、Nd 同位素，并与中国黄土、海山玄武岩和马里亚纳岛弧火山物质进行对比，结果表明结壳中碎屑物质属于大陆来源的风成物质。富钴结壳 U 系测年研究，根据已获得的测量结果，采用 4 种铀系年代学方法，获得太平洋若干块结壳的生长速率：建立了综合的富钴结壳地层学剖面，系统揭示了富钴结壳生长过程中的古海洋环境和地质事件历史信息；分析了结核、结壳金属元素的赋存状态，揭示金属结合机制和铁锰沉积中造成某些主要成矿元素间存在分异的内在原因；确定了常压条件下铁锰氧化物矿物对成矿元素的富集作用。从分子水平上揭示了水成铁锰沉积 Fe 的赋存状态。低温常压条件下，水羟锰矿对成矿元素 Co 的吸附动力学模型符合动力学一级方程、Elovish 方程、抛物线扩散方程和 Ho 的一级动力学方程；低温常压条件下，水羟锰矿对成矿元素 Co、REE 吸附曲线为非线性的，符合 Languir 吸附等温式。揭示了海水 pH 对水羟锰矿吸附 Co、REE 的影响；发现晚第四纪和中更新世冰消期的 SST 变化在时间上与代表冰盖体积的氧同位素变化同步，说明了高、低纬度古气候变化的耦合性质。揭示了南海南部末次冰消期次表层海水种 *P. Obliquiloculata* 低值事件的古海洋学意义。

14）多金属结核和富钴结壳区环境研究：初步揭示了合同区环境基线自然变化的机理，La Nina 事件是合同区环境基线年间变化的最主要控制因子，La Nina 事件期间温跃层上界明显变浅，使得寡营养的大洋上层水体中营养盐浓度显著上升，叶绿素 a 浓度也随之增加；而与之相反的 El Nino 事件对寡营养的大洋上层水体中营养盐浓度影响不明显，主要是由于大洋上层水体中营养盐浓度本身已处于临界值，因此 El Nino 事件期间叶绿素 a 浓度的变化不明显；从西太平洋向东太平洋叶绿素 a 浓度随着营养盐浓度逐渐升高，颗粒物输出通量表现出明显的自西向东加强特征，从而导致了小型底栖生物的丰度也从西向东升高，呈现明显的空间变化。

15）多金属结核和富钴结壳资源加工利用技术主要研究成果：①多金属结核和富钴

结壳选冶试验。对富钴结壳的浮选和磁选工艺进行了优化，开发出富钴结壳新型捕收剂BK485，完成了富钴结壳湿式强磁选扩大试验；②富钴结壳湿法冶金研究提出了“预浸—还原浸出—氧化预中和”的优化工艺，从而显著降低了铁的溶出和改善浸出矿浆的沉降过滤性能，实现了锰的综合利用和二氧化硫的循环利用，采用优化工艺进行了100kg/d富钴结壳的冶炼单体扩大试验，利用富钴结壳处理浸出系统尾气和自身工艺废水，有效解决了水和气的二次污染；③富钴结壳火法冶金研究采用富钴结壳配加部分锰结核进行熔炼，解决了低锰高磷富钴结壳中锰与有价金属及磷的高效分离富集等技术难题，得到合格的富锰渣；采用自主开发的火法吹炼装置，完成了100kg/d富钴结壳火—水法冶炼全流程试验，获得1#电铜、冶金用氧化钴、电镍和符合FeMn60Si 17牌号的锰硅合金四种产品；④深海矿产资源商业开发虚拟研究与技术经济分析。对镍、钴、铜、锰、稀土等金属进行了详细的市场分析和预测，初步建立了以经济敏感因素为变量的深海矿物资源开发利用技术经济模型、经济品位与规模推算模型，可为深海矿物资源评价和商业前景预测提供依据；⑤多金属结核非传统利用和选冶尾渣资源化研究。继续开展了大洋多金属结核—结壳浸出渣多功能涂料制备工艺研究，系统评价了制品的使用性能、抗菌性能、防生物附着和耐海水侵蚀性能等，制备的环氧树脂基体多功能涂料的耐盐水性达22 ~ 23d、对细菌和微生物有较强的抑制能力；⑥基于锰结核及其氨浸渣的脱硫、氮和重金属材料开发。研究利用大洋锰结核氨浸废渣煅烧后作为高效深度脱硫剂应用于天然气、高炉煤气、城市煤气、合成氨变换气、煤化工等气体脱硫，脱硫过程四价锰氧化硫化物硫成为单质硫的同时还原生成为二价锰离子，二价锰离子与硫化氢反应生成硫化锰，脱硫气体中硫化氢残余浓度小于$5mg/N^3$；利用脱硫废料中硫化锰处理含重金属离子废水，重金属离子固化到颗粒滤料中，不需要固液分离，净化重金属离子效率高，重金属离子的固定容量高，处理后废水中重金属离子浓度小于0.5mg/L，饱和后的颗粒滤料可以送有关冶炼厂回收金属，避免了二次污染。

16）大洋中脊多金属硫化物资源调查与评价主要成果：①完成西南印度洋中脊、东太平洋海隆和大西洋中脊新发现热液区的地形地貌图件绘制；深入分析了典型热液区热液沉积物的分布特征以及不同洋中脊环境下热液活动分布与地形地貌之间的关系；对西南印度洋中脊的热液产物样品进行了大量的矿物学和地球化学分析，并在硫化物烟囱体生长过程、碳酸盐物质来源和成因类型等方面进行了深入研究；对西南印度洋中脊A区以及中印度洋中脊热液区硫化物样品开展了年代学研究；研究了岩浆周期性混合作用的基本特征及其对热液成矿的控制作用；初步建立了大洋基岩/硫化物样品的物理性质测试体系，并对西南印度洋中脊的基岩和硫化物的密度、放射性、波速、电性等特征进行了测试与分析；②在活动与非活动多金属硫化物找矿标志及找矿方法研究，多金属硫化物地质地球物理特征与矿床特征研究，多金属硫化物成矿机制、成矿模型与对比研究，多金属硫化物分布规律，热液羽状流指示特征，热液微生物成纠等方面继续进行了深入研究。

17）多金属结核合同区资源综合评价主要成果：①对合同区内试采区多金属结核的丰度、覆盖率、分布特征、土工力学以及详细勘探区的资源量分类进行了研究；②在继续开展中国合同区环境基线调查的基础上，扩大了调查区域，增加对邻近的环境特别受关注区的调查；同时整理历史环境资料，分析了合同区环境年际变化趋势和大尺度物理海洋特征；确定了环境参照区选取标准；③研制了海底沉积物土工力学参数原位测试仪并完成其66MPa 高压整体试验和随船全方位调试；④开展了多金属结核和富钴结壳合并冶炼工艺的研究；完成了多金属结核吨级规模冶炼连续试验初步设计方案；⑤对 2013 年多金属结核相关金属的市场情况进行分析，并对陆地资源和运输方案进行了对比研究，优化了多金属结核开发技术经济模型。

18）富钴结壳资源评价主要成果：①勘探区富钴结壳矿床特征和资源评价。基本确定了富钴结壳勘探区勘查工程间距和勘查方案；开展了勘探区勘查工作部署；基本确定了矿体圈定方法和资源评价方法；解释了典型海山富钴结壳的分布规律；推测海山可能存在隐伏型结壳矿产；初步编制了勘探区重点区域地质图；对比了南海多金属结壳与太平洋富钴结壳矿石矿物地球化学特征；建立了富钴结壳资源评价系统并对潜在资源进行空间预测；测定了富钴结壳中稀土元素和铂族元素含量变化；初步建设了全球大洋富钴结壳数据库；②调查区富钴结壳矿床特征和资源评价。分析了调查区海山富钴结壳矿床特征；初步揭示了调查区海山富钴结壳空间分布特征；初步评价了调查区海山富钴结壳资源量；③勘探区海山区环境评价。发现了采薇海山东西侧巨型底栖生物分布存在差异；揭示了采薇海山近底层流特征；研究了北太平洋亚热带环流区 $^{210}Po/^{210}Pb$ 不平衡及其颗粒动力学；揭示了热带东、西太平洋反硝化作用的差异及其变化机制；发现了采薇海山东侧的深层水涌升现象；④富钴结壳选冶评价。揭示了板状富钴结壳的工艺矿物学特征；初步建立了板状富钴结壳选矿特征；开展了冶炼验证试验。

19）西南印度洋多金属硫化物合同区资源评价主要成果：①基础地质及技术研究工作，在区域背景方面，编制了西南印度洋盆基础地质地球物理图件；编制了合同区区块群的地形草图与实际材料图；并进行西南印度洋构造单元分级，以及 120Ma 以来的区域洋底构造演化模式分析。利用岩石、沉积物等样品的地球化学测试分析，着重剖析西南印度洋脊 51° E 碳酸盐成因，分析了西南印度洋脊 49° E ~ 53° E 段洋脊岩浆活动特征以及地幔组成和结构特征；并进行了岩石的电—磁等物性测试、物性测试技术体系、基于岩石 / 硫化物物性数值模拟等方面的研究；进行了局部底质分类探测研究，并剖析了西南印度洋龙圻热液区的底表地质特征；初步进行沉积物地球化学找矿异常指标研究，并进行了考虑地形、海流等多种因素影响的热液羽状流异常数据处理方法；②资源勘探与评价工作，形成了一套基于"控矿构造—找矿标志—探矿技术"的洋中脊硫化物"三步法"快速找矿方法；初步提出了海底多金属硫化物资源评价理论体系，并理论验证应用了一套基于北大西洋中脊区域多金属硫化物成矿预测的资源方法，取得了较好的结果；③环境调查与评价工作，对西南印度洋合同区及邻域开展了海水中营养盐、溶解氧、pH 等化学要素分布特征研究；热液羽流区 CH_4 气体分布特征研究；热液羽流区金属元素（Fe、Mn、Al 等）分布特征研究。另外，还对热液区采集的低温热液氧化物 / 沉淀物开展了地球化学特征分析和分子生物学研究。

20）大洋中脊及其相关领域的地球科学研究：①在超慢速扩张的西南印度洋中脊组织实施大洋 21 航次 OBS 专业航段，成功地获取了西南印度洋中脊 A 区的“人工源”三维 OBS 台阵记录，开创了我国在大洋中脊开展海底地震探测的先河，也填补了国际上在超慢速扩张的西南印度洋中脊海底地震探测的空白。根据西南印度洋中脊 A 工作区近海底地磁异常资料反演发现，在活动热液喷口区附近 100m 内存在一个明显的低地磁化带（LMZ）；②通过和美国 WHOI 科学家合作，基于海底地形、重力资料，系统地研究了北大西洋海洋地壳厚度的分布和北大西洋几个地幔柱的相互作用，提出了慢速扩张洋中脊新的海洋地壳形成模式；③通过在西南印度洋脊发现的不同特征的玄武岩提出了西南印度洋脊东段的地幔是由三种不同端员成分相互混合在一起组成的，新数据不支持前人所提出的该段地幔性质在 Meiville Fracture Zone（MFZ）位置发生突变的观点；④首次在印度洋洋中脊热液硫化物样品中，发现原生热液成因的 Gordaite 矿物［$NaZn_4(SO_4)(OH)_6Cl \cdot 6(H_2O)$］，被认为是成矿流体与海水混合的标志性矿物。

21）洋中脊及相关区域的环境研究：开展南太平洋劳盆地东劳扩张中心和西南印度洋海域已知和潜在热液区环境基线研究，发现热液区环境基线的特征明显有别于正常的深海大洋环境，热液活动对于海域环境基线的变化具有明显的影响。海底热液喷发在水柱中形成的热液羽流不仅具有相对高浓度的甲烷含量，可检测到明显的浊度和温度异常，而且还含有较高浓度的 Fe/Mn 等微量元素。作为微营养的铁对上层海洋生态系统及其碳循环起着关键的作用。西南印度洋热液区水体铁氧化培养实验结果表明，羽流中的 Fe^{2+} 氧化半衰期为 1.85h，Fe（Ⅱ）氧化过程不仅与 pH 和溶解氧有关，而且还可能与当地的有机质浓度和铁氧化菌等微生物的活动有关。铁氧化菌还在铁氧化物的形成过程中也扮演着重要角色，热液区存在的嗜中性的铁氧化菌广泛参与了热液成矿过程。在贫有机质的深海，有机质以海洋输入为主，并且细菌输入的贡献较大，热液区原位化能合成生物生产力的贡献则可使沉积有机质的含量变高，热液的蚀变作用还可能对于奇数碳的高碳正构烷烃的出现有显著贡献。对深海巨型、大型和小型底栖生物样品的形态学、分子生物学及物种分类鉴定发现，印度洋热液区和南太平洋劳盆地生物样品具有同源性。

22）晚更新世以来西北太平洋边缘海沉积学与古海洋学研究：开展了东海、日本海、鄂霍次克海沉积学与古海洋学研究。取得了如下成果：①距今 250ka 以来东海陆架沉积层序和古环境演化研究。岩石磁学和古地磁研究发现，东海北部外陆架 70.20m 长岩心在 9.62 ~ 8.58m 深度显示出磁极性漂移，对应距今 12.68 ~ 10.21ka 的全新世初期哥德堡磁极性事件，为全新世初期短期磁极性漂移提供了新证据。钻孔 70.20 ~ 64.31m 和 54.00 ~ 50.94m 深度范围，磁倾角发生了变化，推测 MIS8 晚期的 CRO 反磁极性事件（距今 265 ~ 255ka）记录；②日本海距今 170ka 以来古环境演化研究。日本海钻孔沉积物 U^{k}_{37}-SST 最低值为 3.8℃（MIS6 期），最高为 14.2℃ ~ 21.6℃（MIS5 期），显示出快速、剧烈的变化特征。元素地球化学、有机碳和生源 $CaCO_3$ 研究表明，Ulleung 盆地表层海水生产力变化可分成三个阶段：距今 48 ~ 18ka 前海平面低，限制了外部富营养盐水团的补充，生产力相对较低；距今 18 ~ 11ka 前海平面上升，富营养水团输入，表层水生产力增加；全新世以来生产力受对马暖流控制，相对稳定；③鄂霍次克海距今 180ka 以来古环境演化。研究表明，鄂霍次克海碳酸盐和沉积物累积速率呈现明显的大西洋型，表明鄂霍次克海生产力主要受太阳辐射控制。TOC、$\delta^{18}O$、$CaCO_3$ 均具有 41ka 或接近 41ka 的变化周期，显示出受地球轨道参数调节的特征。冰筏碎屑记录表明，距今 180ka 以来鄂霍次克海至少发生了 12 次海冰扩张事件。

（6）河口海岸学

1）我国海岸带近 50 年来的演变过程与原因的研究：根据收集分析历史资料和补充强化观测，系统总结、定量给出了长江口与珠江口盐水入侵、莱州湾海水入侵、长江口和黄河口三角洲海岸与废黄河口三角洲海岸、广西黄树林、海南珊瑚礁、长江口生态系统、黄河口及其邻近海域渔业资源等近 50 年的演变过程与变化特征，并进行较为详尽的原因分析。

2）分汊与河网河口盐水入侵预测研究：提出风应力致使分汊河口出现盐水入侵异常的过程与机制，丰富了经典的分汊河口盐水入侵理论；创新盐度方程平流项算法，研发三维同化变分技术，合理给出盐度初始场，大幅提升盐水入侵计算精度；优化长江分汊河口盐水入侵三维数值模式，定量计算了因气候变化引起的径流量变化、海平面上升和三峡工程、南水北调工程等对长江河口盐水入侵和淡水资源的影响。基于国际上先进的 FVCOM 模型，建立适合于珠江河口河网特点的盐水入侵三维数值模式，科学解释磨刀门水道盐水入侵出现异常和近几十年西江潮差增大、盐水入侵增强的动力机制。

3）典型河口陆海相互作用研究：基于自然状态下流域降水量与入海水沙量的数学统计模型，同时分析流域内人类活动的方式和影响，建立径流、泥沙的收支平衡模式，从而实现对气候变化和人类活动对入海水沙通量影响的甄别，分别定量给出气候变化和大型水利工程等对黄河、长江两大河流入海水沙通量与节律变化的贡献，以及这些变化对于河口泥沙输运与地貌演变的影响过程与机理。突破单个河口水下三角洲前缘冲淤响应研究的局限，拓展了河口三角洲对流域来沙减少响应的地域、空间差异及其机制的认识，发现黄河三角洲已出现大范围的淤 – 蚀转型；长江三角洲总体淤涨速率锐减，三峡工程后出现局部侵蚀，三角洲处于转型之中；珠江三角洲淤积呈减缓趋势，但尚未出现侵蚀，或将转型。

4）潮汐河口的研究：在河口水流、泥沙运动特征研究的基础上，始终抓住影响河口河床演变的主要因素——动力和物质条件（径、潮流和泥沙），充分注意河口不同于河流的双向来流来沙的特点，根据国内外 26 条河流的河口资料，以径、潮流比值 α 和径、潮流含沙量比值 β 的合理组合 $\alpha\beta^{1/2}$ 作为分类指标，对潮汐河口进行了系统分类。潮汐河口分为河口湾型（Ⅰ型）、过渡型（Ⅱ型）和三角洲型（Ⅲ型），其中Ⅱ、Ⅲ型又各分三个亚类，即过渡型（Ⅱ 1）（$0.007 \leqslant \alpha\beta^{1/2} < 0.018$），有拦门沙的小喇叭过渡型河口；过渡型（Ⅱ 2）（$0.018 \leqslant \alpha\beta^{1/2} < 0.10$），有拦门沙的弯曲过渡型河口；过渡型（Ⅱ 3）（$0.10 \leqslant \alpha\beta^{1/2} < 0.14$），

有拦门沙的山区过渡型河口。三角洲型（Ⅲ 1）（$0.14 \leq \alpha\beta^{1/2} < 0.64$），有拦门沙的少汉三角洲河口；三角洲型（Ⅲ 2）（$0.64 \leq \alpha\beta^{1/2} < 2.2$），有拦门沙的网状三角洲河口；三角洲型（Ⅲ 3）（$2.2 \leq \alpha\beta^{1/2}$），有拦门沙的摆动三角洲河口。当（$\alpha\beta^{1/2} < 0.07$）时，潮流显著强于径流，且海域来沙明显大于陆域来沙，即形成河口湾型河口。

依照上述分类较好地归纳出不同类型河口的形成条件和河床演变特征。在对不同类型河口水沙运动和河床演变重要特征认识的基础上，结合各类河口治理的经验与教训，综合分析了潮汐河口开发治理的共同原则和各类河口的治理关键与难点。

5）南黄海辐射沙脊群的研究：通过“908”专项工作，对南黄海辐射沙脊群进行了更加深入研究，从而对南黄海辐射沙脊群的形成、发育及开发利用有了新的认识。南黄海沙脊群的形成发展，充分反映了中国海岸以河海交互作用为主要动力的自然环境特色与历史时期人类活动的影响。沙脊群主体是晚更新世末古长江由弶港一带入海时汇入的大量细砂和粉砂，形成大范围的河口三角洲，曾多次得到黄河的粉砂淤泥的补给。在冰后期海平面上升过程中，海底受太平洋前进潮波与山东半岛反射潮波所形成的辐聚、辐散潮波的改造，形成呈辐射状分布的沙脊群体与其间潮汐通道的组合形态。沙脊主要沿潮流场分布，而主干沙脊具有对称坦峰的带状体形态，反映出季风波浪效应对潮流沙脊的“修饰”，即辐射沙脊群是在潮流与激浪双重动力作用下形成的，但以潮流作用为主以波浪作用为辅，与国外呈线状分布的潮流沙脊群有明显区别。

研究并建立沙脊群沉积体系，加深了对苏北平原海岸发育过程的认识：由海湾冲积平原→沙坝→潟湖海岸→水下沙脊群的发展阶段，丰富了海陆交互带地貌发育理论。

6）全新世长江三角洲地貌演变过程与机制研究：系统建立了长江三角洲早—中全新世相对海平面变化曲线，将分辨率提升至百年尺度。根据三角洲地层和全新世海平面变化特征，结合“最低居住面”理论，揭示了三角洲初始发育特征、成陆过程以及人类活动响应特征。建立了综合的沉积物物源追踪指标体系，揭示了长江三角洲地貌演化对流域环境变化的响应过程，阐明了晚全新世人类活动对长江三角洲建造的显著影响。在此基础上，发展了三角洲千年尺度动力地貌模拟的数值方法，定量诠释了径潮流相互作用下长江三角洲地貌发育的动力机制。为深入理解大河三角洲发育机制，还对尼罗河和湄公河三角洲开展了研究，揭示了尼罗河三角洲发育对 ITCZ 迁移、ENSO 事件的响应特征，以及海平面波动控制下的湄公河三角洲发育特征和红树林海岸变迁过程。

7）黄渤海滨海湿地研究：构建了黄河三角洲海岸带地理信息数据库和滨海湿地生物多样性信息系统；研发了面向海岸带关键生态环境参数与过程的遥感算法与模型，建立了海岸带专题数据库和数字海岸带信息平台，建立了流域—河口—海湾污染物迁移模型和水质模型。解析了渤海及河口区微生物时空分布与氮循环过程，揭示了滨海湿地植物—微生物互作以及耐盐植物根瘤菌的多样性，揭示了黄河三角洲滨海湿地生态系统演变规律和驱动因素，估算了黄河河口潮滩级湿地碳排放。探明了黄渤海潮间带主要植被类型及动物类群的时空变化特征，建立了反演河口—潮间带及近海沉积物中古生态学研究方法，优化了近岸海域指示生物蛋白质组学提取方法，计算了硅、甲藻百年演变节点，阐明了潮间带绿潮等生态灾害爆发机制。构建了溢油数值模型，揭示了渤海溢油漂移扩散规律，实现溢油仿真模拟；系统揭示了中国多时相大陆自然和人工海岸线变化特征。研发了基于生物/化学传感器的海水污染物快速检测技术和环境多参数自动监测装备。提出了“逐级修复”的退化滨海湿地和受损潮间带海草床的生态修复技术，研发了入海河道水质原位修复集成技术，发展了溢油污染的海域、沉积物及滨海土壤的微生物修复技术。建立了海岸带突发环境事件污染损害鉴定评估技术框架体系。

（7）区域海洋学

1）中国近海海洋：是“908”专项调查研究的重要成果，由物理海洋与海洋气象、海洋光学与遥感、海洋化学、海洋生物与生态、海底地形地貌、海洋底质、海洋地球物理、中国海岸带、中国海岛、海岛与海岸带遥感影像处理与解译、海洋灾害、海域使用现状与趋势、沿海社会经济、海洋可再生能源、海水资源开发与利用、中国近海海洋基本状况和 11 个沿海省（市、区）海洋环境资源基本状况等 27 部专著组成，共计 2100 余万字。该系列著作深化了各种海洋环境要素时空分布、变化规律、制约因素机制的认识，并有新发现与新认识。

2）《中国区域海洋学》：2012 年由海洋出版社出版，是中国近海海洋综合调查与专项评价（“908”专项）的重要成果。全书 8 卷，计 664.5 万字。该书系统总结了新中国建立以来，特别是近 30 年来我国海洋科学的调查研究成果，全面、系统、完整地阐述了我国管辖海域的自然环境、各种海洋要素的基本特征及其分布变化规律，是一部海洋科学巨著。

（8）极地研究

1）南极冰架崩解数据和南极洲蓝冰分布图：2015 年 5 月 5 日，首次发布了 2005—2011 年南极洲冰架崩解数据集，这是迄今人类对南极冰架崩解做出的较为精确和细致的度量。另一成果是极地遥感无人机系统及今年航拍获取的南极拉斯曼丘陵三维影像。同时还发布了南极洲蓝冰分布图（2000）和盾牌座 δ 型变量 HD92277 南极冰穹 A 双色光曲线数据。

2）南极海域重力异常反演：反演并评估了南极海域 2′ ×2′ 高精度高分辨率的海洋重力异常。所得到的南极海域测高海洋重力异常模型，精度整体上与国际相当，部分超过了国际最新模型 Sandwell0 and Smith V18.1 及 DNSC08 的水平。研究结果为南极大地水准面的确定和海洋资源勘探提供高质量数据源。

3）遥感制图：获取全球第一个全南极洲 15m 高分辨率 ETM+6 个波段遥感图；获取南极洲 25m 分辨率雷达与 ETM+6 个波段融合遥感图；制作了全球首张全南极洲土地覆盖分类图；收集了南极地区现有的 30m 分辨率 ASTER DEM 数据，生成全南极洲 ASTER-DEM 镶嵌图，为南极地形分析提供基础数据。

4）东南极 Dome A 冰雷达探测：通过车载冰雷达对东南极冰盖中山站至 Dome A 断面的冰厚和冰下地形进行了探测，测线总长 1170km，获得沿断面走向的冰厚分布和冰下地形特征。获得了 Dome A 区域以昆仑站为中心的 30km×30km 范围内的冰厚分布和冰下地形特征。定量分析了冰穹 A 地区冰雷达探测数据，提取冰厚分布和冰下地形信息，揭示出冰下三维高分辨率地形地貌特征。

5）格罗夫山核心考察区冰下地形测绘研究：开展了利用地质雷达测定冰下地形及冰川物理特征等问题研究。采用探地雷达进行无线电回波测厚工作，并利用 GPS 技术确定作业点的精确位置，从而集成采集的数据，获得了格罗夫山核心地区具有代表意义的哈丁山至萨哈洛夫岭、阵风悬崖之间，大约 50km^2 的范围冰下地形图。

6）普里兹湾 POC 分布：普里兹湾及其邻近海域：POC 分布趋势表现出湾内高、湾外低的特点。POC 含量与营养盐呈现出明显的负相关关系，与 Chla 浓度呈现显著的正相关关系，表明研究海域 POC 主要由夏季生长繁殖的浮游植物贡献。在普里兹湾 POC 主要来源于浮游生物的贡献，具有明显的区域性特征。在 POC 的垂直分布上，受到光照、营养盐及海流等各种因素的共同影响，在物理和生物的相互作用下，POC 的垂直分布具有从湾内的表层最大值向湾外的次表层最大值转变的趋势。

7）南极中山站地区大气臭氧、氧化溴和二氧化氮柱浓度的研究：与中山站地区 Brewer 臭氧光谱仪和星载 0MI 观测资料进行比较分析得出，被动 DOAS 与 Brewer 臭氧光谱仪观测数据的相关系数为 0.863，与星载 0MI 观测数据的相关系数为 0.840，均表现了很好的相关性，说明在南极地区采用被动 DOAS 在线观测 03 柱含量的方法是可靠的。证明了氧化溴的垂直分布并非集中在近地面。二氧化氮的柱浓度在 1016 分子 /cm^2 量级，同样体现出较明显的日变化差异。

8）全新世东南极西福尔丘陵企鹅种群数量变化对气候环境的生态响应研究：发现该地区距今 4700 ~ 2400 年间企鹅数量繁盛，存在“企鹅适宜期”，综合对比南极半岛和罗斯海湾地区的研究后提出晚全新世“环南极企鹅适宜期”，对比东西南极晚全新世以来的企鹅种群数量变化记录发现，东西南极企鹅数量在距今约 400 ~ 300 年间的小冰期冷期时段锐减，显示出气候变化对生物种群的重要影响和作用。

9）海鸟粪土沉积物中稀土元素的古生态环境意义：通过测得南极阿德雷岛两根企鹅粪土沉积柱和南极企鹅粪土颗粒以及南极苔藓植物的稀土元素丰度，发现稀土元素主要在围岩风化后的土壤中富集，而在生物来源如企鹅粪土和苔藓植物的样品中呈现低值。通过对土壤和企鹅粪土中稀土元素丰度模式、分配特征等特征进行分析，来反演过去几千年企鹅数据的变化记录。

海豹粪土层有机生态地球化学研究对西南极法尔兹半岛毛皮海豹粪土沉积剖面 HNI 开展了有机地球化学分析，利用粪便甾醇植醇恢复了该地区 20 世纪以来海豹数据的变化和周围植被变化。

10）极地生态学研究：①确定了南极沉积物样品中桡足类 DNA 的分布特征及 Boeckella poppei 在湖泊类群中的主导地位，并发现海洋中桡足类多样性较高；② 2003 年夏季加拿大海盆中共发现冰藻 102 种，其中 95 种属于硅藻，主要集中于羽纹硅藻纲；③夏季王湾地区的细菌群落主要由 *Proteobacteria*（*Alpha, Beta and Gamma*）、*Bacteroidetes*、*Verrucomicrobia*

和 *Cyanobacteria* 四大类群组成。海洋骨条藻、小球藻和衣藻具有不同的最适生长温度及各自的生理机制。而四棘藻、海链藻及短孢角毛藻对强光照的耐受力最强。

（四）海洋技术与装备

1. 海洋观测技术

（1）卫星遥感观测技术

1）相控阵三维声学摄像声呐：我国自主研发的相控阵三维声学摄像声呐，突破了声呐基阵设计、信号处理算法、信号处理电路优化设计、声呐信号图像处理相等多项关键技术，研制出相控阵三维声学摄像声呐样机。2010 年完成了一系列现场试验，海试样机湖上试验、海上试验的无故障工作时间已超过 300h，最长连续工作时间达到 22h，各项技术指标均达到或超过英国 Coda 公司的产品，达到国际先进水平。

2）合成孔径声呐系统研制：攻克了总体设计、实时多子阵的快速成像、运动补偿、自聚焦、宽带基阵设计、大容量数据采集处理、目标识别成像算法等关键技术，研制成功两型合成孔径声呐系统，达到实用化和产品化要求，取得合成孔径声呐技术研制的重大突破。

低频合成孔径声呐工程样机可以同时对水下目标或水下场景实时成像，这是世界上首次研制完成同时具备双频双侧实时成像能力的合成孔径声呐系统。通过高低频图像的实时对照可以大大提高掩埋和半掩埋目标的探测能力，其主要技术指标：测绘带宽 600m，距离向分辨率优于 0.02m，沿航迹方向成像分辨率优于 0.05m，对尺度 0.2m 的目标成像清晰。根据公开文献检索结果，各项性能指标均达到或优于国外同类产品。干涉合成孔径声呐海试样机在国际上首先实现了实时干涉合成孔径声呐成像，声呐通道数达到国际最高水平（96 通道），这意味着在同等分辨率下，测绘速率更高或更远的成像距离。系统工作频率为 150kHz。在大容量声呐数据采集和传输（350MBPS）方面居国内领先水平。样机在高分辨模式下，成像距离可达 150m，距离分辨率优于 2cm，横向分辨率优于 5cm。在低分辨模式下，成像距离可达 240m，距离分辨率优于 4cm，横向分辨率优于 10cm。测深精度均满足 IHO 标准。对于布置在 80m 处的目标，系统测深精度达到 0.1m。对尺寸 1m 的小目标成像外形清晰。样机在三级海况的条件下工作稳定，可连续得到高分辨图像，海上试验结果表明我国的合成孔径声呐技术达到了实用化水平。

3）“海洋一号” B 星水色水温扫描仪辐射偏振校正技术：主要针对我国已发射的海洋水色卫星遥感器没有可用的辐射偏振响应度系数的问题，以 HY-1B/COCTS 水色卫星遥感为例，研究并建立了辐射偏振响应度在轨估算和辐射偏振校正算法，为我国后续海洋水色卫星资料的精确处理提供技术支撑。项目研究分析了 HY-1B/COCTS 的辐射偏振响应及其校正原理；自主研制出了粗糙海面的海洋—大气耦合矢量辐射传输数值模型 PCOART；分别利用瑞利大气矢量辐射传输问题和 POLDER 实测偏振卫星遥感数据，对 PCOART 计算遥感器入瞳处辐射 Stokes 矢量的精度进行了验证；建立了 HY-1B/COCTS 辐射偏振响应度在轨估算模型，并估算获得了 HY-1B/COCTS 的辐射偏振响应度；研制出了考虑气溶胶散射的 HY-1B/COCTS 辐射偏振校正算法；开发了 HY-1B/COCTS 辐射偏振响应度在轨估算和辐射偏振校正软件，核心算法已集成到 HY-1B/COCTS 业务化大气校正模型中。

4）SAR 海浪遥感研究：开展了 Torsethathaugen 谱和 Ochi-Hubble 谱两种形式的双峰海浪谱的 SAR 图像交叉谱仿真研究，分析不同的海浪参数对仿真结果的影响；针对参数双峰海浪谱对 Envisat ASAR level 2 算法在不同的有效波高条件下的固有误差进行了误差分析。结果表明：在海浪以涌浪成分为主并且有效波高小于 3m 时，该算法所采用的准线性反演方法的固有误差在 5% 以内，即在这一条件下，Envisat ASAR 1evel 2 算法可以使用，否则误差较大，不能使用。利用无约束非线性反演方法对 2009 年 3 月份部分和 8 月份全球 Envisat ASAR 波模式数据进行了反演研究，反演的结果与相应的 Envisat ASAR 2 级产品数据进行了比较，结果表明：在风速小于 4m/s 的低风速的情况下，本算法和 Envisat ASAR level 2 算法结果接近；对风速为 4 ~ 10m/s 且波长为 100 ~ 300m 的海浪，即 Envisat ASAR level 2 算法适用的情形下，本文算法反演结果比 Envisat ASAR 1evel 2 算法偏低约 0.4m，考虑到后者的固有误差导致结果偏高约 0.3 ~ 0.5m，本算法的结果更接近真实值。利用海浪有效波高半经验反演方法对 2009 年 8 月份全球 Envisat ASAR 波模式数据进行了反演研究。反演结果与 ERA-Interim 再分析数据和 NDBC 浮标数据进行比较。结果表明，该算法与 ERA-Interim 再分析有效波高数据相比平均偏差为 -0.37m，均方根误差为 1.42m，与浮标数据相比平均偏差为 -0.04m，均方根误差为 1.30m。

5）上升流对浙江沿海赤潮影响与作用的遥感研究：针对浙江沿岸上升流及海域内发生的赤潮灾害，研究浙江沿岸上升流遥感信息提取技术，提取了浙江沿岸上升流时空分布特征和变化规律，在收集多年赤潮记录数据和资料基础上，统计分析了浙江沿海赤潮的时空分布特征，最后从遥感角度研究了浙江沿岸上升流与赤潮灾害间的时空关系，探讨了浙江沿岸上升流对赤潮灾害的影响与作用。

6）极区海冰与海洋过程遥感监测技术：围绕极区海冰和海洋反演算法研究、算法应用、产品验证和模块化展开。通过研发，完成了海冰密集度等所有 16 项参数的算法模块，其中 10 项参数算法模块已提供给中国极地研究中心进行模块集成，用于准业务化运行。课题执行期间，参加了第 27 次和第 28 次南极考察及第 4 次北极考察，对部分参数进行了现场验证。同时，开展了冰面融池、冰面粗糙度和激光冰厚测量等技术储备参数的算法研究。向中国极地研究中心提供了配合第三方验证的遥感产品。

主要创新性成果有：建立了冰厚非热平衡理论、高风速条件下海面风速的反演理论；发展了基于双极化 SAR 面向对象的海冰分类技术、极区冰外缘线自动精准提取技术和沿岸冰间湖识别技术；研发了适用于南大洋表面流测报的同化模式；结合积雪、冰脊信息分析了北极海冰反照率的变化。根据研究需要，研制了冰下海洋自动剖面观测系统、积雪厚度测量仪、冰面粗糙度测量仪等测量设备。

通过研究，实现了我国极区海冰和海洋遥感产品从无到有的重大突破，为我国极区海冰和海洋遥感监测提供了基础数据。

7）“海洋二号”卫星资料处理新方法：“海洋二号”卫星（HY-2A）是我国第一颗海洋动力环境卫星，校正微波辐射计是其主要载荷之一，主要是为雷达高度计提供湿对流层路径延迟的校正，此外还可提供水汽含量等参数。HY-2A 卫星地面应用系统校正微波辐射计数据处理软件的研制工作，包括算法研究、软件开发和产品验证等，开发的处理软件已在国家卫星海洋应用中心进行业务化应用。系统的协同软件测试表明，模块工作稳定，性能良好，产品已由国家卫星海洋应用中心于 2012 年 3 月开始对外发布。验证结果表明，湿对流层路径延迟与美国 1ason-1/2 的结果具有很好的一致性。

8）多时相 SAR 渤海薄冰厚度探测研究：2013 年，项目开展了适用于渤海区域薄冰的电磁散射模型研究和验证；结合渤海海冰生长模型，建立了渤海薄冰 SAR 电磁散射模型。在上述工作的基础上，发展了 SAR 渤海薄冰厚度探测方法。通过对海冰厚度的极化响应特性分析，证明了海冰极化特性和海冰厚度存在的相关性，为利用海冰 SAR 数据反演海冰厚度提供了参考。结合渤海海冰生长模型和海冰电磁散射模型，分析了 L 波段、C 波段和 X 波段等不同波段的极化 SAR 数据反演薄冰（0 ~ 0.3m）厚度的能力，同时分析了渤海海冰生长过程中不同的散射过程（表面散射、体散射）、入射角、介电系数、表面粗糙度等多维参数的变化对 SAR 薄冰厚度反演的影响。在海冰厚度反演方面研究方面，发展了基于极化分解的 SAR 海冰厚度反演方法和基于海冰分类的 SAR 海冰厚度分级探测方法，针对渤海海冰的特点和不同星载 SAR 卫星，制定了不同的海冰厚度分级标准。

（2）海洋调查观测技术

1）轻型感应耦合数据传输温盐链系统：在感应耦合数据传输技术、高精度低功耗数据采集系统设计和传感器小型化设计方面取得了创新性成果，形成了轻型感应耦合数据传输。所研发的系统具有自主知识产权。

2）自持式剖面探测漂流浮标：2010 年已完成 Argo 浮标可靠性技术研究及 C-Argo 浮标研制。解决了 2000m 浮标可靠性、体积重量精确调整、CTD 测量传感器国产化等关键技术，研制完成的 2000m 浮标最大工作深度、测量数据有效性、循环工作、在位工作时间等指标接近目前国外同类浮标水平。实现了我国“北斗”卫星导航定位系统在 Argo 浮标的应用，完成了最大工作深度 500m 的 C-Argo 浮标研制。

3）深海自主潜标系统：针对南海深水区内波监测的高采样频率、高精度、长期连续观测等技术要求，集成中科院声学所自容式 150kHz ADCP、国家海洋技术中心温度链、海洋化工研究院玻璃微珠浮力材料等“863”自主技术产品，研发了深海海洋动力环境监测自主潜标系统。深海自主潜标系统上搭载的所有观测设备均采用“863”自主技术成果，实现海洋上层温度、流场等参量的高采样频率长期连续观测。该潜标系统于 2010 年 3 月 25 日在南海海域布放，并于 2010 年 8 月成功回收。

4）高性能 7 电极电导率传感器技术：研制适用于海洋环境测量的 7 电极电导率传感器，提供电导率传感器实验样机 1 台，技术指标达到同类产品世界先进水平。在 7 电极电导率传感器设计理论、镀铂膜电极工艺、焊接工艺及测量应用等方面取得理论和技术方法创新性成果，并具有自主知识产权。研制出一套比较成熟的生产、制造、加工工艺和实验测试方法。

5）船用投弃式温盐深测量仪：解决了传感器快速响应技术、自动校准测量电路设计、运动状态测量校正技术、低功耗技术、试验和验证技术等关键技术，完成了 XCTD 样机研制，填补了快速温盐剖面测量技术的国内空白。

6）极区海陆物质交换监测技术：主要完成了水下 20m 无人值守 90d 正常营养盐（亚硝酸盐）自动采集数据技术；完成了水下 30m 微型自动采水器（12 组）技术，完成了自由设定采集水样时间的采水设备一套和锚系测量平台，可在极区环境条件下稳定工作 1 年。

7）海洋动力参量拖曳式剖面测量系统：2009 年秋季航次完成了 42 次 UCTD 探头投放，全面检验了 UCTD 探头下降深度和速度、测量等基本性能。试验表明，在 0 ~ 12kn 航速下，探头的平均下降速度达到 4.0m/s，平均下降深度达到 429.2m。UCTD 单个作业周期约为 45min，在 12kn 航速下 UCTD 的水平剖面测量密度能达到每 9n mile 1 次。通过和 SBECTD 的比测试验，探头的快速测量性能较好，温度和盐度测量性能基本达到了项目指标的要求。2010 年根据上一年第三方检验的结果，对 UCTD 样机进行了完善和改进，探头采用了新的 7 电极电导率传感器，绕线机新增加了绕线张力器。参加了 3 月“质量控制和规范化海上试验”课题组织的春季航次海上试验，海上投放试验表明 7 电极电导率传感器测量稳定性较 4 电极好，增加的张力器使绕线机的绕线质量有了明显提高，探头深度达到 400m 的成功率达到了 100%。

8）小型自主航行观测技术：开展了运动姿态对 ADCP 测量运动补偿技术与 ADCP 测速滤波技术研究，通过运动姿态、航迹监测系统获取平台位置与姿态信息，采用基于空间位置滤波平滑和平台运动姿态小角度旋转的捷联微分方程递推算法。采用卡尔曼滤波对测量的底跟踪数据进行滤波，对粗大误差剔除效果明显，方差减小了 50%。实现了面向任务、开放式、模块化的设计，提高了可靠性、可维护性。开展了全模型水动力试验，验证了航行体具有良好水动力特性满足设计要求，在 2m/s 的航速下，各种偏航角度下，航行阻力趋势的偏航阻力曲线一致（除了 –90° 情况下）均小于 100N，满足设计要求。验证了 ADCP 和 CTD 布局，满足流速剖面、温盐深剖面测量。开展了下沉与上浮试验，验证了变浮力下系统的稳定性。实现了分布式、嵌入式、智能递降的控制体系结构。验证了 CAN 总线应用层协议节点间的通信，以及与实时多任务系统实现无缝衔接。实现了系统节点之间通信的稳定性、实时性。针对海水负二价硫含量浓度低的特点，对原有传感器进行改进和提高，完成传感器的组装调试。完成了国家海洋计量站的性能检测，国家海洋仪器设备产品质量监督检验中心的环境适应性检测。

9）深海原位激光拉曼光谱系统取得的主要成果：①完成了两套不同激发波长的自容式深海原位激光拉曼光谱系统（DOCARS）；②在国际上首次进行了水下原位 Raman–LIBs 联合探测技术实验探索；③建立了高温高压激光探测试验平台。利用该装置实现了高温高压环境下光谱系统的深海模拟实验和校准。

10）X 波段雷达探测技术：经过 5 年的持续研究，我国自主研发的 X 波段雷达测波系统突破总体设计、算法反演及系统标定等关键技术，完成技术设计和样机研制，研制的产品样机已进入产品测试阶段。2012 年，海试样机海上试验的无故障工作时间已超过 9 个月，最长连续工作时间达到 12 个月，系统稳定性、可靠性显著增强，有效波高、流向等部分指标超过国外同类型产品。

11）水下与空中平台蓝绿激光双向通信：突破了水下平台高效高能高重复频率全固态蓝绿激光器、大视场窄带宽接收和激光脉冲位置编码调制等关键技术，成功研制了国内首台水下与空中平台蓝绿激光双向通信试验系统，并于 2013 年 3 月在国内首次成功实现了水下 80m 深和空中 2100m 高的飞行平台间的激光通信，通信速率 2.5kbps，误码率优于 10^{-5}。

12）海水中 DOC、TDN/DON 和 TDP/DOP 现场快速测定仪器的研制：研制了海水中 DOC、TDN、TDP 现场快速分析仪，同时设计了相应的专用控制与数据采集软件，方便仪器控制与数据的采集与处理。

对每台分析仪分别进行调试以及氧化条件的优化，确定了最佳氧化和测量条件。在优化的实验条件下，TDP 分析仪的检出限为 3.2μgP/L，精密度为 7%，测量速度每小时 24 个样品，在 3% 氯化钠水溶液中甘油磷酸钠、TMP、焦磷酸钠、磷酸苯酯（Sodium phenyl phosphate dibasic dehydrate，PP）及 5- 磷酸腺苷二钠（AMP）的氧化率在 85%~120% 范围内，海水中以上 5 种有机磷化合物的回收率也达到 85% 以上；TDN 分析仪的检出限为 4.8μgN/L，精密度为 8%，测量速度每小时 30 个样品，3%NaCl 溶液中乙二胺四乙酸二钠盐（Disodium Ethylene Diamine Tetraacetic Acid，Na2EDTA，简写 EDTA）、甘氨酸、硫脲 3 种有机氮化合物氧化率在 81%~97% 范围内，以上 3 种有机氮化合物海水中的回收率在 87% ~ 98% 范围内；TOC 分析仪的检出限为 0.17μgC/L，精密度为 6%，测量速度每小时 4 个样品，邻苯二甲酸氢钾、草酸钾、硫脲、甘氨酸和葡萄糖在 3%NaCl 水溶液中的氧化率在 82% ~ 122% 范围内，5 种有机碳化合物在海水中的回收率在 82% ~ 118% 范围内。所研制的三台分析仪性能均达到预期指标。

采用所研制的 TDP、TDN 和 TOC 分析仪对现场海水进行了测量。同时对相同样品用国家标准方法（碱性过硫酸钾，120℃消解 30 分钟，然后测定）测量 TDP 和 TDN，用日本岛津 TOC-VCPH 分析仪高温燃烧法测量 TOC。结果表明，两种方法测量 TDP 结果的相对标准偏差（RSD）基本在 3.7% ~ 8.1% 范围内；TDN 测量结果的 RSD 在 3.4% ~ 10.9% 范围内，TOC 测量结果的 RSD 在 2.5% ~ 9.0% 范围内，采用 t 检验方法对两组数据进行差异性分析，结果表明两种方法所测量的结果一致。可见本项目所研制的分析仪与国标或国外仪器的测量结果具有一定的可比性。

13）海洋痕量营养盐、碳酸盐参数的监测方法及相应仪器的研发与应用：采用分离基底、原位在线检测等手段，解决了超痕量营养盐和海水碳酸盐体系测定的关键技术问题，并研发了稳定可靠、应用性强的船用和原位测定仪器。研究建立了表层海水中痕量活性磷、硝氮、亚硝氮和铵氮的多种分析方法，制造了相应的船载分析系统并在航次中现场应用。

基于多波长分光光度法测定原理，以 Teflon AF 液芯波导管作为流通池，研制并定型了海水 / 大气 CO_2 原位监测仪。与美国 LI-COR 公司的 LI-7000 商品仪器同时进行现场比对测定实验，结果吻合良好。研制了多通道海水碳酸盐体系原位监测系统，完成了 pH 和 pCO_2 通道的研发和性能测试。所建立的各种检测方法与国际领先水平相比，在检测限、线性范围、重现性等方面的指标基本相当，有些更优。

14）我国自主研制的海底观测网核心部件技术：突破了海底观测网络多项核心技术，研制出海底接驳盒、水下原位化学和动力环境监测系统等样机与配套软件，在完成浅海试验后，于 2011 年 4 月完成在美国蒙特利湾海底的布放工作，正式与美国海底观测网络并网运行。由海底观测网络次级接驳盒及海底摄像系统、海底原位化学分析系统、海底物理原位分析系统组成中国节点，正源源不断从美国蒙特利湾海底获取水深 888m 海底环境数据。此次深海试验，充分验证了接驳盒输能通讯、海底水下离子色谱原位分析、海底化学环境传感监测、海底动力环境监测、数据库与网络发布技术以及系统集成等技术。

15）南海深水区内波观测技术与试验系统开发：研发的主要成果：①严格按照“863”相关规范进行过程管理和质量控制，强化深海潜标水动力学优化、长期连续潜标关键部件外海长期检验、潜标加工与结构性能测试和外海长期检验等全过程的管理，突破深海内波声学探测、潜标水动力学优化设计等关键技术，优化耐腐防污技术和潜标布放回收技术等通用技术，研制了 2 套深海内波声学探测系统、3 套深海海洋动力环境实时监测潜标和 8 套深海海洋动力环境自容监测潜标，构建了南海深水区内波观测试验网，进行了连续 3 年的南海内波生成、传播和演变全过程观测，已回收的 20 套潜标共获取 4986 套天南海深水区海洋动力环境观测数据（尚有 10 套潜标在位运行），捕捉到了 712 个南海内孤立波生成、传播和演变全过程，这是目前国际上针对南海深水区内波时间最长、质量最好、最系统的观测数据；②针对南海深水区内波监测的高采样频率、高精度、长期连续观测等技术要求，课题集成自容式 75KHz 和 150KHz ADCP、“863” 自主技术产品，研发了深海海洋动力环境监测自主潜标。第一套自主潜标于 2010 年 3 月 25 日在南海海域成功布放，并于 2010 年 8 月 13 日成功回收，首次全部采用“863” 自主海洋观测设备实现了海洋上层温度、流场等参量的高采样频率长期连续观测。第二套自主潜标已于 2012 年 3 月在南海布放，目前正在运行中；③布放回收长期潜标 70 余套次，全部获得成功，获取大量宝贵的海洋动力环境监测数据和潜标布放回收经验，初步形成了深海海洋动力环境监测潜标布放与回收技术规范；④在内波科学研究方面，初步掌握了南海内孤立波生成传播和演变规律，初步实现了南海内孤立波预测，并研发了南海内波信息服务系统。

16）内波与混合精细化观测系统集成与示范区：①顺利完成了全海深内波与混合精细化观测试验网第一阶段构建工作。2013 年度共进行了 4 次海试，全年共布放潜标 23 套（其中油气区内波观测潜标 9 套，深水区内波观测潜标 14 套），成功回收潜标 6 套（其中油气区内波观测潜标 3 套，深水区内波观测潜标 3 套），仍然在位潜标 17 套（其中油气区内波观测潜标 6 套，深水区内波观测潜标 11 套），顺利完成了全海深内波与混合精细化观测试验网第一阶段构建工作。这些潜标于 2014 年回收，获取了大量宝贵的南海海洋动力环境监测数据；②获得了南海内波光学遥感探测的初步结果；③初步建立了内孤立波动力统计预测模型。

17）深海底边界层原位环境监测系统：成功研制成 1 套近海底边界层原位环境观测系统（Benvir）实验样机。Benvir 集成了一系列环境监测传感器，包括化学传感器（CH_4、CO_2、DO、pH 值、电导率）和物理传感器（ADCP、ADV、温度、压力、浊度），可实现近海底边界层多环境参数的原位、定点、连续和同步观测。Benvir 边界层底界面深度测量精度为 8cm，自容式数据存储容量为 4G，工作水深为 4000m，水下工作时间不少于 30d。创新性：① Benvir 采用模块化、开放式的创新性结构设计。在保证机械强度和抗海水腐蚀性的前提下，通过数模仿真对平台结构的稳定性及其对近海底环境参数的干扰影响进行分析和优化，研制了新一代模块化深海海底原位监测平台，使其具备如下功能：a. 便于作业船只的海上投放和水面回收；b. 系统结构在深海环境下具可靠强度和座底稳定性，并对环境参数的干扰影响降为最小；c. 提供充足的观测空间，满足多种监测传感器 / 仪器集成的空间需求。②研发了近海海底边界层原位剖面测量装置。通过其附带的集成化的多种原位探测传感器的升降移动，实现了近海底边界层多环境参数、多点位的高精度微剖面测量，从而提高了深海海底环境参数变化的高空间分辨率的探测能力。③多传感器集成及其准同步数据采集技术。采用 485 总线接口技术，实现了海底多传感器 / 仪器的有机集成以及长时序的数据准同步采集和数据融合，建立了海底边界层的 pH 值、浊度、DO、甲烷和 CO_2 等化学参数和海底水文动力参数的同步监测方法，为深海海底成矿、动力、生态环境微尺度变化观测提供了精确的数据资料。④研发了可视化投放平台装置。采用可视化监控投放技术支撑，弥补了传统海底观测装置“盲投”方法的不足，保障了系统的安全投放与海底“软着陆”。

18）大气波导实时探测技术研究：突破了雷达海杂波高灵敏大动态数字接收机、高速实时数字信号处理器、大气波导反演算法、卡尔曼滤波短时预测和海洋大气边界层数值同化预测大气波导、海态对海杂波电磁特性影响等关键技术研究，已完成了两台大气波导实时探测终端工程样机的研制，福建沿海某天气雷达和 ADWR-X 天气雷达配接。两台样机均顺利采集了大量海杂波数据，达到了预期目标。项目完成了模拟退火遗传算法反演软件的研制，先后在福建、秦皇岛市海边架设了配接大气波导实时探测终端的 X 波段天气雷达并开展了长期的海杂波采集试验和探空数据采集试验，采集了大量的海杂波数据、岸上探空数据、海上探空数据，为我国近海的大气波导特性统计研究及反演软件优化提供了坚实的基础。建立了高时空分辨率的大气波导实时预报系统，该系统于 2010 年 6 月下旬投入业务化运行，实际运行情况表明该系统运行稳定，达到业务化水平。

19）我国成功研制两型浅水多波束声呐系统、三维摄像声呐技术：完成样机研制，并成功进行海上试验，在测深精度、测深范围和覆盖宽度等多项指标达到并超过合同要求，研制设备已被两家单位采购并应用。三维摄像声呐技术取得重大进展，海试结果表明该样机系统达到实用化要求，该技术填补了国内空白，使我国成为世界上第二个掌握该项技术的国家。

20）海洋仪器设备海上试验场建设技术研究与原型设计：在充分选址论证基础上，开展浅海和深海试验场区的选址论证工作，并在青岛小麦岛海域开展我国浅海试验场的技术研究和原型建设工作，浅海试验场区具有坐底式在线水下试验平台、海床基监测系统及中型多参数综合试验浮标等，配置测波浮标以及大浮标等监测系统。

试验场具备观测数据库管理和计算机仿真系统，可开展试验场区海洋动力环境场的数值模拟和海洋环境测量仪器、搭载工具在特定环境下的工作状态仿真。浅海试验场原型示范运行 14 个多月，开展了温盐深测量仪、多参数水质仪和悬浮沙测量仪等海洋观测监测仪器设备的比测与试验，并进行了评估和海洋模型验证工作，极大的促进国产海洋观测仪器设备的研发和产业化进程，为我国最终建成具有国际领先水平的海上试验场打下坚实的基础、迈出关键的一步，对海洋高新技术成果转化具有重大意义。

21）水体放射性快速监测仪：独立自主研制成功快速高效铯吸附滤心，随后用这种滤心开发出水体放射性快速监测仪。该监测仪自动化程度高，一人就可完成航次连续监测。由于采用大容量（一个样品 3 ~ 5m^3 水样）海水样品现场富集，不再需要运回大批量海水进行室内富集分析，极大地降低了检出限，对于低至 0.007Bq/m^3 的 ^{134}Cs 也可以检出。使以前需经过数日甚至数月才能获取的放射性监测数据，在数十分钟至几小时就可以在现场得到，极大提高了放射性监测时效。同时该监测仪提高了监测准确度，极大提高了吸附效率，比美国现用方法提高了 200 倍，且有更高的吸附率（98%），提高了监测准确度。吸附海水中过滤速率达到 7 ~ 8L/min。该仪器在监测日本福岛核事故对我国管辖海域影响的业务化工作中发挥了重要作用。

2. 海底探测和油气勘探与开发技术

（1）海洋油气勘查技术

1）海洋油气钻探平台（海洋石油 981）：我国首座自主设计、建造并拥有知识产权的第六代深水半潜式钻井平台“海洋石油 981”，2007 年 10 月 18 日签订建造合同，于 2012 年 5 月 9 日在南海北部海域独立进行深水油气勘探作业，先后钻井 17 口、完井 4 口，特别是 2014 年 8 月 18 日该平台在南海勘探的大型气田南海陵水 17-2 测得高产油气流。标志着我国海洋石油工业的深水战略迈出了实质性的一步。自此，我国成为第一个在南海自营勘探开发深水油气资源的国家。

该钻井平台长 114m、宽 79m，平台自重 30670t，承重量 12.5 万 t，电缆总长度 800km，相当于围绕北京四环路跑 10 圈，它可起降我国目前最大的“Sikorsky S-92 型”直升机，作为一座兼具勘探、钻井、完井和修井等作业功能的钻井平台，水深小于 1500m 可以用锚链定位，水深大于 1500m 采用 DP3 动力定位。其最大作业水深 3000m、最大钻井深度可达 10000m。平台正中是约 45 层楼高的井架，能同时容纳 160 人工作和生活。

“海洋石油 981”具有九项创新：①极端复杂海洋环境共同作用下的半潜式钻井平台设计方法；②半潜式钻井平台 DP3 和锚泊组合定位设计；③基于海洋环境与钻井工况耦合作用下的隔水管理与实验技术；④发现深水管柱的“1/3 效应”与“上下边界效应”；⑤深水钻井隔水管安全控制理论与技术；⑥本质安全型海底防喷器控制技术及应用；⑦创建超高强度 R5 海洋工程系泊链标准及制造技术；⑧半潜式钻井平台抗风多浮体混合带缆系泊技术；⑨半潜式钻井平台防腐数值模拟设计建造技术。该项目成果实现了我国深水大型工程高端装备零的突破。其平台部分设计技术、深水隔水管安全控制技术和本质安全型海底防喷器技术达到世界领先水平。并且，该钻井平台的设计与建造也带动了海洋工程、船舶、机电制造业等行业的技术进步和产业升级，建立起我国深海海洋工程高端装备及配套技术研发基地，使我国成为继美国、挪威之后第三个具备超深水半潜式钻井平台设计、建造、调试、使用一体化综合能力的国家。

2）深水油气综合地球物理采集处理及联合解释技术：从勘探技术方法入手攻关，开展重、磁和地震综合反演解释技术等一系列有关深水油气地球物理探测关键技术集成研发。已初步建立适应我国南海特点的深水大型油气盆地勘查及综合评价技术系统。

通过海试表明，有两项技术取得突破性进展：一是首次实现了精确定位的超长缆 2D 地震采集技术，其 RGPS 动态精度优于 5m 的超长缆 2D 地震采集技术；二是成功实现了高精度的重、磁、震联合质量监控的综合地球物理探测技术，三种方法同步采集的精度绝大部分控制在 0.1ms 以内，远高于规范所要求的 1ms。联合质量监控，提高了地震采集的总体调查精度，已形成具有特色的高精度综合地球物理探测技术。经南海北部深水区试验获取了高质量的深部地层反射信号和相关数据。这一技术使地球物理勘探有效深度可达近万米，将为识别深水区含油气盆地构造、深部基础地质条件等提供高精度、高分辨率的地球物理信息。它标志着我国已具备深水油气勘探能力，为国家海洋油气等战略资源的勘探与开发提供高技术支撑。

3）油气层钻井中途地层测试仪实现工程化：研制成功“电缆式钻井中途地层测试仪”，形成了国内第一套模块化钻井中途地层测试技术及其装备，在泵抽式电缆地层测试仪压力补偿式 PVT 取样技术、井下环境下流体密度识别技术、混合流体和电气组合快速连接技术等方面取得了系列技术创新，ERCT 测试仪与目前斯伦贝谢、哈里伯顿、贝克休斯等公司先进的同类产品同属于第三代技术产品，ERCT 测试仪研制成功填补了该项技术的国内空白，使我国成为继美国之后第二个拥有该项技术的国家。该项技术成果已在渤海进行了 8 口井的作业测试，完成了其中 7 口井的地层压力测试和 5 口井的地层流体取样，成功获得了两个压力。

4）海陆联合深部地球物理探测关键技术：根据制定的 Micro OBS 研制方案，研制宽频带 7 通道海底地震仪 20 台，实现了声学应答装置国产化、整机工作低功耗、姿态控地震计信号优良化三项关键技术；研制小型便携式海底地震仪 12 台，利用自制电化学检波器和数字解码水声模块，降低了工艺要求和制作难度，达到国际同等水平；引入 6 条 BOLT 1500LL 型大容量低频气枪，开发了枪阵组合技术。

结合陆域爆破震源在渤海海区布设了 NE、NW 两条海陆联测剖面，实现了“陆域放炮，陆海接收；海域放炮，海陆接收”，获得了海域 500km、陆域 260km 的深地震资料，这是我国首次在浅海开展的真正意义上的海陆过渡带深部地壳结构探测，对于深入认识我国近海及海陆过渡带尤其是资源形成和灾害发生的自然规律、探索地球内部结构和演化过程等海洋地质基础科学问题有重要意义。

收集了渤海及其周边地区固定地震台站记录的天然地震 P 波、P_g 波、P_n 波等同时数据，获得了渤海及周边地区上地幔顶部的地震成像结果，完成了相关深部构造解释工作。

5）深水高分辨率浅地层探测技术：在高能量相干发射等离子体震源、数字高分辨率接收电缆、多通道中央记录系统和数据后处理系统等方面取得了创新性成果，形成了一套适合 300 ~ 3000m 工作水深的高分辨率浅地层探测系统样机，并在南海深水区取得了 275km 的实测剖面数据。课题实施期间，还为国家沿海重大工程建设和深水油气田勘探开发提供了技术服务，取得了良好的应用效果。

6）海洋天然气水合物综合探测技术取得的主要成果有：①研制了海底高频地震仪（HF-OBS）、多路 OBS 精密计时器及配套设备，突破了 3D 地震与 HF-OBS 联合同步采集、高密度速度提取、3D 速度体及矿体速度结构分析、矿体 3D 可视化及定量评价等多项核心技术，形成一套适合我国海域天然气水合物矿体目标探测的技术体系。研发技术首次应用于南海北部神狐海域天然气水合物矿体目标探测，成功获得了首幅“天然气水合物矿体的外形及内部结构特征”图像；②热流原位探测技术：研制了剑鱼 I 型海底热流原位探测系统、飞鱼 I 型微型温度测量仪和海底热流原位立体探测系统，开发了热流数据处理软件，建立了适用于天然气水合物勘探区的海底热流资料解释分析流程，形成集海底热流原位探测的采集、处理和解释于一体的系列技术；③流体地球化学现场快速探测技术：研发了孔隙原位采集系统，攻克了深海高压下沉积物原位孔隙水采集的泥水分离过滤技术等多个技术难点；研制了世界上第一套沉积物孔隙水分层原位采集系统，实现了在短时间内同时获取深海多层位、气密性、无污染的原位孔隙水样品；研发了海水分层气密采样系统，将压力自适应平衡技术成功运用于海水分层气密采样系统；研制了一套能够对不同类型水体中烃类气体等地球化学指标进行现场快速检测的船载平台系统；④海底沉积物声学原位探测的动力学方法及技术研究：针对国内外现有海底沉积物声学原位探测技术存在的问题，研究海底沉积物声学原位探测的动力学方法和相关技术，研制一套适合浅海的高精度、实用、可靠的“海底沉积物声学原位探测技术系统”，为我国海底沉积物声学性质调查和研究提供高技术支撑。研发了 1 套海底沉积物声学原位探测系统设备，经过多次海上试验验证，系统工作正常，相关技术指标达到设计要求。应用该设备已经在南黄海海域开展了两个航次的海底沉积声学原位调查，累计完成测量站位 103 站，获得沉积声学原位测量数据数百组。形成新设备 1 套（基于液压驱动贯入的海底沉积物声学特性原位探测系统）；⑤天然气水合物的热流原位立体探测技术：通过对基于热脉冲的双探针热导率测量原理与技术、高精度高保真的温度检测与热激励控制技术以及海底热流原位立体探测系统的机械结构设计的等方面的研究，总体目标是形成具有自主知识产权的海底热流立体探测技术以及相应的设备，缩短我国和国外相关专业之间的差距，达到国际先进水平，为我国海域天然气水合物勘查和评价提供新的技术支撑。自主研发成功了微型热流原位探测器，并据此配装成为热流原位立体探测系统，经过多次海上试验验证，系统工作正常，相关技术指标达到设计要求。最终研发了海底热流原位立体探测新设备 1 套（包括微型热流原位探测器及配套支撑架各 9 件套）。

7）海底孔隙水原位采样技术：我国自主研发的海底孔隙水原位采样系统于 2009 年 5 月 18 日，在“海洋四号”“HY4-2009-2”航次海试中，在南海 4000 多米水深海域成功地获取了原位气密孔隙水样品，实现我国海底孔隙水原位采样技术的重大突破。该系统最大工作水深超过 4000m，沉积物采样深度大于 5m，可同时采集 11 个层位的孔隙水，每个层位采水量不少于 100ml。在孔隙水原位采样装置中，涉及的“保气技术”“采水过滤技术”“进水阀门控制技术”和“钢制件表面抗腐蚀陶瓷类膜技术”等关键技术均为我国自主研发技术。海底沉积物孔隙水的原位采集及现场分析技术，可快速探测孔隙水中 CH_4、H_2S 等气体和 Cl^-、SO_4^{2-} 等离子的异常及其分布特征，避免了信息损失，为天然气水合物探查提供快速、高效的地球化学证据，同时还可广泛应用于海洋油气和海洋环境调查中。

（2）海底固体矿产勘查与开发技术

1）“海牛”号海底 60m 多用钻机：“海牛”号海底 60m 多用途钻机是我国首台自主研发的海底重要装备，在南海深海区试验成功。“海牛”号直径 10m，重 8.3t，配备 24 根钻杆，每根长 2.5m，排列在钻机圆盘上，随圆盘旋转机械手取杆安装、钻进，然后再接下一根钻杆，钻杆接御时间只有约 210s。钻头分三种类型，由金刚石和硬质合金制成，以钻进不同类型地层。该钻机自动化程度高、体重轻、功能多，可原位探测岩石电阻率、孔隙率及给孔内周边岩石拍照；适用软硬各种底质；效率高，打 60m 深钻仅需 20 多小时，价格比进口设备降低一半多。

2）深海原位激光拉曼光谱系统：我国自主研发的“深海原位激光拉曼光谱系统”于 2009 年 3 月 15 日至 4 月 1 日期间进行了首次海上试验，测试了深海拉曼光谱仪（Deep Ocean Compact Automatic Raman Spectrometer，DOCARS-532）样机的各项设计指标，成功验证了样机在深海环境下工作的稳定性和可靠性。海上试验结果表明，深海拉曼光谱仪样机能够在深海环境下正常工作，系统的密封和耐压性能良好，运行稳定可靠，各项指标和功能符合设计要求，达到了预期研究目标。

（3）深海热液矿勘探技术

1）热液样品保压采样器技术：深海水体序列保真采样技术通过国际合作，成功研制热液保真采样器 CGT（China Gas-tight），为我国自主勘探与深入研究热液资源提供了关键技术支撑。自 2008 年参加大西洋洋中脊深海热液科学考察，对 Rainbow、Lucky Strike、

Lost City 和 TAG 4 个热液区进行 10 多次成功采样，获取了大量高品质保压热液样品之后。2010 年 5 月，热液采样器又在台湾龟山岛热液区成功进行了自动触发采样，并获得了品质较好的热液样品。此外，热液采样器还在我国自主研制的“蛟龙”号载人潜水器上进行了成功应用，成功采集了 3700 多米深处的保压水样。

2015 年 8 月，由中国地质调查局北京采矿研究所、中海油深圳分公司等单位，在南海陵水区块成功完成 TKP-1 原位保压取样器深水保压性能的海域。该取样品可在内径为 104.8mm 的钻杆内获取长 1m，直径 50mm 以上的保温保压原状地层样品，该指标达到国际同类器具的先进水平，尤其适用于海底天然气水合物的勘查取样。

2）多波束浅海地形测量系统：突破了“U”形基阵设计与安装平台的一体化研究、“U”形高频发射换能器的宽覆盖技术、小体积高性能信号处理平台技术及“U”形基阵边缘波束测深精度保证技术等多项关键技术，2010 年完成了工程样机的调试与海试，样机的各项关键技术和性能指标均已实现（如双频测绘、最大覆盖宽度达到 8 倍海深、测深精度达到水深的 0.4% 等），并通过了与国外同类多波束产品的比对，经第三方评估结果显示，我国自主研制的工程样机在测深覆盖范围、测绘效率及测深精度等方面都达到或超过了国外同类产品 Seabat8101。

（4）深海运载勘探装备

1）DTA-4000 声学深拖系统：2009 年 9 月，在“大洋一号”船执行大洋 21 航次第二航段任务期间，中国科学院声学研究所负责研制的 DTA-4000 深海声学拖曳系统在东太平洋多金属结核合同区对 5300m 水深海底地形地貌进行了 31 个小时的连续探测，获得 48000m 测线的地形地貌有效数据，为海底资源分布规律和微地形地貌特征等研究提供基础性和关键性资料。

2）深海脐带缆技术：该研究在特种水密材料、铠装层扭矩平衡设计、铠装钢丝预拉伸装置及工艺技术、多刚度测试装置等方面取得了完全自主知识产权的创新成果，为我国海洋油气资源高效勘探开发、海洋环境观测和监测、海底勘测和深潜 3 个重点领域的发展提供基础研发、制造支撑和配套。深海 ROV、拖体等设备用铠装缆自主研发成功，实现了系列海洋通用技术与产品的工程化生产制备能力，为我国深海技术领域提供重要支撑配套技术和可靠的系列化产品，将大大提升我国参加国际海洋竞争能力，加速我国向更深更远的海洋进军。同时，又为进一步的低比重、高强度、全深非金属、铠装缆，特高强度水下拖曳承载铠装缆等类型脐带缆的研制奠定了技术基础，对推动我国海洋技术应用和经济发展具有重要意义。

3）动力定位系统国产化研制：在动力定位总体设计、动力定位能力评估、多推进器推力优选分配方法、控制算法、冗余控制设计、动力定位控制系统设计开发、动力定位述职仿真等多项关键技术方面取得了创新性成果，利用自主研发的 DP3 级动力定位原理样机开展了水池模型试验验证，通过对目标船定位精度和定位能力的分析，验证了所研发的动力定位控制系统原理样机的可靠性。针对“锋阳海工”铺缆船开发了应用于实船的 DP1

级动力定位系统工程样机并成功进行了海试，为突破大功率推进系统国产化关键技术和系统总装集成技术，形成DP3级动力定位系统工程样机及动力定位系统的产品化和国产化打下坚实基础。

3. 海洋工程技术

（1）海洋工程

1）深海环境通用自清洁防污涂层的研究：在已合成的两个系列的含辣素衍生结构的丙烯酸锌和丙烯酸铜树脂，优选出其中两种各项性能均稳定的含HMBA的丙烯酸锌树脂和含HMBA的丙烯酸铜树脂。对优选的树脂进行了生产工艺的优化，实现了工业化生产。所得1000kg产品在黄渤海、东海、南海海区海洋监测装备上进行示范应用的结果表明，筛选的防污涂料具有1年以上的防污期效。创新性：优化了具有自主知识产权的含辣素衍生结构的丙烯酸锌树脂、含辣素衍生结构的丙烯酸铜树脂和两种二硫代酰胺防污剂及深海环境通用自清洁防污涂料的制备工艺，实现了工业化生产。含辣素活性结构的丙烯酸锌树脂和含辣素活性结构的丙烯酵铜树脂，因其具有天然产物结构特征而生态友好，且树脂本身具有较长时间的防污性能。

2）海洋平台环境条件联合设计参数的优化比选技术研究：提出了高精度的多种海洋环境条件后报模型，重点研究了风、浪、流等环境条件的多维随机模拟技术，基于多维联合概率分布模型，制订了适用于我国沿海采油区域不同结构型式的、既能保证结构安全又可合理降低投资成本的海洋环境条件设计标准。在最优化理论和平台建造的风险评价分析基础上，实现边际油田海洋环境条件设计标准的优选，制定选定海域的海洋工程环境条件设计参数，使海洋结构设计更加合理可靠，为海洋油气资源可持续开发利用奠定基础。

3）1500m水深海底管道S型铺设技术：在深水海管铺设工艺和计算分析技术、深水立管安装工艺和计算分析、深水铺管关键设备和试验技术等方面取得8项创新性成果，形成1套适用于3000m水深S型铺管成套技术并已直接应用在首艘深水起重铺管船“海洋石油201”上，以上技术成果在国内首个深水油气田开发项目（荔湾3-项目）1500m水深海管的S型铺设任务中得到应用。该技术的创新应用在中国海油深水铺管技术上具有里程碑意义。

（2）海岸工程技术

我国砂质海岸生境养护和修复技术示范与研究：在调查研究的基础上，全面总结了我国海滩资源分布、演变情况，系统评价了海滩资源和环境特征，开展了不同类型海滩养护和修复工程方案研究、设计、施工的示范研究，提出并初步形成了适合我国砂质海岸特征的海滩生境养护技术和方法，在河北、山东、浙江、福建、广东、广西、海南等沿海省区得到了广泛应用，推动了我国海滩养护界和国际同行深入交流。完成了《中国沙滩保护技术与管理的手册》编写工作，手册立足于我国海岸特征并充分吸收了国际最先进的理念与方法，对建立和完善我国系统海滩养护理论，指导我国滨海沙滩保护、养护和修复技术及以滨海沙滩管理具有重要意义。

4. 海洋生物技术

（1）天然产物与药物开发技术

1）《中华海洋本草》：管华诗和王曙光主编，2009年由上海科学技术出版社出版。该书是我国海洋药物领域首部大型志书，也是一部记录中国3600年来海洋药物发展文明史，并体现当代科学水平的基础资料性质的百科全书。全书分为9部，总字数约850万字。其中主篇5部，分别为总论、海洋矿物药与海洋植物药、海洋无脊椎动物药、海洋脊索动物药、索引；副篇4部，包括1部《海洋药源微生物》和3部《海洋天然产物》。全书共收录海洋药用生物1479种；药物613味，其中植物药204味，动物药397味，矿物药12味；附有2700余幅图片和图谱。主篇和副篇相互印证，相互补充，反映了在现代海洋生物技术的推动下，我国海洋药物发展全貌。

2）靶向Ab分子的抗老年痴呆寡糖类药物971研发：发现971同时靶向A的多个区域，抑制其纤丝形成、促进纤丝解聚，拮抗A的神经毒性，降低脑组织中A含量及斑块沉积，改善学习记忆功能。971正在Ⅱ期临床研究，并申请了包括欧盟、欧亚在内的18个国家/地区的专利，已获8个国家/地区授权。该药已与国际制药公司签署了全球共同开发协议，使其成为有望走向国际的具有我国自主知识产权的糖类药物，标志着我国创新药物研究已跻身国际竞争行业。

3）壳聚糖基手术止血愈创医用材料：壳聚糖基手术止血、愈创、防粘连生物医用材料，攻克了壳聚糖衍生化技术、衍生化结构与生物学功能关键技术，已进入临床研究，由上海瑞金医院、北京协和医院等5家医疗机构的研究结果显示，该材料的止血愈创功能显著优于美国强生公司的速即纱止血材料，取得了重大技术突破，已申请了国际发明专利，其中愈创功能材料已获得生产批文，进入市场销售。

4）海洋活性肽的规模化制备技术及抗肿瘤先导物的获得：以海洋微生物天然抗肿瘤活性环五肽Obyanamidela和链七肽Tasiamidela为苗头化合物，完成了其全合成和50余个结构类似物的设计合成，建立了大环环化的方法、特殊氨基酸的合成方法、常规氨基酸和特殊氨基酸的缩合方法，并发展了相关片段的缩合策略和环化策略。设计合成了海洋活性肽的代表性特征结构单元，根据设计的偶联方式，构建了含有62个海洋类肽和53个海洋活性肽类似物的肽库。对合成的目标化合物进行了体外抗肿瘤活性的筛选，获得了4个活性化合物，在进行结构优化后，获得了1个高活性化合物，并申请了国家发明专利。为规模化制备奠定了重要基础。

5）靶向抗肿瘤新药重组文蛤多肽的研制：分离鉴定出新的15.5kDa的鲨鱼软骨多肽（PG155）可特异地抑制VEGF介导的内皮细胞的迁移与增殖；并能显著抑制斑马鱼胚胎肠下静脉的血管生成；从文蛤中获得了两种多肽，分子量分别为1.3kDa（MM13）与35kDa（MM35），MM35可以通过抑制AKT的磷酸化途径抑制内皮细胞的血管生成，对小鼠移植性肿瘤具有显著的抑瘤活性；从海鞘中获得了分子量为1.8kDa的多肽（PCIA），除具有抗血管生成活性外，对肿瘤细胞也具有较强的细胞毒性。已对发现的数种多肽进行了克隆表达，分别获得了具有生物学活性的重组抗肿瘤多肽 rPG155、rMM35、rMM13 以及 rPCIA。

6）酶解法生产几丁寡糖研究：研究发现豚鼠气单胞菌可产多种几丁质酶，并克隆和表达了几丁质酶基因，利用生物技术手段改良了天然几丁质酶，以它来降解虾蟹等甲壳类动物的甲壳质，生产低分子量的几丁寡糖；完成了高纯度单一几丁寡糖的制备工艺，生产的几丁二糖经有关部门检测，纯度为 96.4%；同时，建立了酶法生产几丁寡糖的中试工艺，生产的几丁寡糖混合物几丁寡糖含量大于 97.2%。

7）热带柳珊瑚和海草中新结构天然化合物和活性先导化合物：对 6 种柳珊瑚（侧扁软柳珊瑚、细枝竹节柳珊瑚、二叉黑角珊瑚、疏枝刺柳珊瑚、中华小月柳珊瑚、鳞海底柏）和 3 种海草（海菖蒲、海神草、泰莱藻）中次生代谢产物的分离纯化、结构鉴定及其抗病毒、抗肿瘤和抗海洋生物附着活性筛选，从中共分离鉴定了 200 多个单体化合物，包括 36 个新结构的化合物；筛选到 13 个抗肿瘤活性先导化合物、7 个抗病毒活性先导化合物以及 20 多个抗附着活性先导化合物；探讨了其中 5 种不同骨架类型的活性先导化合物的构效关系。

8）PKC 靶向抗瘤候选药物 ACT-007 的研究与开发：完成了十字孢碱 ST 的淡水发酵优化，产量由原来的 1.3mg/L，依次提高到 9.3mg/L（试管发酵）、61.1mg/L（摇瓶发酵）、55.9mg/L（5L 罐）和 188.5（50L，罐）mg/L：合成了 ACT-007 和 166 个结构新颖的结构类似物，以及 12 个 II 期临床抗癌药物 PKC412 的卤代衍生物；通过计算机模拟及活性评价，发现了 6 个具有应用前景的 ACT-007 的结构类似物，比 ACT-007 具有更强的细胞毒活性和分子靶向（PKCβ Ⅱ、VEGFR2、Top Ⅰ、HSP90）抑制作用。

9）新型抗Ⅱ型糖尿病海洋药物（HS_2O_3）临床前研究：以海藻多糖为原料，通过降解、分级、修饰和纯化，获得一种海洋寡糖化合物 HS_2O_3。动物水平研究表明，HS_2O_3 具有降低Ⅱ型糖尿病小鼠和自发性 db/db 小鼠血糖作用、显著降低糖尿病鼠血清胰岛素水平，以及血清游离脂肪酸和胆固醇水平，效果优于二甲双胍。HS_2O_3 能够减轻 II 型糖尿病大鼠的糖负荷，改善血脂代谢，降低胰岛素抵抗。18g/kg 灌胃给药和 5g/kg 静脉注射给药，无不良反应，显示 HS_2O_3 是一种作用机制明确、安全性高并有良好抗Ⅱ型糖尿病应用前景的药物。

10）南海海洋微生物次级代谢产物研究：对南海的微生物资源进行了初步的探索和开发，并在次级代谢产物的发现方面取得重要进展。通过对南海环境特殊功能微生物资源的选择性分离，发现包括真菌、细菌和放线菌等微生物 3723 株，31 个潜在新物种和 1 个新属级类群，其中有 19 个放线菌属为国际上首次在海洋环境中发现。建成容纳约 8 万 ~ 10 万只的海洋微生物资源库。从分离的放线菌和真菌中获得了 113 个化合物，其中新结构化合物 33 个，包括来自深海（＞1000m）的新化合物 18 个。通过对化合物的生物活性测试，发现了 16 个化合物具有抗菌、抗肿瘤、免疫抑制及抗疟疾作用，其中 13 个为新化合物。同时，对 4 株代谢产物丰富的放线菌进行了基因组测序，发现了编码新骨架化合物的生物合成基因簇，开发相关生物基产品奠定了基础。

11）海洋生物功能肽类与海藻多糖降解酶的制备开发：建立了规模化生产抗菌肽的优化工艺技术，和抗菌肽饲料添加剂的制备工艺技术。完成了适于生产的产酶菌株培育，包括高产琼胶酶、抗细菌生物被膜活性的褐藻胶裂解酶等菌株；建立了小规模的褐藻胶裂解酶 A1y Ⅶ的发酵和酶纯化工艺。完成了中规模的龙须菜寡糖酶法制备及膜过滤提取工艺，并进行了海藻寡糖在水果保鲜，抑农作物病原菌等方面的功能检测。

12）吲哚倍半萜生物合成研究：从中国南海 880m 深的海洋沉积物中分离到的链霉菌 *Streptomyce* sp. SCSIO 02999 的发酵液中，获得了吲哚倍半萜类化合物 xiamyciN A（xma，1），以及 4 个新的结构类似物 oxiamycin（OXM，2）、dixiamycinA（DXMA，3）、dixiamycint B（DXMB，4）和 chloroxiamycin（COM，5）。通过基因组扫描的方法确定了 XMA/OXM 的生物合成基因簇。该基因簇包含了 18 个可能与 XMA/0XM 生物合成相关的基因，对其中的 13 个基因进行了突变，敲除芳香环羟化酶 xiaK 基因获得的突变株发酵能积累化合物 indosespene（6），及少量的 XMA（1）。在体外生化实验中，重组表达的 XiaI 能催化 indosespene（6）反应生产 prexiamycin（7），后者自发氧化生成 XMA（1），从而揭示了吲哚倍半萜生物合成途径中的一种新颖的氧化环化机制。

13）深海放线菌次级代谢产物研究：对三株深海放线菌开展了次级代谢产物的研究工作，共发现了 9 个结构新颖的活性化合物。采用 PcR 扫描特定生物合成基因的策略，锁定菌株 SCSIO 03032 具有生产双吲哚生物碱的潜力，从而快速发现了 4 个结构独特的吲哚生物碱 spiroindimicins A–D（1–4），具有罕见的［5，6］或者［5，5］螺环骨架，其中含有［5，5］螺环的化合物 spiroindimieins B.D（2–4）表现出了较强的体外抗肿瘤活性：从菌株 SCSIO 01199 中分离得到一个新天然产物 deoxynyboquinone（5）和三个新颖的双阿扎夸酮类化合物 pseudonocardians A–C（6–8），具有很强的抗菌活性（Mlc 1–4μg/m1）和体外抗肿瘤活性（IC50 0.01–0.21μM）；从菌株 SCS10 01127 中获得的大环内酯类新化合物 Jobophorins E（9）和 F（10）比已知化合物 lobophorin A 在抗菌和抗肿瘤活性方面表现更为优越。

14）海洋微生物抗感染药物的生物合成研究：筛选到一株来自南海沉积土的放线菌 *Stroptomyces* sp SCS101666，以酮基合成酶为探针克隆了其生物合成基因簇，对 7 个生物合成基因进行了置换突变和代谢产物分析，发现 trdK 是生物合成途径中的负调控基因，其突变株使替达霉素的产量提高了 1 倍以上；生物合成途径中的 trdE 基因编码一种 16 家族糖基水解酶，具有糖基水解酶家族的典型催化保守位点 E145XDJ47XXE150。构建了 trdE 突变株，发现突变株积累一个新的生物合成中间体 pre tirmednmycin，为该分子聚酮—聚肽生物合成模块上释放下来的最早的前体化合物。对 TrdE 中具有糖基水解酶特征的 3 个保守氨基酸和 4 个具有潜在脱水作用的组氨酸进行了定点突变，对点突变蛋白进行 CD 谱测定和酶反应动力学参数表征，发现糖基水解酶的保守催化位点对酶活力的维持起着至关重要的作用，揭示了 E150 是该酶的活性催化位点，提出了可能的脱水催化机制。

15）新型海洋生物制品研究开发：开发了高效制备海藻寡糖、高活性壳聚糖等生产工艺技术，建成了千吨海洋生物农药生产线；以海藻多糖为主要原料研制成功了植物空心胶囊，并获得 SFDA 颁发的生产批文：以海洋功能性壳聚糖为原料研制获得 4 个医用止血产品。

16）深海微生物活性物质的挖掘及其利用技术：采集深海沉积物（水深大于 1000m）环境样品 45 份，分离、保藏 379 株海洋微生物菌株，并进行海洋微生物物种的系统分类及鉴定；筛选出 41 株药用活性显著、代谢产物丰富的深海活性菌株和 19 株具有农业杀菌等显著化学生态活性的深海真菌；对经过化学和活性筛选的深海微生物进行大量发酵和次生代谢产物的分离纯化、结构鉴定；获得深海微生物次生代谢产物 150 余个，筛选发现 16 个具有良好的抗菌或抑制肿瘤细胞活性化合物和 11 个具有生态活性化合物；阐明了深海微生物来源活性物质厦霉素的生物合成机制，并揭示生物合成途径中的一种新颖的氧化环化机制；筛选出产酸性、中性、碱性蛋白酶的菌株，并优选出两株耐盐性好、蛋白酶活性较高的菌种进行了鉴定和摇瓶发酵产酶条件的优化，并进行蛋白酶的分离纯化工作。

17）药物及保健功能活性筛选与应用基础研究：基于果蝇新建 HNF4、TNF、EGFR、InR、HBVPolymerase、HBx 等稳定转基因果蝇系，建立了 10 多种肿瘤、炎症或神经性疾病模型；利用 InR、TNF、EGFR、EphB4 等模型建立了高通量筛选技术平台，并开展了海洋药物筛选和环境毒理等方面的研究。对两株具有良好细胞毒活性的深海真菌进行了化合物分离鉴定，获得 25 个化合物，其中细胞毒活性化合物 5 个，化合物 B2e2 选择性抑制肝癌细胞的增值，但对正常肝细胞无抑制活性。对深海耐嗜好压菌 *Shewanella piezotolerans* WP3 分离的细胞毒活性化合物（–）–Praeruptorin A 进行了蛋白质组学差异表达分析，获得差异表达蛋白 17 个。以黑曲霉、近平滑念珠菌、金黄色葡萄球菌和创伤弧菌等人体致病菌作为指示菌，对 11 个属的 33 个深海来源霉菌所制备的 902 个馏分进行抗菌活性筛选，对单株指示菌有 50% 以上抑制作用的馏分为 719 个，对 4 个指示菌都有 50% 以上的抑制作用的馏分为 17 个，从这些具有广谱抗菌作用的馏分中有望分离提取新的抗菌活性化合物。

18）海洋微生物次生代谢的生理生态效应及其物合成机制：分离保藏海洋微生物菌株 1925 株，有效发表新属 3 个，新物种 13 个；新增分离鉴定 124 个结构新颖次生代谢产物，获得生理生态活性先导化合物 12 个，阐明了多个具有新颖生态功能化合物的生态机制，建立了适合海洋化学生态学的研究模型；完成 3 株生产菌遗传系统及全基因组文库的构建，完成 6 株海洋放线菌的全基因组扫描测序，其中 1 株完成全基因组精细图的绘制；克隆与鉴定了 6 个生物合成基因簇，获得 10 个生物合成中间体，完成了 5 个生物合成酶的生物学功能鉴定。

19）海洋生物活性物质国家标准样品研制与研发技术体系：该项目从海龙、海参和紫菜体中分离并纯化得到胆甾 –4– 烯 –3– 酮、海参皂苷 Al、海参皂苷 B、新琼二糖等 4 种高纯单体，并全部通过了国家标准样品委员会组织的国家标准样品评审。制备的 4 种国家标准样品全部为海洋来源，并且海参皂苷 A1、海参皂苷 B、新琼二糖 3 种国家标准样品在国内外都没有对照品，该研究不但获得了海洋来源的国家标准样品而且 3 种国家标准样品填补了本领域的空白。

20）海洋生物酶生产和应用的关键技术：研发了具有酸、碱、氧化剂或有机溶剂耐受性的新型海洋生物碱性蛋白酶、溶菌酶、脂肪酶、酯酶和过氧化氢酶。解决了产业化放大各工艺环节的关键技术，特别是“发酵液高通量分离与酶固定化关键技术”取得重要突破，建立了新型海洋碱性蛋白酶制剂和酯酶及生物拆分手性化合物的生产线和产品开发基地。攻克了在洗涤剂、纺织、水产品加工保鲜、医药和养殖行业应用技术，针对酶应用行业所开发的绿色工艺技术和产品的推广将带来巨大的社会、经济和生态效益。

21）河豚毒素—类戒毒新药研究与开发：构建了多级膜分离集成优化技术，突破了规模化制备高纯河豚毒素的关键技术瓶颈，获得了高纯度（纯度≥ 99%）10 克以上的河豚毒素，成功构建河豚毒素冻干粉针制剂制备工艺，解决了河豚毒素制剂长期保存的不稳定性问题，为河豚毒素—类新药研发及各期临床试验储备了必要的研究及报检样品。同时，完成了河豚毒素—类戒毒新药临床前的全部研究资料，河豚毒素原料药、注射用河豚毒素两个品种分别获得国家食品药品监督管理局一类新药注册受理文号，形成拥有自主知识产权的成果，其中高纯河豚毒素批量化生产工艺技术为国内外首创，实现了产研结合实施成果转化的工作。

22）深海嗜热古菌 *Thermococcus* sp.4557 DNA 聚合酶的克隆与功能研究：在对深海热液区微生物的调查研究中，分离得到了一株嗜热古菌砀删 *Thermococcus* sp.4557。全基因组测序与分析发现一个 Family B DNA 聚合酶（T4557 DNA 聚合酶），其氨基酸序列与 *Thermococcus* sp.90N-7 DNA 聚合酶的市目似性最高，达 93%。酶学分析表明，T4557 DNA 聚合酶具有 3’→ 5’ 外切酶活性及较好的热稳定性，其半衰期为 280min，约为商品化 Taq DNA 聚合酶的 4 倍，而其保真性为 Taq DNA 聚合酶的 1.16 倍。对 PCR 反应的缓冲液进行了优化，其最适缓冲液组成为 10mM Tris-HCl（pH 8.2 ～ 8.4）、4mM MgC12、50mM KCl。在该条件下 T4557DNA 聚合酶可扩增到长达 8kb 的 DNA 片段，具有扩增长片段的应用潜力。T4557 DNA 聚合酶不仅扩充了 DNA 聚合酶资源，同时为 Family B DNA 聚合酶的研究提供更多的信息。

23）深海热液区超嗜热古菌新种 *Palaeococcus pacificus* sp.nov.DY20341T 的菌株鉴定及全基因组分析：超嗜热古菌 *Palaeococcus pacificus* sp.nov.DY20341T 分离自东太平洋热液区，与热球菌目 Palaeococcus 属中的菌株 *Palaeococcus ferriphilus* 同源性最高，为 95.7%，疑为新种。该菌株为绝对厌氧菌，可利用单质硫、硫酸盐作为电子受体，不能还原亚硫酸盐，硫代硫酸钠，铁（Ⅲ）或硝酸盐。对该菌株进行全基因组测序，发现 DY20 341T 染色体为 1857348bb，环状结构，无染色体外遗传结构。Glimmer 3.02 预测含 2001 个可读框，其中 78.11% 有明确的生物学功能，分配到具体（COG）的集群；49.83%（997/2001）的 ORF 可预测到具体的酶学编号。平均基因大小为 845bp，CDS 的范围从 38 ~ 1749 个氨基酸组成。使用 tRNAscan-SE1.21 和 RNAmmer1.2 预测发现 2 个 rRNA 基因位点，46 个 tRNA 基因。菌株 DY20 341T 的基本能量代谢形式包括：糖酵解，Penrose phosphate 途径，反向三羧酸循环。基因组中共包括 5 个氢化酶基因簇，2 个胞内氢化酶基因簇。

24）食烷菌基因组研究：采用高通量 Illumina 测序技术对 33 株食烷菌基因组测序，采用 Paired-End 方法构建 500bp 文库，按照同源基因类分析方法对 36 株食烷菌进行分析，36 株食烷菌共有的 130570 个蛋白编码基因，根据两两之间 50% 比对区域覆盖度及 10%～90% 比对结果相似度，可以归为 13854～54811 个同源基因类，占总蛋白编码基因数的 10.61%～41.98%。其中按 10%～30% 相似度的结果相差不大，因此同源基因类分析的最低相似度标准为 30%。食烷菌属的泛基因组从 13854 个增加到 54811 个，而核心基因组则从 1410 个减少到 41 个，同时也注意到食烷菌属单株菌特有的同源基因类总数从 5568 增加到 30616 个。食烷菌属是一个比较开放的种属，它通过基因水平转移等方式获取大量特有基因。泛基因组与核心基因组分析：按照 50% 比对覆盖度和 50% 比对相似度（氨基酸水平），36 株食烷菌总共 130570 个蛋白编码基因可以归为 17118 种同源基因类。其中食烷菌属核心同源基因类有 1288 科（包含 46723 个编码蛋白基因），占了总基因数的 35.8%，但仅占同源基因类总数的 7.5%，而占总基因数 6.0% 的各种特异基因却占了同源基因类总数的 45.1%。食烷菌属通过基因水平转移等方式获取了大量的基因类型。按照 50% 比对区域覆盖度和 50% 比对结果相似度标准，绘制了食烷菌属泛基因组增加、核心基因组减少及新基因增加趋势图。

25）洋中脊生物基因资源的研究开发：①从不同地点的深海沉积物中分离培养产蛋白酶或多糖的菌株，建立 800 多株深海微生物菌种库。分析了深海沉积物中产蛋白酶细菌及其所产蛋白酶的多样性，鉴定出 6 个细菌新种属；筛选获得具有产电活性的细菌菌株 14 株，具有浸矿能力的中等嗜热微生物 20 余株；有潜在的生物活性物质产生菌 200 余株，有效发表 3 个微生物新种。公开发表海洋细菌 16 个，其中 4 个为新属新种。已完成非培养微生物大片段基因组文库 12 个，其中 fosmid/Cosmid 文库 2 个，BAC 文库 1 个，重组克隆子 12 万多个。从深海样品中获得了 65 株产酶的宏基因组文库克隆、32 个酶基因，对其中 19 个酶基因进行了表达。建立了深海微生物极端酶谱库。②构建了能够在深海希瓦氏菌—大肠杆菌中穿梭的表达载体。完成了酵母捕捉载体 YCV6 的构建，并克隆了来自肺炎克雷伯菌 HS04044 的靶序列。利用成功构建的载体系统和初步改造的深海宿主表达了来源于深海的一个降解芳香族化合物的基因簇中的 4- 羟基苯并酮酶，在深海菌株 WP3 中检出了基因的表达。通过 PCR 打靶技术对一个 PKS/NRPS 杂合基因簇进行了修饰，并将其导入和整合到链霉菌宿主的染色体上。③建立了以微生物的 HPLC-UV、HPLC-ESI-MS/MS 和 HPLC-NMR 的组合分子识别技术，从多种海洋微生物中获得具有明确化学结构的次生代谢产物 116 种（化合物纯度大于 98%），获得国际上首次发现的新颖结构化合物 60 个（其中新骨架 6 个）。从海洋真菌 *Stemphylium* sp. 中制备和鉴定 24 个化合物，其中 12 个新化合物。发现 3 种海洋微生物产生的生物碱具有显著的体内抗肿瘤药效活性，15 种化合物具有显著抗肿瘤活性（IC50<10μg/ml）；4 种具有抗糖尿病Ⅱ型靶蛋白 PTP1B 活性，4 种具有显著抗菌活性，1 种对神经因子 5- 羟色胺具有调控作用。通过抗肿瘤活性筛选，

优选得到了一个肿瘤既生血管破坏剂 MDS-11。④建立了适冷酶的高效表达系统，高效重组表达具有适冷活性的适冷酶；2 个脂肪酶基因工程菌完成了 500L 规模的中试发酵工作，1 株产琼胶酶菌株完成了 100L 规模的降解龙须菜产糖的酶解条件优化。分离纯化了 4 个新的蛋白酶，在国内外首次解析了 M4 家族金属蛋白酶的过渡态复合物的晶体结构，揭示了 M4 家族金属蛋白酶的适冷进化机制和成熟机制。

26）深海真菌资源获取及其在生物柴油、不饱和脂肪酸开发上的潜力评估：利用大洋 21 航次、23 航次的深海样品分离获得深海真菌 337 株，包括 144 株丝状真菌及 193 株酵母菌；完成 79 株丝状真菌及 92 株酵母菌的分类鉴定。同时，利用 23 航次东太平洋多金属结核区与富钴结壳区 5 个站位的 12 个大洋样品构建深海真菌 ITS 序列克隆文库，分析深海环境中不依赖培养的真菌的多样性。测序结果显示这一海区的深海真菌主要由子囊菌亚门和担子菌亚门组成，其中子囊菌亚门占优势地位。相对于已有的报道，研究发现了更多类别的担子菌亚门的深海真菌存在。此外还有许多未培养的真菌序列，显示深海环境中存在着极其多样性的真菌资源。完成了 193 株深海酵母的油脂产生菌的筛选，获得 7 株产油酵母。对产油酵母的油脂成分进行了分析，得到的油脂主要由油酸、亚油酸、棕榈酸、硬脂酸甲酯等组成。

27）北极地区表层沉积物和表层海水中石油烃降解微生物研究：以 PAHs 为唯一的碳源和能源对北冰洋高纬度地区 4 个站位共计 12 个沉积物样品进行富集培养，共富集分离得到 145 株可培养菌株，其中 γ-*proteobactia* 的 *Pseudoalteromonas* 是低温降解菌群可培养菌株中的优势种属。靠近北极点的 BN12 站位的 3 个不同层次的富集菌群对 PAHs 的降解效果最好。利用 PCR-DGGE 技术对 25℃富集菌群进行种群结构分析发现，25℃富集驯化的降解菌群中主要优势菌为 *Cycloclasticus*, *Pseudomonas*, *Pseudoalteromonas* 和 *Halomonns* 属的菌株。以 C16H33C1 为唯一碳源和能源从 12 个北极表层海水样品中富集分离得到 112 株可培养菌株。发现 19 株菌株能够降解氯代十六烷，其中食烷菌（*Alcanivorax*）、红球菌（*Rhodocoocus*）表现出很好的乳化和降解现象，海杆菌（*Marinobacter*）也有较好的降解效果。DGGE 分析显示，富集驯化的降解菌群中主要优势菌为 *Alcanivorax*, *Parvibaculum* 和 *Thioclava* 属的菌株。首次报道了北极海水卤代烷烃降解菌多样性。

28）*Alcanivorax dieselolei* B-5 烷烃降解机理的研究：为了获得长链烷烃降解的相关基因，对获得的 20 个突变子转座子的插入位置和侧翼序列的分析，13 个不同的功能基因被发现，有 12 个基因与其他食烷菌的相关基因又较高同源性。其中，一个基因编码，一个黄索结合的单加氧酶蛋白与 *A.borkumensis* SK2 和 *Acinetobacter* sp.DSM17874 的黄素结合的单加氧酶分别有 69% 和 49% 的同源性，被定名为 almA 基因。对突变库中筛选到长链烷烃突变子序列的分析中除了 almA 基因外还发现了两类调节基因，分别是 almR 基因和 cyo 基因。还发现突变 Cyo 基因的突变子表现出烷烃降解效果的明显下降。Cyo 基因编码了一个细胞色素氧化酶，是细胞电子传递链的组成部分。转录调节基因 almR 突变后对长直链烷烃降解效果也明显的提高及 almA 基因表达提高。

（2）生物资源利用与新品种培育技术

1）中国近海鱼类资源的采集、保存与信息化技术：采集了我国沿海及邻近海域的 492 种鱼类，共 17746 份鱼类样品，对重要经济鱼类群体除常规取样外还进行了形态学测量。利用 4 对通用引物 L5956-COI/H6558-COI、L2510/113059、12S/12S-R 和 L14734/cytb 完成了 492 种鱼类 mtDNA COI 或 16S rRNA、12S rRNA 和 Cyt b 等基因片段的扩增与测序。采用苯酚 / 氯仿法提取总 DNA，建成 15650 份 DNA 样品库。完成了 26 种鱼类种群共 4455 个个体控制区序列的测定与分析。利用 AFLP 技术开展了黄姑鱼等重要经济鱼类的遗传多样性研究工作，并用 RAPD 技术对花鲈遗传变异进行了研究。

2）海洋文昌鱼繁育与免疫基因功能解析关键技术研究：建立了一个文昌鱼 BAC 文库，一个 15 倍的全基因组 shotgun 文库，4 个 pair-end 文库；测定了 100 万 ~ 300 万的 EST 测序；基本完成了文昌鱼基因组组装；已经架设了一个互联网信息检索平台。取得了一个 10 万尾全人工繁育的文昌鱼实验室繁殖群，能够调节延伸文昌鱼的产卵期达到天然条件下的两倍以上，在人工海水条件下的繁育和室内诱导产卵技术方面取得突破，克隆了 5 个与生殖相关的基因并进行研究。克隆了 30 个病害控制和免疫防御相关的功能基因，并阐明了其中 6 个重要病害控制和免疫防御相关基因的功能。建立了文昌鱼细胞原代培养和传代方法。在国际上首次成功缩短了文昌鱼在自然条件下一年一度的性腺“发育—成熟—产卵”的生殖周期，实现了一年多次产卵；研发了“低温抑制待产—高温诱导促产”的方法，在国际上首次打破了文昌鱼性腺发育的同步性，并进一步建立了白氏文昌鱼的成熟精子、成熟卵子的分别获取技术；获得了国际上首个文昌鱼细胞系。

3）扇贝高产、抗逆品种的培育：采用现代育种技术和分子生物学相结合的技术路线，初步建立起了栉孔扇贝良种培育体系；培育了高产抗逆的养殖扇贝新品种“蓬莱红”；在扇贝遗传育种的基础理论方面获得重要突破；研发了“蓬莱红”新品种秋苗繁育技术和养殖新模式。建立了贝类 BLUP 育种的技术体系，开发了栉孔、海湾和虾夷扇贝大量的分子标记，构建多个遗传连锁图谱，栉孔扇贝精细图谱基本完成；开展了主要经济性状的基因组扫描和 QTL 精细定位，剖析 QTL 的分子基础和作用机理；克隆了一批和生长、发育、免疫相关的功能基因，研究了这些基因和性状的关系；结合 BLUP 和 REMI 方法估计各种遗传和环境效应及方差组分，解析基因—环境对性状的效应；通过不同家系组合定位结果的比较分析，探明基因 /QTL 的一因多效、多因一效、显性、上位性互作、基因 /QTL 与遗传背景和环境之间的互作；研究基因表达谱和数量性状基因位点（QTL）间的连锁 / 关联分析，探讨基因 /QTL 与遗传背景和环境的相互作用及调控模式。在栉孔扇贝和虾夷扇贝表达谱分析，以及高通量筛查 SNP 技术方面获得重要进展，应用“454”技术对栉孔扇贝的 de novo 表达谱的高通量进行了分析，建立了海洋生物的 SNP 高通量筛选、分型和鉴定技术。“中科红”海湾扇贝具高产抗逆，产业良种覆盖率已达 30% 以上；虾夷扇贝新品种“海大金贝”富含类胡萝卜素，营养丰富，且高产抗逆，深受市场欢迎，已进入大规模推广。

4）海带、裙带菜优质、高产、抗逆品种的培育：构建了“荣福”海带良种的核心种质（22 株系），遗传代表率达到 91.2%；通过配子体克隆杂交技术，实现了“东方 2 号”“东方 3 号”杂交亲本连续保存；建立 1 个种间杂交 F2 永久作图群体（Laminaria japonica ♂ × Laminaria longissima♀）；构建包括 53 个 SSR 标记、81 个 SRAP 标记和 72 个 AFLP 标记的海带分子遗传连锁图（总位点 206 个），实现了高产、优质、抗逆等优良性状的复合育种或杂种优势利用，培育出“东方 3 号”海带国家水产新品种、“爱伦湾”海带国家水产新品种、“三海”海带新品系、“连杂 2 号”海带新品系，制备出三倍体裙带菜、配子体克隆杂交裙带菜新品系 4 个；主要经济性状提高 10% 以上。繁育优质海带苗种近百亿株，完成 $0.1 \times 10^4 hm^2$ 良种示范养殖，完成良种推广 $1.6 \times 10^4 hm^2$；繁育优质裙带菜苗种两亿株（良种苗种扩繁 8 亿株），完成 $50hm^2$ 良种示范养殖，推广 $1300hm^2$。

5）Poly（I：C）诱导大黄鱼脾脏转录组研究及免疫相关基因分析：构建了 Poly（I：C）诱导大黄鱼脾脏的 So1exa cDNA 文库，得到了 28177864 小片段，使用 SOAP de novo 软件把这些基因片段组装成 108237 scaffolds，和 NCBI 数据库进行比对，一共得到了 15192 个单一基因。在这些基因中，发现了大量的免疫和信号转导相关基因，得到全长或部分序列信息，主要包括 Toll-like receptors：TLR-1、TLR-2、TLR-3、TLR-5B、TLR-22；白细胞介素：IL-1β、IL-2、IL-6、IL-8、IL-10、IL-12、IL-17d；补体：Clq、C3b、C6；干扰素：I 型干扰素 IFN-1、IFN-2；干扰素调控因子：IRF-1、IRF-2、IRF-3、IRF-4、IRF-5、IRF-6、IRF-7、IRF-8、IRF-9、IRF-10；以及转录因子和细胞因子、趋化因子、免疫球蛋白、CD 分子、蛋白激酶 C、Caspase 等。应用 Real-time PCR 对其中一些基因分析显示，有利于了解病毒感染早期大黄鱼体内的免疫应答过程。

6）两种不同亚型大黄鱼 IL-8 基因的分子及功能研究：获得了两个大黄鱼不同亚型的 IL-8：LycIL8a 和 LycILSb。LycIL8a 和 LycIL8bcDNA 全长分别为 285nt 和 300nt，编码 94aa 和 99aa 的蛋白。LycIL8a 和 LycIL8b 基因细结构基本一致，均由 4 个外显子和 3 个内含子组成。重组表达的 LycIL8a 和 LycIL8b 蛋白对大黄鱼外周血白细胞具有趋化活性，在浓度为 100μg/ml 趋化活性最强。重组的 LycIL8a 和 LycIL8b 蛋白在体外能够增加外周血白细胞超氧自由基的产生，显示 LycIL8a 和 LycIL8b 具有促进呼吸爆发的作用。但 LycIL8a 诱导呼吸爆发产生的作用明显强于 LycIL8b，其在蛋白质浓度为 6ng/ml 时诱导活性达到最大值（增加 3.1 倍），而 LycIL8b 在蛋白浓度为 6ng/ml 时几乎没有促进呼吸爆发的作用，当浓度达到 2000ng/ml 时活性达到最大值（增加 4.1 倍）。结果表明大黄鱼两种不同亚型 IL-8 在组织分布、表达调控及功能活性等方面存在一定的差异。

7）我国典型海水经济鱼虾贝全基因组测序：完成了斜带石斑鱼、半滑舌鳎和牙鲆全基因组精细图谱的构建，大黄鱼和栉孔扇贝的全基因组框架图也已经构建完成，凡纳滨对虾基因组测序和组装也取得重要突破，标志着我国在海水经济动物基因组研究方面已经达到国际领先水平。

8）重要生产性状关键基因的发掘与应用技术：从中国明对虾中获得了5个蜕皮相关关键基因和8个抗氧化相关关键基因的全长cDNA序列，系统研究了基因的表达规律，并对部分基因进行了功能鉴定。重点开展了栉孔扇贝转录组研究，利用高通量测序技术对功能基因和SNP进行了筛查，为栉孔扇贝分子设计育种提供了大量基因和位点信息。克隆获得了鱼类3个肌肉生长发育相关及6个抗病抗逆相关基因，查明前期获得重要基因的表达规律，检测到5个鳗弧菌抗性相关的位点。建立了全套转基因海带配子体转化、安全增殖的全套技术。进行了条斑紫菜转录组测序分析，系统地了解了紫菜环境适应、发育分化的分子遗传基础。

9）重要海水养殖动物细胞工程育种技术：建立了囊括11种海水养殖鱼类、共计31个连续性细胞系的重要海水养殖鱼类细胞库。开发了低渗诱导高效多倍体育种新技术，可诱导太平洋牡蛎三倍体率为89.13%，近江牡蛎幼虫为89.03%，栉孔扇贝为92.36%，虾夷扇贝为84.74%。利用含6% ~ 7%的氯化钠海水溶液处理太平洋牡蛎受精卵，三倍体诱导率为95%，以其无毒、高效、无成本等优势具有广阔的市场应用前景。

10）海洋生物细胞分子育种关键技术：建立了完善有效的对虾细胞原代培养无菌操作技术，原代培养成功率可达到100%。建立了对虾原代培养组织块重复利用技术，提高原代培养效率。通过栉孔扇贝担轮幼虫的体外培养，确定现有培养体系可以使细胞在体外连续增殖和传代10代以上，且具有实验操作的可重复性。开发出基于分子标记构建实现关系矩阵的软件。提出了同时囊括固定效应和随机效应模型的遗传模型。将遗传效应分为固定效应和随机效应，采用LASSO方法快速估计主效基因的位置，然后将主效基因与微效多基因结合起来一并进行效应估计和育种值估计。模拟实验证明，模型比现有模型好很多倍，在遗传力估计和QTL检测效力上有很大的改进，基因组选择的准确性明显提高。

11）珍珠贝和牡蛎优质、高产、抗逆品种的培育：主要采用传统的杂交选育并结合分子标记辅助育种技术，进行珍珠贝和牡蛎优良品种的培育和示范，培育了两个具有明显生长优势的马氏珠母贝品系。通过杂交配套系亲本的连续选择培育，其杂交后代“海优1号”生长快，育珠效果好，推广到广西、广东和海南三地养殖效果较好，比当地养殖贝生长速度提高40% ~ 50%以上。通过连续的定向选择，JCJ品系已经过连续五代的选择，生长和大小性状有了明显的改良，所培育的珍珠直径都达到7.0mm以上。开发和建立了多种分子标记技术，包括AFLP、ISSR、SRAP及微卫星分子标记技术，应用微卫星标记分析了不同地理群体或育种群体的遗传结构及遗传杂侯度与生长性状的杂种优势的相关性；构建了红壳色家系中红壳个体的正、反向差异文库（2000多个克隆，获得差异基因诊断20多个）。

（3）健康养殖与病害防治技术

1）滩涂养殖污染控制与清洁生产技术研究与开发：针对刺参、牙鲆、半滑舌鳎、梭子蟹和滩涂埋栖贝类等的养殖，开展养殖污染控制与清洁生产技术研发，建立养殖结构优化技术、自身污染控制技术、养殖污染物资源化利用技术、埋栖贝类清洁生产技术，以提高产业的效益、减少污染、提高产品品质。红刺参规模化养殖，在两个育苗场，获得受精卵约2亿粒，培育出红刺参稚参1100万只，平均体重为0.24克/只。优化了海参与对虾、海参与扇贝混养模式和非投饵、自然纳潮换水的刺参养殖模式等；系统地研究了刺参的附着生态学、生长变异的生态学和生理学机制；筛选了微生物制剂和水质保护剂的应用效果，集成中草药防病和微生态调控技术替代抗生素类药品。半滑舌鳎规模化繁育获得突破，生态养殖大面积推广成功。在赣榆县选定养殖池塘，进行三疣梭子蟹生态养殖技术整合，和示范养殖。研究了鼠尾藻人工繁殖、苯苗和池塘栽培技术，成功地完成了鼠尾藻规模化人工繁殖、采苗和池塘栽培。

2）海水池塘高效清洁养殖关键技术研究：选择我国滩涂池塘大宗养殖鱼、棘皮动物、甲壳动物代表品种牙鲆、刺参、梭子蟹、鲍等开展高效清洁养殖技术研究，充分利用养殖池塘天然的生产力和自净能力，突破提高投入饲料的利用率、减少排污、减轻池塘养殖自身污染和病害发生的关键技术，优化池塘养殖结构，构建经济效益和环境效益俱佳的多营养层次综合养殖模式和技术，引领我国滩涂池塘养殖业的健康发展。

3）鱼类虹彩病毒病爆发与流行机制：围绕鱼类虹彩病毒病爆发与流行机制，利用能够检测TRBIV的套式PCR方法，通过对我国常见6种海水养殖鱼类TRBIV的感染调查，发现多种海水鱼类中都存在着肿大细胞虹彩病毒的无症状感染现象。研发出简便快速、特异性强、灵敏度高的TRBIV的LAMP检测试剂盒；建立了虹彩病毒敏感的鱼类细胞系及实验动物模型，利用这些细胞系不仅研究了病毒与宿主细胞相互作用，还作为病毒研究的模型、研究了病毒的进化起源；鉴定了一批与调控细胞凋亡相关、与病毒复制及病毒与宿主相互作用有关、与细胞生长和信号转导途径相关的病毒基因。开展了3种虹彩病毒（SGIV，ISKNV和SKIV）的蛋白质组学研究，初步鉴定了病毒的结构蛋白和囊膜蛋白；首次揭示了SGIV感染诱导宿主细胞死亡类型属于非凋亡形式的程序性细胞死亡，并且证明了低等脊椎动物病毒能够激活丝裂原活化蛋白激酶（MLAPK）信号通路。克隆并鉴定了鱼类（石斑鱼和鳜鱼）10多个与病毒感染、细胞信号转导途径细胞免疫及细胞凋亡相关的宿主基因。运用反向疫苗学的分析方法通过构建病毒重组疫苗或DNA疫苗，显示出SGIV的DNA疫苗（ORF036、0RF039和ORF07）的相对保护率在50% ~ 66.67%。

4）鱼类虹彩病毒病爆发的细胞基础与分子机制：①构建了红色荧光标记的SGIV重组病毒（SGIV-RFP-MCP），为研究病毒的感染动力学提供了技术平台；②初步研究了DGIV编码的2个基因的功能（SGIV ORF146和SGIV ORF155），SGIV ORF146可能参与调节病毒诱导的免疫反应，而SGIV ORF155可促进SGIV复制；③预测SGIV miRNA的潜在的病毒靶基因。结果表明，SGIV的16个miRNA中共有10个miRNA具有潜在的病毒靶基因；④初步探讨了ISKNV病毒的侵染途径，证实了ISKNV侵染鳜鱼细胞是通过caveolae依赖的内吞途径。同时，ISKNV的入侵是pH值依赖性的；⑤克隆并鉴定了鱼类（石斑鱼、大黄鱼、斑马鱼和牙鲆）5个与病毒感染、免疫相关的宿主基因。

5）海洋水产病害实用化检测及预警技术的建立与应用：研制了4种海水鱼类疾病实

用化检测技术，包括鱼类病原菌核酸检测芯片、鱼类病原菌检测抗原芯片、5 种病原菌的多重 PCR 技术、3 种弧菌快速 LAMP 检测方法。研制了 WSSV 双抗体夹心 ELISA 定量检测试剂盒。研究了鱼虾的免疫动态变化规律，包括浸泡免疫灭活爱德华氏菌疫苗的最佳浓度和时间及其诱导的应答动态分析、高渗浸泡免疫诱导的牙鲆应答规律、牙鲆感染及免疫后 IgD 的应答特点、鳗弧菌疫苗诱导的牙鲆 pIgR 基因水平变化。筛选对虾血蓝蛋白作为健康指标，研制了对虾血蓝蛋白双抗体夹心 ELISA 定量检测试剂盒。研究了前期研制的 WSSV 胶体金快速检测试纸、WSSV 免疫检测芯片、神经坏死病毒现场快速高灵敏试剂盒、迟缓爱德华氏菌现场快速高灵敏检测试剂盒等实用化检测产品的规模现场快速高灵敏检测试剂盒等实用化产品的规模生产装配工艺，并在养殖示范基地进行了推广或试用，取得较好的社会和经济效益。

6）海水病原弧菌致病基因与疾病发生的研究：在弧菌菌落相变机制、三型分泌系统（T3SS）致病机理、毒力基因调控网络等研究方面取得了创新进展。确定了我国南方沿海主要病原弧菌为溶藻弧菌，查明溶藻弧菌具有丰富的遗传多样性，分布着多种基因重组及水平转移元件，提出了“溶藻弧菌是弧菌毒力基因在海洋环境中的保存库”的假设，被国外学者广泛验证。发现溶藻弧菌具有粗糙型 / 光滑型菌落相变现象，且光滑型菌株毒力更强，与前人在其他病原菌发现的结果相反；阐明溶藻弧菌 T3SS 的致病机理，发现 T3SS 直接激活鱼类细胞凋亡途径引起细胞死亡，关键效应蛋白是 Val 1686，对哺乳动物细胞则是激活自噬性死亡途径引起死亡；查明了溶藻弧菌的热敏感型溶血素等关键毒力基因（簇）的功能，确定了以 Hfq 和非编码 RNA 复合物为核心，由密度感应等 3 个系统组成的毒力基因调控网络；发明了弧菌环介导等温扩增（LAMP）快速检测试剂盒和显色培养技术，建立了菌株分子分型技术。该成果发现的关键毒力基因（簇），可望成为防治弧菌病药物和疫苗的新靶点，发明的显色培养基和快速检测试剂盒可为预防弧菌病爆发提供简便、快速、灵敏的检测工具。

7）西沙珊瑚病敌害防控：发现西沙海域珊瑚出现大量区域性、大面积的溃疡和白化症状；采集、分离和培养相关微生物，共获得细菌 342 株、酵母菌 2 株，初步鉴定出 18 个种，其中疑似新种 6 个；建立了珊瑚共附生微生物总 DNA 提取、纯化和 16SrDNA 变形梯度凝胶电泳分析技术，并发现健康珊瑚中存在大量未知新种；开展了珊瑚病原菌的人工感染实验，建立了室内试验和海区试验的设施和相关技术。分析了珊瑚敌害长棘海星的生化组成，发现其脂肪酸含量很低，但不饱和脂肪酸比例较高。首次进行了长棘海星天敌大法螺的人工培育和食性测试实验研究，发现西沙海域大法螺在人工培育条件下可以交配产卵，从交配到开始产卵经历的时间是 134d，从受精卵发育到面盘幼体从卵囊中孵出历时 59d。发现法螺不仅捕食长棘海星，而且捕食海参，为进一步探究珊瑚、长棘海星、法螺和海参间的相互作用关系提供了新的依据。

8）对虾和海参高效免疫增强剂的研制：发现了刺参体腔液中的一种新的调理素样分子，并明确了其在免疫反应中的作用模式和功能；筛选出海参的敏感免疫指标：吞噬率、超氧阴离子、超氧化物歧化酶活力及一氧化氮合酶；通过培养刺参体腔液细胞，建立了刺参高通量筛选免疫增强剂的技术平台，并利用该平台对36种免疫增强剂进行了筛选，该技术可以在10d左右时间完成数十种免疫增强剂的有效筛选和评价；分离到海参益生菌/病原菌200株，鉴定6株；对11种海参常用营养性、非营养性和益生微生物及其培养物等免疫增强剂及其复配进行了生产性养殖实验评价；开发出具有抗菌和免疫双重功效的“参安6号”产品，可以预防和治疗海参多种细菌性疾病，提高海参免疫力和抗病力超过50%。在优化对虾血淋巴细胞体外培养条件，筛选体外培养的对虾血淋巴细胞评价免疫活性物质效果的指标等基础上，初步建立了高通量筛选对虾免疫活性物质的技术平台；分离到对虾的益生菌47株，筛选得到5株能有效抗WSSV病毒的有益菌株，并优化了菌株的培养、发酵和生产性应用的技术参数；对19种对虾和海参常用营养性、非营养性和益生微生物及其培养物等免疫增强剂进行了生产性养殖实验筛选和评价，并制定出能够有效克服长期使用单一免疫增强剂所致免疫抑制的免疫增强剂使用技术规范；获得了“虾乐333”和“复免剂”两项饲料添加剂生产批文，产品应用效果表明能够提高对虾的免疫力和抗病力40%以上。同时，开发出一套壳聚糖、β-葡聚糖和肽聚糖等有效免疫活性物质的分析、分离、纯化、表征、检测鉴定方法，实现了对虾免疫增强剂的规模化生产及产业化应用。

9）重要海水养殖动物病害发生和免疫防治的基础研究：在对虾白斑综合征病毒致病的分子机制、抗病及免疫物质应用原理与途径以及对虾病原感染的免疫应答机制等研究方面，深入研究了WSSV与宿主相互作用的分子基础，对粘附蛋白VP31的互作蛋白进行了鉴定，筛选并分析了数十个WSSV极早期基因；克隆到一批虾蟹类抗病功能基因并进行体外重组表达和蛋白功能验证，获得3个对虾干扰通路的关键基因；利用双向电泳技术筛选出淋巴器官对弧菌刺激应答的差异蛋白质，开展了小G蛋白Rab、Ran以及细胞凋亡相关蛋白Caspase的功能研究。在鱼类虹彩病毒感染致病机理、鱼类病源弧菌致病基因与疾病发生规律、鱼类抗感染免疫的分子与细胞基础及其调控、鱼类多价疫苗的筛选与应用等研究方面，鉴定了SGIV诱导的细胞死亡机制，揭示了TFV主衣壳蛋白MCP与宿主骨架蛋白相互作用；克隆了一套赛事的溶藻弧菌Ⅲ型分泌系统（T3SS1）结构蛋白和效应蛋白基因，发现T3SS1诱导的细胞凋亡是Caspase-3依赖性，并发现RpoN-RpoS-QS调控通路是鳗弧Ⅵ型分泌系统（T6SS）的调控因素；系统地鉴定了斑马鱼抗原逆量细胞（APC/DC）的标志分子和参与T细胞活化的近十种共刺激分子；完成了共同免疫原性蛋白分离、筛查和多价疫苗效果评价体系，鉴定了共同免疫原性蛋白的分子生物学功能及其可能存在的相关性。

10）水产用迟钝爱德华氏菌活疫苗及生物农用制剂：研发出迟钝爱德华氏菌弱毒活疫苗EIBAV1，并完成了大菱鲆的临床试验，解决了壳寡糖与其他杀菌剂复配发生絮凝的技术难题，确立了质量稳定的壳寡糖复配加工工艺，获得了两个寡糖与低毒杀菌剂复配制剂登记证（PD20130556、PD20130559）和1个氨基寡糖素农药登记证（PD20130597），并在陕西 38 个县示范推广 0.13 万多公顷，提高小麦产量 5% ~ 10%。

11）有害赤潮生物诊断系统技术研究：通过 6 个方面的研究，取得如下成果。①建立我国有害赤潮藻种库。包含我国沿海常见赤潮种及其在国内外的不同地理分布株系、相关藻种的孢囊，以及必要的相似种；为国家相关部门和研究者提供藻种；②建立麻痹性和腹泻性贝毒标准品的制备体系。包括产毒藻株的稳定培养系、分离纯化工艺和标准品的保存条件；制备一定数量的藻毒素标准品，实现关键贝毒标准品的国产化；③建立“有害赤潮藻鉴定与定量检测技术体系”，并推动相关技术形成行业或国家标准；④构建有害赤潮藻综合信息库；⑤建立“数据采集与诊断系统”。一个基于 Web 的数据采集与诊断系统，可对按“技术体系”或一定规程获取的监测数据提供远程分析与处理。对上传的显微光学图像、分子多态性指纹图谱、HPIC 分析的色素色谱图、三维荧光光谱及现场获取的表观和固有光谱等数据（信息）可自动处理、分析与反馈；⑥建立有害赤潮研究与监测材料供应虚拟中心，为国家相关部门和研究者提供赤潮藻种、藻毒素标准物质、分子鉴定试剂盒等基础实验材料。

（4）食品工程与资源高值化利用技术

1）贝类精深加工关键技术：发现了鲍鱼、虾夷扇贝的主要蛋白质随加工温度变化的规律，攻克了贝类系列食品中食性质构、食性风味难以控制、色泽不稳定、不易贮藏等技术难点；同时研究鲍鱼多糖的提取分离技术以及多糖的功能活性和诺瓦克病毒的快速检测技术，开发了即食鲍鱼、即食扇贝等系列贝类食品和鲍鱼多糖营养食品。目前正在调试国内首条贝类多糖生产线，贝类精深加工的关键技术产业化率达到了 60% 以上。通过产业化示范，提升了贝类加工行业的整体水平，拉动了养殖业的发展。

2）大宗海洋水产动物资源高效利用技术：突破了我国典型大宗海洋水产动物资源秘鲁鱿鱼及虾的高值化加工与产品质量安全控制过程中等电点沉淀法生产冷冻鱼糜、高水分含量水产动物蛋白质的挤压组织化技术、水产加工废弃物的无污染利用等共性关键技术及甲醛含量控制、重金属脱除等水产加工品的安全控制技术。上述技术成果已在多家水产品加工企业进行了产业化应用，共建立产业化生产线 3 条、中试生产线 2 条，并产生了良好的经济和社会效益。

（5）深海生物样品采集与保真技术

1）深海极端微生物采集系统研制：突破了多褶滤芯过滤、多级膜过滤、多点一体化控制和环境参数在线探测等多项关键技术，研制出了 1 套深海极端微生物采集系统，该系统在“大洋一号”2010 年南海综合海试中，成功获得 5 组南海 1890m 水深的过滤浓缩微生物样品。通过对微生物样品的多样性与定量分析，证明该系统能满足深海微生物研究的浓缩过滤取样需求。结合船舶的实际工作条件，进行了作业方式的适应性试验，可满足大洋调查的拖曳作业需求，并能够搭载 ROV 等水下运载体进行定点的微生物过滤采集。通过浓缩采集解决了深海热液区特殊基因微生物的提取难题。

2）深海近底层生物幼体高保真直视取样技术：获得深海环境下液压驱动长行程取

样技术；大口径双球阀可控原位保压技术；在线实时视频与数字信号通过万米同轴缆远程混合传输技术。其特点：①大体积拖曳和定点采样；②实现样品保温；③同步采集环境参数；④可视控操作。主要技术指标：开闭网3套；样品上船后6h内压力不低于采样点原位压力的80%；样品存储仓内温度不超过原位点8℃。2013年5月在南海完成了3000m海试，并在大洋第29航次调查中完成了两个站位的试验性应用。

5. 海水资源开发利用技术

（1）海水淡化技术

1）25000t/d低温多效蒸馏海水淡化装置设计：通过结合以往工程经验和大量的基础性研究工作，使设计依据充分、可靠；装置集成了多效蒸发、闪蒸、TVC的技术优势，其主要技术指标与国际知名公司产品相当；采用了自主研发的防腐、密封等关键技术及廉价实用替代材料等降低设备造价措施，有助于提升国产装置的市场竞争力；该设计通过调整，可适用于不同蒸汽参数条件，具有较强的延伸性和适应性。该项设计为“5万t/d低温多效蒸馏海水淡化成套技术与装备开发”课题的示范工程建设奠定了坚实的基础和保障。

2）国内首个太阳能光热海水淡化商业示范项目：2013年11月7日，国内首个太阳能光热海水淡化商业示范项目投产仪式在海南省乐东黎族自治县举行，太阳能光热海水淡化商业示范项目是海南省工业和信息化厅重点推进的海南省20万t太阳能光热海水淡化设备制造基地项目的重要一环。项目利用国内外领先的线性菲涅尔太阳能高倍率跟踪聚焦聚光集热系统，将太阳辐射热转化为高温水蒸气，利用所产生的高温蒸汽，通过多效蒸馏海水淡化装置将海水制成高品质淡水。该技术特别适合我国沿海、岛屿和西部能源淡水缺乏地区，有很大推广应用价值，对促进海岛等偏远地区的开发具有典型的示范作用和辐射带动效应。

3）海水淡化水作为直饮水技术：在调研国内外海水淡化水矿化技术的研究现状和发展趋势的基础上，研制了海水淡化直饮水实验装置，选用硫酸溶解白云石的方法实现海水淡化水钙、镁离子的同时添加，通过大量实验获得优化参数，使出水水质满足建设部《饮用净水水质标准》和《管道直饮水系统技术规程》对水质指标的限定要求。项目还对国内外饮用水水质标准、直饮水管材选择、直饮水消毒技术、直饮水供水技术进行综述和比较，同时结合实际案例进行研究和分析，为海水淡化直饮水在海岛的应用提供技术支撑。

4）浓海水钙法制备氢氧化镁产业化技术与示范：针对浓海水钙法制氢氧化镁过程中硫酸钙伴生析出的技术难题，首创浓海水钙法制取氢氧化镁常温连续合成及杂质分离产业化技术，实现了氢氧化镁和杂质的分离，其核心技术已申请国家专利并获授权；突破了钙法浓海水制取膏状氢氧化镁产业化关键技术，研发了制备氢氧化镁产业化成套装备，实现了海水卤水钙法低成本制备膏状氢氧化镁的产业化；建立了万吨级示范装置并已运行两年以上。研发的技术成果还成功应用于甘肃金川集团高含盐废水资源化处理中，经济效益显著，推广应用前景广阔。

5）华能天津IGCC电站海水循环冷却技术：电站冷却系统采用海水循环冷却技术，

凝汽器为钛材，海水循环量为 1.74 万 m^3/h，海水补充水取自渤海湾，经沉淀、过滤处理后进入系统。机组配置一座逆流式自然通风海水冷却塔，钢筋混凝土结构，淋水面积 $3000m^2$，采用聚氯乙烯填料，填料高度 1.25m。海水循环冷却系统采用可生物降解的聚环氧琥珀酸阻垢剂和氯锭杀生剂控制结垢和防海生物附着，冷却浓海水排入天津盐场制盐，无废水排放，经济环境效益显著。

6）人工湿地污海水净化技术研究：首次对污海水的人工湿地处理技术进行系统研究，在污海水人工湿地植物与基质的选择、工艺设计、系统管理与维护等方面均取得了一定的突破，为人工湿地技术在污海水处理方面的推广应用提供了重要的理论依据和实践经验。

（2）海水直接利用技术

海冰水在滨海台田—浅地系统中的应用：研究认为，渤海海域海冰资源储量丰富，经过一定的脱盐处理，可成为符合盐咸地区农田灌溉水质标准的海冰水（淡化水），利用台田—浅池土地利用模式，打破滨海盐咸地的旱—盐咸、涝—盐咸的灾害中发生规律，建立结构稳定、土壤安全的海冰水农业利用环境。并在此基础上研究分析了海冰水利用下台田—浅池系统土壤水盐运移规律，并利用模型模拟的方法，精确衡量台田—浅池系统土壤盐分安全风险，并以此建立适宜海冰水利用的台田—浅池系统生态农业种植与培养模型及台田—浅池系统农业循环生产模式。

6. 海洋可再生能源开发利用技术

1）20kW 海洋仪器波浪能动力基站：正在研建一种采用漂浮点吸收式、适合于模块化生产的波浪能海洋观测仪器动力基站，为海洋观测仪器提供电能。通过波浪能发电、能量储存、电源整流、能量自动调节等技术的集成创新，研建一座海洋观测波力供电基站，为“浪龙”（AWAC）剖面流速及海浪测量仪器及其他设备提供电能，多余的能量用于升降仪器。动力基站装机功率为 20kW，采用直驱方式转换环节少，结构简单，可靠性高，维护成本低，可工厂模块化生产；采用漂浮结构，可适应潮位变化，提高适应能力；采用下潜上浮，增强抗台风能力；采用点吸收，可适应来波方向的变化。已完成 10 千瓦点吸收式波能发电浮标的海上 212 程样机。1/2 比例样机的实海况试验。

2）100kW 摆式波浪能电站关键技术研究与示范：依据站址海域波浪资源状况和特点，开展了有针对性的摆式波浪能俘获装置设计和性能数值仿真工作，优化了俘获装置的高度、净浮力等关键技术参数，按照上述设计完成的发电装置装机容量达 110kW，工作波高为 $H_{1/10}$=0.5 ~ 3m，采用自由摆动保护措施的情况下，摆板装置承受住了 12 级台风引发的极端波况的考验。在项目研究过程中，解决的关键技术主要有：①利用建立的模型，对摆式波浪能装置的特性进行了仿真，通过仿真分析，掌握了摆式波浪能装置的特性，结合站址海域波浪特性，确定了摆式装置的关键技术参数；②在理论分析计算的基础上，开展了 1∶5 物理模型试验。试验结果证实了设计方案符合站址海域波浪平均周期特性，测试了规则波条件下装置的能量转换效率；③波浪发电设备在极端海洋环境条件下的安全保障是课题研究中的重要环节；④在摆式波能装置中，液压系统将一级转换系统（摆板装置）输出的机械能传递到发电机；另外，在液压系统中设置蓄能环节，可以在一定程度上平缓一级转换装置输出机械能的波动性。通过该项目的实施，在国内率先开展了浮力摆式波浪能发电技术研究，并建成了 1 座装机 110kW 的示范电站。

3）120kW 漂浮式液压海浪发电站：开发的一种 120kW 漂浮式液压海浪发电站已在山东威海驴岛海域进行了装置的第一次海试。该装置在海上实际运行了将近 6 个月。

4）100kW 漂浮式波浪能电站关键技术研究与示范：总体目标是通过技术创新，解决漂浮式波浪能装置易遭台风破坏、可靠性差、工作寿命短、转换效率低、维护成本高和建造成本高等问题，发展高效、低成本的波浪能发电技术，研建一座装机容量 100kW，年发电量达到 13 万 kWh，可连续运行时间 4300h 以上，具有长期运行和维护能力，可抵抗 12 级台风的漂浮式鸭式波浪能电站。2010 年分别在珠海市担杆岛投放了第一代和第二代 1/2 尺度鸭式装置，开展装置的浮态调节和平稳下潜和上浮问题研究。2010 年 10 月 21 日，台风“鲇鱼”经过担杆岛，第二代 1/2 尺度鸭式装置实现了下潜抗台风实海况试验。试验表明，1/2 尺度鸭式装置下潜平稳、安全，不存在破坏可能。

5）海洋能发电系统综合测试技术研究：完成了波浪能、潮流能装置实验室和现场检测平台的研建工作，并采用搭建的波浪能和潮流能测试平台开展了相关的实验室模型和发电装置现场检测工作。发展了波浪能、潮流能发电装置综合测试技术；研建的测试平台为模型和原型机的测试提供了条件；制定的实验室和实海况测试规程为海洋能发电装置的模型和原型机的开发设计和测试检验提供了依据。项目实施过程中针对腐蚀问题严重制约了海洋能发电装置技术的发展，编制了发电装置抗电网环境适应性设计评价及检测技术规程，从实验室检测、实海暴露检测和现场检测 3 方面入手，各有侧重的对海洋发电装置的腐蚀现象和防腐蚀方法做了分析和研究，此规程有效地解决海洋能发电装置防腐蚀问题。针对海洋能发电系统抗台风能力进行了关键技术研究，制定海洋能发电系统的抗台风设计评价，编写相应的检测技术规程，科学地评估海洋能发电系统的安全防护能力，有效地规避风险，提高发电系统的抗台风能力。项目研制过程中完成了实验室检测平台和现场检测平台的建设。实验室检测平台主要包括波浪实验水槽、测试仪器或传感器、压力传动设备、电能转化设备以及数据采集系统，由此组成了实验室三级测试平台，可实现模型从测试环境到运动状态及能量转换各个环节的数据实时测试。现场检测平台包括：浪龙测量仪、波浪骑士测量仪、剖面流速计、电功率分析仪，测试负载，数据采集舆、数据集成平台等测试系统，可以完成在现场对装置功率输出特性的测试。通过此项目实施，提升了我国海洋能开发利用技术水平。

6）海洋微藻制备生物柴油的规模化开发利用技术研究：以海洋微藻为可再生、高油脂含量的原料，发展微藻生物柴油新能源开发利用技术，解决微藻制柴过程中的关键技术问题。已建立了微藻粗油脂提取检测方法和微藻脂肪酸快速分析技术，并形成了企业标准；以这些技术为基础从 80 余株海洋微藻中筛选到油脂含量 20%（干重）以上的富油微藻 10 株；针对重点藻株，分析了其脂肪酸含量和组成；其中一株金藻 *Isochrysis* sp.CCMM5001 油脂含量在 41% ~ 49% 之间，利用基因工程技术对该藻进行了改造，使其油脂含量进一步提高到 45% ~ 54%，构建了自养型富油工程微藻，在研究了其生长和影响油脂产率的培养条件后，利用气升式光生物反应器搭建了 100L 中试规模自养培养体系，确定了规模化培养条件：温度 26℃ ：光照强度 6000lx；光周期为 16h : 8h（光 : 暗）；初始接种密度 2×10^5cells/m1；营养盐以 f/2 为基础，增加 N 浓度，使 N/P 达到 24 : 1；生长至第 9 天采集，通入 1L/min 1%CO_2 气体。在优化的培养条件下，生物量达到 1.2g/L(干重)；项目组对金藻 CCMM5001 及三株小球藻进行了异养化培养，其中一株小球藻 *Chlorella* sp. CV 经异养化获得成功，该异养小球藻的粗油脂含量达到 40.1%，已达到富油工程微藻指标，正在利用百升光生物反应器进行规模化培养；项目组利用明矾絮凝的方法建立了微藻规模化采收技术，利用超声波辅助直接合成生物柴油的方法建立了微藻制柴技术。

7. 海洋环境预报预警技术

（1）海洋环境预报技术

1）新型浪潮流耦合海洋环境数值预报系统建设与业务化应用研究：建立了求解非线性自由表面流的数值模型、求解多孔介质内的强非线性流动的耦合数学模型，求解大变形自由表面和复杂物面边界的 SPH-DEM 流图耦合数值模型；模拟了任意形状三维容器遭受强迫振荡时容器内液体的运动特征以及液体对容器顶部的冲击压力特征；研究了波浪在缓坡上及直墙建筑物前的变形与破碎过程、波浪对浪溅区结构冲击过程。应用流—固—土三相耦合数学模型，结合数值防波堤建造技术、对波浪和水流联合作用下，结构物及其基床的水动力特性和动力响应进行了系统的分析和研究；项目首次实现了数值模拟出周期波浪的破碎与冲击过程和波浪场与多孔隙流场的同步耦合求解、成功地模拟出由于动力不稳定引起的矩形容器遭受竖向简谐振荡时容器内液体表面的半频率波动及圆柱容器遭受水平强迫振荡时容器内液体的旋转运动特征。项目达到了世界领先水平，提升了我国港口、海岸及近海工程学科的研究水平和国际地位。

2）全球海洋环境数值预报关键技术：开展了海面风场、全球海浪、海洋环流和极地海冰数值预报关键技术研究，其中部分技术例如海浪的双向嵌套技术、海面风和卫星资料同化技术已经在国家海洋环境预报中心的业务系统中使用，为 2012 年汛期的台风会商、海浪灾害预报都提供了有效的支持；北极极区预报系统的建设为 2012 年第 5 次北极考察提供了北极海冰数值预报试验产品，获得好评。

3）全球海面典型环境要素数值预报关键技术研究：引进了美国国家环境预报中心（NCEP）发展的全球谱模式（GCM）和三维资料同化模型（GSI）。基于 GSI，开展了常规、非常规等大气低层风场和海面风场观测资料变分同化应用研究，并进行了卫星反演资料的应用同化试验。优化了物理参数化过程，提高了模式对海面风场、热通量和水汽能量等的预报能力，最终建立起了与相关海洋环境要素预报模式匹配的全球海面风场模式数值预报系统，该系统采用 T382L64（水平格距为 0.3125° ×0.3125°）的分辨率，垂直方向上分为 64 层。业务化试运行至今，预报系统运行稳定，预报产品及时发布。预报效果的检验表明，该系统达到了国际先进水平；引进全球海浪预报模式；建立了全球海浪预报系统，编写了控制脚本，优化了业务流程，并于 2012 年 1 月起开展了试预报。研究了涌浪传播耗散特点，拟合了涌浪传播的耗散源函数。研究了“海洋二号”卫星数据特点，确定了卫星高度计有效波高数据的误差特征，研制了基于最优插值技术的海浪数据同化模块，与预报模式衔接，于 2013 年 3 月起开展了同化试预报。完成高度计海浪观测数据的同化，实现海浪初始场形成技术。全球海浪业务化试运行，预报测试及系统评估；利用卫星高度计数据、浮标数据等对全球海浪预报预报效果开展评估。重大创新成果：在国内海洋系统首次建立了全球海面风场数值预报系统，预报效果的检验表明，达到了国际先进水平。该预报系统实时为全球海浪预报模型提供上边界强迫场（风场）；为全球海洋环流模型提供上边界强迫场（风场、气压场、淡水通量场、热通量场等）；为精细化区域风场预报系统（西北太平洋海面风场预报系统，北印度洋海面风场预报系统）提供初始场和侧边界强迫场。对满足和提高我国对海洋渔业、远洋运输、海洋资源开发、海洋权益维护、大洋极地科考、远洋军事活动等海洋环境保证的能力具有非常重要的意义。该预报模式为 2013 年 6 月“远望”号在太平洋执行任务、2013 年 9 月“蛟龙”号深潜试验及 2014 年 1 月“雪龙”号南极脱困提供预报服务。

（2）海洋环境预警技术

1）长三角沿海水质遥感实时监测和速报的关键技术研究：通过接收、处理多种卫星资料，开展了融合方法以及非光学活性水质生化因子的遥感算法研究，开发了长三角水域水质参数的定量化遥感模型和水质分类技术，拓展了海洋水色水温遥感数据的应用领域，填补了我国沿海水质遥感监测的空白。该成果充分利用卫星遥感高时间分辨率、大面积、实时监测的优势，构建了长三角沿岸海域水质遥感实时监测系统，集成度高、自主创新性强，为沿海水质遥感实时监视提供了稳定的平台。实现了对国内、外海洋和气象等 10 颗卫星资料的自动化实时接收和融合处理，可生成海水水质分类图、温度图、悬浮泥沙图和赤潮图等；实现了海洋遥感数据的自动批量入库管理、批量远程传输及海洋遥感空间数据的分析，并通过互联网实现各种空间和动态的海洋信息的分发和查询等服务功能。

2）近海重大海洋灾害预警技术：围绕课题目标，在风暴潮预警技术研究、灾害性海浪预警技术研究、海冰预报和灾害风险预测技术、海面风场精细化预报技术、赤潮灾害预警技术研究等方面取得一定进展。完成以下内容：①建立了风暴潮集合预报模式、风暴潮—近岸浪耦合预报模式、GIS 支持下的高分辨率风暴潮漫滩预报模式，完成了风暴潮灾相关综合数据库建设；②建立了大、中、小区域三重嵌套的近岸海浪预报系统，建立了包括青岛第一海水浴场、广西北海银滩浴场、海南三亚亚龙湾海水浴场和福建沙埕港的定点海浪预报示范区；③建立了改进的冰—海洋耦合海冰预报模式、定点高精度海冰数值模型、海冰作用下平台等结构物响应的数值预测模型、示范平台的海冰灾害风险分析模型；④提出了基于历史预报样本的降维投影四维变分同化方法，建立了不同风浪条件下的海洋大气边界层参数化方案，开发了近海重点示范海区高分辨率海面风场业务化数值预报系统、新一代区域嵌套海面风场业务化预报系统；⑤建立了渤黄海赤潮生成天气形势预测模型、渤海湾赤潮多因子统计预测模型，完成了长江口海洋生态环境预报系统、厦门湾赤潮统计模型。

创新之处和解决的关键技术：①风暴潮集合数值预报技术，科学地应对了当前台风预报的准确度和精度不能满足风暴潮预报需求的难题，较大幅度提高了风暴潮数值预报精度；②建立的风暴潮—近岸浪耦合预报模式，提高了风暴潮数值预报精度；③考虑水位变化的复杂地形和岸线情形下的变网格近岸海浪预报系统；④冰—海洋耦合模式参数化方案和海冰灾害风险分析技术；⑤三维变分映射同化技术和中、小尺度模式嵌套的精细化海面风场预报；⑥赤潮生成海洋环境因子分析。

3）边远岛的利用与监控技术研究与示范：在海南三亚建设了一套边远岛利用与监控示范系统，集成了卫星遥感监控、水上目标视频监控、水下目标被动声呐阵列监控、岛基地震监测、水下地质灾害监测、岛基水文气象自动观测等多种技术，实现了对边远岛的自然属性和人类开发活动状况以及周边海域的水上和水下目标、边远岛的海洋环境及地质灾害实时监测。建设了岸基数据中心，构建了边远岛利用与监控辅助决策系统，为边远岛的开发利用、管理、维权和防灾减灾提供辅助决策支持。示范系统正式开始工作以后，现场监测数据总量达到500G，为辅助决策系统提供了可靠的资料。通过资料整理、分析，形成了各类边远岛监控的数据产品和监控案例。

三、国内外海洋科学研究进展比较

21世纪是海洋的世纪，世界沿海国家，特别是一些海洋大国和海洋强国，高度重视海洋的发展，纷纷将海洋发展战略作为国家发展战略的核心内容给予重视。各沿海国家为实现各自海洋发展战略的宏伟目标，确定了以科技为先导的指导思想与原则，制定了相关的海洋研究计划。与此同时，各类国际重大海洋研究计划相继出台。在这些计划指引下，世界各国围绕海洋科学的热点、难点问题实施了一系列海洋科学研究重大课题，取得了一些重大突破和重要成果，推动了世界海洋科学的进步与发展。

（一）国际重大研究计划及主要科研成就

1. 目前国际重大海洋研究计划

自20世纪80年代以来，各类国际重大海洋研究计划应运而生，在推动海洋科学研究的国际合作中发挥了重要作用。近几年来执行的国际重大海洋研究计划主要有“地球系统气候观测和预报”（Climate Observation and Prediction of the Earth System，COPES）、“海岸带陆海相互作用Ⅱ”（Land-Ocean Interaction in the Coastal Zone-Ⅱ，LOICZ-Ⅱ）、“上层海洋下层大气圈的研究”（Surface Ocean Lower Atmosphere study，SOLAS）、“海洋生物地球化学和生态系统综合研究计划”（Integrated Marine Biogeochemistry and Ecosystem Research,

IMBER）、“国际大洋发现计划”（International Ocean Discovery Program，IODP，2013—2023）、“国际海洋生物普查计划”（Census of Marine Life, CoML，2001—2010）、“全球海洋生态系统动力学研究计划”（Global Ocean Ecosystem Dynarnics，GLOBEC）、“全球有害赤潮生态学与海洋学”（Global Ecology and Oceanography of Harmfal Algal Blooms，GEOHAB）、“全球海洋观测系统”（GOOS）、“全球海洋实时观测网计划”（Array for Real-time Geotropic Oceangraphy，ARGO）、“欧洲海洋观测数据网络”（European Marine Observation and Data Network，EMODNET）以及由中国领衔的“西北太平洋海洋环流与气候实验（NPOCE）”和南极“PANDA”计划等。

此外，我国有关部门还先后与印度尼西亚、泰国、马来西亚、柬埔寨等东盟国家，巴基斯坦、斯里兰卡、肯尼亚、坦桑尼亚等印度洋周边国家，以及美、欧一些国家签署了多项海洋领域的合作协议。如与泰国合作开展了热带海洋生态系统、海岸带沉积物和海岸侵蚀项目的研究，与俄罗斯合作开展白令海调查，与巴基斯坦共建了中巴联合海洋研究中心等。

2. 科研成就与热点

海洋覆盖地球表面的3/4，在温盐传输、吸收CO_2方面起着重要作用，海洋的某些微小变化均可引起地球的气候变化，海洋影响是气候变化的关键因素。海水的流动，特别是海洋环流系统，其运动正常与否，对海洋中物质交换过程、生物地球化学与生态过程等，产生着重要影响。

随着人类社会经济的不断发展，人类对海洋的干扰也越来越大，使海洋环境，特别是近海环境问题变得越来越突出。海洋污染、富营养化、赤潮等藻类灾害频发、海岸侵蚀等都给人类生存和近海经济的可持续发展带来了极大的挑战。

海洋生态学是海洋科学的重要领域，大洋生态系与功能、海洋生物多样性状况及其变化趋势、海洋深部（暗能量）生物圈与极端环境的生命过程、以及深海生命的起源、微生物与碳循环、生态系统的管理与恢复等受到广泛关注。

从“全球变化”和“地球系统”的视角定位，进行海陆相互作用的研究是一种新的研究理念。近几年主要研究有从源到汇的物质输移过程，包括流域环境变化引起的海洋过程，沉积过程，地貌过程等的变化；近海生物地球化学过程，特别碳循环与碳储藏对生态环境的影响；海平面变化以及海岸带管理问题等。

海底科学或海底深部过程的研究，是目前海洋科学研究的热门课题之一，主要有大洋中脊与热液活动，深海海水与地球深部水的循环，黑烟囱、白烟囱及其成矿作用；热液活动形成的热液生物群及热液区里暗食物链的“暗能量生物圈”；大洋板块俯冲带和海底的烃类出口及其活动所形成的碳酸盐结壳及冷泉生物群等。

围绕海洋矿产资源的相关研究主要有：深水成矿背景及分布规律、研究解决与深水油气资源有关的深水区地层层序、储集层预测技术、成藏模式、资源评价体系及勘探目标优选等；天然气水合物成藏理论、分布规律、预测和评价方法以及富钴结壳、热液硫化物等矿物资源调查研究等。

观测平台是海洋观测体系中最重要组成部分。目前全世界有 1600 多艘调查船，其中美国有 300 多艘、俄罗斯有 200 多艘、日本有 180 多艘等。

随着全球定位和卫星通讯技术的进步，为自沉浮式剖面观测漂浮标（Argo）所应用，并形成了全球海洋观测计划，目前在全世界海洋中有 Argo 3600 个，在不间断地对海洋进行观测，已获取 Argo 数据 100 多万条，并每月以 10000 剖面数据的速度在增长。

深潜器的研制成功，对人类探索深海和海底起到无法估量的作用。深潜器分为载人深潜器和非载人深潜器。有名的载人深潜器是 20 世纪 70 年代美国制造的“Alvin”（阿尔文）号，它在过去的深海热液的发现和大洋中脊考察中为海洋科学做出了历史的贡献。非载人深潜器包括遥控潜水器（Remotely Operated Vehicle，ROV）、自治机器人（Autonomous Underwater Vehicle，AUV）和水下滑翔器（Glider）。ROV 和载人深潜器等与母船有缆绳连接，如日本的“深海 6500”AUV 是可以脱离母船的载人深潜器。

卫星遥感是最近 30 年发展起来的新型探测技术。现代遥感技术广泛应用于海洋的辐射量、风场、降水、表层热通量、表层水温、海面高度、海流观测以及通过水色遥感资料推求出色素浓度，从而得到海洋初级生产力和碳通量的信息，并在此基础上形成了卫星海洋学。

由于油气资源开发和海洋防灾需要，针对深海的地球物理技术得到迅速发展，如宽频海底地震仪的广泛使用和井下地球物理观测的建立、钻取长达 60m 柱状样的法国 Calypso 海底沉积物取样器和钻取岩芯长达 70m 的德国 MeBo 水下遥控探钻机的发明以及日本 5.7 万吨级“地球”号大洋钻探船都是海底探测新技术新装备的发展事例。对海洋科学重大发现“海底下的海洋”和“暗能量生物圈”做出重大贡献的测量洋中脊洋壳变形的“变形测定仪（Exlensometer）”和监测热液喷口生物的“自容式原位微生物拓殖系统（Autonomous in situ instrumented colonization system，AISICS）”，以及监测海底地下流体的海底井塞装置（Circulation obviatin retrofit kit，CORK）。海底观测技术的最大进展则是海底联网观测技术，即通过在海底敷设观测网，用电缆或光纤供电，收集信息，可以进行多年连续自动化观测，随时提供实时信息，也可以从陆上通过网络监测风暴，藻类勃发、地震、海底喷发、滑坡等各类突发事件。2009 年年底，“加拿大海王星”（NEPTUNE-Canada）计划，即用 800km 长的光电缆连接 6 大节点，对水深 2000m 以内的海域进行多学科观测，是世界上第一个用深海底网络观测技术进行观测的国家。

海洋观测系统的大量投放，必然产生海量的信息数据，于是便出现了数据采集、传输、集成及有效使用的问题。海洋观测数据大量数据信息传输到陆上的数据中心。数据中心不仅要完成数据传输和数据分析，而且还要执行数据存储、数据集成、数据查询、数值模拟和可视化的任务，美国的海洋观测计划（OOI）将近 1/3 经费预算投入“赛百基础结构（Cyber-infrastructure）”的建设上，即是这种观念的反映。

（二）我国重大海洋科研计划、成就及其与世界先进国家的差距

我国作为海洋大国，特别重视海洋事业的发展、海洋利益的保护和海洋权益的维护，提出了建设海洋强国的目标。2013 年，习近平总书记发起建设“海上丝绸之路”的倡议，受到沿途国家的积极响应。国家需求和产业需求，为海洋科学的发展提供了战略机遇。近年来，国家加大了对海洋科学研究的支持力度，在海洋科学技术平台建设、海洋调查与极地考察、海洋基础科学研究、以及海洋高新技术研究等方面取得重大突破，一些成果处于国际前沿先进水平。但与世界海洋强国相比，在科学发展方面还存在差距。正确判断与认识差距，认真对待加以解决，赶超世界海洋强国已不再是遥远的梦想。

1. 我国重大科研计划

目前我国在国家层面上正在执行的计划主要有“国家科技支撑计划”“国家重点基础研究发展计划”（简称“973”计划）、“国家高技术研究发展计划”（简称“863”计划）、国家自然科学基金项目、“科技兴海计划”等（附表 5–1 ~ 附表 5–5）。除此之外还设立国家科技专项，如“908”专项、“大洋专项”、极地专项等。

2. 我国海洋科学技术研究总体成就与差距

（1）海洋科学技术平台建设

2009 年以来，我国在科技平台建设方面取得了重要进展，组建了国家海洋科学考察船队、更新了岸基海洋站、发射了海洋二号（HY–2）卫星、完善了层次鲜明的海洋科学技术实验室建设、建立并不断充实了海洋科学技术创新群体队伍、建立了“数字海洋框架”。

（2）海洋调查与极地考察

先后完成了“我国近海海洋综合调查与评价专项”（简称“908”专项）、16 个国际标准分幅 1 : 1000000 和 1 个国际标准分幅 1 : 250000 的海洋区域地质调查以及重点海岸带地质环境、渤黄海海洋动力环境和生态环境综合调查；完成了 6 次南极考察和昆仑站、泰山站的建设；完成了 3 次北极考察；同期完成了 12 个大洋调查航次和众多的仪器设备应用性海试，中科院组织的西太平洋考察以及基金项目的共同航次等。

（3）海洋基础科学研究

西太平洋海洋环流与气候研究，对于理解全球气候变化、提升我国气候预测能力至关重要。为此，近年来我国实施了一系列相应的研究计划（附录 5）。这些研究计划的实施，加深了对西太平洋环流变异规律及其动力机制，以及在全球和区域性气候变化中作用的认识；成功地实现了 6100m 深海潜标系统观测；终结了有关棉兰老潜流是否存在的争议；在西北太平洋主流系、西太暖池三维结构及其变异规律和动力机制、西太暖池主流系与周围海域之间物质能量交换以及西太暖池对东区气候的影响机制等方面取得了原创性成果，显著提升了我国深海大洋环流动力学和气候可预测性的研究水平；研究发现全球变暖下西边界区域成为“热斑”，而太平洋的西边界流（黑潮），通过与近海的岛屿地形的相互作

用，影响和调控了陆架环流系统，并将大洋内部的气候变异传递到我国近海；基于中尺度涡通过在等密度面上形成闭合等位涡线携带水体一起运动的物理机制，发现中尺度涡在全球范围造成的西向水体输运量和平均环流相当，进一步研究还发现中尺度涡对汛成近惯性能量的下传和跨等密度面混合有重要影响，尤其在南大洋和黑潮延伸体区域能量风生近惯性能量可以一直传递到 1000m 以下水体，是维持海洋及层结的主要物理机制之一；研究发现冷舌厄尔尼诺事件与拉尼娜事件的空间结构完全对称，这种厄尔尼诺的多样性与热带太平洋上空发生的西风爆发事件紧密相关。吴立新等人的有关西太平洋的研究成果产生了较大的国际影响，在此基础上，以吴立新为首的中国海洋学家发起了“西北太平洋海洋环流与气候实验（NPOCE）”大规模的国际合作调查研究计划，开辟了我国物理海洋研究从跟踪到发起和引领的转变，使我国海洋科学研究走上了世界舞台。

围绕南海及印尼海域开展一系列研究（附录 5），推动了南海及印尼海域水文观测网络建设，通过开展巴士海峡深水“瀑布”长期连续观测，发现太平洋深层水越过巴士海峡常年流入南海，且其背景流远大于开阔大洋的深海背景流速。提出南海是太平洋印度洋贯穿流的重要通道的重要科学观点，发起以中方为主导的南海—印尼海域水交换国际合作研究，首次在东南亚国家内海开展了长期海洋观测，填补了该海域海流连续观测的国际空白，观测证实了太平洋—印度洋贯穿流南海分支的存在。研究了南海环流对季风及黑潮入侵的响应特征，通过观测揭示了年际时间尺度上南海贯穿流在联系热带西太平洋、南海和热带东印度洋之间的特殊作用，特别是提出了南海贯穿流与印尼海域贯穿流的反向互动，并对其变异特征进行机制解析，拓展了热带大洋环流理论，为印太暖池大尺度海盆相互作用的预报研究提供了海洋力学基础。

以印度洋海域的物理海洋现象和规律为主要研究目标，我国实施了一系列研究计划（附录 5），取得了显著研究成果：提出了亚洲夏季风最早在孟加拉湾爆发的概念模型，即孟加拉湾春季海温及赤道印度洋大气季节内震荡事件在孟加拉湾夏季风爆发时的重要作用，为亚洲夏季风爆发预测提供了具体观测指标，该指标被国家气候中心组织的全国汛期气候会商及南海夏季风爆发会商引用；对印度洋年际时间尺度海气耦合事件—印度洋海盆模态（IOB）和印度洋偶极子模态（IOD）进行了多模式评估，对在全球变暖条件下印度洋呈现 IOD 形式变化给出了解释。

温度数据统计表明，20 世纪 90 年代以来，虽然二氧化碳排放量持续增加，但全球平均气温不再有明显增加的趋势，太平洋上层（0 ~ 1500m）热含量在过去 15 年并没有显著增加，甚至有停滞的趋势，这种现象被称为增温停滞现象。这种现象形成的机理、持续时间及社会经济、环境效应都有待深入研究。我国年轻的海洋学家陈显尧在 *Science* 上发表的论文中提出了全球变暖停滞与热量被北大西洋深层吸收，即盐度升高导致表层高盐暖水下沉（沉潜）紧密相关。这一观点在全球海洋界引起巨大反响，以至于将这一高盐暖水沉潜过程称为“深海炸弹”。在海洋光学方面，首次获得了我国近海水体光学特性的系统参数与时空分布规律。

在海洋生物地球化学方面，探讨黄、东海生源要素埋藏的关键过程及其组成与结构演变的沉积记录。取得的主要成果有：沉积物中氮的循环过程和沉积物中生源要素的分布及生态环境的演变历史。

在海洋生态学研究方面，我国著名的海洋生态学家焦念志在2010年提出了“海洋微型生物碳泵”储碳新机制，并发表在*Nature*专刊上，引起了国际海洋界广泛关注。国际海洋科学委员会（SCOR）为此专门设立了“海洋微型生物碳泵”科学工作组（WG134），由美欧亚12个国家的26位科学家组成，对该观点进行讨论，美国科学促进会（AAAS）还专门出版了“海洋微型生物碳泵”的*Science*增刊。

另外，在黄、东海生源硫的生产、分布，迁移变化与环境效应，我国陆架海生态环境演变过程、机制及未来变化趋势、我国近海藻华、大型水母爆发灾害演变机制、西沙珊瑚礁生态恢复等方面都取得明显成绩。近几年在海洋生态学方面还形成一门新的学科分支—海洋环境生态学。

海洋地质学研究方面，近几年也有显著进展。首先，在南海地质学研究方面，揭示了南海新生代共轭大陆边缘张裂演化模式及其动力机制，并确认南海东部海盆生成于距今3300万年前，消亡于距今1500万年前；西南部海盆生成于距今2360万年前，消亡于距今1600万年前。这些结果丰富和深化了“大陆边缘演化与盆地形成”的研究领域新认识，为我国大陆边缘油气勘探提出有利富集区带和战略方向。

在我国长期的大洋调查和矿物资源勘探基础上，2009年之后又顺利申请并获得了富钴结壳矿区、多金属硫化物矿区和第二块多金属结核矿区，使我国成为当前唯一一个在全球三大洋拥有三种深海多金属资源共四块矿区的国家。同时，我国在富钴结壳、多金属硫化物成矿理论方面也取得了新的进展。

2014年，我国地质学家提出了光滑板块产生的地震比粗糙板块发生的地震有更大危害的论点。世界地质学界对其开展了热烈讨论。

通过我国典型海岸带近50年来的演变过程和原因研究表明：我国河口海岸普遍侵蚀、生态环境退化，局部滨海地区海水入侵严重，渔场资源严重衰退，多与人类活动有关。

区域海洋学研究成绩突出：首次出版了以新中国建立以来获取的资料和科研成果为基础的8卷本《中国区域海洋学》；以“908”专项为基础的《中国近海海洋》系列专著和图集。

我国在极地研究方面也成绩斐然：南极冰架崩解数据和南极洲蓝冰分布图；格罗夫山核心考察区冰下地形测绘；陨石收集与研究；普里兹湾的研究；南极磷虾虾龄指标研究等均具有较高的水平。

（4）海洋高新技术研究

2011年8月16日成功发射了“海洋二号”（HY-2）卫星，这是我国发射的首颗海洋动力环境卫星，它的发射对我国海洋环境监测、社会经济、国防建设、维权活动及科学研究提供了重要支撑。

在 C-Argo、高频地波雷达、光纤传感器、水体放射性快速监测仪、海底观测网中的核心技术—接驳盒技术等方面都取得了重大突破。海洋观测网也进入了试验示范研究阶段。

我国深海矿产资源勘查方面形成了一系列高新技术：高精度多波束测深系统、长程超短基线定位系统，600m 水深高分辨率测深侧扫声纳系统，超宽频海底剖面仪、海底地震仪（OBS）、多次取芯富钴结壳浅钻、海底 60m “海牛”号多用钻机、彩色数字摄像系统、电视抓斗、海底原位保压取样器等。

海洋油气勘探开发技术，初步形成九大技术系列：近海油气田勘探技术，近海油气田油藏模拟及开发方案设计技术，海洋油气田钻井完井技术，海洋平台设计建造技术，大型 FPSO 设计建造技术，海底管道设计、建造、铺设技术，海上油气田工艺设备设计、建造、安装调试技术，LNG 以及新能源开发技术等。以“海洋石油 981”为代表的深水半潜式钻井平台开启了我国深海油气田自主勘探开发新时代。在天然气水合物勘探开发方面，2009 年建立了达到世界先进水平的天然气水合物开采模拟试验系统。

在深海运载装备方面，我国取得了以“蛟龙”号为代表的深潜系列设备。2012 年 7 月，“蛟龙”号 7000m 载人深潜器完成了 7000m 级海试，2013 年开展试验性应用，用于海底资源勘查和深海科学研究。从而使我国成为世界上仅有的 5 个能下潜 7000m 的国家之一，同时我国自主研制了 4500m 级遥控潜水器、水下滑翔机等，都取得了喜人的成绩。

我国研制的水下生产系统脐带缆技术在特种水密材料、铠装层扭矩平衡设计、铠装钢丝预拉伸装置及工艺技术、多钢度测试装置等方面都取得了具有完全自主知识产权的创新成果。

海洋工程结构物浪花飞溅区一直是防腐蚀的难点。侯保荣等人研制的具有自主知识产权的新型矿脂包防覆修复等系列技术解决了这一难题。

在海洋生物技术研究与应用方面取得重要进展。迄今为止，我国科学家已发现约 3000 多个海洋小分子新活性化合物和近 300 个寡糖类化合物，在国际天然产物化合物库中占有重要位置。近年来已获得一批针对重大疾病的海洋药物先导化合物，其中 20 余种针对恶性肿瘤，心脑血管病、代谢性疾病、感染性疾病和神经退行性疾病等的候选药物正在开展系统性的成药性评价和临床前研究阶段。

海洋生物制品成为开发热点，成绩突出。部分酶制剂，如溶菌酶、蛋白酶、脂肪酶、酯酶等在开发和应用关键技术方面取得了重大突破，正进入产业化实施阶段。“氨基寡糖素”和“农乐 1 号”等生物农药及肥料已初步产业化。

在海洋生物全基因组测序与精细图谱构建方面取得了突破性成绩。在 2012 年世界上完成了 11 种海洋生物全基因组解析，其中绿海龟、半滑舌鳎、菊黄东方鲀、大黄鱼 4 种生物由中国科学家完成，最近又完成了刺参基因组测序和组装，使中国海洋生物测序物种数量居于世界前列且多数为经济种。

在海洋生物病害及防治技术研究方面，我国一直处于前沿水平，特别是在鱼类虹彩病、珊瑚病害发病机制的研究和防治疫苗的开发等方面成绩十分突出。

利用海水养殖生物复杂选育技术，已培育出 10 余个国家水产新品种和一批高产抗逆新品系，形成较为完善的育种技术体系，培育的新品种在产业中得到广泛应用推广，使我国跻身于海水养殖育种的世界先进国家行列。在生态工程方面，我国以“巩固提高藻类、积极发展贝类、稳步扩大对虾、重点突破鱼蟹、加速拓展海珍品”的战略思想，初步实现了“虾贝并举、以贝保藻、以藻养珍”的良性循环，取得了一批国际领先或先进成果。

海水淡化、海水直接利用及海水资源综合利用方面均取得显著成绩，海水淡化技术基本成熟，低温多效海水淡化技术已达世界先进水平，已建成日产千吨级、万吨级示范工程，海水淡化成本已降至 5 元 / 吨。海水直接利用，主要用于循环冷却方面，其技术已居世界先进行列。另外，用海冰水直接灌溉技术也取得显著成绩。我国在海水及浓海水提钾、提溴、提镁及综合利用方面都有新的建树。

我国在海洋可再生能源的研究和利用方面取得了新的进展。在潮汐发电方面，我国已有 30 多年历史，居于世界先进水平，已达到商业化程度，如江厦潮汐电站的改建、键跳潮汐电站的建设等。波能发电相继开发了 3kW ~ 100kW 不等的多种形式波能发电系统，并先后研建了 120kW 振荡水柱式和 30kW 摆式波浪能试验电站，和世界处于同一水平上。

在海洋环境预报预警技术方面，我国科学家先后提出了“新型浪潮流耦合海洋环境数值预报系统”和“全球海洋环境数值预报技术”等预报预警技术，其中乔方利等人在国家自然科学基金重点基金、海洋公益性行业科研专项和国家重大科学研究计划等的支持下，进一步发展了海浪—环流耦合理论，以海洋垂向混合为突破点，基于 MASNUM 海浪模式，建立了国际上首个包含海浪过程的全球地球气候系统模式—— FIO-ESM，并基于 FIO-ESM，进行了短期气候预测和气候变化研究的应用。在短期气候预测方面，针对 2011 年 3 月日本福岛核电站核物质泄漏事件，结合浪流耦合海洋环流数值预报系统，利用气候系统模式 FIO-ESM，预测了核泄漏物质在大气和海洋中的输运扩散过程，预测与监测较好吻合；在气候变化研究方面，参与第五次国际耦合模式比对计划，其建立的模式是唯一包含海浪的气候模式，也是我国海洋领域首次且唯一参与国际耦合模式比较计划，模式结果已被 IPCC-ARS 报告所引用，初步结果表明 FIO-ESM 的模拟性能在世界各模式属于前列。

3. 我国的海洋科学技术与世界先进国家的差距

（1）海洋科学技术研究平台建设

近几年来，我国海洋科研平台建设虽然取得了很大成绩，但距科学研究、经济建设、保护国家权益的实际需求还有很大距离。首先，我国国家海洋调查船队船只太少，仅有美国的 1/10；海洋观测站密度小，特别是大洋和海底观测站太少，如 Argo，全球现有 3600 个，截至 2014 年 10 月我国只有 196 个；海底观测网仅开始做小规模试验性研究，距实用还有较大距离；国家级海洋科学和技术实验室在 2015 年 7 月才开始正式运转，尚缺乏运作和管理经验。其他国家重点实验室有的尚未充分发挥作用，创新研究团队不够多等。

（2）海洋科学基础理论研究

我国在海洋科学基础理论研究方面取得了一些重要进展，提出了一些新概念，新认识，并被世界顶级刊物登载介绍，或组织专题讨论会并出专刊，或借新的研究成果走上世界科技舞台中心，发起并领衔某一研究专项，但和世界海洋研究的广度、深度相比，我国还有一定差距，虽然有的科学家摆脱了跟踪研究的现状，总的来说，创新能力尚不足，登上世界舞台的科学家人数也少，做跟踪研究的人员还占多数。这就极大地影响我国海洋科学基础理论研究的进程与水平。

（3）我国海洋技术研究

我国海洋技术研究在某些方面已处于世界水平或世界领先水平。但毋庸讳言，我国海洋技术研究总体水平仍然较落后。国家技术预测总体研究组的研究表明：我国技术总体水平相当于美国技术水平的68.4%；总体技术水平与国际领先水平的差距为10年，而海洋领域技术差距更大，达11.3年。“中国海洋工程与技术发展战略研究”项目组研究结果显示：仅有8%的关键技术达到国际领先或先进水平，如石油高效开发、近海边际油田开发、近海滩涂养殖等；差距在5年以内的占22%，如近海能源工程技术装备，海洋生物制品、海洋药物、海岛开发工程等；差距5~10年的占32%，如海洋固体矿产探测、微生物、海洋油气资源勘察与评价，近海生物资源养护、水产品质量安全，海洋环境预报预警、海水淡化与综合利用，深水油气工程装备，深远海养殖、深水油气工程技术、海岛保护工程、海洋防灾减灾、海洋可再生能源、无人潜水器、水产品加工与流通；差距在10~20年的占32%，如天然水合物试采、海洋环境监测工程、海洋污染控制工程、海洋生态修复工程、深水边际油田开发、海洋探测仪器、海洋观测网、海洋环境监测设备等；差距20年以上的占6%，如深海探测通用技术、深海采矿技术与装备等。

主要表现：

1）海洋探测设备核心部件自主程度低，探测装备体系不健全、可靠性差，大型观测基础设施建设落后，深海探测能力差距大。海洋观测仪器、水下潜器与海洋观测网方面整体落后国际先进水平10年；海洋传感器、观测装备仪器与设备研究相对落后，在探测和作业的范围与精度、设备的长期稳定性与可靠性等方面还存在较多问题。海洋观测网处于起步探索阶段，使其完善尚需时日；深海探测通用技术大多处于样机阶段，没有形成标准化、系列化产品；深海采矿设备尚处试验研究阶段。

2）深水能源勘探技术，重大装备自主研制程度低，核心装备依赖进口，天然气水合物勘探试采技术落后。

4. 制约我国海洋科学技术发展的主要问题

1）海洋强国战略的国家顶层设计与整体规划滞后。自从党的十八大提出建设海洋强国战略以来，尚未见到具体的有关海洋强国的纲领性设计文件，海洋科学技术是保证实现战略规划的条件之一，我国海洋科学技术工作要做什么、怎么做、达到什么深度与水平，以及如何调动全国的科技队伍等，还没有明确的战略统筹安排。

2）海洋科技力量分散，未形成海洋科技创新体系，核心技术创新能力不足。我国科研队伍，特别是技术研究队伍，力量分散在不同的科研院所及教育系统，各研究单位间相对封闭保守的运行方式与格局，妨碍了信息、资源、成果的交流与共享，影响着海洋科学技术的发展。

3）科学研究与实际应用之间缺少中试环节，即缺少在标准试验场进行标准化、规范化的测试及再研制过程，造出来的设备缺乏稳定性、长期实用性。

4）海洋科研及海洋工程的观测设备、探测设备社会需求量小，企业投资效益低，风险性高、周期长，故企业不愿投资。

四、我国海洋科学发展趋势与展望

1. 未来五年我国对海洋科学技术的战略需求

当今人类社会面临“人口剧增、资源匮乏、环境恶化”三大困境。我国陆地资源虽然丰富，但人均资源却很少。随着人口的不断增加和社会经济的快速发展，陆地资源日渐紧缺，对社会经济的制约将愈来愈突显，特别是“粮食、能源、淡水”等资源安全更为严峻。

我国是海洋大国，但还不是海洋强国，当前对国家安全的威胁主要来自海上。要解决困境和防范海上安全问题，其途径只能是走向海洋。因此，根据我国战略资源，“海上丝绸之路”带动海外贸易发展和国家海洋环境安全，发展海洋科学技术成为迫切的需求和当务之急。

（1）保卫国家海洋权益和建设海上丝绸之路的需要

我国是海洋大国，按1994年正式生效的《联合国海洋法公约》规定，可划归我国管辖的海域面约300万 km^2，而事实上属于我国主权的海域面积远大于此。但目前我国与周边的朝鲜、韩国、日本、菲律宾、马来西亚、印度尼西亚、文莱、越南等国都存在海域争议与划界问题（争议面积达120万 km^2），形势十分严峻。仅南海南部“九段线”内外有十多家外国石油公司大肆掠夺油气资源，每年开采石油逾5000万t、天然气逾300亿 m^3 使得我国海洋主权和权益受到严重损害。

国际海域之争，实质是资源之争。资源关系到国家安全，同时也是海域划界的依据。主要是划界争议海区的地质背景（海底地形地貌、陆架沉积物源等）和海底矿产资源应有精确的权威论述。除了依据法理进行有理、有利、有节的外交谈判磋商外，还必须通过调查获得更全面、更精确的海洋勘测资料、数据和相关图件。

2013年10月，习近平总书记提出了“共同建设21世纪海上丝绸之路”的倡议，获得沿线国家广泛赞同。这就使海上运输更加繁荣起来，海上航路的建设和航路安全就更显突出。

我国经济发展，国家与国际的交往越来越频繁，人员来往也越来越多，越来越密切，中国的利益和人员安全也愈显突出和重要。

为了解决上述海洋国土划界问题，保卫海洋国土安全，维护海洋权益和我国在海外权益和人员安全都需要海洋科学技术的进步做基本保障。

（2）储备国家战略资源的需要

随着我国经济的发展，资源的供求矛盾也乃渐显现。其中特别是能源、固体矿产资源、食品资源等尤显突出。

2010 年以来，我国已成为世界第一大能源消费国。其中石油消费量从 3.25×10^8t 增加到 4.28×10^8t，年均增长 5.7%；天然气消费量从 $468 \times 10^8 m^3$ 增加到 $1090 \times 10^8 m^3$，平均每年增长 18.5%。据统计，我国石油产量连续 5 年突破 2×10^8t，2014 年石油产量达 2.1×10^8t，天然气产量 $1329 \times 10^8 m^3$。预计到 2030 年总的石油产量可达 2.5×10^8t/a，天然气产量达 $4500 \times 10^8 m^3$。而我国石油可采集资源量 150×10^8t，天然气可采资源量为 $120000 \times 10^8 m^3$，也就是说我国石油可采年限仅 60 年，天然气可采年限 27 年，我国能源紧缺程序可见一斑。但是，我国管辖海洋面积达 300 万 km^2，已圈定大中型油气盆地 26 个，石油地质资源储量为 350 亿 ~ 400 亿 t。另外还可找到更多的油气盆地和油气储藏。

除化石能源外，海洋中还蕴藏有大量的可再生能源，如潮汐能、潮流能、波浪能等资源可供人们利用。

金属资源，特别是锰、钴、镍等资源是我国的战略资源。我国陆地虽有一定的储量，但其储量亦很有限。但海洋中的多金属结核、富钴结壳、热液硫化物资源却很丰富，另外海水中还有钾、钠、镍、镁以及铀系元素等资源，为人类提供了大量储备。

我国是 13 亿多人口的大国，粮食和蛋白质的消耗非常可观。而生产粮食和蛋白质的土地越来越少，而需求量越来越大，这将可能导致我国粮食和蛋白质危机，从而引起社会动荡，这是我们任何人都不愿意见到的。为解决粮食和蛋白质问题，而且还要“让人民群众吃上绿色、安全、放心的海产品”，也必须在海上找出路——建设海上粮仓。

由上述可知，为了解决国家资源短缺问题，我们必须走向海洋，从海洋获取资源，保证人类社会的健康发展。

（3）发展国家海洋产业经济的需求

《全国海洋经济发展规划纲要》实施 10 年来，我国海洋产业经济取得了巨大的成就，海洋经济规模不断扩大，海洋新兴产业在海洋经济中所占比重逐年增加。建设海洋强国方略的提出，标志着建设海洋强国已上升为国家战略，海洋产业经济已成为拉动我国国民经济发展的有力引擎。

2014 年，我国海洋经济总体保持平稳健康发展，并先于国民经济进入深度调整结构阶段。海洋旅游业和海洋交通运输业继续居领先，海洋传统产业得到恢复性增长，海洋油气业稳中有升，海洋渔业自身结构不断优化，海洋船舶工业稳中回暖，海洋工程建筑业稳步推进。经测算，2014 年中国海洋经济产生总值近 6 万亿元，增速为 7.6%。

我国经济的发展越来越多地依赖海洋，海洋产业成为培育和发展新兴产业的重要领域。在“科技兴海”计划下已建成国家级科技兴海示范基地 7 个，地方级科技兴海示范基地 23 个，预计未来 5 年国家、地方和企业将形成合力，再建设一批国家和地区的海洋经济开发区和科技兴海示范基地，实施一批示范工程，壮大一批海洋龙头企业，培植一批海洋中小型高科技企业和海洋战略性新兴产业技术创新联盟；海洋科技成果转化与产业化，将使海洋高技术产业在海洋经济中所占比重逐年增加。预计我国海洋经济 2020 年达到 12.5%，2030 年将超过 15%。

（4）建设海洋生态文明的需要

今后，我国越来越多的食品，特别是蛋白质将来源于海上，海洋要成为巨大的农场和粮仓，而且海洋渔业资源是一种“可再生资源”，是一种战略性资源，是人类未来生存和发展的物质宝库。发展近海养殖和远洋捕捞是获取海洋蛋白质的必然途径。而这些活动的前提就是需要有一个健康文明的海洋生态环境。

健康文明的生态环境不仅是建设海上粮仓所必需，而且也是迈向小康社会的人民群众的生活所必须。而目前，由于对海洋环境重要性认识不足，部分海洋生态环境日益恶化，渔业资源日益衰竭。为了扭转这种局面，习近平总书记特别指出：“要保护海洋生态环境，着力推动海洋开发方式向循环利用型转变，要下决心采取措施，全力遏制海洋生态环境不断恶化趋势，让我国海洋生态环境有一个明显改变，让人民群众吃上绿色、安全、放心的海产品，享受到碧海蓝天、洁净沙滩，要把海洋生态文明建设纳入海洋开发总布局之中，坚持开发与保护并重，科学合理开发利用海洋资源，维护海洋自然再生能力。”

2. 重点战略方向

以建设海洋强国战略为目标，争取在深水、绿色、安全的海洋科学基础研究和高技术取得突破，有力推进海洋生态文明建设和海洋经济可持续发展。

1）继续深入进行深海大洋的调查研究，深入调查大洋过程，特别是西太平洋和印度洋过程及其环境效应、深入调查研究深海大洋矿产资源，深入调查世界大洋航路条件，以保证我国后续资源补充和保证我国世界大洋航行安全以及应对全球气候变化。

2）加强南海过程研究，以一系列高新技术探测南海盆地，再造南海发育过程及矿产资源效应，南海在太平洋和印度洋过程中的作用及其环境效应。

3）进一步深入研究我国管辖海区的生态修复和渔业资源恢复的调查研究：深入调查我国管辖海域海洋生态环境恶化原因与过程，研究修复理论及技术；调查研究我国管辖海域水产资源衰减原因及恢复策略。继续加强深远海研究，以期掌握海洋及全球气候变化规律。

4）继续加强海陆相互作用和海岸带监测管理的研究，以保证国家海洋经济正常发展和海岸带过程的正常运行。要从大视角，全面认识海陆相互作用的各要素间的关系。

5）加强极端环境下和“深部生物圈（暗生物圈）”生命过程及资源研究，借以研究深海及水下岩石圈中的生命过程，地球化学循环以及生命起源问题，进而研究深海极端条件下及“暗生物圈”中生物资源的开发和利用。

6）加速进行海洋观测、调查、勘探及海洋开发设备核心技术的研究，以便实现全球立体的、实时的长时间观测计划和深海资源开发计划，以期实现海洋科学的大突破、大发展。针对我国目前尚未掌握众多的海洋观测、调查、勘探及开发设备核心技术的现状，加强核心技术和重要装备研究。

7）加快海洋信息网建设，实现海洋信息共享。随着海洋信息大数字时代的来临，海洋研究的综合性、交叉性及世界性的海洋大数据和云计算的运用是必然趋势，谁掌握大数据，谁就掌握科研的主动权。这必然导致大数据接收，整理、储存及供应现代化。信息中心及网络建设必须跟上时代的脚步，建成完善的信息中心和网络系统以适应现代海洋研究的需求。

3. 发展策略

1）做好顶层设计，制定好“十三五”和中长期的海洋科学技术发展规划。随着海洋观测探测仪器装备的进步，海洋科学大数据时代的到来，海洋科学研究也就迈进到大突破、大发现的前夜。我国海洋科学技术工作者应立足世界海洋科学技术水平，针对国家需求和学科发展需求，制定好近期 5 ~ 10 年的海洋科学发展重点和预期目标，集中解决重大科学问题和核心技术，使我国在海洋科学技术研究方面有所发现，有所创新、有所突破，加快使我国成为海洋科学技术先进国家的步伐。

2）集中力量进行海洋观测、调查、开发设备的研发。海洋科学研究旨在认识海洋系统在多时空尺度上的变异规律及其控制机理，进而建立预测未来变化趋势的能力。而研究海洋在时空尺度上的变化的基础在于对海洋的观测和模拟，因此，海洋科学的发展，在很大程度上依赖于观测技术的进步。我国海洋科学之所以落后于世界上海洋科学技术先进国家，其中重要原因之一是海洋调查研究的仪器、装备落后。集中力量研发海洋调查和研究的仪器装备，核心技术是近几年必须加强且必须做好的重要工作。

3）继续加强海洋科学技术研究平台建设，充分发挥已有科研平台的作用，使我国海洋科学技术研究向纵深发展。

我国海洋科研平台建设，虽在近几年取得不少成绩，但距实际需求尚有很大差距。不论调查船的数量还是调查网站密度，以及海洋信息化平台建设，均与现代海洋科研需求差距较大。

国家级重点实验室建设已取得不少成绩，在我国海洋科技创新研究中，发挥了重要作用。虽然青岛海洋科学与技术国家级实验室刚刚开始运行，实验室的人员调配组织，大型设备的购置装配也刚起步，但实验室集中遴选配备了顶尖的科研人员，配备了最先进的仪器设备，打破了单位之间的壁垒，具备了海洋科技突破创新的基本条件，充分发挥其带领作用非常重要。同时还要发挥好早已建成涉海国家重点实验室的作用，不断补充壮大创新群体队伍，使我国海洋科学技术创新研究在整体上有较大幅度的提高，让我国更多的海洋科学技术专家走上世界海洋科技舞台。

4）加强国际合作，采取进行广泛的合作调查、合作研究，合作办国际会议、共同办出版物、人才交流培养等多种手段，以提高我国海洋技术专家科技水平和国际地位。

5）国家继续加大对海洋科学技术研究的投入和政策支持力度，有国家政策的保驾护航我国海洋科学技术研究才会有更大、更多的突破。

参考文献

[1] 蔡峰，曹超，周兴华，等．中国近海海洋—海底地形地貌［M］．北京：海洋出版社，2013.

[2] 丁平兴，等，近50年我国典型海岸带演变过程与原因分析［M］．北京：科学出版社，2013.

[3] 管华诗，王曙光．中华海洋本草［M］．上海：上海科学技术出版社，2009.

[4] 国家海洋局．中国海洋统计年鉴（2010—2015）［M］．北京：海洋出版社，2015.

[5] 国家海洋局．全国海洋观测网规划（2014—2020年）［N］．中国海洋报，2014-12-17，3版．

[6] 国家海洋局海洋发展战略研究所课题组．中国海洋发展报告（2010—2015）［M］．北京：海洋出版社，2015.

[7] 国家技术预测总体研究组．我国技术总体处于怎样水平——关于国内外技术竞争的调研报告［N］．光明日报，2015-5-8，05版．

[8] 国家自然科学基金委员会、中国科学院．未来10年中国科学发展战略，海洋科学［M］．北京：科学出版社，2012.

[9] 顾卫，史培军，陈伟斌，等．渤海海冰储量测算与品质评价［M］．北京：科学出版社，2014.

[10] 高金耀，刘保华，等．中国近海海洋—海洋地球物理［M］．北京：海洋出版社，2014.

[11] 高之国，贾兵兵．论南海九段线的历史、地位和作用［M］．北京：海洋出版社，2014.

[12] 韩家新．中国近海海洋—海洋可再生能源［M］．北京：海洋出版社，2015.

[13] 侯保荣，等．海洋钢结构浪花飞溅区腐蚀控制技术［M］．北京：科学出版社，2011.

[14] 侯纯扬．中国近海海洋—海水资源开发利用［M］．北京：海洋出版社，2012.

[15] 贺福初，大科学开启大数据、大发现新时代［N］．光明日报，2015-1-30，20版．

[16] 洪华生．中国区域海洋学—化学海洋学［M］．北京：海洋出版社，2012.

[17] 胡锦涛．发展海洋战略高技术，提高我国海洋经济水平［N］．中国海洋报，2012-6-15，1版．

[18] 胡锦涛．坚定不移沿着中国特色社会主义道路前进为全面建成小康社会而奋斗——在中国共产党第十次全国代表大会上的报告，中国共产党第十八次全国代表大会文件汇编［C］．北京：人民出版社，2012.

[19] 黄宗辉．大气科学和全球气候变化研究进展与前沿［C］．北京：科学出版社，2014.

[20] 金翔龙．中国海洋工程与科技发展战略研究，海洋探测与装备卷［M］．北京：海洋出版社，2014年12月第1版．

[21] 靳晓燕．我国极地科学家发布南极冰架崩解数据［N］．光明日报，2015-5-5，8版．

[22] 李家彪．中国区域海洋学—海洋地质学［M］．北京：海洋出版社，2012.

[23] 李铜基．中国近海海洋—海洋光学特性与遥感［M］．北京：海洋出版社，2012.

[24] 李永祺．中国区域海洋学—海洋环境生态学［M］．北京：海洋出版社，2012.

[25] 刘保华，丁忠军．载人潜水器及其在深海科学考察中的应用，走向深远海，中国海洋研究委员会年会论文集［C］．北京：海洋出版社，2013.

[26] 刘峰．中国大洋事业20年［J］．海洋开发与管理，2011，28（10）：14-17.

[27] 刘光鼎，秦蕴珊，李家彪．中国海底科学研究进展［M］．北京：科学出版社，2013.

[28] 刘容子．中国区域海洋学—海洋经济学［M］．北京：海洋出版社，2012.

[29] 罗续业，夏登文．海洋可再生能源开发利用战略研究报告［M］．北京：海洋出版社，2014.

[30] 罗续业．海洋技术进展2014［M］．北京：海洋出版社，2015.

[31] 孟伟．中国海洋工程与科技发展战略研究（海洋环境与生态卷）［M］．北京：海洋出版社，2014.

[32] 潘云鹤，唐启升. 中国海洋工程与科技发展战略研究（综合研究卷）[M]. 北京：海洋出版社，2014.
[33] 乔方利. 中国区域海洋学—物理海洋学 [M]. 北京：海洋出版社，2012.
[34] 乔方利，等. 物理海洋学研究进展与分析走向深远海，中国海洋研究委员会年会论文集 [C]. 北京：海洋出版社，2013.
[35] 秦蕴珊，尹宏. 我国深海科学研究的优先战略选区，走向深远海，中国海洋研究委员会年会论文集 [C]. 北京：海洋出版社，2013.
[36] 史培军，顾卫，王静爱，等. 海冰水在滨海台田—浅池系统中的应用 [M]. 北京：科学出版社，2014.
[37] 石学法. 中国近海海洋—海洋底质 [M]. 北京：海洋出版社，2014.
[38] 孙松. 中国区域海洋学—生物海洋学 [M]. 北京：海洋出版社，2012.
[39] 孙松，孙晓霞. 深海生态系统研究进展，走向深远海，中国海洋研究委员会年会论文集 [C]，北京：海洋出版社，2013.
[40] 唐启升. 中国区域海洋学—渔业海洋学 [M]. 北京：海洋出版社，2012.
[41] 唐启升. 中国海洋工程与科技发展战略研究（海洋生物资源卷）[M]. 北京：海洋出版社，2014.
[42] 宋文鹏，等. 黄海绿潮调查与研究 [M]. 北京：海洋出版社，2013.
[43] 吴立新. "透明海洋" 拓展中国未来 [N]. 光明日报，2015-1-15，11 版.
[44] 王颖. 中国区域海洋学—海洋地貌学 [M]. 北京：海洋出版社，2012.
[45] 王颖，葛东晨，邹欣庆. 论证南海海疆国界线 [J]. 海洋学报，2014，36（10）：1-11.
[46] 王颖. 南黄海辐射沙脊群环境与资源 [M]. 北京：海洋出版社，2014.
[47] 王先慎. 韩非子集解，卷第八，大体第二十九 [M]. 北京：中华书局，2013.
[48] 习近平. 中共中央政治第八次集体学习时讲话 [N]. 中国海洋报，2013-7-30，1 版.
[49] 习近平. 共同建设 21 世纪上海丝绸之路，习近平谈治国理政 [M]. 北京：外文出版社，2015.
[50] 许建平. 刘增宏. 全球 Argo 实时海洋观测最新进展与展望 [C]. 许建平主编，Argo 科学讨论会论文集，北京：海洋出版社，2014.
[51] 许建平. Argo 科学研讨会论文集 [C]. 北京：海洋出版社，2010.
[52] 熊绍隆. 潮汐河口河床演变与治理 [M]. 北京：中国水利水电出版社，2011.
[53] 熊学军，等. 中国近海海洋—物理海洋与海洋气象 [M]. 北京：海洋出版社，2012.
[54] 于华明，刘容子，鲍献文，等. 海洋可再生能源发展现状与展望 [M]. 青岛：中国海洋大学出版社，2012.
[55] 杨舒. "六期叠加"，中国基础科学研究要积极面对复杂形势—专访国家自然科学基金委员会主任杨卫 [N]. 光明日报，2015-2-26，6 版.
[56] "中国海洋工程与科技发展战略研究" 项目组. 以工程与科技创新推进海洋强国建设 [N]. 光明日报，2015-6-12，10 版.
[57] 中国海洋年鉴编纂委员会. 中国海洋年鉴（2009 ~ 2015）[M]. 北京：海洋出版社，2009—2015.
[58] 中国科学院海洋领域战略研究组. 中国至 2050 年海洋科技发展路线图 [M]. 北京：科学出版社，2009.
[59] 中国社会科学院近代史研究所. 孙中山全集（第二卷）[M]. 北京：中华书局，2006.
[60] 周洪双. 建好用好 "科研国家" ——聚焦国家实验室建设 [N]. 光明日报，2015-1-19，11 版 .
[61] 左其华，窦希萍，段子冰. 我国海岸工程技术展望 [J]. 海洋工程，2015，33（1）：1-13.
[62] 周守为. 中国海洋工程与科技发展战略研究（海洋能源卷）[M]. 北京：中国海洋出版社，2014.
[63] 张武昌，等. 海山区浮游生态学研究 [J]. 海洋与湖沼，2014，45（5）：973-978.
[64] Chen D，Lian T，Fu C，et al. Strong influence of westerly wind bursts on El Niño diversity [J]. Nature Geoscience. PUBLISHED ONLINE：13 APRIL 2015 DOI：10.1038/NGEO2399.
[65] Chen G，Zang G，Shao C，et al. Whole-genome sequence of a flatfish provides insights into ZW sex chromosome and adaptation to a benthic [J]. Nat Genet，2014，46：253-260.
[66] Chen X Y，Ka-Kit Tung. Varying planetary heat sink led to global-warming slowdown and acceleration [J]. Science, 2015, 346（6199）：897-903.

[67] Du Y, Xie S P, Yang Y, et al. Indian Ocean variability in the CMIP5 multi-model ensemble: The basin mode [J]. Climate. doi: http: //dx. 2013, doi. org/10.1175/JCLI-D-12-00678.1.

[68] Fang G H, SusantoRD, Wirasantosas, et al. Volume, heat, and freshwater transports from the South China Sea to Indonesian seas in the boreal winter of 2007-2008 [J]. Journal of Geophysical Research, 2010, 115, C12020, doi: 10.1029/2010JC006225.

[69] Fang G H, Wang Y G, Wei Z, et al. Interocean circulation and heat and freshwater budgets of the South China Sea based on a numerical mode [J]. Dynamics of Atmospheres and Oceans. 2009, 47: 55-72.

[70] Gao KS, Gao G, Li YH, et al. Rising CO_2 and increased light exposure synergistically reduce marine primary pratuctivity [J]. Nature chimate change, 2012, 2: 519-523.

[71] Hu D X, Wu L X, Cai W J, et al. Pacific western boundary currents and their roles in climate [J]. Nature, 2015, 522 (7556): 299-308.

[72] Jiao N Z, Herndl GJ, Hansell DH, et al. The microbial carbon pump and the oceanic recalcitrant dissolved organic matter pool [J]. Nature Reviews Microbiology, 2011.9, doi: 10 1038/R micro 2.386-C5.

[73] Jiao NZ, Azam F, Sanders S. Microbial sarbon pump in the ocean, science/AAAS (kashi mgton, DC, USA) , supplement to science, 2011.

[74] Jiao, N Z, Herndl G J, Hansell D A, et al. Microhial productian of recalcitranl dissolzed organic matter: long-time carbon storage in the global ocean [J]. Nature Reveus Microhiology, 2010,8: 593-599.

[75] Li Z, Yu W, Li T, et al. Bimodal character of cyclone climatology in Bay of Bengal modulated by monsoon seasonal cycle [J]. Climate, 2013, 26, 1033-1046, DOI: 10.1175/JCLI-D-11-00627.1.

[76] Liu D, Shen Y, Di Bp, et al. Phytoplankton regime shifts in response to rapid eutrophication: palaeo-ecological evidence [M]. Marine Ecology Progress Series, 2013.

[77] Liu X, Guo J, XK, et al. A comparison of evaluation methods for decision-making of oil spill response strategy. Book chapter in "Oil Spills: Environmental Issues, Prevention and Ecological Impacts" by Editor Adam Clifton [M]. USA: NOVA Press, 2014.

[78] Qiao F. G, Wang W, Zhao, et a1. Predicting the spread of nuclear radiation from the damaged Fukushima Nuclear Power Plant [J]. Chinese Sci Bull, 2011, 56 (18): 1890-1896, doi: 10. 1007/s11434-011-4513-0.

[79] Qiao F, Song Z, BaoY, et a1. (2013) Development and evaluation of an Earth System Model with surface gravity waves [J]. Geophys. Res. Oceans, 118, 4514-4524, doi: 10. 1002/jgrc. 20327.

[80] Qu T DuY, Meyers G, et a1. (2005) Connecting the tropical Pacific with Indian Ocean through the South China Sea [J]. Geophys. Res. Lett., 32, L24609, doi: 10.1029/2005GL024698.

[81] Sun ZG, Jiang HH, Wang LL, et al. Seasonal and spatial variations of methane emissions from coastal marshes in the northern Yellow River estuary, China [J]. Plant And Soil, 2013, 369: 317-333.

[82] Wang YQ, Yan B, Chen LX. SERS tags: novel optical nanoprobes for bioanalysis [J]. CHEMICAL REVIEWS, 2013, 113 (3): 1391-1428.

[83] Wu C, Zhang D, Kan M, et al. The draft genome of the large yellow croaker reveals welldeotloped irmate immucnity [J]. Natcommun, 2014, 5, 5227.

[84] Wu HF, Ji C L, Wei L. Evaluation of protein extraction protocols for 2DE in marine ecotoxicoproteomics [J]. Proteomics, 2013, 13: 3205-3210.

[85] Wu L X, Cai W J, Zhang L P, et a1. Enhanced warming over the global subtropical western boundary current [J]. Nature Clim, 2012, 2, 161-166.

[86] Wu L X, Jing Z S, Riser et al. Visbeck, Seasonal and spatial variations of Southern Ocean diapycnal mixing from Argo profiling floats [J]. Nature Geoscience, 2011, 4: 363-366.

[87] Wu T, Hou X Y, Xu X L. Spatio-temporal characteristics of the mainland coastline utilization degree over the last 70 years in China [J]. Ocean and Coast al Management, 2014, 98: 150-157.

[88] Yang S, Milliman, Xu KH, et al. Downstream sedimentary and geomorphic impacts of the Three Gorges Dam on the

Yangtze Rive [J]. Earth-Science Reviews, 2014, 138：469-486.

[89] Yu W, Shi J, Liu L, et a1. The onset of the monsoon over the Bay of Bengal：The observed common features for 2008-2011 [J]. Atmos. Oceanic Sci. Lett., 2012, 5：314-318.

[90] Zhang Z G, Wang W, Qiu B. Oceanic mass transport by mesoscale eddies [J]. Science. 2014, 345：322-324.

[91] Zhang G, Fung X, Guo X, et al. The oyster genome stress adaptation and complexity of shell formation [J]. Nature, 2012, 490：49-54.

[92] Zhang L, Hu D, Hu S, et a1. Mindanao Current/Undercurrent measured by a subsurface mooring [J]. Geophys. Res. Oceans, 2014, 119：3617-3628.

[93] Zhao J, Wu L X. Intensified turbulent diapycnal mixing in midlatitude western boundary currents [J]. Scientific Repots, 2014, 4, doi：10.1038/srep07412.

[94] Zhao W, Zhou C, Tian J, et a1.Deep water circulation in the Luzon Strait, Journal of Geophysical Research [J]. Oceans, 2013, DOI：10.1002/2013JC009587.

[95] Zheng X T, Xie S P, Du U, et al. Indian Ocean Dipole response to global warming in the CMIP5 multi-model ensemble [J]. Climate. 2013, doi：http：//dx.doi.org/10.1175/JCLI-D-12-00638.1.

撰稿人：王文海　莫　杰　徐承德　李永祺　马绍赛
张德玉　郭佩芳　朱　凌　林香红

专题报告

海洋动力过程与气候变化研究进展

一、引言

海洋作为一个时空宽谱动力系统，深入研究其多运动形态的相互作用是物理海洋学发展的趋势。在早期的海洋学研究中，人们通常按照不同的尺度将海洋运动分成海浪、内波、中尺度涡、大洋波动与环流等不同运动形态分别开展研究。这种研究方法便于建立不同运动形态的数学物理框架，在合理假定和简化情况下得到物理过程的解析表达，取得了一些重要研究成果，加深了对海洋运动过程的认识。然而，海洋不同运动形态之间存在不可忽略的相互作用，如近期研究表明海浪和内波对海洋垂向混合有重要作用，而混合过程对海洋层结构和环流结构产生重要影响，人为将不同尺度运动割裂开来的研究方法将严重阻碍物理海洋学新的发展，掩盖海洋动力过程的本质。从海洋运动的尺度分析和相互作用分析出发，袁业立和乔方利（2006）认为海洋动力系统可分为 5 个子系统，即：微尺度过程（以湍流过程为代表）子系统、小尺度过程（以海浪为代表）子系统、中尺度过程（以内波、中尺度涡旋为代表）子系统、大尺度过程（以大洋波动和环流为代表）子系统、海气界面过程子系统（图 1）。这 5 个子系统包括了海洋中的所有运动，通过考虑子系统之间的相互作用，实现多运动形态的耦合，是物理海洋学发展的趋势。

数值模拟是物理海洋学研究、动力过程理解和海洋环境预报保障的核心手段。随着计算机技术的发展，模式时空分辨率越来越高，但数值技术的改进和模式分辨率的提高并不能代替实际海洋真实物理过程的描述和关键物理过程的参数化。深入认知海洋过程特别是多运动形态相互作用，改进包括海洋湍流过程、海气界面通量过程等的参数化方案仍然是海洋模式和气候模式面临的重大科学问题。

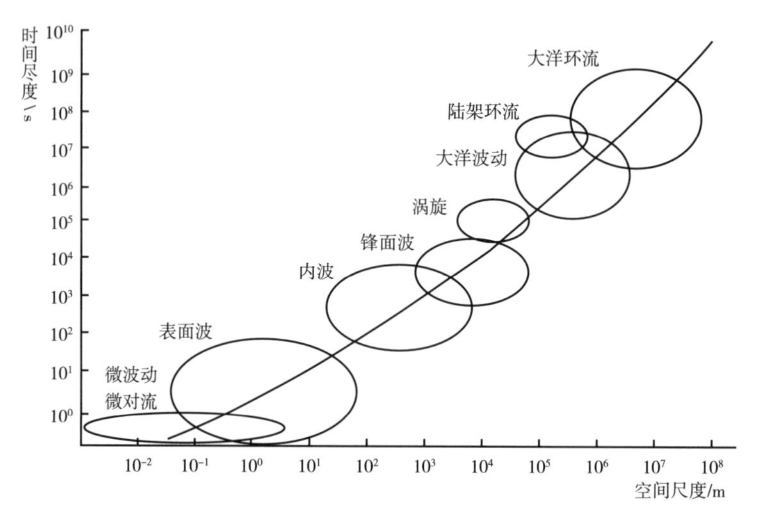

图 1　各种海洋运动形态的时空尺度分布图（引自袁业立和乔方利，2006）

二、我国海洋动力过程与气候变化研究发展现状

在中尺度涡引起的水体输送方面，Zhang ZG 等（2014）基于高度计与 Argo 浮标资料，揭示了中尺度涡三维结构与其海表面信号之间的定量关系，发展了一套从卫星高度计数据反演中尺度涡三维结构的方法，提出了中尺度涡通过在等密度面上形成闭合等位涡线携带水体一起运动的物理机制，最终估计出中尺度涡在全球范围造成的西向水体输运量可以达到 30 ~ 40Sv。近期，我国学者回顾总结了目前对于太平洋西边界流系结构、变率及其气候效应的共识，并提出全球变暖对太平洋西边界流系统的影响（Hu et al，2015）。气候变化研究领域，区域气候变化预测方面仍存在较大的不确定性，热带区域大气内部变率相对外部响应较小，提高关于上层海洋温度长期变化与大气环流的相互作用认识将有助于减小热带地区气候变化预测的不确定性；而在中高纬度区域，较大的大气内部变率增加了预测结果的不确定性，并增加了极端天气事件的发生预测概率（Xie et al, 2015）。本研究侧重分析多运动形态相互作用方面的科学进展。

（一）海气界面通量研究

海洋和大气是全球天气和气候系统中两个最重要的组成部分，海洋和大气之间存在着广阔的交界面，即海气界面。最新 IPCC 第五次评估报告指出，人为排放温室气体所导致的增温热量的 90% 以上通过海气界面进入了海洋。随着全球气候变暖及海—气耦合过程研究的不断深入，海气界面过程研究已成为海洋科学研究的焦点科学问题之一。

海—气之间通过动量、热量和物质交换实现其相互作用。海—气交换通量估算，包括在海面附近直接用仪器测量或根据物理过程利用海洋和气象资料进行推算。海面风速、温度、湿度是影响海气交换的重要因素（徐小慧和高志球，2012），在海洋和气候模式中，海—气之间的动量、热量和水汽交换过程被简单地采用一些经验参数化方案解决，其中各种通量的交换系数取为风速的函数。

近20年来诸多海上观测试验发现海—气之间交换强烈地依赖于海面状态，波浪特别是波浪破碎对海—气界面的交换过程有重要意义，海—气交换的核心问题是波浪影响层的通量交换。波浪对海—气界面处的湍流、气流扰动及海表温度等有重要影响，进而影响海—气交换。风速的增大导致海气界面附近湍流运动的增强，通量随之增大。不同风区和风时下的波浪的发展状况各异，其结构变化对海气交换有显著影响。一些学者利用波龄对海—气界面交换过程进行参数化。但波龄仅能较好的描述风浪部分，对涌浪或混合浪的描述能力较差，而涌浪对海—气界面的通量交换也有重要影响。在低风速条件下，涌浪与气流的直接相互作用调制海—气界面的通量交换；在高风速条件下，涌浪通过调节海面粗糙度来影响海—气界面的通量交换。

在台风条件下，精确估算海气通量对预报台风路径及其强度、巨浪及其影响范围以及灾害评估都有重要意义。长期以来，普遍认为风应力不仅依赖于风速，还与波浪和大气稳定度有关。然而，大多数参数化方案还是假设风应力在数值上只是关于风速的函数，而与波浪无关，即拖曳系数随风速增加而增加。这一结果被广泛地应用于模式对热带气旋强度和路径的预报，以及强风条件下的海浪预报等。但在强风条件下的这种假设可能会导致对动量通量的高估而使模式的预报效果变差，甚至导致对物理机制的误判。

高风速条件下波浪破碎、气泡和水滴云等对海气交换都有重要影响。当风速达到一定速度时，波浪破碎产生海洋飞沫。波浪破碎与非破碎均能影响海洋上层的湍动能，海洋飞沫则改变海面粗糙度长度，进而影响海气之间的湍通量。当海洋飞沫进入空气中，气流加速海洋飞沫。当飞沫滴再次坠入海洋时，会增加海洋与大气间的动量转移。当风速达到台风量级后，考虑海洋飞沫所增加的动量通量与经典的界面动量通量大小相当，同时，在高风速条件下，海洋飞沫在海气界面形成极限饱和悬浮层，抑制风到海表面的动量转移，导致海气界面间总的动量通量的增长率随之减小（张连新等，2014）。

最近研究表明，简单地将中等风速条件下的拖曳系数与风速的关系外推到高风速条件并不合适。赵中阔等（2011）对弱风至强风条件下的海气动量交换特征与阵风因子进行了分析，认为当风速小于24m/s时，摩擦速度随风速的增加而增加，拖曳系数与粗糙度先随风速的增大而减小，后随风速的增大而增大；在风速大于24m/s时，摩擦速度出现饱和趋势，拖曳系数与粗糙度长度达到极值后开始随风速的增大而减小。

（二）波浪—环流相互作用研究

海洋混合是控制大洋环流的重要因素，对海—气之间动量、热量和物质交换产生重要影响，是物理海洋学研究的热点问题之一。风场向海浪提供了大约60TW的机械能，海浪在海洋上层混合中起重要作用，波致混合是海洋数值模式参数化方案中不可或缺的重要物理过程。因而波浪对海洋上层湍流混合过程的贡献和湍流生成机制的研究，以及发展湍流参数化方案等具有重要的科学意义。

在 20 世纪 90 年代之前，研究者大多利用经典的边界层相似性理论模拟海洋上层的湍流，即认为海洋上层湍动能耗散率应该符合固壁定律 ε=u^（*2）/kz，其中 u^* 为摩擦速度，k=0.41 为 von Karman 常数。随后越来越多的观测表明湍动能耗散率与固壁定律存在较大偏差。我国学者研究发现，在波浪破碎情况下，在海洋上层存在强湍流耗散层，其湍动能耗散率随深度呈 –2.7 ~ –1.9 次幂律的衰减特征或指数衰减特征（Huang 等，2012）。

破碎是海浪重要的现象特征之一，它直接将能量传递给湍流混合，在海—气交换和上层海洋混合的过程中起着十分重要的作用。张书文等（2011）针对波浪破碎、破碎致湍流过程的研究进展进行了综述，认为波浪破碎在海面几米的深度内产生的湍动能耗散率是固壁定律预测值的 10 ~ 1000 倍，同时特别强调了外海观测方式的重要性，由于波浪破碎约有 50% 的能量耗散在平均水面之上，波峰是波浪能量的主要耗散区，因而将测量仪器固定在平台或船上的观测方式所得结果的代表性和正确性有待进一步分析。采用随浪漂移观测方式应该是波浪破碎致湍流过程外海观测的理想选择。

波浪破碎在深度上可以影响波高尺度，而非破碎混合（Qiao 等，2010）可以直接影响波长尺度，因此非破碎混合对上层海洋具有更重要的作用。最近的研究清晰表明，波浪与湍流之间存在相互作用，且波湍相互作用存在波浪锁相特征（Qiao 等，2015），由于波浪能量相比湍流而言巨大，因此波浪通过波湍相互作用产生的湍流增强仅为波浪的函数。将非破碎混合应用到国际上多个大洋环流数值模式和垂向混合方案中，模拟结果特别是海洋上层温度结构的模拟均得到明显改善。Dai 等（2010）开展了表面波对水槽中层结水体温度演变情况影响的实验研究，实验结果也证实了非破碎表面波致混合的存在。

（三）内波—环流相互作用研究

热盐环流对全球气候变化具有重要作用，近年来研究发现，海洋内部混合是控制热盐环流的重要因素。风和潮汐是海洋内部混合重要的机械能之源，这些机械能如何传递给深层混合，其机制目前并不清楚。其本身的性质决定了内波是外界输入机械能与海洋混合之间联系的重要纽带：首先，内波起着传输能量的作用，特别是内波可以在垂直方向上传输能量，这就使得海陆边界、海气边界区域发生的一些物理过程可以通过内波过程将能量传输到海洋深层和大洋的内区；其次，内波之间的非线性相互作用，或者在海洋峰、中尺度涡、地形附近的内波散射，都可以导致内波的不稳定和破碎，将能量从大尺度向小尺度过程传递，并产生湍流混合。

国内研究者一直重视内波致混合的研究。Tian 等（2009）采用南海内波混合实验 IWME 中的流速和水文数据，分析了吕宋海峡两侧混合率的分布特征，证实南海深海盆中的混合率大小约为 $10^{-3}m^2s^{-1}$，较西太平洋高 1 ~ 2 个量级。卢著敏等（2009）通过分析微尺度湍流数据研究了南海北部上层湍流混合特征，发现南海北部强混合发生在陆架陆坡区。Wu 等（2011）基于 ARGO 数据采用小尺度参数化方案研究了南大洋的内波混合问题，揭示了南大洋混合率与地形以及南极绕极流有关。大洋中普遍的弱混合（$10^{-5}m^2s^{-1}$）与局部的强混合（$10^{-3}m^2s^{-1}$）相互补充，达到了大洋环流闭合所需的混合强度（$10^{-4}m^2s^{-1}$）。

李丙瑞等（2010）基于并行计算的谱模型，数值模拟了三维小振幅海洋内波的演变、破碎和所致的湍流混合，与二维结果相比，导致内波破碎的机制相同，但是内波破碎的时间提前，动能谱在高波数部分下降速度相对减小。梁建军和杜涛（2012）从理论、观测、数值试验和实验室试验对内波破碎研究进行了总结并分析了目前研究存在的问题。

（四）中尺度涡旋在海洋过程中作用研究

遥感观测资料和高分辨的数值模拟结果都显示海洋充满了数十公里到数百公里的涡旋。海洋涡旋携带极大的动能，具有很强的非线性。涡旋的垂向深度会影响到几十米到几百米甚至上千米，从而将海洋深层的冷水和营养物带到表面，或将海表暖水带到较深的海洋中。海洋涡旋对海洋环流、全球气候变化、海洋生物化学过程以及海洋环境变迁中都起着非常大的作用，因此海洋涡旋研究具有非常重要的科学意义和应用价值。

从 20 世纪 70 年代初开始，国内外海洋学家就开始海洋中尺度涡旋的研究工作，包括观测、数值模拟和理论分析。近年来，有关海洋涡旋的研究更成为物理海洋的热点。中国海洋界在涡旋研究中取得的成果：① 20 世纪 90 年代的中日黑潮联合调查项目中，中国海洋学家开展了许多很有意义的黑潮流经海区海洋涡旋的研究工作，获取了很有价值的涡旋观测资料；②从本世纪初开始，在大量的南海海洋观测计划的推动下，南海海洋涡旋的研究在中国海洋学界得到了相当的重视。国家科技部的“973”项目就设立专门的课题研究中尺度涡旋。在涡旋的统计分析（Xiu 等，2010）、涡流相互作用（林宏阳等，2012）、涡旋水体与热盐输运（Zhang ZW 等，2014；Zhang ZG 等，2014）等方面取得了一批研究成果。通过过去几十年的中尺度涡旋观测（现场和卫星遥感）、数值模拟和理论分析，人们获得了有关中尺度涡旋基本认识。

海洋涡旋输运的研究工作开展得相对较晚，其中涡旋导致的输运是近期研究热点。海洋将热量从热带输送到高纬度海域是海洋影响气候的主要方式之一。观测和数值模拟分析结果表明涡致输送是全球或区域海洋水体与热量输送的重要组成部分。在一些特殊区域，涡致热输送甚至可以与环流的热输送相当，如热带、南极绕极流区和黑潮延伸体海域等。这一概念同样可以推广到盐度和其他标量场。

近年来从卫星遥感资料和高分辨率数值模式数据中自动探测中尺度涡旋的技术受到相当的重视并得到快速的发展，为在拉格朗日框架下研究涡旋输运作好了技术准备。在自动探测涡旋技术方面也取得了很大进展，Dong 等（2012）开发了三维海洋涡旋的自动探测方法，研究了在南加利福尼亚湾的中尺度涡旋的三维结构和特征。Lin 等（2015）基于二维涡旋几何识别法探测出涡旋，并利用数值模式产品研究了中国南海地区三维涡旋的结构和特征。基于从卫星高度计自动探测的全球海洋表面涡旋的数据，Dong 等（2014）在全球涡旋拉格朗日热量和淡水的输运方面做了一些分析工作，应用涡旋自动探测技术从高度计探测的海面高度异常场的多年资料中获得全球海洋的涡旋数据库，然后和 Argo 浮标结合，找到被涡旋捕捉到的 Argo 垂向温盐剖面数据，研究表明逐个涡旋的运动导致的热输运在涡致热输运中起重要作用。海洋中尺度涡旋就像一个个巨大漏水的水桶携带着不同于周围环境的海水在海里移动，从而输运热量、淡水、海水、生物营养盐、沉积物甚至污染物。

近些年，海洋涡旋对大气的影响受到了人们的关注。Xu 等（2010）研究了黑潮延伸体大弯曲时期出现在日本岛南侧的冷涡对大气的影响。资料分析表明，该冷涡上空海表风速减小，云中液态含水量和降水减少。马静等（2014）通过对冬季黑潮延伸区暖、冷两个中尺度海洋涡旋的分析，研究了大气对中尺度海洋涡旋的响应特征。结果表明，暖（冷）涡上空潜热、感热通量增大（减小），降低（增大）大气稳定度，加强（减弱）边界层垂直混合作用，使得海洋大气边界层增厚（变薄）。

（五）海浪—潮流—环流耦合模式研究

海洋与气候数值模拟是研究认识海洋和地球气候系统的三大主要手段（观测与监测、理论研究、数值模拟）之一，是进行定量化海洋环境预报和气候变化预测的核心手段。WCRP 提出了地球气候系统模式未来发展的挑战和机遇，最重要的目标是发展无缝隙预报模式体系。考虑海洋多运动形态耦合建立在物理上更加完备的海洋与气候数值模式体系是无缝隙预报模式体系的根本。

相当长时期以来，尽管世界上各种海洋环流数值模式在数值算法、模式物理过程和资料同化等方面不断取得进步，但是对最为重要的海洋上混合层模拟均存在问题：夏季所模拟的海洋表层温度过高、上混合层深度过浅且模拟的季节温跃层强度偏低。浪—潮—流耦合海洋数值模式因为考虑了更全面的物理过程可以更好地模拟海洋上层结构（Qiao 等，2010；Shu 等，2011）。

提高分辨率是数值模式发展的另一个重要方向。当数值模式水平分辨率提高到 1/10°，模式的水平网格小于第一斜压 Rossby 变形半径，而中尺度涡的特征尺度一般要大于该半径，因而 1/10° 分辨率模式可以较好地模拟中尺度涡旋。已有研究表明提高全球海洋环流数值模式至涡旋分辨率可以显著提高模式的模拟能力，不仅能模拟出更加精细的海洋结构，还可以显著改善西边界强流的模拟，给出更加准确的西边界强流离岸点、流径和流幅。近几年随着国内计算资源的迅速发展，提高模式分辨率得到快速发展。2010 年中国的“天河一号”计算机以峰值速度每秒 4700 万亿次、浮点运算持续速度 2566 万亿次成为世界最快的计算机，2014 年和 2015 年中国的“天河二号”计算机以峰值速度每秒 5.49 亿次、浮点运算持续速度 3.39 亿亿次连续蝉联世界最快计算机称号。随后，中国科学院大气物理研究所利用国内计算资源建立了一个 1/10° 涡分辨率准全球海洋环流模式（俞永强等，2012），国家海洋局第一海洋研究所近期建设了浪—潮—流耦合的 1/10° 涡分辨率全球海洋模式，且进行了卫星及 ARGO 资料的同化。

（六）大气—海浪—环流耦合模式

海气耦合模式是气候变化模拟、预测和气候动力过程研究的核心工具。目前，海气耦合模式能够较好模拟气候系统基本特征，但与观测资料相比仍存在共性偏差，如热带的双热带辐合带和赤道东太平洋冷舌模拟偏冷等。模式中的大气辐射和云物理过程、海洋的次网格过程参数化、海气耦合技术等都需要进一步改进。

国家海洋局第一海洋研究所发展的全球大气—海浪—海洋环流耦合模式 FIO-ESM（First Institute of Oceanography Earth System Model，v1.0）参与了 CMIP5 研究计划（Qiao 等，2013）。在气候模式中首次考虑了波浪的影响（Qiao 等，2010），通过波浪模式将波浪混合作用耦合到大尺度环流模式，这种耦合显著改进了全球大洋环流和海洋上层温盐结构的模拟，可提高 ENSO 的模拟与预测能力，同时对亚澳季风区水汽输送的空间分布、强度模拟和与 CMAP 资料更加接近，对季风的气候特征模拟水平有一定提高（Song 等，2012）。

对于如热带气旋来说，其动力和热力过程受中小尺度的海—气相互作用影响。因此，需要研发合适的区域海气耦合模式对热带气旋过程进行细致的研究。目前，区域耦合模式对热带气旋的研究主要是通过开发区域大气与海洋耦合模式（刘磊等，2011；蒋小平等，2009；黄伟等，2014；刘欣和韦骏，2014）研究上层海洋对台风的影响，研究海浪状况、飞沫、海表面粗糙度等对台风的影响（孙一妹等，2010；丁亚梅等，2009），以及海洋和海浪对台风模拟的影响（关皓，2011；Li 等，2014）来研究。建立物理机制较为完善的大气—海浪—海洋耦合模式，才能合理考虑海浪对海—气相互作用的影响，更为准确地描述海 - 气相互作用过程，提高台风的预测能力。

三、国内外海洋动力学与气候变化研究发展比较

袁业立和乔方利（2006）提出了基于海洋动力系统发展海洋模式体系的思路。该研究组发展了浪致耦合理论，在海洋模式和气候模式中考虑非破碎海浪的作用，建立了海洋浪—潮—环流耦合模式和大气—海浪—环流耦合气候模式，取得了一系列有创新性的结果。

海气相互作用方面，我国学者的研究已有一定的基础和积累，对我国近海及邻近大洋的海气相互作用机理有了一定程度的科学理解，在印度洋—太平洋暖池区海气相互作用、热带气旋中的海气相互作用、太平洋年代际气候变化、印度洋海盆模态在气候变化中的作用等一系列国际前沿科学问题的研究中做出了有影响力的成果。然而，我国在海气相互作用理论的原创性、海洋观测计划的规模和连续性、海洋环流和海气耦合气候模式的自主研发等方面与国际先进水平相比还有一定的差距，这一现状需要从根本上得到改变。

四、我国海洋动力学与气候变化研究发展趋势与对策

在海气界面通量研究方面，尽管目前对影响海—气交换的因素已有一些定性认识，但各种海—气通量的交换系数及其与风速、波龄及稳定度的关系仍不清楚。由于海上测量的困难，目前为止实测数据还很不充分，特别是缺少外海高海况下的连续高频观测数据。目前计算高海况下的海—气通量依旧主要沿用中低海况下的参数化模型。尽管已有工作对这部分内容做了部分研究，并提出了一些参数化方案，但目前中高海况下现场观测数据仍严重不足，且缺乏对海—气界面关键物理过程全面、深入和系统的同步观测，急需在新的观测证据下的深入研究。为解决上述问题，我们一方面需要研制全天候的新型海气通量观测仪器，开展系统的海气通量的观测，另一方面基于观测数据发展新一代的海气通量参数化方案。

在海浪—环流相互作用研究方面，近 20 年来观测结果显示，通过波浪破碎和波湍相互作用过程，波浪的部分能量传递到海洋湍流中去，上层海洋的湍流混合过程加强。波浪在海洋上层混合中起着重要作用，针对浪致湍流混合开展了大量的室内实验、外海观测、理论分析和数值模拟方面的研究工作，取得了很多新的认识。我国在此领域已经取得突破，围绕海洋多运动形态相互作用深入开展研究，并发展新一代海洋与气候模式是未来一段时间的核心任务。

在内波—环流相互作用研究方面，内波是外界输入机械能与海洋混合之间联系的重要纽带。虽然内波对大洋内部的混合有重要作用，进而影响大洋内部的层结，目前内波混合的作用仍未得到足够的重视。最新的 IPCC 第五次评估报告 AR5 显示，目前气候模式对大洋内部层结的模拟仍存在很大的问题，这些问题在过去几十年间一直没有得到本质改善，深化波浪混合并发展内波参数化应该是解决这一问题的关键。

海洋中尺度涡旋在海洋过程中的作用研究方面，海洋中尺度涡旋输运研究，特别是拉格朗日涡致输运研究还刚刚起步。另外，海洋中的次中尺度 / 小尺度涡旋是现在和未来相当一段时间内关注的焦点。因此，需要深入研究涡旋三维环流结构、环流—涡旋—湍流之间的能量传递，以及涡旋在海洋热输送、水循环、碳循环和营养盐输送中的作用，为海洋和气候模式中小尺度的参数化提供更直接的依据。

在海洋内波—浪—潮—环流耦合模式研究方面，国内外已有的海洋模式都存在较大的系统性偏差。在海洋动力系统框架下强化多运动形态相互作用研究，发展新的混合与海气通量参数化方案，是发展新一代模式的关键，可以借鉴波致混合的研究思路考虑内波致混合。在海洋环流模式中充分考虑内波、海浪、潮流作用，发展高分辨率耦合模式，提高海洋模式的模拟和预测能力，为全球气候变化条件下的海洋动力学研究提供有效的手段。

在大气—海浪—环流耦合模式研究方面，海气耦合数值模式是研究海气相互作用过程、开展天气预报和气候预测的重要手段，但传统上对不同尺度的过程发展不同的模式。随着研究的深入，这种人为划分的弊端越来越明显。为了在统一的动力框架下研究多尺度

海气相互作用过程和机理，必须在高效并行技术支撑下研发从天气尺度到气候尺度“无缝”气候模式。

台风和季风研究是我国的传统优势研究领域，但对于台风强度和亚洲夏季风爆发的模拟和预测仍然存在很大的挑战。利用新的海气相互作用研究成果，在耦合模式中充分考虑海浪过程的影响，发展新型的台风和季风预测模式，最终能够较为显著地提高预测保障能力。

参考文献

[1] 丁亚梅，董克慧，周林，等. 大气—海浪耦合模式对台风“碧利斯”的数值模拟［J］. 海洋预报，2009，26（2）：15-26.

[2] 关皓，王汉杰，周林，等. 南海台风与上层海洋相互作用的数值模拟研究［J］. 地球物理学报，2011，54（5）：1141-1149.

[3] 黄伟，郑运霞，沈淇，等. 一个区域海—气耦合模式的建立：模式验证及其对热带气旋“云娜”的模拟. 海洋与湖沼，2014，45（3）：443-452.

[4] 蒋小平，刘春霞，齐义泉. 用一个海—气耦合模式对台风 Krovanh 的模拟［J］. 大气科学，2009，33：99-108.

[5] 李丙瑞. 小振幅海洋内波的演变、破碎和所致混合［J］. 海洋与湖沼，2010，21（6）：807-815.

[6] 梁建军，杜涛. 海洋内波破碎问题的研究［J］. 海洋预报，2012，29（6）：22-29.

[7] 林宏阳，胡建宇，郑全安. 南海及西北太平洋卫星高度计资料分析：海洋中尺度涡统计特征［J］. 台湾海峡，2013，31（1）：105-113.

[8] 刘磊，费建芳，林霄沛，等. 海气相互作用对格美台风发展的影响研究［J］. 大气科学，2011，35（3）：444-456.

[9] 刘欣，韦骏. 热带气旋与海洋暖涡间的海—气相互作用［J］. 北京大学学报（自然科学版），2014，50（3）：456-466.

[10] 卢著敏，陈桂英，谢晓辉，等. 夏季南海北部海洋混合的微结构特征研究［J］. 自然科学进展，2009，19（6）：657-663.

[11] 马静，徐海明，董昌明. 大气对黑潮延伸区中尺度海洋涡旋的响应——冬季暖、冷涡个例分析［J］. 大气科学，2014，38（3）：438-452，doi：10.3878/j.issn.1006-9895.2013.13151.

[12] 孙一妹，费建芳，程小平，等. 海浪状况及飞沫作用对台风强度和结构影响的数值模拟［J］. 南京大学学报（自然科学），2010，46（4）：419-431.

[13] 徐小慧，高志球. 利用船测近海层湍流热通量资料验证 OAFlux 数据集［J］. 气候与环境研究，2012，17（3）：281-291.

[14] 俞永强，刘海龙，林鹏飞. 一个 1/10° 涡分辨准全球海洋环流模式及其初步分析［J］. 科学通报，2012，57（25）：2425-2433.

[15] 袁业立，乔方利. 海洋动力系统与 MASNUM 海洋数值模式体系［J］. 自然科学进展，2006，16（10）：1257-1267.

[16] 张连新，韩桂军，李威，等. 台风期间海洋飞沫对海气湍通量的影响研究［J］. 海洋学报，2014，36（11）：46-56.

[17] 张书文，曹瑞雪，朱凤芹. 波浪破碎湍流混合研究综述［J］. 物理学报，2011，60（11）：119-201.

[18] 赵中阔，梁建茵，万齐林，等. 强风天气条件下海气动量交换参数的观测分析［J］. 热带气象学报，2011，27（6）：899-904.

[19] Dai D, Qiao F, Sulisz W, et al. An experiment on the non-breaking surface-wave-induced vertical mixing [J]. Phys Oceanogr, 2010, 40：2180–2188.

[20] Dong C, Liu x, Liu Y, et al. Three-Dimensional Eddy Analysis in the Southern California Bight [J]. Geophys. Res. Ocean, 2012, 117, doi：10.1029/2011JC007354.

[21] Dong C, McWilliams J, Liu Y, et al. Global Heat and Salt Transports by Eddy Movements [J]. Nature Communications, 2014, doi：10.1038/ncomms4294.

[22] Hu D, Wu L, Cai W, et al. Pacific western boundary currents and their roles in climate [J]. Nature, 2015, 522, 299–308, doi：10.1038/nature14504.

[23] Huang C, Qiao F, Dai D, et al. Field measurement of upper-ocean turbulence dissipation associated with wave-turbulence interaction in the South China Sea [J]. Geophys.Res., 2012, 117, C00J09, doi：10.1029 / 2011JC007806.

[24] Li Y, Peng S, Wang J, et al. Impacts of nonbreaking wavestirring-induced mixing on the upperocean thermal structure and typhoonintensity in the South China Sea [J]. Geophys. Res. Oceans, 2014, 119：5052 - 5070,doi：10.1002/2014JC009956.

[25] Lin X, Dong C, Chen D. Three-dimensional properties of mesoscale eddies in the South China Sea based on eddy-resolving model output [J]. Deep-Sea R, 2015, 46–64.

[26] Qiao F, Yuan Y, Deng J, et al. Wave turbulence interaction induced vertical mixing and its effects in ocean and climate models [M]. Philosophical Transactions of the Royal Society of London Series A – Mathematical Physical and Engineering Sciences (In press) , 2015.

[27] Qiao F, Song Z, Bao Y, et al. Development and evaluation of an Earth System Model with surface gravity waves. Journal of Geophysical Research：Oceans, 2013, 118（9）：4514–4524.

[28] Qiao F, Yuan Y, Ezer T, et al. A three-dimensional surface wave—ocean circulation coupled model and its initial testing [J]. Ocean Dynamics, 2010, 60（5）, 1339–1355.

[29] Shu Q, Qiao F, Song F, et al. Improvement of MOM4 by including surface wave-induced vertical mixing [J]. Ocean Modelling, 2011, 40（1）：42–51.

[30] Song Y, Qiao F, Song Z. Improved Simulation of the South Asian Summer Monsoon in a Coupled GCM with a More Realistic Ocean Mixed Layer [J]. Atmos. Sci., 2012, 69, 1681–1690, doi：http：//dx.doi.org/10.1175/JAS-D-11-0235.1.

[31] Tian J, Yang Q, Zhao W. Enhanced Diapycnal Mixing in the South China Sea [J]. Phys Oceanogr., 2009, 39（12）, DOI：10.1175/2009JPO3899.1.

[32] Wu L, Jing Z, Riser S, et al. Seasonal and spatial variations of Southern Ocean diapycnal mixing from Argo profiling floats [J]. Nature Geoscience, 2011, 4,363–366.

[33] Xie S, Deser C, Vecchi GA, et al. Towards predictive understanding of regional climate change [J]. Nature Clim. Change, 2015, 5, 921–930, doi：10.1038/nclimate2689.

[34] Xiu P, Chai F, Shi L, et al. A census of eddyactivities in the South China Sea during 1993 - 2007 [J]. Geophys. Res., 2010, 115, C03012, doi：10.1029/2009JC005657.

[35] Xu H, Tokinaga H, Xie SP. Atmospheric Effects of the Kuroshio Large Meander during 2004–05 [J]. Climate, 2010, 23：4704–4715.

[36] Zhang ZG, Wang W, Qiu B. Oceanic mass transport by mesoscale eddies [J]. Science, 2014, 345：322–324, doi：10.1126/science.1252418.

[37] Zhang ZW, Zhong Y, Tian J, et al. Estimation of eddy heat transport in the global ocean from Argo data [J]. Acta. Oceanol. Sin., 2014, 33：42–47.

撰稿人：乔方利　宋振亚　鲍　颖

极地海洋科学调查与研究进展

一、引言

极地是地球表面的冷极，在全球气候系统中起着重要的调节作用。作为地球系统的重要组成部分，南极和北极系统包含大气、冰雪、海洋、陆地和生物等多圈层的相互作用过程，又通过全球大气、海洋环流的径向热传输与低纬度地区紧密联系在一起，极地环境的变化与地球其他区域的变化息息相关，极地在全球变化中具有重要的地位和作用。已有研究表明，南极气候环境过程与我国的气候变化存在遥相关；北极气候环境变化对我国气候有着更直接的影响，与我国的工农业生产、经济活动和人民生活息息相关。加强南北极环境资源综合考察，深化极地系统和全球变化研究，揭示极地在全球气候环境变化中的地位和作用，切实提高应对气候变化的能力，是关系到我国的国计民生、防灾减灾、国民经济和社会可持续发展的大事。

进入 21 世纪，资源与环境问题已成为各国发展的瓶颈。与此同时，全球变暖、极地快速变化特别是海冰的加速融化使得极地资源的价值和开发前景日益突出，极大地刺激了世界各国对极地资源的争夺和开发利用，两极的战略地位迅速提高，南北极地区已成为当今国际政治、经济、科技和军事竞争的重要舞台。在当前形势下，加强南北极环境综合考察，优先掌握极地的环境和资源状况，显示和扩大我国在两极地区的实质性存在，有助于维护南北极的共同发展和我国的极地国家利益，提升我国在国际极地事务中的话语权。

当前，在经济全球化进程中，随着全球气候变暖和北极海冰的快速消融，国际极地事务日益复杂，极区地缘政治及其与世界其他地区的经济关系也正在发生深刻改变。北极的地缘政治及其与世界其他地区的经济关系正在发生显著改变，各国加大投入，关注北极航道、油气矿产渔业资源问题；大规模的北极开发与利用进入实质性准备期。在南极地区，气候与环境变化加剧，一些大国出台新的战略性举措，大量增加了在南大洋的科技投入，发布了新的南极活动发展战略，巩固在南极活动中的领导地位，以应对在国际治理中日益凸显的竞争。

本文尽可能汇总了我国近年来南大洋和北冰洋考察与研究的主要成果。文中展示了物理海洋学、海冰、化学海洋学、生物海洋学、生物资源、海洋地质、海洋地球物理等多学科在中国极地考察和研究中所获取的一系列成果，极地在全球气候系统中的重要作用逐渐得到认识。由于条件和能力的限制，我国在极地海洋学研究方面与世界先进水平还存在着一定差距，不过随着我国对极地海洋事业的投入加大和能力的提升，在将来会有一大批具有国际先进水平的成果产出。

二、我国极地考察情况及主要成就

1984 年以前是我国极地考察的准备阶段。早在 20 世纪 50 年代，我国著名气象学家、地理学家竺可桢等一批科学家就先后提出开展极地研究的建议。60 年代，国家开始酝酿极地考察的组织工作。1964 年，国家海洋局成立，在国务院赋予海洋局的工作任务中，包括了进行南、北极考察。

为组织开展南极科学考察，1980 年，我国首次派出董兆乾和张青松两位科学家参加澳大利亚南极考察。在正式组织国家考察队之前，先后派遣 31 名科学家和管理人员参加澳大利亚、智利、新西兰、阿根廷、日本等国的南极和南大洋考察。

1984 年 11 月 20 日，中国第一次南极科学考察队队员带着祖国和人民的希望与重托，远赴万里之外的南极大陆。我国波澜壮阔的极地事业，自此正式拉开大幕。30 多年来，在党中央、国务院的正确指导和亲切关怀下，经过各方面共同努力和一代代极地人的奋勇拼搏，我国极地事业从无到有，从小到大，取得了举世瞩目的辉煌成就。

（一）南大洋考察情况及主要成就

我国自 1984 年南极考察以来，迄今已进行了 30 次南极考察活动。其中，南大洋作为历次南极科学考察的主要内容有力地推动我国南极海洋研究的开展。自“八五”以来，我国制定并实施多项针对南大洋的国家重点科技计划。围绕“南大洋环流与水团变异”“生物地球化学循环与碳通量”“南大洋生物生态学”“南极海冰观测与研究”“海—冰—气相互作用”等，以普里兹湾及其临近海区为重点调查区域，进行了长期固定断面的调查，使我国成为这一地区掌握资料最全面的国家之一。

1. 1984 年以前

中国首次参与极地科学考察是从南极开始的，成规模开展极地科学考察也是从南极开始的。最早登陆南极开展科学考察的两位中国科学家是董兆乾与张青松。

他们于 1980 年 1 月 3 日搭乘飞机经美国麦克默多站、新西兰斯科特站和法国的迪蒙迪威尔站前往澳大利亚凯西站进行度夏考察。次年张青松再赴澳大利亚戴维斯站，这是中国第一次派出科学家进行南极越冬考察。

此时我国尚没有在南极建设考察站，也没有派出考察船，南极考察主要是搭载澳大利亚的科考平台完成的，参与科考的人数较少，没有正式列入中国极地考察的序列内。

2. 1984—2008 年

在此期间我国共开展了 24 次南极科学考察，其中由我国极地考察船完成的海洋考察共有 15 次，其他 7 次是搭载其他国家船只完成或者没有海洋考察任务。考察海域前期集中在南极半岛附近海域，中后期多围绕普里兹湾开展，并开展了跨越南大洋的走航 / 抛弃式观测。

首次中国南极考察活动于 1984 年 11 月 20 日开始实施，1985 年 4 月 10 日结束，共有 591 人参加了本次考察，考察船只为“向阳红”10 号远洋科学考察船和“J121”号打捞救生船。本次考察完成了对南极半岛西北海域的海洋综合考察，获取了水文、气象、生物、化学、地质、地球物理等 6 个专业的综合观测资料和样品。

第 1 次南极考察于 1985 年 11 月 20 日开始，1986 年 3 月 29 日离开长城站，共有 42 名队员搭乘飞机前往南极。没有派出科考船，没有进行船基海洋学综合考察。

1986 年 10 月 31 日—1987 年 5 月 17 日，搭乘我国第一艘极地科学考察船“极地”号，实施了中国第 3 次南极考察活动，共有 128 人参加。南极海洋学综合考察主要在南极半岛附近海域进行。

中国第 4 次南极考察于 1987 年 11 月 1 日—1988 年 3 月 19 日开展，共有 38 人搭乘飞机前往长城站执行站区附近陆上考察任务，没有开展海洋作业。

1988 年 11 月 1 日—1989 年 3 月 9 日，中国第 5 次南极考察队 116 人搭乘“极地”号从青岛启程赴东南极大陆执行中山站建站任务和站区附近陆上考察任务。这是我国首次进行东南极考察，在途经的南大洋和普里兹湾海域未执行综合海洋调查任务。

1989 年 10 月 30 日—1990 年 4 月 6 日，中国进行了第 6 次南极考察。考察队共 139 人，此次南极考察首次实施了“一船两站”考察任务，并首次在普里兹湾及其邻近海域 4 条经向断面的 19 个测站上进行了海洋水文、化学、生物学等海洋综合观测。

中国第 7 次南极考察活动自 1990 年 11 月 16 日开始实施，至 1991 年 4 月 6 日结束，共 233 人参加。自此次考察活动开始，中国南极考察工作由建站为主转入以科学考察为主。此次南大洋调查海域为普里兹湾及其西部海域南极大陆冰缘区，共完成 36 个站点的多学科综合观测，并开展中加合作的碳循环调查工作。

中国第 8 次南极考察活动自 1991 年 11 月 9 日开始实施，至 1992 年 4 月 6 日结束，共 151 人参加。南大洋科学考察在普里兹湾及其西部海域南极大陆冰缘区共完成综合测站 30 个，主要包括物理海洋、化学海洋、海洋生物等学科调查。

共 144 人参加了 1992 年 11 月 20 日至 1993 年 4 月 6 日的中国第 9 次南极考察。南大洋科学考察以走航观测和定点观测两种方式，开展了南斯科舍海和普里兹湾及其邻近海域 39 个站位的物理海洋、化学海洋、海洋生物等综合海洋考察，本次水文 CTD 探测达到的水深是中国在南大洋考察中最大的。

中国第 10 次南极考察队于 1993 年 11 月 15 日开始，分别搭乘澳大利亚“南极光”号考察船到达中山站和直接飞达长城站执行越冬考察任务，共 37 人参加，没有执行海洋考察任务。

中国第 11 次南极考察活动自 1994 年 10 月 28 日开始实施，至 1995 年 3 月 6 日结束，是“雪龙”号首赴南极地区进行考察，共有 128 人参加。完成的南大洋考察工作主要集中在普里兹湾，作业内容包括中进行的磷虾与生物海洋学，工作主要包括物理海洋学、海冰与气象、海洋地质、海洋生物、海洋化学。

1995 年 11 月 20 日，中国第 12 次南极科学考察队搭乘“雪龙”号考察船远赴南极执行“一船两站”任务，1996 年 4 月 1 日返回。共有 128 人参加了本次科考，本次科考未进行海洋综合考察。

中国第 13 次南极考察活动自 1996 年 11 月 18 日开始实施，至 1997 年 4 月 20 日结束，是执行“九五”国家重点科技计划项目的第 1 年，共有 149 名考察队员。海洋综合调查除完成中山站—上海往返航线的走航观测外，重点完成了普里兹湾 4 条断面的 23 站位的调查作业。主要作业学科包括物理海洋学、海洋化学、生物海洋学。

中国第 14 次南极考察活动自 1997 年 11 月 15 日开始实施，至 1998 年 4 月 4 日结束，共计 133 名考察队员参加了此次考察任务。本航次海洋考察以埃默里冰架边缘缘区和普里兹湾为重点，沿冰缘设置了 1 条断面个站位，在湾内设置了 3 条主断面，共计 15 个站位。另外还充分利用一船两站、环绕南极航行的机会，加强航渡期间的走航观测。此次南极考察是中国南极考察史上第一次在陆缘冰附近海域进行综合海洋考察。

中国第 15 次南极考察总人数 139 人，自 1998 年 11 月 5 日开始实施，至 1999 年 4 月 2 日结束。本航次在南大洋及普里兹湾开展了 ADCP 走航观测，完成中美合作 XBT、XCTD 的投放。在普里兹湾的 28 个站位上进行了物理海洋学、海洋化学和生物海洋学综合调查，并首次在普里兹湾布放沉积物捕捉器锚系潜标。

中国第 16 次南极考察活动自 1999 年 11 月 1 日开始实施，至 2000 年 4 月 5 日结束。考察队由长城站考察队、中山站考察队、格罗夫山综合考察队、南大洋考察队和“雪龙”船共 158 人组成。本次考察实施“一船两站”方案，创造了我国南极考察以来航程最远，破冰距离最长，一个航次 4 过西风带的记录。综合海洋调查主要集中在普里兹湾，作业内容包括物理海洋学、化学海洋学、生物地球化学、海洋生物学调查，顺利回收并再次布放了沉积物捕集器。

中国第 17 次南极考察队分别于 2000 年 12 月初和 2001 年 1 月初乘飞机赴长城站和中山站执行考察任务，共有考察队员 39 人。没有执行海洋调查任务。

共 143 人参加了中国第 18 次南极考察，考察队执行“一船二站”任务，是我国“十五”期间的第一个南极航次。自 2001 年 11 月 15 日开始实施，至 2002 年 4 月 2 日结束。本次南大洋重点海域综合调查主要集中在普里兹湾及其外海，共完成 69 个站位的综合海洋调查任务。

中国第19次南极考察活动自2002年11月20日开始实施，至2003年3月20日结束，共有考察队员109人。南大洋走航观测与投放抛弃式观测剖面观测是本次考察的亮点工作之一。海洋综合调查集中在普里兹湾与埃默里冰架前缘，共完成3个经向断面和1个冰架前缘断面43个站位的考察任务，这也是首次在埃默里冰架前缘系统开展断面调查工作。

中国第20次南极考察长城站队员于2003年12月从北京启程，中山站暨埃默里冰架考察队员搭乘澳大利亚“南极光”号前往，共有考察队员45人。其中3名考察队员和澳大利亚、美国考察队一起开展了埃默里冰架热水钻孔、冰架及冰架下海洋观测任务。

中国第21次南极考察活动自2004年10月25日开始实施，至2005年2月18日结束，共有132人参加。在海洋调查中首次在东印度洋投放的6枚Argo浮标，并完成普里兹湾、埃默里冰架前缘4个断面上46个站点的综合海洋调查任务。

中国第22次南极考察活动自2005年11月20日开始实施，至2006年3月20日结束，考察队由144人组成。本次海洋调查主要集中在普里兹湾、埃默里冰架前缘区，此外在澳大利亚西南部的南印度洋也布设了海洋站位，作业次数96个，作业站位48个，在冰架前缘的2个站位IS-02和IS-11上分别进行了间隔1小时的周日观测，并首次成功布放2套冰上浮标。

根据国家海洋局任务安排，中国第23次南极考察只执行站基考察任务，“雪龙”船没有前往南极执行南大洋考察任务。

中国第24次南极考察活动自2007年11月20日开始实施，至2008年3月20日结束，183名考察队员参加了此次考察任务。大洋考察实现了横跨太平洋、印度洋、大西洋、环绕南极洲的海洋综合观测，完成了埃默里冰架边缘断面、普里兹湾37个站位的定点调查。

196人参加了自2008年10月20日开始实施，至2009年4月15日结束的中国第25次南极考察。本次考察执行了国际极地年中国PANDA计划，在普里兹湾的4个经向断面和1个埃默里冰架前缘断面上完成了57个站点的综合海洋考察。

3. 2009年至今

中国第26次南极考察活动自2009年10月11日开始实施，至2010年4月10日结束，共有科考队员250名。在海洋考察方面，首次实现了在普里兹湾的水文潜标的成功布放和回收工作，获取了为期两个月的温度、盐度、流速等连续观测数据；并在普里兹湾和埃默里冰架前缘完成了55个站位的综合海洋调查任务。

中国第27次南极考察活动自2010年11月11日开始实施，至2011年4月1日结束，来自73个单位的190名队员圆满完成了各项科学考察任务。大洋科学考察涉及物理海洋、海洋生物、海洋化学、大气化学等学科，调查站位达64个，并首次对冰架前缘陆架区进行了高密度的调查，布放了我国第1套普里兹湾冰间湖锚碇潜标。

中国第28次南极考察于2011年10月29日至2012年4月8日执行，“雪龙”船首次执行“一船三站”的后勤保障与大洋考察任务。本航次首次开展中国极地环境综合调查与评价专项预启动任务，在包括南极半岛附近海域和普里兹湾在内的 2 个重点作业海区完成 67 个站位的综合海洋调查任务，并首次系统开展规模锚碇长期观测，共回收水文潜标 1 套，布放水文潜标 4 套，布放与回收 OBS 潜标 2 套。

2012 年 11 月 5 日，中国第 29 次南极科学考察队从广州启程，2013 年 3 月 9 日返回上海考察基地，考察队有 239 人组成。中国第 29 次南极考察是中国极地环境综合调查与评价专项实施以来的第一个南极航次。本次考察共完成 6 个断面 64 个站位上的海洋水体综合调查，完成地质取样 41 站，回收、布放潜标各 2 套，布放 5 套 OBS，地球物理侧线覆盖面积 2.5 万平方公里。

第 30 次南极考察任务于 2013 年 11 月 07 日至 2014 年 04 月 15 日完成，共有 257 名科考队员参加了此次考察。在南大洋考察中，以南极半岛海域、普里兹湾海域为重点，完成了南极半岛调查的 6 个断面 33 个站点和普里兹湾调查 2 个断面 14 个站点及罗斯海 8 条测线总长度为 300 公里的地球物理测线调查任务；首次完成环南极航行考察，总航程 3.2 万海里，并抵达 75° 20′ S 开展大洋科学考察。

第 31 次南极考察于 2014 年 10 月 30 日从上海基地码头启程，本次考察队由 281 名队员组成，将执行“一船三站”（中山站、泰山站、昆仑站）任务，计划 2015 年 4 月 10 日左右返回上海港，总航程约 3 万海里。在此次考察活动中，我国将首次在罗斯海地区进行地质勘探和地球物理考察，将回收第 29 次、第 30 次南极考察队布放在普里兹湾海域的 4 套锚系潜标和 6 套海底地震仪。

（二）北冰洋考察情况及主要成就

我国北极考察自 1999 年开始，迄今已经 15 年，共完成了 6 个航次的北极科学考察，见证了北极科考从无到有、从小到大、从无序走向规范，从初级到逐步成熟的过程。围绕北极变化及其可能带来的影响，我国历次北极科学考察确定了与此相关的科学考察目标。在此期间，考察范围从白令海和楚科奇海开始，破冰北进，逐步向北深入并在 2010 年首次抵达北极极点开展了科学考察活动，实现了我国北极考察历史性的突破；在 2012 年完成的中国第 5 次北极科学考察中，“雪龙”船成功首航北极航道，实现我国跨越北冰洋的科学考察任务。

1. 1999 年以前

中国北极科学考察酝酿于 20 世纪 80 年代末、90 年代初。随着我国综合国力的不断增强以及我国在国际极地事务中的地位、作用的不断加强，1985 年我国成为国际南极研究科学委员会（SCAR）的成员国，1996 年又加入了国际北极科学委员会（IASC），成为第 16 个成员国。至 1999 年我国已经积累了 20 年的南极科学考察实践，积累了相当丰富的极地科学考察知识和从事极地科学考察的经验，形成了全国性的学科齐全的极地研究队伍，拥有了能在极地作业的先进技术装备和后勤保障能力。

我国有关科研机构从 20 世纪 80 年代开始与有关北极国家的科研机构和大学合作，或利用其他国外后勤支援条件，先后组织了一些各种规模的北极考察研究活动。例如，中国科学院大气物理研究所与北极国家挪威的卑尔根大学合作，开展了北极—青藏高原环境变化比较研究的工作。1993 年，我国召开首次北极科学研究讨论会，讨论了中国北极研究的方向和战略设想。1992 年开始，国家海洋局二所与德国极地研究所、基尔大学和布莱梅大学合作开展了为期 5 年的北极海洋生态科学考察和研究。1994 年，我国科学家开始实施阿拉斯加巴罗（Barrow）地区气候与环境变化的观测研究及北极大型海洋动物研究。

1995 年，由中国科学技术协会主持，中国科学院组织了中国首次北极点科学考察，进行了海洋、冰雪、大气、古环境、生态、遥感和大地测量等方面的考察研究。1996 年，我国参加了北极科学委员会的白令海计划（BESIS）、国际北极浮标计划（LABP）的工作。1998 年 7 月我国政府派出了以国家海洋局陈炳鑫副局长为团长的第一个北极科学考察团，对北极的自然环境、水文、冰情、航线进行了考察。

2. 1999—2009 年

中国国家首次北极科学考察队由 124 名考察队员组成，于 1999 年 7 月 1 日从上海启程，拉开了我国系统开展北极科学考察政府行动的序幕。本次考察历时 71 天，于 1999 年 9 月 9 日返回。以“北极在全球变化中的作用和对我国气候的影响、北冰洋与北太平洋水团交换对北太平洋环流的变异影响和北冰洋邻近海域生态系统与生物资源对我国渔业发展的影响”作为 3 大科学考察目标，开展了多学科综合调查，共完成海洋考察站位 89 个，冰站 8 个。

中国第 1 次北极考察活动自 2003 年 7 月 15 日开始实施，至 9 月 26 日结束，共计 109 名考察队员参加了此次考察任务。此次北极科学考察把“了解北极变化对我国气候环境的影响，以及北极对全球变化的响应和反馈”作为两大主要科学目标，在白令海、楚柯奇海、加拿大海盆开展了海洋、冰雪、大气、生物、地质等多学科立体化综合观测，共完成海洋学站位 175 个，浮冰站位 13 个。在海洋锚碇长期观测方面，在白令海峡布放了 1 套潜标，在楚科奇海南部浅滩布放 2 套浮标；这是我国首次在极区考察中布放海洋连续观测系统。

中国第 3 次北极考察的科学目标包括：① 阐述北极气候变异及其对我国气候的影响机理；② 阐明北冰洋海洋环境变化及其生态和气候效应；③ 认识北冰洋及临近边缘海晚第四纪古海洋演化历史，了解北极海区重大地质事件对区域乃至全球变化的制约；④ 开展北冰洋及邻近边缘海深海微生物资源极地基因资源的多样性研究，与地质年代结合阐明生物多样性变化演变与海洋环境变化的关系。这次考察自 2008 年 7 月 11 日至 9 月 24 日，历时 76 天，以白令海、楚柯奇海、楚柯奇海台、加拿大海盆为重点作业海域，完成了 132 个站位的海洋学综合调查，1 个长期冰站和 8 个短期冰站，共 122 人参加。在本次考察中首次在楚柯奇海台区布放我国年周期北极锚碇潜标。

3. 2009 年至今

中国第 4 次北极科学考察自 2010 年 7 月 1 日开始实施，至 9 月 18 日结束，以“北极海冰快速变化机制、北极海洋生态系统对海冰快速变化的响应”作为两大科学考察目标，125 名考察队员在白令海、白令海峡、楚柯奇海和加拿大海盆共完成了 135 个站位的海洋综合调查，1 个长期冰站和 8 个短期冰站。本次考察取得的突破性成果包括实现了对两年前布放潜标的顺利回收，首次在北极点海域开展观测；首次跨越加拿大海盆区在马克洛夫海盆开展调查作业；考察船到达我国北极考察的最北点 88° 26′ N。

以北极地区环境与气候快速变化机理与响应为主要科学目标的中国第 5 次北极科学考察于 2012 年 6 月 27 日至 9 月 27 日实施，历时 93 天，安全航行逾 18500 海里，来自国内外的 119 名队员参加了本次考察。本次考察是中国极地环境综合调查与评价专项实施以来的第一个北极调查航次，调查任务包括：① 海洋环境变化和海—冰—气系统变化过程的关键要素考察；② 极区海洋环境快速变化的地质记录及其对我国气候的影响；③ 极区地球物理场关键要素调查与构造特征分析；④ 海冰快速融化下西北冰洋碳通量和营养要素生物地球化学循环；⑤ 北极海域生态系统功能现状考察及其对全球变化的响应；⑥ 北极航道自然环境调查。

突破性成果主要包括：首次在北冰洋太平洋和大西洋扇区实施了系统的地球物理学观测；首次穿越北冰洋，实现了对北太平洋水域、北冰洋太平洋扇区、北冰洋中心区、北冰洋大西洋扇区和北大西洋水域 99 个海洋站位的准同步考察，积累了北极航线海洋环境第一手资料；在挪威海域布放我国首个大型极地海—气耦合观测浮标、在北冰洋中心区欧亚海盆布放极地长期现场自动气象观测站 1 套和冰浮标 13 套；在冰岛周边海域开展了中冰海洋合作调查，开创了中国与环北冰洋国家深入合作的成功先例。

中国第 6 次北极科学考察是中国极地环境综合调查与评价专项安排的第 2 个北极航次，也是我国成为北极理事会观察员国后实施的首个北极航次。航次执行于 2014 年 7 月 11 日至 9 月 24 日，128 名考察队员围绕“北极快速变化及其对我国气候的影响”这一主题，在白令海、楚柯奇海、楚柯奇海台、加拿大海盆等海区，完成了 90 个海洋站位和 8 个冰站的综合考察。主要工作亮点包括首次在北太平洋高纬度海区布放锚碇浮标长期观测系统；在冰站上开展了包括多个冰浮标和中美合作冰基拖曳式浮标组成的浮标阵列观测；首次在楚柯奇海台和加拿大海盆进行综合地球物理观测等。

三、国内外学科发展及主要成果

（一）国内外极地重大研究计划和项目

1. 国际上的重大研究计划和项目

过去的几十年来，围绕南极地区在全球变化中的作用，国际上已制定并实施了多项研究计划，其中最为突出的是国际南极研究科学委员会（SCAR）于 20 世纪 90 年代初提出的“南极地区在全球变化中的作用—国际南极区域合作研究计划（GLOCHANT）”，该计划对推动在南极地区开展针对全球变化的国际合作研究发挥了重大的作用。

正是由于南大洋在地球系统和全球变化中的重要作用，SCAR 在上述各项研究计划的基础上，于 2010 年进一步确定了南大洋观测系统（SOOS）的研究方案，以更深入地了解和揭示南大洋变化的主要特征、控制因素、响应与反馈，及加强对未来变化的预测。

随后，2004 年 SCAR 在此基础上又进一步提出了“南极冰下湖探测研究计划（SALE）”“南极与全球气候系统研究计划（AGCS）”“南极气候演变研究计划（ACE）”和“南极进化生物学研究计划（EBA）”等 5 大国际合作科学计划研究计划，用于指导今后 5 ~ 10 年国际极地的科学研究。通过数十年的研究，在高度总结相关研究成果的基础上，SCAR 于 2014 年又进一步制定和提出了南极下一步研究的 6 大研究议题和 80 项研究课题。该计划不仅涵盖了当前南极研究的重大科学问题，而且对进一步推进国际南极研究具有重大的战略意义。

在此期间，为进一步促进极地科学的发展，发展国际极地年 / 地球物理年的研究成果，国际气象组织（WMO）和国际科联（ICSU）于 2007/2008 年开始实施的“国际极地年计划（IPY）”，提出了“量化极区环境时空变化的现状”“量化和理解极区过去至今的环境变化和人类活动的影响，提高预测水平”“增进对极区—全球不同尺度的远程相互作用和控制这些相互作用的过程的理解”“探索极地科学领域的区域科学前沿问题”“利用极区有利的位置，发展和增强对地球内核、地球磁场、国际极地研究”等 5 大科学主题。

由国际北极科学委员会（IASC）和相关国家的发起、组织和参与下，近年来北极重大计划和项目有“北极监测与评估项目（AMAP）”、加拿大的“北极网（ArcticNet）项目”、北极理事会“可持续北极观测网络项目（SAON）”、欧盟“地平线 2020 科研规划（Horizon 2020）”、瑞典战略环境研究基金会第 2 个阶段的 4 年北极研究计划“Mistra”、美国北极研究政策联合委员会（IARPC）北极研究 5 年计划“FY2013–2017”、IARC 和俄罗斯南北极研究所合作开展的“南森海盆和阿蒙森海盆观测系统项目（NABOS）”等众多大型项目。

在北冰洋太平洋扇区工作组（PAG）的组织下，正在开展的科学计划有“美国北极观测网（AON）”“北极鲸鱼经济学研究（ARCWEST）”“楚柯奇海环境研究项目（CSESP）”“俄罗斯美国长期北极普查（RUSALCA）”“楚柯奇海声学、物理海洋学、浮游动物学研究项目（CHAOZ）”“加拿大美国联合海冰研究（JOIS）”“巴罗海峡锚碇观测项目”“北极海冰监测项目”“气候变化对北冰洋太平洋扇区生态系统与化学环境的影响（ICESCAPE）”等。

当前最为系统的北极观测项目是国际北极陆地研究与监测网（INTERACT）。这一观测网络由欧盟第 7 研发框架计划资助、地球观测组织（GEO）参与，由瑞典科技人员进行总协调，自 2011 年 1 月正式启动，由位于包括北欧、俄罗斯、美国、加拿大、格陵兰、冰岛、法罗群岛、苏格兰等国家和地区的 59 个陆地观测站构成。INTERACT 旨在通过科研网络平台建设，整合各国在北极的科技资源，加强各国北极科考观测站点之间的紧密合作、总体协调和信息数据共享，从而提升北极整体科研与服务社会的能力。

在上述研究计划的指导下，世界各国先后制定了多项相应的极地研究计划，旨在阐明极地地区在全球变化中的关键作用及其对全球变化的影响。

2. 我国组织和参加的极地重大研究计划和项目

国际极地年（IPY）。在首次国际极地年 125 年和国际地球物理年 50 年之际，国际科联和世界气象组织联合发起 2007—2008 年第 4 次国际极地年。其宗旨是通过开展国际合作、多学科交叉的科学活动，在极区建立全面系统的观测体系，系统地获取极地数据；增强对极区与全球关系的认识和了解；在世界范围内宣传和普及极地科学知识，吸引和培养新一代极地科学工作者。作为第 4 次国际极地年的发起国之一，中国政府对这次国际极地年活动高度重视。2005 年，中国成立了国际极地年（IPY）中国行动委员会，继而提出了 IPY 中国行动计划。“IPY 中国行动计划”由南极 PANDA 计划、北极科学考察计划、国际合作计划、公众宣传和数据共享计划组成。通过 IPY 中国行动，显著提升了我国的南北极基础研究和前沿技术水平，大力推动了学科交叉、高新技术发展和科技基础性工作，中国极地基础研究和前沿技术产出成绩斐然。IPY 期间，中国极地研究论文发表总数仅居美国之后，位于国际论文高产出国家方阵之中。

PANDA 计划。我国科学家提出和领衔的“普里兹湾—埃默里冰架—冰穹 A 断面科学考察与研究计划（PANDA 计划）”是国际科联和世界气象组织确定的第四次国际极地年核心研究计划之一。该项计划考察范围北起普里兹湾海域、南至南极冰盖最高点冰穹 A，沿断面涵盖了东南极冰盖最大的冰流系统、南极第 3 大冰架、南大洋冷水团的重要生成区等全球变化关键区域。南极埃默里冰架考察是 PANDA 计划的重要组成部分。在全球变化的背景下，冰架具有易变性和脆弱性。冰架失去平衡会对冰盖和海洋产生重要影响，是南极气候系统重要的组成部分。在相应计划支持下，我国连续开展了 3 次冰架系统综合考察和 3 个航次的南大洋考察，获取了大量珍贵的观测数据和样品，为中国未来开展大规模、多专业的大科学计划奠定了前期工作基础。

中国极地专项。2011 年，我国第一个以南极和北极重点海域和区域环境考察和评价为核心任务的中国极地环境综合调查与评价专项正式立项。专项立足 5 年内完成，同时考虑未来 5 ~ 10 年南北极考察工作的稳定持续开展。在“十二五”期间（2011—2015 年），计划实施 5 次南极考察和 3 次北极考察。截止到目前，极地专项的第 4 个南极考察航次已经于 2014 年 10 月 30 日从上海启程，第 2 个北极航次已经于 2014 年 9 月 24 日返回上海。

“973”计划极地课题。在国家重点基础研究发展计划的支持下，国家海洋局第一海洋研究所牵头的“南大洋—印度洋海气过程对东亚及全球气候变化的影响”是第一个涵盖极地海洋的国家“973”项目。该项目以“通过南大洋关键海域海—冰—气过程的强化观测、数据分析和数值模拟等 3 方面手段的实施，研究南大洋海—冰—气相互作用对于 SAM 的响应与反馈机制，以及对南印度洋的影响”为研究内容，设置了相应的极地课题“南大洋海—冰—气相互作用及其对南印度洋的影响”。

此外，近些年来，包括国家高技术研究发展计划（“863”计划）、国家海洋公益项目、国家自然科学基金等在内的国家重点科技项目对极地也日益关注，无论是支持的项目数量还是资助额度均呈现为不断增长的趋势。

（二）南大洋研究热点及主要国内研究成果

1. 国内外南大洋最新研究热点

在所有南极研究中，南大洋的作用很少被低估。位于35°S以南的南大洋是世界唯一东、西贯通的大洋，面积约占世界大洋的22%。南大洋的海冰覆盖和变化，导致了其不同于世界其他大洋的显著特征。

目前，关于南大洋最新研究热点主要聚焦于以下方面：南极底层水和其他南极水团形成的源地、体量及其变化研究；南极底层水对全球翻转环流的影响；南极上层水温和海冰变化研究；南大洋中尺度过程及南大洋向各大洋冷水输入和热盐对流过程研究；南大洋海—冰—气相互作用对全球大气和海洋循环的作用研究；南大洋环流和水团的变异及其对CO_2吸收的影响；南大洋中层水增温过程及其在全球气候变化中的作用。

2. 2009年以来我国南大洋主要研究成果

近年来我国科学家在南大洋的研究工作已经开始引起世人的注意，不仅在某些领域已迈入国际前沿，并取得了重大的研究成果。

如在南极大磷虾基础生物学研究上，解决了困惑国际学术界多年的大磷虾年龄判断指标问题，以及用磷虾体长与眼径比率作为检测南大洋生态系统动态变化的指示因子。

利用资料的优势，我国学者在普里兹湾及其以北洋区的水团和环流研究做出了与国际水平可比的重要贡献，不仅揭示了南极布兰斯菲尔德海峡的东海盆和中心海盆深层水和底层水的来源，而且发现全球气候变化的最强信号出现在南大洋。

全球变暖已经减缓了南大洋的基本过程，垂向反转环流、水团特性、海盆间水交换、与低纬度海洋的水交换和海冰等均发生明显变化，且发现这些变化与全球大洋热盐环流和ENSO等具有紧密的关系。

对南大洋普里兹湾及印度洋伞区的C循环进行了深入的探讨，揭示了极区海洋由于碳循环作用过程典型，对全球变化反应敏感，是开展相关研究的极佳场所。

（三）北极研究热点及主要国内研究成果

1. 国内外北极最新研究热点

北极的科学问题关乎当代和将来数代人类生存环境、社会和经济等方方面面，将来气候变化的方向是我们国家政策取向的基点。随着北极气温快速升高、冰川融化、海冰范围不断缩小，国内外学者在北极科学研究中的主要问题主要集中在以下几个方面。

北极在全球气候变化中发挥重要作用，但它在调控全球海洋环流以及在水循环中的作用仍未清楚；过去10余年北冰洋发生了重大的变化，但这种变化的性质和长期性需进一步认知；北冰洋的地质记录是全球地质研究的空白，建立北冰洋的板块结构和古气候模型是开发和利用北冰洋大陆架下资源亟待解决的核心问题；北冰洋陆架碳、氮、硅和其他物质在全球生物地球化学循环中的具体作用以及北极环境变化影响全球生物地球化学循环的过程需要进一步探知；北冰洋的生产力和高营养级的生产力的变化、北冰洋有机污染物污染的程度以及增强的紫外辐射对北极生态系统健康的威胁问题等。

2. 2009 年以来我国北极主要研究成果

在北极海洋研究工作方面，我国科研工作者的主要贡献主要集中在以下几个方面。

对北极海冰与海洋和大气相互作用、海冰变化与欧亚大陆大气环流及其对我国气候的影响和北极大气环境变化的研究有了新的认识。

对北冰洋次表层暖水的海洋现象及其长期变化规律、特征和形成机制等科学问题进行了较为全面的回顾和总结。

对北冰洋海气二氧化碳通量时空分布，生源要素分布的空间和时间变化，水团及海洋过程的同位素示踪，北冰洋生物泵过程对环境变化响应的机理，北冰洋海洋古生物地球化学和碳埋藏的演化特征开展了系统的研究，揭示了北冰洋生物地球化学循环与全球的关系。

以各类海洋生物群落结构组成与多样性现状、关键种与资源种的分布与生态适应性分析为基础，为北极的生物资源变化、模型建立、及应用评估等提供基础数据。

从历史演变的角度探讨了白令海晚第四纪以来的古海洋与古气候记录及其对全球气候变化的响应，以及西北冰洋晚第四纪以来古海洋与古气候记录及其对北半球冰盖变化的响应，重建了白令海和西北冰洋晚第四纪以来的古海洋与古气候演化格局。

四、极地海洋工作展望与建议

经过 30 多年的考察和研究，中国的南大洋海洋学取得了长足的进展，获得了丰硕的研究成果，我们已经站到一个全新的历史阶段——迈向极地强国建设（2015—2030 年）的起点上。同时，由于条件和能力的限制，我国极地调查研究无论在深度还是广度上都与世界先进水平存在一定差距，在很多方面仍有待加强和深入。以南极和北极海洋环境的变化规律及其对全球气候变化的响应与反馈为研究核心，未来 10 年内极地海洋工作发展主要应聚焦于极地工作的国家战略规划制定、极地科考能力建设、以及南北两极相关海洋学科的关键科学问题上。

（一）国家极地战略规划研究

党的十八大提出了建设海洋强国的宏伟目标，极地在海洋强国战略中具有独特作用，极地强国建设是海洋强国建设的重要组成部分。在当前极地形势下，我国极地强国建设以需求为牵引，以发展为基础，以国际极地强国为参照，在极地科学考察、保护利用、极地相关事务中争创世界一流水平。

面对正发生着快速而深刻变化的极地形势和国家极地战略需求，围绕海洋强国、极地强国建设的宏伟目标，“十三五”时期，我们要紧紧围绕国家需求和极地科学国际前沿，进一步加强战略研究，明确战略目标，制定国家极地政策和长远发展规划，加强立法，完善极地工作体制机制。

这一战略规划是指导我国极地工作长期发展的基本方针，是从组织上、人员上、经费上、物力上、时间上保障极地工作的基础，这一规划的核心应包括但不限于以下几个方面。

在全球变暖现象继续加剧的背景下，两极环境正在快速变化，对我国气候环境有重大影响，我们对此要有科学认知和预知。

地球资源日益缺乏，两极将成为新的资源 / 能源宝库，开发两极自然资源想法将成为可能。

极地空间领属矛盾加剧，急需国际法的完善，已成为国际政治、经济、科技和军事竞争的重要舞台。南极条约暂时冻结了领土主张。同时意味着南极领土、领海主权、经济专属区以及大陆架管辖权归属存在很大的不确定性。各国增加在南极地区的实质性存在，企图主导南极事务的主导权。2011 年 5 月 12 日，由北极圈的美国、俄罗斯等 8 个国家就北极地区的开发签署了首个关于北极的《国际公约》，除此之外还强调了在北极事务上的特权。虽然北极的陆地、岛屿和海洋主权归属是基本明确的，但是北极的航行权益、贸易权益、和环境变化上是和我国息息相关的。

在航道方面，北极航道是连接北太平洋和北大西洋的海上通道，距离比传统的经苏伊士运河、巴拿马运河的现有世界交通干线要短 20% ~ 50%。北冰洋海冰的持续退缩使得北极航道的常年过境通行已经具有技术可行性和经济性。此外，空中航线都在开辟和使用之中。

北极的快速变化创造了国际合作的新平台和空间。北极事务涉及领域广泛的全球性议题，北极资源开发、航道利用、环境保护则需要域内外国家和国际社会的参与。我国坚持走和平发展道路，以“包容互鉴”和“合作共赢”原则发展中外关系。北极国家发展北极地区所需要市场、资金、劳动力等经济要素正是发展中的中国所能提供的，因此，北极区域发展为中国与北极国家的合作搭建了一个新的经济合作平台，在既有的合作关系中增添了新的合作领域和内容。北极的环境保护既关系到该区域经济社会发展的可持续性，也影响到中国应对气候变化的国际努力。2013 年，我国获得北极理事会正式观察员地位，开辟了与俄、美、北欧加强合作的新领域。

（二）极地科考能力建设

从战略的高度重视极地人才，加快极地战略、科技、管理、保障以及国际合作各类人才队伍建设；继续完善战略布局，加快南北极考察能力建设，包括新建南北极科学考察站，将昆仑站建成常年考察站，完善极地环境综合观测网；装备新的固定翼飞机，完善极区航空调查保障体系；新建极地科学考察破冰船，建立极地考察船队；加大科技投入，深入开展极地环境考察及评估专项，开辟极地工程技术创新领域，完善极地科技计划组织机制，激发科技创新活力，为我国开展极地活动、维护极地权益提供支撑和保障，为人类和平利用极地做出新的贡献。

在南北极科学考察能力建设方面，我国已经启动了一些项目。未来 10 年内，以国家支持为基础，积极开拓国际合作，包括考察站建设、新建破冰船建设、极地机场建设、极地考察和运输大飞型机建设、大航程无人机 / 无人船 /AUV 观测能力建设、极地观测网建设将成为可能。

目前我国在南极建设了长城站、中山站、昆仑站和泰山站，在北极建设了黄河站。其中位于伊丽莎白公主地的泰山站是于 2013—2014 年刚刚完成的第 30 次南极考察中开展建设的。我国第 5 座南极考察站暨第 3 座常年科考站已完成的初步选址，拟于 2015 年在罗斯海西海岸的南极维多利亚地开始建设，可以独立支持开展海洋、陆地、大气、冰川等多学科综合考察。

国务院已于 2011 年批准新建极地科学考察破冰船。新建破冰船设计载员 90 人、轻载排水量 12000t、船长约 1222m、最大船宽 22.3m、续航力 20000n mile、自持力为 60d，破冰能力出色，满足无限航区和南北两极海域航行和科学调查作业要求。新建破冰船具备在全球各大洋区进行大范围水深内的海洋、大气、海底等综合要素的观测和探测，具备样品采集、处理、分析和储藏能力，具备数据系统集成和信息传输能力，满足海洋环境、海洋地球物理、海洋生态综合调查的需要，具有装备缆控深潜器、无人遥控探测器和水下探测系统的支撑平台。新建破冰船建成后，将于现在的“雪龙”号破冰船形成优势互补、定位明确的极地科学考察姐妹船，极大提升我国极地考察能力。

在 2014 年 10 月 30 日启程的第 31 次南极考察中，我国科考队员将采用冰盖漫游机器人、低空固定翼机器人、超低空螺旋翼机器人等装备，在中山站附近的冰盖边缘进行机场选址工作。目前在南极中山站附近的冰盖边缘地区，俄罗斯已经建造了一个机场；澳大利亚已在在山站附近 Davis 站周围建设了 3 个机场。在我国昆仑站、泰山站以及在南极维多利亚地我国拟建的第 3 座常年科考站附近也具备建设冰上机场的良好条件。

在极地考察方面，固定翼飞机将起到无可替代的重要作用。我国首架极地考察固定翼飞机“Blaster BT-67”将于 2015 年交付使用。这一机型是已在南极成功使用、成熟可靠的多用途固定翼飞机，同时具备人员快速运输、应急救援和科学考察 3 种功能，能在零下 50 摄氏度以下的低温飞行。预计将来会有更多的固定翼飞机加入到我国南极考察行列，为南极周边海洋、冰架、冰盖和内陆考察提供支撑平台。

此外，随着如大航程无人机、无人船、AUV、水下滑翔机等观测平台的发展，以及与之相适应的海洋传感器技术和通讯技术的发展，以无人观测平台为主的观测能力建设将极大地提高我国极地海洋考察能力，这些无人平台对于冰下、冰架下等传统考察平台难以到达或者实现的考察活动是必不可少的。

以长期锚碇潜标、长期锚碇浮标、长期海床基、冰基长期观测平台和陆基长期观测平台为基础，可以构建我国极地长期观测网络，实现我国对极区典型海域关键要素和过程持续观测能力。

（三）南大洋海洋工作展望与建议

1. 扩大调查范围

在调查工作方面，南大洋海洋调查应扩大调查海域、扩展调查要素、延伸调查深度、开展重点学科调查。将以普里兹湾和南极半岛海域为主的南极重点调查海域扩展到南大洋绕极流海域、罗斯海、威德尔海或者其他南大洋关键海洋过程发生的海域。

在调查要素方面，根据科学研究的需要，对传统调查要素进行学科内外的扩展。调查要素不局限于已有参与学科的诸要素，以便为学科之间的交叉和新学科的发展提供物质基础。在已有学科内，根据当前技术水平开展对传统观测要素的强化观测（如海流）、加强对以往技术能力不甚成熟的要素的观测（如冰厚）、尝试开展新技术条件下的其他要素观测（如湍流要素）等。

在调查深度上，注意根据研究需求，向上向下两个方向拓展观测范围。在向上方向上，提高调查队员外业能力，在安全的前提下争取尽可能从表层开始观测；在向下方向上，基于考察平台的支撑能力，在科学安排作业时间的情况下，适当做大纵深特别是深水区的全剖面观测。

在航次组织上，为了避免单一航次中学科过多引起的船时难以分配以及学科之间难以协同作业等问题，建议一个航次凝聚的科学问题不宜过多，重点开展可以回答这些问题的关键学科的专题调查。

2. 开展重点学科研究

在相关科学问题上，重点开展物理海洋学、海洋地质学、地球物理学、海洋化学、海洋生物学等海洋学科关键问题的研究工作。

如在物理海洋学方面，应加强对海流数据的采集和分析，以增进对某些海域内环流的认识；冰架及其下的海洋也是南大洋研究特别值得关注的地方；开展冰间湖冰—海相互作用研究，有助于将南大洋水团与环流的研究推向深入；南大洋作为气候异常信号传播途径所起的作用仍然值得深入研究。

在海洋化学方面，加强对营养盐、C、N 的生源物质在其深层水体的分布循环过程进行研究是准确了解水体中生物地球化学循环过程的关键内容；南大洋海洋地球生物循环过程对全球变化是如何响应和反馈是亟待解决的热点科学问题。

在南大洋生态学研究方面，随着近海渔业资源的衰退使世界各国对南极磷虾资源日益关注，由此越来越多的国家加入到南极磷虾商业捕捞的行列，计划捕捞南极磷虾量有明显的上升趋势，势必对磷虾资源产生巨大的压力。因此，加强南极磷虾和南大洋生态系统的研究，建立基于生态系统方法的磷虾渔业开发和管理模式，提高南极磷虾产品的高值利用，保证南大洋磷虾资源渔业的可持续发展。随着极地科考能力的不断提高，在极地海域发现了大量的新物种，使我们对极地海洋生物多样性以及极端环境生命过程有了一些新的了解和认识，也是这一领域成为当前科学研究的热点。

在地球物理学方面，通过重、磁、热和地震等的数据采集和积累，探测南极和南大洋的深部构造及动力学特征，将成为回答全球气候及环境长期变化这类重大地球科学问题的有力手段。

（四）北冰洋海洋工作展望与建议

1. 增强纵向调查研究

在调查工作方面，鉴于我国历次北极科学考察在调查范围、调查时间、调查学科和要素上日趋平衡和饱满，北极的海洋调查工作应在原有的基础上在已有调查海域内加强观测、加强航道调查、延伸调查深度、开展重点学科调查。

我国北极调查海域已经涵盖北太平洋阿留申岛弧、白令海、白令海峡、楚柯奇海、北风脊、楚科奇海台、门捷列夫海脊、马克洛夫海盆、阿尔法海脊、波弗特海、加拿大海盆、挪威海、格陵兰海和冰岛附近海域的北大西洋水域，特别是对白令海和北冰洋太平洋扇区已经构成相对稳定的调查态势。考虑到未来新建破冰船参与执行北极考察任务，对白令海和北冰洋太平洋扇区的重复观测和监测将是多数海洋学科对于我国北极调查工作的客观要求。这一工作的核心是对关键海域的关键断面开展一年一次的重复观测。

我国已经于 2012 年完成了一次对北极东北航道的考察，择机开展对西北航道、穿极航道的调查将是未来我国在北极拓展调查范围的主要任务。

在调查深度上，应和南大洋考察一样，根据学科研究具体需求，向上向下两个方向拓展观测范围。

在北极航次组织上，即便在有新建破冰船和其他国际合作船只执行北极任务，以及北极适于作业的时间窗口日益扩宽，但要考虑到因同一航次学科任务过重导致水文学科之间难以协同作业等问题。建议与南大洋一样，对一个航次针对的科学问题不宜过多，重点开展可以回答这些问题的关键学科的专题调查。

2. 开展重点学科研究

在相关科学问题上，重点开展物理海洋学、海冰学、海洋生态学、海洋生物学等海洋学科关键问题的研究工作。

在物理海洋学研究方面，需要优先考虑的问题有：海洋和海冰变化过程和物理机制研究；上层海洋过程及物理与生态过程的相互影响；北极整体循环和北极环极边界流研究；认识和研究北欧海的海洋过程对我国的影响；与全球系统有关的北极过程。

在海冰研究方面，应以完善数值模式涉及的关键参数和过程的参数化方案，如融池发展和重新冻结的参数化方案，冰内消光系数垂向变化和季节变化的参数方案以及不同区域冰底海洋热通量的参数化方案为重点。

在海洋生态学方面，研究的重点包括海洋“生物泵”引起的沉积有机碳埋藏研究，北极海洋生态动力学过程研究，应用同位素及地球化学类似物开展北冰洋物质循环路径与循环速率的研究等。

海洋生物学应加强北极鱼类研究，增加极地深海底栖生物研究，深入开展生物分类与生物多样性研究，生物对环境的适应性和生态响应研究等。

参考文献

[1] 陈红霞，刘娜，张洁，等．中国极地科学考察水文数据图集概论［M］．北京：海洋出版社，2014.

[2] 程振波，高爱国，矫玉田．中国首次北极科学考察及北极知识简介［J］．黄渤海海洋，1999，17（4）：85-87.

[3] 董兆乾．中国首次北极科学考察［J］．海洋地质与第四纪地质，1999，19：38-74.

[4] 国际极地年中国行动委员会．国际极地年（IPY）中国行动计划简介［J］．极地研究，2007，19（1）：76-77.

[5] 刘赐贵．开拓进取 奋勇拼搏 从极地大国迈向极地强国［N］．中国海洋报，2014-11-19.

[6] 马德毅．中国第五次北极科学考察报告［M］．北京：海洋出版社，2013.

[7] 国际极地年中国行动委员会．国际极地年（IPY）中国行动计划简介［J］．极地研究，2007，19（1）：76-77.

[8] 曲探宙．中国第六次北极科学考察纪实［M］．北京：海洋出版社，2013.

[9] 徐挺．中国第二次北极科学考察综述［J］．海洋开发与管理，2004，5：17-23.

[10] 余兴光．中国第四次北极科学考察报告［C］．北京：海洋出版社，2011.

[11] 余兴光．中国极地科学研究进展（1984—2014）系列丛书——北极科学研究［M］．北京：海洋出版社，2015.

[12] 张海生．中国第三次北极科学考察报告，海洋出版社，2009，北京。

[13] 张海生．中国极地科学研究进展（1984—2014）系列丛书——南大洋海洋科学研究［M］．北京：海洋出版社，2015.

[14] 张占海．中国第二次北极科学考察报告［C］．北京：海洋出版社，2004.

撰稿人：陈红霞　马德毅

海洋环境生态学研究进展

一、引言

海洋环境生态学是海洋科学的重要研究领域之一，是海洋科学、环境科学和生态学三者相互交叉而形成的新学科。该学科着重研究在人类干扰下海洋生态系统内在变化的机制、规律和对人类活动的响应，寻求海洋受损生态系统的恢复或重建、海洋生物多样性保护和海洋生态系统服务功能的维持，进而实现人类社会发展和海洋生态系统健康协调统一（李永祺等，2012）。随着社会和经济的发展以及本领域科学和技术发展的内在规律的驱动，海洋环境生态学大致经历了起始（20 世纪 60 年代）、发展（20 世纪 80 年代）和全面发展（21 世纪初）3 个时期。自 20 世纪 80 年代以来，众多国际科学组织推出了一系列全球性的相关研究计划，发现了一系列新现象，产生了许多新的概念和理论，极大推进了海洋环境生态学的发展。进入 21 世纪以来，我国沿海地区掀起了大规模海洋开发的新高潮，沿海地区社会和经济的快速发展对近岸海域造成了前所未有的资源和环境压力，近岸海域污染日趋严重、海洋生态系统遭到破坏以及海洋生态灾害和环境突发事件频发。面对日益恶化的海洋生态环境，国家高度重视，在法律制度建设、保护区建设、生态系统服务评估和健康评价、污染防治、生态修复和环境监测体系建设等各个方面得到了全面发展（李永祺等，2012）。尤其近几年，围绕着海洋生态灾害、生态保护与恢复、全球变化的海洋生态学效应以及海洋环境监测等方面取得了重要研究进展。

二、我国学科发展现状以及与国外学科发展比较

综观近 5 年来该学科研究发展现状，我国的突出成就主要体现在以下几方面。

（一）海洋生态灾害发生机制研究

由于全球变化（global changes）和人类活动的双重影响，海洋生态系统受到了严重的伤害。突出表现在生境受损、典型海洋生态系统退化以及海洋生态灾害频发等方面。据统计，全球海洋至少有 40% 的海域受到人类活动的严重影响，主要海洋生态系统的 60% 已经退化或正在以不可持续的方式被使用，造成了巨大的经济和社会损失。在我国，这种退化的趋势不但没有得到有效的控制，而且近年来更加严重。海洋污染、过度捕捞以及大规模围填海等是导致海洋生态系统受损和海洋生态灾害频发的主要因素。

受近海污染和围填海活动等人为因素的综合影响，一些典型的海洋生态系统，如红树林生态系统、珊瑚礁生态系统、海藻（草）生态系统和滨海湿地生态系统在规模、结构和功能上都出现了严重的退化现象。同时海洋灾害（赤潮、绿潮、褐潮和白潮等）频发，导致海洋生态系统生产力和服务功能降低。

1. 提出基于赤潮生物生态适应策略的有害赤潮形成的新机制

有害藻华暴发的频次及其所带来的经济损失、受影响的自然资源种类、藻毒素和有毒藻种类的数量在过去几十年里呈现出显著增加的趋势（Anderson et al.，2012）。在有害赤潮发生频次、规模、危害程度逐渐增加的同时，有毒有害藻华所占的比例也在不断上升，如塔玛亚历山大藻、链状亚历山大藻、米氏凯伦藻、链状裸甲藻、裸甲藻、多环旋沟藻等形成的赤潮，大多都是近年才出现的；新的有毒或可能有毒藻类还在不断发现，如 *Takayama acrotrocha*、微小卡罗藻、双胞旋沟藻、多环旋沟藻和 *Azadinium poporum* 等。每一种有害藻种都有其独特的生态适应策略，使得它能够在特定的阶段形成优势。对有害藻种的生态适应策略进行分析，是了解有害藻华形成机制的关键途径。有害藻种的高生长率、高营养吸收能力或亲和力、混合型营养（mixotrophy）、依赖性营养（auxotrophy）、对特殊营养物质（如维生素和稀土元素等）的需求（Gobler et al.，2011）、垂直迁移或水平迁移等行为特征、对极端环境条件（温度，盐度、干燥等）的耐受力、对捕食者和竞争者的毒性效应和特殊生活史，如形成休眠孢囊及其传播（Tang & Gobler，2012）等特征，都是其生态适应性策略，并在有害藻华发生中起着不同程度的作用（Anderson et al.，2012）。

2. 阐明了我国黄海绿潮生消特征和规律

在我国，从 2007—2014 年连续 8 年暴发了大规模的黄海绿潮，其分布面积曾高达约 20000km^2，对中国东部沿海的生态环境、水产养殖业和旅游业造成巨大的潜在威胁。特别是在 2008 年北京奥运会举办期间，黄海绿潮在奥运会帆船比赛主办城市青岛沿海肆虐，因而引起了全世界的广泛关注。我国学者进行大量有针对性的研究，研讨了我国黄海绿潮发生、发展、演变、时空分布规律和致灾机理等科学问题，主要集中在以下几个方面。

（1）黄海绿潮藻的物种鉴定

对黄海绿潮优势种的鉴定是所有研究工作的基础，我国学者从形态学、分子系统学等不同角度对黄海绿潮藻的物种进行了鉴定。研究结果大多认为黄海绿潮单一优势种是浒苔（*U. prolifera*）（Zhang 等，2011）。

（2）黄海绿潮浒苔的生活史与微观繁殖体研究

黄海绿潮浒苔的生活史属于同型世代交替型，生殖方式多样，兼具有性生殖、无性生殖和营养繁殖，其中无性生殖包括孢子生殖和单性生殖。多样的生殖方式决定了浒苔可通过多种微观繁殖体（micro-propagules）进行种群的扩增。Zhang 等（2014）利用荧光原位杂交技术（FISH）定量、定性分析了 2012 年黄海绿潮暴发区域的微观繁殖体，指出浒苔微观繁殖体对浒苔种群的增殖具有极显著的贡献。Liu 和 Song 等学者分别在实验生态条件下研究了浒苔生活史并初步研究了微观繁殖体放散的生态生理学基础（Liu et al.，2014，Song et al.，2014）。Huo 和 Li 等学者对 2012 年黄海绿潮暴发区域浒苔微观繁殖体进行了调查研究，认为浒苔微观繁殖体的时空分布与绿潮的暴发、暴发源地和影响区域显著相关（Huo et al., 2014；Li et al.，2014）。Geng 等（2015）对浒苔微观繁殖体的附着底质进行了研究，认为塑料最适合微观繁殖体的附着。

（3）黄海绿潮浒苔的生理学研究

目前，对黄海绿潮暴发的原因已有所共识，已有的研究普遍认为海水的富营养化是引起绿潮暴发的最直接因素。浒苔本身独特的生理学特征也是一个不容忽视的原因，相关研究表明浒苔具有极强的光合作用能力和营养盐吸收能力，加之有效的光保护及抗氧化系统，这些都保证了其在生长竞争中取得优势地位进而暴发性增殖形成绿潮（Wang et al.，2012）。针对黄海绿潮消亡的研究，有学者指出浒苔对动态环境尤其是剧烈变化的环境条件更加敏感，推测夏末青岛外海的环境条件不适宜浒苔的生长（Wang et al.，2012）；Lin 等（2011）认为漂浮藻体的繁殖能力是有限的，这可能限制了黄海绿潮的持续时间和地理扩张。

（4）黄海绿潮的溯源研究

遥感图像分析和野外调查的结果显示黄海绿潮最先出现在江苏北部外海，但由于浒苔在江苏沿海的多种生态环境均有分布（如紫菜养殖筏架、水产动物养殖池、淤泥滩、河口等），因此迄今对黄海绿潮浒苔的来源尚存争议，主要有以下几种观点。Zhang 等通过对绿潮暴发时与暴发后暴发海区沉积物培养出的藻体的形态学观察及分子系统学分析，认为沉降的漂浮浒苔藻体可能是形成绿潮重要的种子库（Zhang et al.，2011）。Pang 和 Liu 等通过 ITS 和 *rbc*L 基因序列系统发育分析，认为黄海大规模漂浮浒苔的暴发源头是盐城近岸的水产动物养殖池（Liu et al.，2013）。Liu、Keesing 和 Wang 等学者通过对遥感图像、流场、风场的分析、野外调查和绿潮藻 ITS 序列分析，认为黄海绿潮浒苔来源于江苏省条斑紫菜养殖区，紫菜收获时大量弃置的绿藻是黄海绿潮暴发的生物基础，海水中大量存在的微观繁殖体为绿潮的大规模暴发提供了条件（Wang Z et al.，2015）。

国际上许多国家和地区都曾报道绿潮发生的事件，围绕着绿潮原因种、发生机制和生态学效应等开展了大量的研究工作，研究的重点在于绿潮对渔业资源的损害、评估和绿潮防治技术等方面，取得了系列有价值的成果。但是近年来，这方面的研究鲜有报道。

3. 查明褐潮原因种及其生物学特征，明晰褐潮形成的生理生态学机制

近年来，继甲藻赤潮、浒苔绿潮之后，我国又出现了一种新的海洋生态灾害—褐潮（Brown tide），成为继美国和南非之后世界上第3个出现褐潮的国家。

（1）秦皇岛褐潮原因种的鉴定

我国自2009年在渤海秦皇岛近海海域连续发生褐潮藻华。2013年，藻华规模最大时面积达1350km^2，对该海域的扇贝养殖业和滨海旅游造成严重影响，引起学者、公众和政府的密切关注。褐潮藻华原因种个体十分微小（2 ~ 3μm），通过18s RNA环境基因文库比对分析的方法鉴定为抑食金球藻（*Aureococcus anophagefferens* Hargraves et Sieburth）（Kong et al.，2012; Zhang et al.，2012）。

（2）褐潮暴发的生理生态学机制

对于褐潮暴发的生理生态学机制已经初步达成共识，环境因子是影响褐潮生消的关键因素。这其中，高的有机态营养盐浓度是关键的环境驱动因子。在美国，褐潮发生频繁海域中的溶解有机态氮和溶解有机态磷的浓度较高，且褐潮的暴发强度与海水中有机态氮浓度呈正相关。我国秦皇岛褐潮暴发海区也出现了高DON、DOP和低DIN、DIP的营养盐特征，随着褐潮的暴发，DON和DOP浓度显著降低，而DIN和DIP浓度变化不明显，这也证实高DON和DOP浓度在褐潮发生中起重要作用。

再者，褐潮原因种抑食金球藻自身的生理学特征是引发褐潮的内因。抑食金球藻的营养方式为异养，能够利用环境中的有机物质进行增殖，这种营养方式使其在低无机态营养盐条件具有更强的竞争能力，仍能够大量繁殖，成为优势种。褐潮通常发生在水体浑浊、透光性较差的海区中，抑食金球藻又可耐受低光照，在低光条件下能利用有机碳化合物来弥补光合作用的限制。研究表明，抑食金球藻更适应有机态营养物质和低光照的海区，同时可利用多种DON。

（二）海洋生态文明建设有序推进

党的十八大报告站在全局和战略的高度，把生态文明建设与经济建设、政治建设、文化建设和社会建设一起纳入中国特色社会主义事业的总体布局，并对推动生态文明建设进行了全面部署。海洋是我国未来发展最具潜力的资源空间。长期以来，东部沿海地区高速发展，向海洋要空间、要容量、要资源的需求愈来愈强烈。当前，保护好、管理好这片蓝色国土具有紧迫性，因此，合理开发利用海洋资源，保护海洋环境，全面深入的进行海洋生态文明建设是关键。

1. 海岛保护与管理工作受到高度重视

21世纪初，《中华人民共和国海洋环境保护法》的修订实施以及于2013年进行的修改标志着我国的海洋环境保护工作进入了一个崭新的历史时期。海岛是保护海洋环境、维护生态平衡的重要平台，也是壮大海洋经济、拓展发展空间的重要依托，在发展海洋经济、推进海洋战略中居于重要地位。《中华人民共和国海岛保护法》于 2010 年 3 月 1 日正式施行，这是我国海洋管理领域的又一部重要法律，对于保护海岛及其周边海域生态系统，合理开发利用海岛资源，加强海岛管理，促进海岛地区经济社会可持续发展等都具有十分重要的作用。《全国海岛保护规划》于 2012 年 4 月由国家海洋局正式发布实施，这是继《中华人民共和国海岛保护法》之后，我国推动海岛保护与管理发展的又一重大举措。目前，海岛保护与管理工作正在全面有效的推进。

2. 海洋保护区建设成效显著

据统计，目前世界上已经建立了 5000 多个海洋保护区，覆盖海域面积约占海洋总面积的 0.65%，包括海洋自然保护区、公海保护区、禁渔区、特殊区域、特别敏感海域等多种类型。我国已建成海洋自然保护区国家级 33 处，省级 26 处；海洋特别保护区国家级 21 处，省级 10 处；批准建立珠海横琴新区等 12 个首批国家级海洋生态文明建设示范市、县（区）。一些珍稀濒危海洋动物、典型海洋生态系统、海洋自然历史遗迹与自然景观等得到重点保护。

为进一步推进海洋生态文明建设，促进海洋生态环境保护与资源可持续利用，2010 年国家海洋局修订了《海洋特别保护区管理办法》，将海洋公园纳入到海洋特别保护区的体系中，新批准盘锦鸳鸯沟等 11 处国家级海洋公园。国家级海洋公园的建立，进一步充实了海洋特别保护区类型，为公众保障了生态环境良好的滨海休闲娱乐空间，在促进海洋生态保护的同时，也促进了滨海旅游业的可持续发展，丰富了海洋生态文明建设的内容。

进入 21 世纪以来，国家管辖范围以外海域的海洋生物多样性保护问题已受到国际社会和许多沿海国家的高度重视，美国、法国、意大利等国都已建了超过领域范围的海洋保护区，但我国至今尚未涉及。

3. 海洋生态红线划定和管理制度实施

党的十八届三中全会明确提出，要健全自然资源资产产权制度和用途管制制度，划定生态保护红线，实行资源有偿使用制度和生态补偿制度，改革生态环境保护管理体制。国家海洋局于 2015 年 3 月 5 日对外公布《2015 年全国海洋生态环境保护工作要点》，明确在全国全面建立实施海洋生态红线制度，开展海洋资源环境承载能力监测预警试点，建立健全海洋生态损害赔偿制度和生态补偿制度，继续推进入海污染物总量控制制度试点。这标志着我国将全面建立实施海洋生态红线制度。

海洋生态红线是从时空的视角诠释海洋生态文明，既是海洋生态安全的底线，也是沿海地区公众健康的底线，更是经济可持续发展的底线。划定并严守海洋生态红线，落实海洋资源用途管制，相当于给发展设置了警戒线，给保护设置了高压线，给海洋环境保护工作提供了无形的动力和有形的抓手；划定并严守海洋生态红线，落实海洋资源用途管制，是将保护对象具体化、保护要求标准化、保护措施强制化，有助于优化当前与未来的资源要素配置，实现海洋与陆地开发的科学统筹；划定并严守海洋生态红线，落实海洋资源用途管制，是用创新的思路处理发展与保护的关系，有利于遏制以生态环境换取经济增长的现象，实现发展与保护相协调。

4. 海洋生态修复全面展开

近年来，近海受损生境修复与生物资源养护开始成为研究前沿和热点。欧美等发达国家高度重视生物修复原理的研究与应用，如利用海藻或大叶藻控制水质和营养盐，沉积食性动物、滤食性动物已被用以修复水产养殖环境。美国 Chesapeake 湾近年来通过实施大叶藻藻床和牡蛎礁的修复研究，生境和生物资源恢复效果明显。海洋牧场是实现近海资源修复与增殖的重要手段，日本、美国、韩国等在海洋牧场建设方面也取得了很好进展，如日本在濑户内海进行了对虾、真鲷、梭子蟹和盘鲍的放流增殖工作，效果十分显著（Ito，2011）。我国海洋生态修复研究工作起步较晚，但近几年发展迅速，取得了系列创新性成果。研发了典型生态系统，如红树林、珊瑚礁、海藻（草）修复的新设施和新方法，突破了海草床等修复的技术瓶颈，并在典型海区成功进行了工程示范；研发了新型藻（鱼）礁，构建了受损生境高效修复技术，实现了从局部到系统修复的跨越。

5. 海洋调查、观测和监测能力提高

2014 年 4 月 8 日，“科学”号海洋科学综合考察船首航，成功在西太平洋冲绳海槽区域发现活跃的热液喷口，并利用深海 ROV 对热液喷口近海底进行了现场原位观测和取样分析，对深海极端环境生态和生命过程进行了探索，标志着我国海洋科学考察和深海大洋研究能力取得突破。同年，“蛟龙”号首次在西南印度洋下潜，对西南印度洋洋中脊活动热液区开展深潜调查。在 2014 年 8 月至 10 月，我国科学家搭载“科学”号海洋科学综合考察船，在热带西太平洋西边界流关键海域成功布放 18 套大型深海潜标和 160 个卫星定位表层漂流浮标，这是国际上首次在该海域开展大型潜标集中布放，标志着热带西太平洋科学观测网初步构建完成。

目前，我国海洋生态监测存在的主要问题有：布局尚不够合理，监测内容尚不完善，自动化水平较低，资料无法共享，生态环境实时监测问题尚未得到解决；一些重大的海洋污染或生态损害事故，缺少长期事后跟踪监测；外海和深海的生态监测则刚要起步，利用监测数据获得评价结论的方法欠缺等。

（三）全球变化对海洋生态系统的影响

1. 全球变暖改变海洋生物多样性的分布格局

悄然升高的全球温度带来了一系列海洋环境的变化，如海平面上升、海洋层化增强、海冰消融、海洋环流改变、降水以及淡水输入改变，以及与此密切相关的海水溶解氧水平降低等。海洋物理、化学因子的改变会直接或间接影响海洋生物的生理功能、行为、生产力，从而导致种群的结构、物候、空间分布和季节丰度发生改变。这些改变同时也会导致物种间相互作用和物质能量流动的变动，并最终影响到生物多样性，甚至生态系统的结构和功能（Doney et al.，2012）。海水温度升高是影响海洋生物多样性分布格局的重要因素之一。已有研究发现，北大西洋海域桡足类暖温种的分布范围向北延伸了至少10个纬度，而冷水性种类的丰度和分布范围则相应减少。在北海海域，由于温度升高，鱼类物种丰度在1986—2005年间增加了约50%，其中小型的低纬度物种所占比例越来越大。自20世纪50年代以来，随着海水温度上升，加利福尼亚流系中的浮游动物生物量下降了7%，部分海鸟的生物量也相应急剧下降。此外，海水温度升高和层化加强还会导致浮游植物减少，初级生产力降低，这种变化在中低纬度海域尤为明显。气候变化在导致物种分布范围变动的同时，也会改变生态系统的群落组成和生物多样性，进而影响生态系统的服务功能。以我国黄海海域为例，与20世纪50年代相比，黄海中的一些喜冷水的重要的底栖优势种或群落指示种，如沙栖萨氏真蛇尾、紫蛇尾等分布区明显缩小、北移，种群数量下降，因此黄海冷水性生物群落在全球气温变暖的胁迫下正在衰退之中。研究也指出，东海海域暖水种的显著增多、棘皮动物种类的骤增等现象也可能与该水域水温升高直接有关。

2. 海洋酸化通过影响海洋生物泵的效率进一步加剧温室效应

大气 CO_2 浓度升高在驱动全球变暖和海平面升高的同时，还会造成海洋酸化。海洋酸化可通过多种途径影响生态系统。由于不同物种在响应酸化过程中的调控机理不同，适应酸化的生理机制上也有差别，生态系统中的种群变迁或优势种群替代必然会发生，从而影响生物多样性和生态系统功能。该领域最新的研究进展是将研究重点放在能进行钙化作用的海洋生物上。2013年，厦门大学利用实验化学的手段，系统研究了一种球石藻——大洋桥石藻（*Gephyrocapsa oceanica* Kamptner）在海洋酸化条件下生长近700代以后的生理和生化组成，发现光合固碳速率、生长速率、颗粒有机碳、有机氮的含量稳定增加，同时C∶N比下降。即颗石藻通过增加对碳和氮的同化，以及降低C∶N比在进化上来适应海洋酸化。该研究清晰阐明了浮游植物在进化学上适应未来海洋酸化条件的机制，对预测海洋酸化生态效应有重要意义。海洋贝类是海洋生物泵的重要组成部分，海洋酸化胁迫下贝类钙化能力的下降甚至消失必然将影响海洋的碳汇能力。作为地球上最大的碳库，海洋碳汇能力的下降不仅将直接影响全球碳循环，而且将使进入大气中的 CO_2 水平增加速度加快，海洋酸化加剧了温室效应的恶性循环。我国厦门大学的高坤山课题组在实验生态条件下模拟研究了海水酸化对钙化生物—双壳贝类的影响，发现其钙化率随海水pH的下降而下降，当环境pH值降到7.5左右时钙化率降为0。上述研究结果表明，虽然不同种类的生物对酸化海水的生理学响应不同，但其钙化率均随酸化程度的加深而有显著降低，这也意味着日益加剧的海洋酸化将阻碍海洋生物泵的作用，减缓海洋对 CO_2 的吸收作用，进而进一步加剧温室效应。虽然学术界已肯定了海洋酸化的真实性，但却无法预言它将给海洋系统带来的后果。现有研究表明，海洋酸化不但影响钙化生物的钙化作用，而且影响许多非钙化生物的生理代谢及生物间相互作用。

3. 重新定位UV辐射增强的生态学作用

自1984年发现臭氧空洞以来，到达地球表面的UV-B辐射强度已经增加了6%～14%，虽然美国航空航天局（NASA）卫星监测数据表明，2013年9月份南极上空的臭氧空洞有所减小，但在整个全球变化背景下，UV辐射仍然会在未来的一段时间内持续增长，UV辐射增强依旧是要持续关注的全球变化现象之一。由于UV辐射的穿透力较弱，因此在水生生态系统中的生态学效应研究主要集中于行光合作用的藻类（浮游植物、大型海藻、蓝细菌等）和一些浮游动物以及因此而产生的海洋能流的变化。已有的文献表明，目前对UV辐射增强的研究范围已经涵盖了整个水生生态系统，研究目标生物主要包括海洋浮游动物、植物和大型海藻，研究层次涉及从宏观的种群和群落的动态变化到微观的细胞、蛋白和分子层面的响应调控，研究重点聚焦于全球变化背景下UV辐射增强的生态学影响，这其中以负面影响居多。

但是目前，对于UV辐射增强的生态学作用的认知正在经历一个概念上的转变，即从原来的“胁迫因子”转变为更倾向于是“调控因子”的观点，其主要依据在于：许多植物（包括海洋藻类）暴露于增强的UV辐射时并不会受到胁迫而产生损伤，这种现象主要是由于植物在长期进化过程中能逐步发展出自我保护策略以“回避”或“对抗”UV辐射的损伤，这些策略包括：对增强UV辐射的遮蔽作用、激活抗氧化系统或光修复系统的作用等（Hideg et al.，2013）。这种植物通过自身代谢作用对外源胁迫产生的自我调控现象通常称之为良性应激效应，有时候也被称之为“调控作用”，这对于海洋微藻的群落结构及种群动态变化具有一定的正面影响。这种新的认知颠覆了以往对于UV辐射增强的定位，即胁迫或损伤因子的认定是不够恰当的，从某种严格意义上来说应当称之为“特定调控因素”。

UV-B辐射属于短波辐射，在水体中的强度随水深而急剧衰减，因此它主要通过改变海洋生态系统中浮游生物群落的结构与功能而对整个海洋生态系统的能流产生影响。因此在未来的研究中，基于海洋食物网的响应研究仍然是该领域的研究重点，这其中包括UV辐射增强条件下：① 海洋食物网物质与能量的整体流动及其传递效率的变化；② 海洋食物网中不同营养级生物丰度变化的生态学效应以及微型生物的生态学作用的变化；③ 海洋生物群落的空间动力学变化以及不同食物网之间的联系变化；④ 不同营养级海洋生物对UV-B辐射增强的响应差异将如何影响海洋食物网的动力学变化等。

4. 低氧区（hypoxia zone）的形成机制及海洋生态学效应

自20世纪80年代发现美国长岛湾底层海水夏季低氧的严重事件以来，各国纷纷报道了观测到河口和海湾的低氧现象，如切萨皮克湾、北海、东京湾、波罗的海、黑海、亚得里亚海东北部等。据报道，全球低氧区的数量和面积都在扩大，全球累计有400多个“低氧区”，所占面积超过24万km^2。北墨西哥湾（northern Gulf of Mexico, GOM）缺氧区被认为是西半球最大的缺氧区。中国东海长江口外和南海珠江口外海域的底层，在夏季也常发生低氧现象。近几年，黄海局部海域在夏季也出现短时期底层海水低氧现象，且已造成了养殖生物（海参等）的死亡。渤海某些海域水中的溶解氧也被发现呈现下降的趋势。

海洋中低氧区的成因非常复杂，既与自然环境有关又受人类活动的影响。目前普遍认为导致水体缺氧甚至低氧的主要因素有两个：一是水体层化（stratification），它可以阻碍底层水与富含氧气的表层水之间的交流，导致底层水体缺氧或低氧；另一个原因是水体的富营养化。世界范围内缺氧区的扩大与水体的富营养化之间关系密切，多个海域如加拿大的 St. Lawrence 河口、美国墨西哥湾和长岛湾、波罗的海、黑海、阿拉伯海、我国的长江口与东海内陆架等出现富营养化现象，同时伴有底层水体缺氧现象，对生态系统和生物资源造成了显著的负面效应。通常来说，近岸和河口海域的低氧现象非常普遍，主要原因在于近岸水体中营养盐的输入能引发初级生产力水平增高，导致水体中微生物的呼吸作用不断增强而并最终导致水体中氧气的快速衰减。对全球 415 处经受不同程度富营养化影响的近海海域进行分析发现，有 163 处存在水体缺氧问题。在我国的长江口和珠江口等近岸海域也记录到低氧现象，并有逐年加重的趋势。另外，低氧水体的出现与海洋地形地貌特点及环流模式之间关系密切，容易出现低氧现象的海域具有一些共性，即较低的物理能（如潮、浪、风）和大量淡水输入，这些特征融合在一起形成层化水或静止的水团，当这些变化的水体或水团从与表层水的再氧合（re-oxygenation）过程中脱离出来时，就会在接近底层的区域形成低氧。

低氧区时空分布变异大、生态效应复杂。其最主要的生态效应之一就是导致海洋生物群落的演替和某些生物种类的减少，对生物多样性与生态系统功能造成严重威胁，严重的缺氧甚至会造成海洋生物资源的严重衰退和海洋生态系统的崩溃。研究发现，不同生态系统由于缺氧引起的生态效应存在明显的系统差异性。富营养化和缺氧的复合作用引起的最严重的生态效应出现在黑海和波罗的海，这些海域的底层拖网渔业受到严重威胁甚至消失；但在缺氧最严重的墨西哥湾海域目前尚未发现由于缺氧而导致渔业产量下降的现象。在位于丹麦和瑞典之间的 Kattegat 海域，低氧起初只是造成水体中经济鱼类和非经济鱼类的大量死亡，而现在却可以造成大量底栖鱼类的迁移或死亡，导致生物群落结构和组成发生变化，生物生长速率降低，生物量减少。因此，水体低氧状况在一定程度上被认为是导致该区域生物个体减小、渔业资源补充能力下降以及经济鱼类捕获量降低的因素之一。

三、我国学科发展趋势与对策

海洋环境生态学是一门新学科，它是随着人类向海洋的开发不断加大和深入而逐步发展起来的。因此该学科的发展有很强的社会需求和广深的沃土。未来在以下几个方面急需发展并有望取得突破。

（一）人—海、海—陆复合生态系统

人类对海洋的干扰，开发不仅仅局限在近海水域和大洋的上层水域。随着科学技术的

进步和经济的发展，现已扩展到大洋、深海底。同时，海洋生态系统与陆地生态既紧密相连又互相影响，陆海相互作用在海岸带生态系统的结构和功能方面发挥了巨大的作用。因此，要保护海洋生态系统，应当加强对人—海、海—陆复合生态系统的自然、经济、社会之间复合关系的理论研究，找出其相互作用的规律，积极寻求人类如何与海洋生态系统和谐相处的途径。许多海洋生态灾害的发生，究其原因，除了一些自然因素外，主要还是人—海、海—陆复合生态系统不协调、不和谐所致。显然，要维护海洋生态系统健康，有效防止海洋生态灾害（赤潮、绿潮、褐潮、白潮等等），应当采取有效的措施，加大海洋生态文明建设，促进人—海、海—陆复合系统的和谐。

（二）完善海洋生态环境评价标准和方法

我国已基本上建立了海水、沉积物、生物、海产食品质量和生态补偿的标准，初步建立了海洋生态系统健康的评价标准和方法，探索生态系统服务价值的估算方法。但一些已颁布施行的标准、导则、方法有待修改和完善，如《海水水质标准》存在基准资料大多引用国外生物毒性试验资料，水质分类人为随意性偏大等问题；生态系统健康和生态系统服务价值均存在标准、方法问题；海洋环境影响评价有关对生态影响大多表面化等，这些问题的改进需要海洋环境生态学提供有力的支撑。

（三）基于生态系统管理

基于生态系统的海洋管理是当前海洋管理的一个先进的理念，是管理领域的一项改革，涉及体制、机制、观念等一系列复杂的问题。海洋环境生态学应在理论、思路、方法、实例等方面多做工作，起促进作用。管理工作，实际就是对人的管理。从生态系统的角度，人具有两重性，既是生态系统的一个成员，又处于控制系统的地位。因此，人与海洋生态系统和睦相处是基于生态系统管理的出发点，又是管理的目标。针对我国沿海水域严重污染尚未得到有效遏制，生态灾害（赤潮、绿潮、褐潮、白潮等）繁发，以及生态破坏严重的状况，为了维护海洋生态安全，对河口、海岸带、海湾进行基于生态系统的综合管理很有必要。

（四）生态系统演变和生物多样性

海洋生态系统在全球变化与人类活动影响下的演变问题是当前国际上关注的热点问题。深刻理解驱动生态系统变动的关键因素，预测其演变趋势对于预测生态系统的演变过程具有重要意义。为此，开展有关西北太平洋（尤其是黑潮流域）、印度洋对我国近海的物质、能量交换对生态系统演变的影响，我国近海海域低氧或缺氧的生物学过程、生态损害，以及我国管辖海域临近的海域（公海和大洋）的生物多样性具有重要意义。当今，以我国海洋生物多样性关键地区、重要类群为主要切入点，运用新的技术和方法系统阐述全球气候变化和人类活动双重影响下的我国海洋生物多样性的时空分布格局、演变规律、响应机制及发展趋势，进而研究生物多样性变动对生态系统演变的影响是目前和未来一段时间的主要任务。这将为维持我国近海生态系统健康与生物资源可持续利用提供科学依据。

除外，在沿海地区进行海洋生态文明建设中，应选择典型、有重要生态价值的滨海湿地、岸滩、海湾、河口和珊瑚礁生态系统等，以重大生态恢复工程带动，积极推进海洋生态整治、修复工作。

参考文献

[1] 李永祺. 中国区域海洋学——海洋环境生态学［M］. 北京：海洋出版社，2012.

[2] Anderson D M, Cembella A D, Hallegraeff G M. Progress in understanding harmful algal blooms：Paradigm shifts and new technologies for research, monitoring, and management［J］. Annual Review of Marine Science, 2012, 4：143–176.

[3] Doney S C, Ruckelshaus M, Duffy J E, et al. Climate change impacts on marine ecosystems［J］. Annual Review of Marine Science2012, 4：11–37.

[4] Geng H, Yan T, Zhou M et al.Comparative study of the germination of Ulva prolifera gametes on various substrates［J］. Estuarine, Coastal and Shelf Science, 2015.

[5] Gobler C J, Berry D, Dyhrman S T. Niche of harmful alga Aureococcus anophagefferens revealed through ecogenomics［J］. Proceedings of the National Academy of Sciences of the USA, 2011, 108：4352–4357.

[6] Hideg É, Jansen M A, Strid Å. UV–B exposure, ROS, and stress：inseparable companions or loosely linked associates［J］. Trends in plant science 2013, 18（2）, 107–115.

[7] Huo Y Z, Liang H, Hailong W, et al. Abundance and distribution of Ulva microscopic propagules associated with a green tide in the southern coast of the Yellow Sea［J］. Harmful Algae, 2014, 39：357–364.

[8] Ito Y. Artificial reef Function in Fishing Grounds off Japan［J］. Artificial Reefs in Fisheries Management, 2011, 239–264.

[9] Kong F, Yu R, Zhang Q, et al. Pigment characterization for the 2011 bloom in Qinhuangdao implicated "brown tide" events in China［J］. Chinese Journal of Oceanology and Limnology 2012, 30：361–370.

[10] Li Y, Song W, Xiao J, et al. Tempo–spatial distribution and species diversity of green algae micro–propagules in the Yellow Sea during the large–scale green tide development［J］. Harmful Algae, 2014, 39：40–47.

[11] Lin A, Wang C, Pan G H, et al. Diluted seawater promoted the green tide of Ulva prolifera（Chlorophyta, Ulvales）［J］. Phycological research, 2011, 59：295–304.

[12] Liu F, Pang S, Chopin T, et al. Understanding the recurrent large–scale green tide in the Yellow Sea：Temporal and spatial correlations between multiple geographical, aquacultural and biological factors［J］. Marine Environmental Research, 2013, 83：38–47.

[13] Liu Q, Yu RC, Yan T, et al. Laboratory study on the life history of bloom–forming Ulva prolifera in the Yellow Sea［J］. Estuarine, Coastal and Shelf Science, 2014.

[14] Song W, Peng K, Xiao J, et al. Effects of temperature on the germination of green algae micro–propagules in coastal waters of the Subei Shoal, China［J］. Estuarine, Coastal and Shelf Science, 2014.

[15] Tang Y Z, Gobler C J. The toxic dinoflagellate Cochlodinium polykrikoides（Dinophyceae）produces resting cysts［J］. Harmful Algae, 2012, 20：71–80.

[16] Wang Z, Xiao J, Fan S, et al. Who made the world's largest green tide in China?–An integrated study on the initiation and early development of the green tide in Yellow Sea［J］. Limnology and Oceanography, 2015.

[17] Wang Y, Wang Y, Zhu L, et al. Comparative studies on the ecophysiological differences of two green tide macroalgae under controlled laboratory conditions [J]. PloS one, 2012, 7（8）, e38245.

[18] Zhang Q C, Liu Q, Yu R C, et al. Application of a fluorescence in situ hybridization (FISH) method to study green tides in the Yellow Sea [J]. Estuarine, Coastal and Shelf Science, 2014.

[19] Zhang X, Xu D, Mao Y, et al. Settlement of vegetative fragments of Ulva prolifera confirmed as an important seed source for succession of a large-scale green tide bloom [J]. Limnology and oceanography, 2011, 56, 233–242.

[20] Zhang Q C, Qiu L M, Yu R C, et al. Emergence of brown tides caused by Aureococcus anophagefferens Hargraves et Sieburth in China [J]. Harmful Algae, 2012, 19：117–124.

撰稿人：李永祺 唐学玺

海洋生物技术学科研究进展*

一、海洋生物技术学科研究进展

（一）海洋生物全基因组测序与精细图谱构建

2001年，人类基因组草图的发布开启了全基因组学研究的先河（Venter et al., 2001）。海洋生物研究也随之进入基因组时代，截止目前，已完成玻璃海鞘、海胆、文昌鱼、姥鲨、腔棘鱼、红鳍东方鲀、绿海龟、马氏珠母贝、水云等近30种海洋生物的基因组测序。尤其是近4年来（2012—2015年），伴随着新一代测序技术的迅猛发展，海洋生物基因组研究进入快速发展期，先后完成了牡蛎（Zhang et al., 2012）、七鳃鳗（Smith et al., 2013）、腔棘鱼（Amemiya et al., 2013）、绿海龟（Wang et al., 2013）、蓝鳍金枪鱼（Nakamura et al., 2013）、半滑舌鳎（Chen et al., 2014）、菊黄东方鲀（Gao et al., 2014）、大黄鱼（Wu et al., 2014）和球石藻（Read et al., 2013）等10种海洋生物全基因组解析。上述海洋生物不仅包括重要进化节点的种类（腔棘鱼和七鳃鳗），而且包括多个重要经济种类（蓝鳍金枪鱼、牡蛎、半滑舌鳎、大黄鱼和菊黄东方鲀）。因此，海洋生物基因组的解析呈现出从模式种类逐渐过渡到经济种类的特征。尤其值得一提的是我国科学家在重要海洋生物经济种类基因组研究方面取得举世瞩目的成绩。中国科学院海洋研究所领衔完成的牡蛎基因组揭示了牡蛎对潮间带逆境适应的组学基础，在国际上填补了牡蛎为代表的冠轮动物基因组和海洋生物极端环境适应机制研究的空白（Zhang et al., 2012）。中国水产科学研究院黄海水产研究所领衔构建了世界上首个比目鱼、中国第一种鱼类——半滑舌鳎全基因组精细图谱，并揭示了半滑舌鳎性染色体起源、性别决定机制和底栖适应机制（Chen et al., 2014），为分

* 本研究受到国家自然科学基金重点项目的资助（31130057）。孙爱、王磊、李海龙、王倩、王林娜、崔忠凯等帮助收集文献资料，在此一并致谢！

子育种技术建立和良种培育奠定了重要基础，标志着鲆鲽鱼类养殖研究进入基因组时代。浙江海洋学院破解了世界上第一个石首科鱼科的大黄鱼基因组图谱，揭开了我国大黄鱼基因组研究的序幕（Wu et al., 2014）。而近期黄海水产研究所完成了海带的全基因组解析，对其进化和适应机制展开了全面研究。

表 1　已测序海洋生物基因组（2012.07—2015）

中文名	拉丁名	刊物	发表时间	基因组大小
牡蛎	*Crassostrea gigas*	Nature	2012	559M
七鳃鳗	*Petromyzon marinus*	Nat Genet	2013	816M
腔棘鱼	*Latimeria chalumnae*	Nature	2013	2.86G
绿海龟	*Chelonia mydas*	Nat Genet	2013	2.24G
蓝鳍金枪鱼	*Thunnus orientalis*	PNAS	2013	800M
球石藻	*Emiliania huxleyi*	Nature	2013	141.7M
半滑舌鳎	*Cynoglossus semilaevis*	Nat Genetics	2014	475M
菊黄东方鲀	*Takifugu flavidus*	DNA Research	2014	390M
大黄鱼	*Larimichthys crocea*	Nat commun	2014	728M
海带	*Saccharina japonica*	Nat Commun	2015	537M

（二）海洋动物基因克隆与功能研究进展

1. 海洋鱼类重要基因发掘与功能分析

海洋鱼类的重要经济性状主要包括生殖、性别、生长和免疫抗病等，近几年国内外发掘和鉴定了许多海洋鱼类的重要性状相关基因。我国近几年在海水养殖鱼类基因资源发掘方面取得重大进展和成果。其中，中国水产科学研究院黄海水产研究所陈松林研究员主持完成的“海水鲆鲽鱼类基因资源发掘及种质创制技术建立与应用”成果获 2014 年度国家技术发明奖二等奖，这是我国海洋渔业领域“十二五”以来获得的首个国家技术发明二等奖，该项成果推动了我国海洋渔业生物基因发掘与应用的研究进程。下面就国内外 2012 年以来海洋鱼类功能基因发掘与鉴定的最新进展进行介绍。

（1）生殖与性别相关基因

在海水鱼类生殖、性别相关基因筛选与鉴定方面，陈松林团队在半滑舌鳎（*Cynoglossus semilaevis*）中发现 *DMRT*1 基因是 *Z* 染色体连锁、雄性性腺特异表达、精巢发育必不可少的基因，是半滑舌鳎雄性决定基因（Chen et al., 2014）。他们还克隆与表征了一批半滑舌鳎性别决定与性腺分化相关基因 *wnt4a*、*cyp*19*a*、*dazl*、*Gadd45g1*、*Gadd45g2*、*Gadd45g3*、*vasa*、*Dazl* 等（Hu et al., 2014; Huang et al., 2014a; Liu et al., 2014c; Shao et al., 2013; Wang et al., 2014c）。Kawakami 等发现日本鳗鲡（*Anguilla japonica*）*nanos* 基因的 3’ –UTR 可标记 PGC（Kawakami et al., 2012）。最新研究表明半滑舌鳎 ZW 伪雄鱼

只产生 *Z* 型精子，而 *W* 型精子难以成活，因此半滑舌鳎是研究脊椎动物精子发生分子机制的理想模型。国内科学家克隆了半滑舌鳎精子发生相关基因 *Neul*3、*tesk*1、*piwi*2 等，并推测 *W* 染色体上缺乏 *Neul*3 和 *tesk*1 基因可能是半滑舌鳎 *W* 精子难以成活的重要原因之一（Chen et al., 2014; Meng et al., 2014; Zhang et al., 2014b）。近年来，在有关鱼类生殖轴相关基因的研究中，*kisspeptin* 被认为是鱼类生殖功能的关键调节因子，其参与雌雄分化信号通路及促性腺激素释放激素 GnRH 的分泌与释放等生理过程。在斜带石斑鱼（*Epinephelus coioides*）中克隆得到褪黑激素受体基因 *MT*1，可影响 *kiss*2 表达（Chai et al., 2013）；而释放促性腺激素抑制激素（GnIH）被普遍认为是生殖轴的负调控因子（Qi et al., 2013）。

（2）生长相关基因

在生长调节过程中具有决定性作用的基因主要包括作用于生长轴的生长激素（GH）、生长激素结合蛋白（GHBP）、生长激素受体（GHR）、类胰岛素生长因子（IGF）、生长激素释放激素（GHRH）和瘦素（Leptin）等。在斜带石斑鱼中鉴定出多个生长激素抑制激素及其受体基因，并发现半胱胺（Cysteamine）可促进垂体 GH 表达（Li et al., 2013b）；瘦素基因（*Lep*）和瘦素受体基因（*LepR*）也得到克隆并证实与摄食及能量代谢相关（Zhang et al., 2013）。在日本鳗鲡、斜带石斑鱼中还鉴定出神经肽 Y（*NPY*），对生长激素的分泌具有促进作用（Li et al., 2012c; Wu et al., 2012）。在斜带石斑鱼中克隆到两个与摄食功能相关的受体 *npy*8*br*（*y*8*b*）及 *npy*2*r*（*y*2）（Wang et al., 2014b）。

（3）抗病相关基因

海洋鱼类在生长过程中深受病毒、细菌及真菌等病原微生物威胁，近年的研究鉴定了一批免疫抗病相关基因。如干扰素调节因子（*IRF*）在病毒入侵后的先天免疫应答中可发挥重要作用，最近在半滑舌鳎和牙鲆（*Paralichthys olivaceus*）中分别鉴定出 *IRF*1 和 *IRF*8，具有抗鳗弧菌和抗淋巴病病毒作用（Hu et al., 2013; Lu et al., 2014）。补体系统通过一系列的酶促级联反应参与机体防御与炎症反应，是先天免疫与获得性免疫的补充。在大菱鲆（*Scophthalmus maximus*）发现了新的类视黄醇干扰素诱导死亡 -19 基因（*GRIM*-19），在抗细菌和病毒感染过程中起作用（Wang et al., 2014d）。还克隆了半滑舌鳎一种新的 *C*1*q* 基因、*sghC*1*q*，并进行了其重组蛋白的抗细菌和抗病毒分析（Zeng et al., 2015）。

2. 对虾重要基因克隆与功能分析

对虾是一类重要的海水养殖动物，研究重要性状相关基因的作用机制，进而合理应用于养殖业，是实现高产的一条有效途径。然而与其他物种不同，由于对虾基因组较大、重复序列丰富、基因组杂合度高、基因水平转移等问题，使得建库测序困难，迄今为止几种重要的对虾养殖品种甚至都未能实现高质量全基因组的组装。因此，近年来在对虾基因方面的研究仍以克隆和功能分析为主，其中大多数为免疫相关基因。下面对近 3 年来对虾抗病免疫等性状相关基因的最新研究进展作简单介绍。

在中国对虾（*Fenneropenaeus chinensis*）中进行了急性感染 WSSV 的转录组分析，得到了 805 个差异表达基因，并获得多个参与不同免疫通路的备选基因。分别克隆得到

*FcPrx*4、*FcTPS*、*FcALF*–2、*FcMyD*88、*FcTetraspanin*–3、*FcgC*1*qR*、*Cathepsin C* 以及多种 *Lectin* 基因，通过对表达模式和重组蛋白功能等分析发现这些基因是对虾先天免疫系统的重要组成部分，在包括外源微生物识别、多种细菌和 WSSV 的免疫应答以及机体保护等多个途径中发挥重要作用（Gui et al., 2012; Li et al., 2014c; Li et al., 2012d; Wang et al., 2012c; Wang and Wang, 2013; Wen et al., 2013; Zhang et al., 2012b; Zhang et al., 2014c）；相比之下，性别相关基因的研究则相对较少，只发现 *Fc-Tra2* 可能是中国对虾雌性决定基因（Li et al., 2012）。

在日本对虾中，克隆得到 *MjSWD*、*MjFREP*2、*MjCnx*、*MjGal*、*MjSerp*1、*MjSR–B*1 和 *MjCrus*1–4 等多个免疫抗病相关基因，同时研究表明，这些基因在抵御病原菌感染中发挥重要作用（Bi et al., 2015; Jiang et al., 2015a; Jiang et al., 2013; Shi et al., 2014a; Sun et al., 2014; Zhang et al., 2014d; Zhao et al., 2014）；此外，还发现第5类抗脂多糖因子（*MjALF–E*），其中 *MjALF-E*2 重组蛋白具有抗菌活性，可以促进体内细菌的清除（Jiang et al., 2015b）。在日本对虾中，抗 WSSV 病毒相关基因的研究也有重要进展。Chen 等首次在日本对虾中发现 *MjPrx* Ⅳ 具有抗病毒活性（Chen et al., 2013）。Wang 等发现 *Mj-TRBP* 和 *Mj-eIF*6 可以互作形成复合体，进而通过诱发 RNA 沉默机制来抑制 WSSV 病毒复制（Chen et al., 2013; Wang et al., 2012a）。最近，Yang 等则发现过氧化物酶通过调节活性氧水平来影响日本对虾肠道微生物的稳态（Yang et al., 2015）。

对凡纳滨对虾的研究一直方兴未艾，新一代测序技术的发展使得比较转录组学、SNP 发掘以及基因水平转移分析等成为现实（Wei et al., 2014a; Wei et al., 2014b; Yu et al., 2014; Yuan et al., 2013）。大数据时代一方面加快了凡纳滨对虾中新基因的克隆和功能研究，另一方面加深了对一些重要的已知基因的认识，如对 *Hsp*70、*ALF* 等基因多态性和调控机理方面的研究可以为阐明基因作用机理，加速分子辅助育种提供新的理论依据（Liu et al., 2014a; Zhao et al., 2013）。

3. 贝类重要基因发掘与功能分析

贝类作为海洋无脊椎动物的重要类群，其功能基因研究也吸引了越来越多学者的兴趣，并取得了重要进展。

（1）免疫相关基因

贝类的免疫反应系统包括细胞免疫和体液免疫，在抵御异物侵袭方面两者密切相关，相辅相成，通过免疫应答提高机体的抵抗力。近年来，越来越多的贝类免疫相关基因如 *HSP*70、*GSTs*、*Caspase*–8、*Cathepsin B*、*Cathepsin L*、*MnSOD*、*CuZnSOD*、*MdSPI*–1、*MdSPI*–2、*TLRs*、*MyD*88、*LysC*、*Akirin*2 等在血液中获得克隆与表达（Maldonado–Aguayo et al., 2013; Niu et al., 2013a; Niu et al., 2013b; Qu et al., 2014; Toubiana et al., 2013; Umasuthan et al., 2013; Wang et al., 2013a; Wang et al., 2013c; Xiang et al., 2013; Zhao et al., 2012）。

（2）生殖和性腺发育相关基因

贝类性腺发育具有两个明显的特点。首先，贝类性腺发育具有明显的周期性，即生殖周期，此外，贝类性腺发育还容易受到外界环境的影响。近年来，陆续有贝类生殖和性腺发育相关基因获得了克隆，这些基因在功能上可以划分为两大类：第 1 类为性腺类固醇激素合成和调节相关基因如 *ER*、*GnRH*、17*β*-*HSD*8、17*β*–*HSD*11、17*β*–*HSD*10、17*β*-*HSD*12 等（Liu et al., 2014b; Ni et al., 2013; Osada and Treen, 2013; Zhai et al., 2012; Zhang et al., 2014f）；另 1 类为非类固醇激素合成相关基因如 *Foxl*2、*Dmrt*1、*RXR*、*Dmrt*2、*Dmrt*5、*kelch*–10、*Dax*1、*β-catenin*、*shippo*1、*adad*1 等（Li et al., 2014b; Liu et al., 2012; Llera–Herrera et al., 2013; Lv et al., 2013; Shi et al., 2014b）。非类固醇激素合成基因大多编码转录因子，研究证明，其在贝类性腺发育过程中发挥重要作用。Santerre 等（2014）在太平洋牡蛎（*Crassostrea gigas*）中分离出 *SoxE* 和 *β-catenin* 基因，这两个基因均在牡蛎性别决定和性别分化的关键时期高表达，推测其可能参与牡蛎的性别决定和性别分化过程（Santerre et al., 2014）。

（3）贝壳形成和生物矿化相关基因

软体动物的贝壳是由 $CaCO_3$ 和有机质等物质构成，是保护机体免受外界伤害的重要屏障。有机质主要由蛋白质构成，虽然有机质还未占到贝壳总重量的 5%，但是它们在控制 $CaCO_3$ 的多形性、贝壳的大小、贝壳形状以及贝壳的质地等方面发挥了重要的功能（Yan et al., 2014）。目前，虽然对贝类贝壳的组成成分等方面有了一定程度的认识，然而关于贝壳形成机理尤其分子机理研究还十分有限。最近几年，很多学者都热衷于寻找贝类贝壳形成和发育相关基因，并发现了如 *BMP*7、*Tyr*1、*shelk*2、*Lustrin A*、*HtCA*1、*HtCA*2、*MSP*–1、*MP*10、*Clp*–1、*Fibronectin*–1、*NUSP*–1、*Pearlin*、*MNRP*34 等壳形成相关基因（Funabara et al., 2014; Huan et al., 2013; Marie et al., 2012; O'Neill et al., 2013; Shi et al., 2013; Takahashi et al., 2012; Yan et al., 2014）。这些基因的克隆为阐明贝壳形成的分子机制奠定了重要基础。

4. 蟹类重要基因发掘与功能分析

近年来，蟹类重要功能基因的发掘与功能分析仍然主要集中在抗病免疫方面。通过高通量转录组测序、EST 测序以及传统的克隆测序获得了大量蟹类免疫相关功能基因，并对其进行序列和功能分析。中国科学院海洋研究所成功克隆了包括三疣梭子蟹抗脂多糖因子（*PtALF*1–*PtALF*7）（Liu et al., 2013; Liu et al., 2011）、丝氨酸蛋白酶及同源物（*PtSP*、*PtSPH*）（Song et al., 2013）、丝氨酸蛋白酶抑制剂（*PtSerpin*）（Wang et al., 2012b）、硫氧还蛋白（*PtTrx*1、*PtTrx*2）（Song et al., 2012）、*Crustin*（*PtCrustin*2、*PtCrustin*3）（Cui et al., 2012）等在内的一系列基因，并发现它们在受到溶藻弧菌等病原菌刺激后明显表现出不同的时序表达特点；她们还发现，原核重组表达获得的纯化重组蛋白对革兰氏阳性菌（藤黄微球金黄色葡萄球菌）、革兰氏阴性菌（溶藻弧菌、绿脓假单胞菌）和真菌（巴斯德酵母）均具有较强的抗菌活性，表现出一定的广谱抗菌性。此外，研究者还对蟹类 Toll、IMD 等信号通路相关基因进行了分析，如中华绒螯蟹、拟穴青蟹髓样分化因子 88（*EsMyD*88、*SpMyD*88）（Huang et al., 2014b; Li et al., 2013a）和锯缘青蟹、拟穴青蟹 Toll 受体（*SsToll*、

SpToll)(Lin et al., 2012; Vidya et al., 2014)基因等。此外，还发现中华绒螯蟹*Dscam*膜结合型和分泌性两种亚型，并发现*Dscam*胞外结构域可与病原微生物或其他亲和性的*Dscam*亚型特异结合(Jin et al., 2013; Wang et al., 2013b)。

除免疫相关基因之外，人们开始对蟹类性别和繁殖相关基因进行了研究。例如，Kornthong等以454测序从榄绿青蟹获得一些繁殖相关基因的全长转录本序列，如*FAMeT*、*ESULT*和*PGFS*等；Shen等克隆获得中华绒螯蟹性别致死*EsSxl*基因，并发现该基因在精巢中的表达量比卵巢中高13倍(Shen et al., 2014)。Xiang等在中华绒螯蟹精巢中获得3个*Piwi*全长cDNA序列(Xiang et al., 2014)。上述性别相关基因的发掘及功能分析为蟹类性别分化机制研究奠定了一定基础。

(三)海洋生物基因组编辑技术最新进展

基因组编辑是最近几年发展起来的对基因组进行定点修饰的一种先进技术，可以对基因组进行基因的定点敲除、或外源基因的定点敲入等。基因组编辑目前主要包括TALEN技术和CRISPR/Cas9系统(Gaj et al., 2013)。2012年以来，基因组编辑技术在模式鱼类斑马鱼和青鳉上建立，并得到广泛应用。Ekker研究组通过TALEN技术将短的单链DNA重组到斑马鱼基因组中，为开展基因组编辑工作奠定了技术基础(Bedell et al., 2012)。Yoshiaki等利用TALEN技术制备了斑马鱼的两个*r-spondin*2突变体，其神经和血管弓以及肋骨发育不全(Tatsumi et al., 2014)。Hwang等利用CRISPR/Cas9系统成功使斑马鱼胚胎中*fh*1、*apoea*等基因定点突变(Hwang et al., 2013)。Ansai和Kinoshita通过CRISPR/Cas9靶向敲除青鳉胚胎的*DJ*-1基因，表明对于青鳉来说，CRISPR/Cas9是一个高效灵活的基因组编辑工具(Ansai and Kinoshita, 2014)。

基因组编辑技术最近两年在海洋生物中也得到了应用。Li等建立了文昌鱼(*Branchiostoma belcheri*)Pax3/7-Fw1/Rv1 TALEN敲除体系，为文昌鱼的功能基因研究奠定了基础(Li et al., 2014a)。Bannister等利用TALEN技术构建了沙蚕(*Platynereis dumerilii*)的可遗传突变体，第一次建立和证明了TALEN技术可以在环节动物中应用(Bannister et al., 2014)。Daboussi等通过TALEN敲除三角褐指藻(*Phaeodactylum tricornutum*)尿苷二磷酸葡萄糖焦磷酸化酶(UDP-glucose pyrophosphorylase)基因，使这一突变品系成倍增加了三酰甘油聚合物的含量(Daboussi et al., 2014)。Edvardsen等设计了两个CRISPR/Cas9系统分别敲除了大西洋鲑(*Salmo salar L.*)色素沉积相关的3个基因*tyrosinase*(*tyr*)和*solute carrier family* 45、*member* 2(*slc*45*a*2)，使突变体幼鱼阶段相比野生型减少了色素沉积(Edvardsen et al., 2014)。Hosoi等建立了海胆(sea urchin)基因组编辑技术，他们设计了TALEN敲除*HpEts*基因，获得了可遗传突变体(Hosoi et al., 2014)。Treen等通过TALEN成功敲除了海鞘(Ciona)的*Fgf*3和*Hox*12基因(Treen and Sasakura, 2015; Treen et al., 2014)。同年，Stolfi等利用CRISPR/Cas9系统敲除海鞘中*Ebf*(*Collier/Olf/EBF*)基因，证明TALEN和CRISPR/Cas9在海鞘功能基因研究中都是可行

的（Stolfi et al., 2014）。最近，黄海水产研究所陈松林实验室初步建立了半滑舌鳎基因组TALEN编辑技术，并获得了*DMRT1*基因定点敲除后的鱼苗，最高敲出率达70%。为建立海洋动物基因组编辑技术奠定了基础。

（四）海水养殖动物性别控制与多倍体育种

许多海水养殖动物在生长速度上表现出明显的雌雄差异，例如，半滑舌鳎等鲆鲽鱼类的雌性个体比雄性个体生长快30%～300%。因此，性别控制和单性育种在海洋动物养殖和遗传改良中具有特别重要的意义和产业价值。近5年来，在公益性行业（农业）科研专项“鱼类性别控制和单性苗种培育技术研究200903046”的支持下，我国科学家在海水鱼类性别特异标记筛选和性别控制育种等方面开展了大量工作，并取得重要进展。黄海水产研究所科学家通过半滑舌鳎雌雄鱼全基因组测序和比对分析，首次筛选到半滑舌鳎性别连锁微卫星标记，建立了半滑舌鳎ZZ雄鱼、ZW雌鱼和WW超雌鱼遗传性别鉴定的分子技术（Chen et al., 2012; Liao et al., 2014）。采用性别特异微卫星标记，发现了半滑舌鳎养殖群体中雄鱼比例高达70%～90%的奥秘，发明了高雌性苗种制种技术，从而建立了分子标记辅助性别控制技术，解决了限制半滑舌鳎养殖业发展的雄鱼比例过高、雌鱼比例过低的难题，并在半滑舌鳎养殖产业中进行了推广应用。另外，浙江海洋学院筛选到条石鲷雄性特异AFLP标记，并建立了其遗传性别鉴定技术（Xu et al., 2013）。在全雌鱼类研制方面，我国科学家通过人工雌核发育和性逆转技术，结合家系选育技术培育出全雌牙鲆。由于三倍体具有性腺不发育、生长快的特点，因此研制不育三倍体对于海洋动物养殖业发展具有重要意义和应用价值。近几年国内相继研制出半滑舌鳎、大菱鲆和牙鲆等鱼类的三倍体或四倍体鱼苗（李文龙等，2012; 陈松林等，2011）；其中，直接诱导三倍体鱼可以达到产业化生产的规模（陈松林等，2013）。但通过四倍体与二倍体杂交大量生产海水鱼类不育三倍体的研究目前尚无成功的报道。

（五）海洋动物细胞培养

海洋动物细胞培养近3年来取得了一定进展，先后建立了多个海洋鱼类组织细胞系，黄海水产研究所建立和鉴定了海水鲆鲽鱼类——半滑舌鳎的卵巢细胞系并检测了性别特异基因的表达情况，随后他们又建立了半滑舌鳎伪雄鱼性腺细胞系（Sun et al., 2015a、b）。

海洋无脊椎动物细胞培养和细胞系建立始终没有获得重大突破。但学者们对海洋无脊椎动物细胞培养技术仍然进行着不断地探索和尝试。Li等人进行了对虾淋巴细胞原代培养，并通过免疫荧光的方法确定该细胞成功感染了WSSV，从而为研究WSSV病毒的复制及其与宿主细胞的相互作用机制奠定了基础（Li et al., 2014e）。Mercurio等人（2014）进行了海胆卵巢的原代细胞培养，并对培养基、促贴壁物质和促生长物质进行了试验筛选（Mercurio et al., 2014）。Cai等（2013）对文昌鱼表皮、鳃、肠、精巢和卵巢等组织进行了原代培养，并分析了不同抗生素、不同培养基和添加物对细胞分裂增殖能力的影响（Cai et al., 2013）。Jayesh 等（2013）研究出一种虾细胞的培养基 SCCM，使用这种培养基，斑节对虾淋巴和卵巢细胞分别传了两代（Jayesh et al., 2013）。

（六）海洋生物酶基因工程技术最新进展

海洋生物酶是海洋生物分泌产生的具有特殊催化功能的蛋白质。随着对海洋生物酶研究的深入，人们发现复杂多样的海洋环境赋予了海洋生物酶独特的性质。海洋来源的酶不仅种类丰富，而且有些还具有极端酶特性，如具有显著的耐压、耐碱、耐盐、耐冷或耐热等特性，具有重要的理论研究意义和工业、农业应用前景（Samel et al., 2012）。20 世纪 90 年代以来，随着对海洋极端微生物培养技术、极端酶的酶学性质、蛋白结构生物学研究的深入，以及对产酶基因克隆和表达方法的成熟，越来越多的海洋生物酶用于食品、医药及其他工业行业。

海洋生物酶工业化应用进程中最大的制约因素是酶的产量。从海洋生物中按照传统的分离纯化方法获取蛋白过程往往比较繁琐，并且酶的产率较低，严重限制了酶的工业化应用（Wang et al., 2013d）。随着基因组时代的到来，越来越多的物种进行了基因组测序，对酶的获得由传统的分离纯化为主到以基因克隆、重组表达为主（Enquist-Newman et al., 2014; Kim et al., 2012; Li et al., 2014d; Oliveira et al., 2015; Sharma, 2015; Spohner et al., 2015; Wargacki et al., 2012）。重组表达的蛋白一般都带有标签序列，如 His、Flag、MBP 和 GST 等标签，可以通过亲和层析实现一步纯化，回收率通常很高（Wang et al., 2015），从而大大提高酶的产量、降低成本，为工业化应用提供了可能。目前越来越多的海洋生物酶的编码基因和蛋白序列信息通过基因组测序获得，为采用基因工程技术大量生产海洋生物酶提供了基础。

获得高活性和稳定性的酶是工业化应用的前提和关键。获得优良性质酶的途径包括利用物理化学因素进行诱变、建立新的筛选方法，以及近几年兴起的分子定向进化等方法（Gonzalez-Ruiz et al., 2014; Heerd et al., 2014; Wang et al., 2014a）。近年来，越来越多的酶的晶体结构被报道，这为其构效关系提供了研究数据，为酶学性质差异研究提供了分子基础，并为定向进化分析提供了参考材料（Floor et al., 2015; Osuna et al., 2015）。

目前，多种海洋来源、性质优良的生物酶已经进行了基因工程产品开发，如来源于海底沉积物宏基因组文库的碱性脂肪酶 Est-p6 比活力高达 2500U/mg，在 pH8 ~ pH11 的碱性范围条件下储放 3 天仍能保持 70% 以上活性，将其在生物工程菌株 *Escherichia coli* 中进行表达，表达量达 1.19g/L（Peng et al., 2014）；利用 *Pichia pastoris* 来生产来源于 *Achaetomium* sp. Xz8 的低温多聚半乳糖醛酸酶（Tu et al., 2013），产量达 2.13g/L；将源于海洋细菌 *Cobetia marina* 的碱性磷酸酶 CmAP 在 *E. coli* Rosetta（DE3）/Pho40 cells 中进行重组表达，产量为 2 mg/L（Golotin et al., 2015），它比目前所有商品化的碱性磷酸酶的催化效率高出 10 ~ 100 倍。

（七）海水养殖动物病害流行及病原检测生物技术最新进展

目前，我国沿海地区的海水养殖动物主要包括大菱鲆、牙鲆、半滑舌鳎、石斑鱼、海鲈鱼、军曹鱼、真鲷、黑鲷、大黄鱼、中华乌塘鳢、对虾、梭子蟹和海参等。我国海水养殖动物的病害种类达 200 余种，常年养殖病害发病率达 50% 以上，损失率达 30%，估计每年因病害造成的直接经济损失达百亿元，病害问题已成为制约海水养殖业可持续发展的重要因素（肖婧凡等，2014）。进行病害防治的前提是对病原微生物进行快速、有效的检测，因此，开发病原微生物鉴定的生物技术很有必要。近几年国内外在开发海水养殖动物病原微生物检测的 PCR 技术、免疫学技术及基因芯片技术方面取得一些重要进展，主要包括以下几个方面。

1）建立了海洋病毒和细菌检测的实时荧光定量 PCR 技术：如海水鱼类淋巴囊肿病病毒和灿烂弧菌的检测技术（于永翔等，2014）和新型检测鱼类病毒性出血性败血症病毒（VHSv）的 StaRT-PCR 方法（Pierce et al., 2013）。

2）建立了病原检测的多重 PCR 技术：在细菌属的级别进行同步鉴定气单胞菌属、弧菌属、爱德华氏菌属和链球菌属（Zhang et al., 2014）；对弧菌属不同种间的检测，可以同步检测溶藻弧菌、副溶血性弧菌、创伤弧菌和霍乱弧菌（Wei et al., 2014c），从病菌感染的鱼体中同时检测迟缓爱德华氏菌、副乳房链球菌和海豚链球菌（Park et al., 2014）。从普通多重 PCR 技术中开发出扩增子拯救多重 PCR 技术，可以同时检测 5 种不同种属的病原菌（耿伟光等，2013）。

3）建立了海洋病毒和细菌检测的环介导恒温扩增技术：如桃拉病毒（徐海圣等，2013），鲍鱼萎缩综合征病毒（Jiang et al., 2014）、黑呆头鱼套式病毒（Zhang et al., 2014e），迟缓爱德华氏菌（Xie et al., 2013）等检测的环介导恒温扩增技术；与测流试纸联合快速检测对虾黄头病毒（Khunthong et al., 2013）；与液相芯片技术联合同时检测对虾桃拉病毒和对虾黄头病毒（尹伟力等，2014）。与微流控技术结合检测神经坏死病毒和虹彩病毒（Su et al., 2015）。

4）利用免疫学技术进行病毒和细菌的检测也有新的进展，胶体金免疫层析快速检测试纸条在大菱鲆病原菌检测中得到了应用（王蔚芳等，2012）。对两种对虾病毒检测灵敏度可达 10 ~ 100 个拷贝，高于国家标准 PCR 检测法 10 ~ 100 倍（丁东等，2014）。

基于微生物生理生化检测、分子生物学检测和免疫学方法的快速发展，国内外已经开发了多种商品化的病原高灵敏快速检测试剂盒，可以用于海洋生物致病病毒和细菌的快速检测。

二、本学科国内外发展比较

综合以上信息我们可以看到近 4 年来我国在海洋生物技术领域的长足进展，某些研究方向甚至达到了国际领先水平，然而作为我国的新兴学科，与国外相比仍有许多薄弱环节，以下将对本学科几个方面的国内外进展进行比较。

（一）基因组学研究发展迅猛，而功能基因组研究相对落后

2012年起，以中国科学院张国范和中国水产科学研究院陈松林为首的科研团队召开新闻发布会宣告牡蛎和半滑舌鳎全基因组测序完成，在随后短短两年时间里，多个具有我国特色的经济物种如菊黄东方鲀、大黄鱼全基因组相继被解析，我国海洋生物测序物种的数量已居于世界前列，其中多数为经济物种。各团队以此展开的进化相关分子机制研究，相继在国际高水平杂志如*Nature*、*Nature Genetics*上发表，使得这些团队拥有了广泛的国际知名度。然而，我们应该清楚的认识到，尽管我们在相关物种拥有的基因组平台已经处于国际领先水平，但在功能基因组研究方面却相对落后。国外发达国家主要以模式生物为研究对象，开展了基因功能的解析，因此与发达国家相比，无论是功能基因开发的规模和数量上我们仍有很大差距。

（二）功能基因研究方面跟踪性成果多，原创性成果少

模式生物的研究对于其它生物中相关研究的开展至关重要，尤其是根据同源性进行基因功能预测和研究，仍是现阶段生物学研究中最重要的手段之一。然而，仅对模式生物中的基因进行跟踪研究是远远不够的，一方面是由于模式生物基因组相对较小，调控机制相对简单，这最初是模式生物的优点，然而对于现阶段阐述更为复杂的机理，这也是缺陷之一；另一方面，我国测序生物多为海洋经济物种，具有不同于模式生物的特点，应具有针对性地将精力投入到经济性状相关的基因研究上。

（三）海洋生物基因组编辑技术比较落后

在基因组编辑方面，国外近几年相继建立了大西洋鲑、海鞘、海胆和沙蚕等海洋生物的基因组编辑技术，但国内在海洋生物上开展的工作则相对较少，目前仅在文昌鱼上报道了基因组编辑技术的建立。因此，国内在海洋生物基因组编辑技术上较国外落后，特别是在海洋养殖鱼、虾、贝等动物上，基因组编辑技术的研究更亟待加强。

（四）国内海洋生物细胞培养与病原检测技术发展迅速

在全基因组解析的同时，国内实验室对于重要海洋养殖动物的细胞培养也给予了高度重视，在鱼类中，如半滑舌鳎、牙鲆等已经拥有来源于多个组织的细胞系，其数量在国际上也处于领先水平。相对而言，海洋无脊椎动物细胞系的获得始终未有重大突破，如果未来在无脊椎动物中开展相关研究，细胞培养和细胞系获得也将是国际上需要攻克的难题之一。

随着病害的流行，近年来病原检测技术也有了长足进展。国内科研团队以分子、免疫

和芯片技术为基础开发出多种病原生物检测试剂盒，具有灵敏度高，价格低廉等特点，已达到国际水平并成功应用于多种病原的检测。

（五）测序技术平台亟待国产化

我们需要看到，基因组的获得仅仅是一个开始，在大数据时代的背景下，未来的转录组分析、基因组重测序等进一步的数据发掘将很大程度依赖于测序平台的发展。然而Illumina、Roche等公司掌握着测序平台的核心技术，将严重制约我国科研的自主发展。与此对应，自2013年起北京基因组所和紫鑫药业已合作开展基因测序仪的研发，相信未来测序技术平台的国产化将为我国科研的相关方向提供主动权。

三、本学科展望与对策

（一）海洋动物全基因组解析将是今后几年海洋生物技术发展的重点方向

尽管过去3年我国在国际上率先完成牡蛎和半滑舌鳎等海洋动物全基因组测序和精细图谱绘制，论文相继在*Nature*和*Nature Genetics*上发表，使我国在牡蛎和鲆鲽鱼类基因组研究上抢占了国际制高点，但我国还有许多重要海水养殖鱼、虾、贝和藻类的基因组结构需要破译，许多重要基因资源需要挖掘。因此，开展重要海洋动物全基因组测序和精细图谱绘制仍将是我国今后几年海洋生物技术领域的重大课题。建议国家设立1个重点科技专项开展海洋动物基因组解析和基因资源批量发掘工作。

（二）海洋动物功能基因组研究仍将是海洋生物技术的重点内容

发掘基因资源的目的之一就是在海洋生物产业和海水养殖业以及良种培育中进行利用，而基因功能的验证则是利用基因的前提。随着基因资源发掘的越来越多，如何高效鉴定基因的功能并进行利用，特别是对一些具有育种价值、工业用、农业用和药用基因的功能研究将是摆在我们面前的重大课题。建议国家在“十三五”期间设立专项继续开展重要海洋生物功能基因开发与利用的研究。

（三）基因组编辑技术将在海洋生物技术领域得到快速发展

尽管目前TALEN和CRISPRA/Cas9技术已在模式生物和少数海洋生物上建立，但为了验证海洋生物，特别是海水养殖鱼、虾、贝类自身基因的功能，还需要建立重要海水养殖动物的基因组编辑技术，以便开展海洋动物生殖、生长、抗病、性别、耐高压、耐高温等基因的功能分析，以及进行定点突变转基因海洋动物的研究。在海洋生物领域，基因组编辑技术目前还处于初期阶段，但已展现出巨大应用潜力，将对海洋生物技术的发展产生重大而深远的影响。

（四）性别特异分子标记和分子辅助性控技术有待在更多海洋动物建立

尽管目前我们发现了半滑舌鳎、圆斑星鲽和条石鲷的性别特异分子标记，但还有牙鲆、大菱鲆、大黄鱼等许多海水养殖动物尚未开发出性别特异分子标记，也未建立相关分子性控技术。还有许多海水养殖动物的成体四倍体尚未获得，影响了不育三倍体的研制。因此，建议国家设立海水养殖动物性别控制专项，开展海水养殖动物性别特异标记筛选、分子性控和多倍体育种技术的研究。

（五）海洋无脊椎动物细胞培养有待突破

近几年来，我国已建立海洋鱼类细胞系多达 40 多个，但有关海洋虾、贝、蟹等无脊椎动物的细胞培养还是一个难题，目前尚无突破性进展。细胞系的缺乏直接影响了无脊椎动物基因功能的验证与基因的开发利用。建议国家设立海洋动物细胞培养重点研究课题，集中力量突破这一瓶颈。

（六）海水养殖动物病原检测生物技术需要向实用化方向发展

目前开发的一些病原检测试剂盒有待进一步简单化和实用化，病原检测的试纸条是一个很好的发展方向。在加强病原微生物检测技术开发的同时，也需要重视病害治疗，特别是抗病新品种培育的研究，选育抗病高产良种是彻底解决病害的最有效途径。因此，建议国家设立重要海水养殖生物抗病良种培育的重点研发课题。

参考文献

（鉴于篇幅限制，本文只列出如下 20 篇代表性参考文献，正文中提到的其他文献不能一一列出，深表歉意。）

［1］陈松林. 鱼类性别控制与细胞工程育种［M］. 北京：科学出版社，2013.

［2］Amemiya C T, Alfoldi J, Lee, A P, et al. The African coelacanth genome provides insights into tetrapod evolution［J］. Nature, 2013, 496, 311-316.

［3］Bedell V M, Wang Y, Campbell J M, et al. In vivo genome editing using a high-efficiency TALEN system［J］. Nature, 2012, 491, 114-U133.

［4］Chen S, Zhang G, Shao C, et al. Whole-genome sequence of a flatfish provides insights into ZW sex chromosome evolution and adaptation to a benthic lifestyle［J］. Nat Genet, 2014, 46, 253-260.

［5］Chen S L, Ji X S, Shao C W, et al. Induction of mitogynogenetic diploids and identification of WW super-female using sex-specific SSR markers in half-smooth tongue sole（Cynoglossus semilaevis）［J］. Mar Biotechnol（NY）, 2012, 14, 120-128.

［6］Daboussi F, Leduc S, Marechal A, et al. Genome engineering empowers the diatom Phaeodactylum tricornutum for biotechnology［J］. Nat Commun, 2014, 5, 3831.

［7］Enquist-Newman M, Faust A M, Bravo D D, et al. Efficient ethanol production from brown macroalgae sugars by a synthetic yeast platform［J］. Nature, 2014, 505, 239-243.

[8] Golotin V, Balabanova L, Likhatskaya G, et al. Recombinant Production and Characterization of a Highly Active Alkaline Phosphatase from Marine Bacterium Cobetia marina [J]. Mar Biotechnol (NY) , 2015, 17, 130–143.

[9] Hu Q, Zhu Y, Liu Y, et al. Cloning and characterization of wnt4a gene and evidence for positive selection in half-smooth tongue sole (Cynoglossus semilaevis) [J]. Sci Rep, 2014, 4, 7167.

[10] Park S B, Kwon K, Cha I S, et al. Development of a multiplex PCR assay to detect Edwardsiella tarda, Streptococcus parauberis, and Streptococcus iniae in olive flounder (Paralichthys olivaceus) [J]. Journal of veterinary science , 2014, 15, 163–166.

[11] Read B A, Kegel J, Klute M J, et al. Pan genome of the phytoplankton Emiliania underpins its global distribution [J]. Nature, 2013, 499, 209–213.

[12] Shi M J, Lin Y, Xu G R, et al. Characterization of the Zhikong Scallop (Chlamys farreri) Mantle Transcriptome and Identification of Biomineralization-Related Genes [J]. Mar Biotechnol, 2013, 15, 706–715.

[13] Smith J J, Kuraku S, Holt C, et al. Sequencing of the sea lamprey (Petromyzon marinus) genome provides insights into vertebrate evolution [J]. Nat Genet, 2013, 45, 415–421, 421e411–412.

[14] Stolfi A, Gandhi S, Salek F, et al. Tissue-specific genome editing in Ciona embryos by CRISPR/Cas9 [J]. Development, 2014, 141, 4115–4120.

[15] Wang Z, Pascual-Anaya J, Zadissa A, et al. The draft genomes of soft-shell turtle and green sea turtle yield insights into the development and evolution of the turtle-specific body plan [J]. Nat Genet, 2013, 45, 701–706.

[16] Wargacki A J, Leonard E, Win M N, et al. An engineered microbial platform for direct biofuel production from brown macroalgae [J]. Science, 2012, 335, 308–313.

[17] Wu C, Zhang D, Kan M, et al. The draft genome of the large yellow croaker reveals well-developed innate immunity. [J]. Nat Commun, 2014, 5, 5227.

[18] Xu D, Lou B, Xu H, et al. Isolation and characterization of male-specific DNA markers in the rock bream Oplegnathus fasciatus [J]. Mar Biotechnol (NY) , 2013, 15, 221–229.

[19] Zhang G, Fang X, Guo X, et al. The oyster genome reveals stress adaptation and complexity of shell formation [J]. Nature, 2012, 490, 49–54.

[20] Zhao Y R, Xu Y H, Jiang H S, et al. Antibacterial activity of serine protease inhibitor 1 from kuruma shrimp Marsupenaeus japonicus [J]. Developmental and comparative immunology, 2014, 44, 261–269.

撰稿人：陈松林　徐文腾　邵长伟　李希红

海洋观测技术研究进展

一、引言

我国是海洋大国，海洋对社会经济发展意义重大。党的十八大提出“海洋强国战略”，习总书记进一步强调加快推进“21世纪海上丝绸之路建设”，海洋在我国未来发展中的重要性凸显。这对新常态下的海洋科技事业发展提出了更高的要求，而海洋技术已成为推动海洋科技事业发展的重要抓手。目前，沿海各国普遍从战略高度关注海洋技术发展，加强国家层面的规划和政策的制定，海洋技术呈现出创新性的突破发展。

海洋技术涵盖能源、材料、信息、机械、仪器等多学科门类。本报告涉及的海洋技术主要是指利用定点及移动等各种手段监测海洋水体及界面的海洋观测技术。

海洋观测技术是人类认识海洋、了解海洋、揭示海洋规律的基本手段，是我国业务化海洋观测系统的实际需求，也是我国海洋防灾减灾、开发利用海洋资源、发展海洋经济、保障国家环境安全和维护国家海洋权益不可或缺的技术支撑。国家高度重视海洋观测，经国务院同意，国家海洋局于2014年12月印发了《全国海洋观测网规划（2014—2020年）》。海洋观测技术是贯彻落实《规划》的重要保障。对国内外近五年海洋观测技术的发展现状和趋势进行比较研究，可为我国的海洋学科发展规划提供参考，也可为“十三五”海洋观测技术的研究和创新提供借鉴。

二、2009年以来国际海洋观测技术研究进展

长期以来，世界海洋强国或国际组织，针对与社会经济发展和国防建设密切相关的海洋现象或特定的海洋科学问题，致力于发展现代海洋观测技术，主要包括海洋观测现场传感器技术、海洋观测平台技术、海洋观测通用技术和海洋观测系统等。

（一）海洋观测现场传感器技术

随着海洋科学技术的发展，海洋环境监测传感器出现了革命性变革，国际上海洋观测传感器（仪器）主要向着高精度、系列化、小型化、多参数、模块化和智能化等方向发展。在业务运行时，国外均采用可靠性和稳定性较高的商业化仪器产品。以美国为例，仪器均通过沿海技术联盟（ACT）等第三方机构的评估和海试。

随着新技术、新方法、新材料和新工艺的出现，海洋观测传感器的精度越来越高。例如美国海鸟（Seabird）公司的 CTD 系列传感器，温度可达 ±0.001℃、电导率可达 ±0.0003/M、压力为满量程的 ±0.015%。再如意大利 Idronaut 公司生产的世界大洋环流实验的专用仪器 OCEAN SEVEN 320Plus CTD，压力精度为 0.01%F.S，温度响应时间为 50ms，电导率为七电极式电导率，精度为 0.001mS/cm，仪器的采样频率可到 20、30 或 40 赫兹，在高精度、高采样率方面已经与美国海鸟公司不相上下。

同一观测类型的传感器在不同的应用环境和精度要求下，逐渐发展成系列化产品，可方便不同业务需求选用。例如加拿大 RBR 公司将传感器（仪器）分为 5 个系列，分别为 solo 系列微型单传感器测量仪、virtuoso 系列单传感器测量仪，duo 系列双传感器测量仪，concerto 系列多传感器水质仪和 maestro 系列快速多传感器水质剖面仪。在海洋气象方向，R.M.YOUNG 公司的 05、27、8 系列和芬兰 Vaisala 公司的 WA 和 WMT 系列风传感器，同一系列为同种类型传感器，如 05 和 WA 系列为物理风杯传感器，8 系列和 WMT 系列为超声传感器；而不同数字型号代表不同的性能，如 05103 为普通型而 05106 为海洋型。

随着微机电系统（MEMS）技术的出现，海洋环境传感器在体积上大大缩小，使得传感器更适合于在水下小型运动平台和固定平台上搭载使用。例如，法国 NKE 公司所生产的温度和温深传感器的体积仅有一支 MARK 笔的大小。生态环境监测方面的传感技术可在原子和分子层次上进行操作，其敏感元件的尺寸已降到微米或毫米量级，重量从公斤级下降到克或微克量级。多家机构也研制出适合于小型 AUV 的成像声纳系统。

为满足各类海洋观测需求，海洋仪器逐渐向着多参数、模块化的方向发展。例如，美国 Seabird 公司将产品分为若干功能单元，其生产的所有产品都是由若干水下测量传感器单元和其他单元任意组合而成。美国海鸟公司 SBE19 除了可以测量基本的 CTD 三个参数外，外挂溶解氧传感器，还可选配 pH 值、浊度、荧光和 PAR 等传感器。多参数的探头大多为模块化设计，方便安装、替换和标定。加拿大 AML 公司则研制的模块化 X-change 系列探头式传感器（温度、盐度、深度和声速等）的传感器探头与仪器接口统一，声速传感器和电导率传感器可以互换，温度传感器可以和压力传感器互换，可以现场根据需要更换仪器的传感器探头，传感器探头可以单独校准，可共享校准的传感器，测量要素变换，为野外操作节省了人力和物力，极大地方便了现场试验。美国 YSI 公司的 6600 系列的多参数测量仪器，最多有 7 个接口，可以插入多种探头传感器。

海洋观测技术在保证可靠性和准确性的同时，也由以前的连续、实时、现场观测逐渐演变为长期原位观测。无人值守是海洋观测的发展趋势，相应观测仪器也逐渐向着智能化的方向发展。例如加拿大 AML 的 Smart-X 系列仪器可根据测量需要更换传感器探头，进行智能化实时测量。美国 MBARI 研究所已经研制了可搭载于小型 AUV 的集传感、标定和数据处理于一体的环境样本处理器。这些仪器的智能化和自动化程度高，几乎全部采用成熟的商业化产品，装备部署均通过了美国深水（西海岸）、浅水（东海岸）、淡水（五大湖）和应急（墨西哥湾）等多种形式和环境下严格的测试与评价程序以及质量保证措施，可基本实现全自动无人值守、长时间连续稳定的观测。

（二）海洋环境观测平台技术

1. 海洋环境定点观测技术

海洋观测定点平台主要包括岸基海洋观测站（点）、河口水文站、海洋气象站、验潮站和岸基雷达站等，以及离岸的锚系浮标、潜标、海床基观测和海底观测网等。

在岸基定点观测方面，美国、欧洲和日本等发达海洋国家和地区居于世界领先技术水平。根据美国海洋综合观测系统官方网站，美国在其近岸有超过 530 多个的自动化无人观测站（点），数据发布平均每小时一次，拥有超过 130 个高频地波雷达站。日本在沿海的海洋观测站（点）密度世界最高，可观测潮位、水温、盐度等水文参数，也拥有超过 50 台海洋观测雷达。欧洲各国海洋观测站也主要用于开展潮汐、海洋气象、波浪、水温和海流观测。韩国也有 25 部雷达运行于 8 个海洋站。随着海洋观测仪器设备技术水平的不断提高和海洋观测业务的深入开展，发达海洋国家和地区的岸基定点观测呈现出业务化观测与数据应用紧密结合、可靠性不断提高、保障能力持续加强、与监测逐步融合和组网观测的发展趋势。

在浮（潜）标观测方面，从 2009 年起，美国开始研发波浪发电浮标。与此同时，世界其他发达国家和地区也纷纷加快了自己的浮标研制步伐，浮标结构型式逐渐确定，如加拿大、挪威、英国等国家均拥有成熟的锚系浮标。随着电子技术进步，浮标内部数据采集系统、数据传输系统、主控系统和电源系统等都取得了飞速的发展，呈现出处理器集成功能强、通信手段多、标准模块化和使用多种新型能源等特点。国际上，潜标技术发展的重点为研发可在海水中上下运动、实现自动剖面测量的剖面仪，由加、美、德、英等国合作研制并在 2011 年进行海试的 SeaCycler 是水下绞车式潜标发展的代表，可在 10m 波浪海况下工作。此外，日本和俄罗斯在潜标方面也具有很大的技术优势。发展各种形式的潜标用剖面观测装置、与移动观测平台或海底观测网结合是潜标技术的主要发展方向。

国际上海床基观测已逐步向产业化方向发展，很多海洋仪器公司和科研机构都推出了海床基平台产品，例如 MIS 公司的 MTRBM 和 Oceanscience 公司的 Sea Spider，其平台结构相对简单，尺寸、重量都较小，具有操作较为灵活、易于进行海上布放、回收作业的特点。德国最新研发的模块化多学科海底观测系统 Molab，各模块分散在海底，之间可通过水声进行通讯。海床基观测技术主要的发展方向是类似 MoLab 那样，致力于解决海床基系统的空间观测范围局限性，或是在海底观测网系统中用作观测节点。

海底观测网已从零星单点、单一要素的专业观测向区域性多目标、多手段、长时间序列的大型观测网方向发展，观测规模将更大、观测密度将更高、观测水域将更深。在海底水声观测方面，美军启动的海底水声监测网“持久性近岸水下监测网络”（PLUSNet）项目已经进行了大规模海试，计划在2015年具备作战能力。在海底地震海啸监测方面，日本的DONET已于2011年8月开始业务化运行，其DONET2（第2阶段）也于2010年投入建设，预计在2015年建设完成450km长的海底主干网和7个节点。阿曼的灯塔海洋计划（LORI）二期工程于2010年安装在阿拉伯海。在海底生态监测方面，美国夏威夷欧胡岛的海缆观测网（ACO）在2011年6月起开始运行，并在2014年部署了新型数十种传感器；挪威的LoVe海洋水下观测站也于2014年建设完成用于监测深海珊瑚。世界第一个区域性的海底观测网NEPTUNE加拿大部分，也于2009年底开始业务运行。加拿大在2013年对ENUS观测站传感器系统的二期扩建工程，把新的观测平台安置到更深处的乔治亚海峡海底站点。此外原海王星计划中美国负责的部分OOI区域观测网也正在建设中。另一个区域性海底观测系统——ESONET欧洲海底观测网也在2009年开始业务化试运行，并在2011年继续建设完成了6个观测站。

2. 海洋环境移动观测技术

海洋移动观测技术受到各海洋强国高度重视，获得了高速发展。海洋移动观测平台主要是指在水面上或水下进行移动观测自治式水下潜器、无人遥控潜器、无人水面艇和载人潜水器等。

自治式水下潜器主要包括自治式水下航行器（AUV）、水下滑翔器（Glider）和Argo浮标。传统的AUV以鱼雷形、单推进器为主，据2011年统计，国际上AUV有100多种类型，大部分形成了系列产品。2009年以来，各国在对传统AUV续航、速度等方面进行技术升级的基础上，新型AUV也不断涌现。新型AUV具备传统单桨鱼雷式AUV不具备的新功能，如美国研制的鱼形和水母型AUV。先进的材料能让AUV更加灵活自由，水母AUV所用的材料不但能够让AUV模仿水母外形，而且还能为AUV提供动力。但大多数仿生AUV仍处于研发阶段，只有少数投入了生产。此外一类为多用型AUV，例如大型潜水员输送AUV或无人自动甲板AUV。

美国最早开始Glider研发，也拥有目前世界上最为成熟的Glider技术。此外法国ACSA公司的SeaExplorer应用了混合推进器，也已实现产品化。英国、日本、新西兰等国家也纷纷开展了Glider技术研发。2009—2013年，Glider在世界范围内用户的认可度迅猛增长。据文献报道，2009年和2011年，美国海军采购了多达150台水下滑翔器。水下滑翔器已应用于海上溢油追踪和飓风引起的海水运动观测中，多台水下滑翔器快速观测大范围海域的应用也开展了多次。Glider未来主要的发展方向有大型化、集群化应用、声学水下滑翔器、混合驱动水下滑翔器和多参数水下滑翔器等。

目前，国际上Argo浮标技术已趋于稳定成熟，其发展以基于现有技术的改进为主，主要有两个方面：一是继续多参数化，例如美国 SeaBird 等公司正在研发多种适用于剖面浮标应用的传感器，美国 Webb 公司正在为其 APEX 浮标加装水听器等多种物理海洋传感器，实现剖面测量的多参数化；二是研发工作深度更大的剖面浮标，如 Webb 公司即将上市的 APEX-Deep 浮标，工作深度可达 6000m。

在无人遥控潜器（ROV）方面，美国、日本、俄罗斯、法国等国家已拥有多种 ROV 产品，最大潜深已可达 11000m，实现了全海深探测和作业。目前，世界上有大型 ROV 厂商近 40 家，美、欧占据主要市场份额，所生产商业化 ROV 产品的工作水深多在 2500m 以浅，潜深更大的 ROV 仅为少数机构拥有，商业应用也较少。代表性 ROV 产品有美国 Jason、法国 Victor 6000、德国 KIEL6000、日本 KAIKO Ⅱ 7000、英国 QTrencher 2800 和美国 Triton XLX 等。ROV 技术的发展呈现出综合体系化、智能化、功能模块化、小型化、全海深作业等趋势。

在水面无人艇（USV）的研发和使用领域，美国和以色列一直处于领先地位。近 5 年出现了持久性 USV，可容纳足够的低消耗轻质燃料，或获取可再生能源。日本于 2014 年 5 月对外公布了 Aquarius USV 的设计，船体使用轻量级的复合铝制材料，应用太阳能和电动混合动力，非常适合应用在浅水域（海湾、河流、湖泊和城市水道）。USV 将向着新型动力、智能化、体系化、标准化的方向发展。

目前国际上共计有 90 多台载人潜水器（HOV），其中 14 台可以能够下潜到 1000 米或更深的地方，除我国外，分属美国、日本、俄罗斯、法国、西班牙、加拿大和葡萄牙。其发展主要是已有 HOV 升级和新型 HOV 开发两个方向，包括拥有越来越大的观察窗，应用新的壳体材料、电池和全电动推进器，提高载人数量和向全海深探测。

（三）海洋观测通用技术

海洋观测通用技术主要包括水下导航定位，通信与数据传输，能源获取、传输与管理，标准检验与试验场等技术。

国际上的水下导航定位技术从单一声学定位到多传感器、多功能集成化方向发展，包括声学定位与惯导系统集成、集成超短基线和长基线的综合定位技术和基于 UTP 的潜器对接声学引导技术。从对单一目标跟踪到多小区协同工作，满足同时作业用户多、作业范围集中的海洋油气工程需求。定位精度向静态厘米级迈进，可为评估海洋板块运动速度、监测海脊张裂速度及其随时间的变化提供直接观测手段，有助于理解海洋板块形成的过程和机制。

在通信与数据传输技术方面，随着“全球海洋观测系统”（GOOS）概念的推广，越来越多的海上监测数据需要实时传输到用户平台。为了满足海洋监测中海量数据传输的高速率和高可靠性需求，通信与数据传输技术发展趋势是多手段、网络化。无线传输技术将成为研究热点，集中在水声通信技术、蓝绿光通信技术和卫星通信技术等方面。

能源获取、传输与管理技术在未来海洋技术中将占据重要地位。在国际上，缆系结构的能源获取方式及传输与管理技术将成为近海海域能源供给的常规技术，新能源及可再生能源将占据较大的比重，并成为深远海海域的主要能源供给方式。各种能源获取、传输管理技术将广泛应用在水下定点平台、水下移动平台等水下装备上。

在标准检验与试验场技术方面，各海洋国家对海洋开发力度的不断增强，催化了世界范围内海洋仪器装备技术及其相关产业的飞速发展，同时使得其对功能完备、设施齐全的海上试验环境的需求也变得越发迫切。随着海洋技术的发展，国际海洋仪器装备试验场功能得到不断完善，并已建立起与之相适应的测试与评价规范标准体系，试验平台建设日趋专业化、体系化，精细化透明场构建更具针对性，数据管理趋于柔性化，数据应用与服务多样化。该方面的发展趋势是由单一功能向多功能且为大型系统和观测网络提供试验条件发展、向深远海和海底发展。

（四）海洋观测系统

目前，国际上已经形成了完整的海洋观测体系。在海洋观测传感器及其搭载平台和辅助观测设备组成的观测支持体系下，海洋观测系统从单点观测向多点观测网发展、从专业性观测向区域性观测网发展、从近海向深远海观测发展，并最终组合为全球海洋观测系统。

近年来，在世界范围内，海洋观测系统主要集中在欧洲、美洲、大洋洲和亚洲。专业性海洋观测系统以专业性的业务需求为目标。如上文所述，有应用于军事的美国 PLUSNet 水下监测系统，有观测海底地震海啸的日本 DONET 和阿曼 LORI 系统，以及观测海洋生态的美国 ACO、挪威 LoVe 和新西兰的 TASCAM 等观测系统。

区域性大范围海洋观测系统一般以局部海域为观测对象，观测多种要素。NEPTUNE 加拿大部分是其中的代表，最大深度约 3000m，于 2009 年底开始业务运行并在 2013 年进行了二期工程扩建。NEPTUNE 也是世界上第一个区域性的海底观测网，拥有 5 个海底节点、800km 海缆的环形架构，装有地震仪、海流计、摄像机、天然气传感器、海底压力记录仪、温盐深仪和声学成像系统等各类海洋仪器，以及多种物理、化学、生物和地质观测仪器。另一区域性观测系统美国 OOI 主要面向科学研究等目标，其观测系统主要由以 NEPTUNE 美国部分的区域尺度节点（RSN）、以大西洋先锋观测阵列和太平洋长久观测 b 阵列为主的近海观测节点（CSN）和以阿拉斯加湾、Irminger 海、南大洋和阿根廷盆地为主的全球观测节点（GSN）组成。其中的 RSN 于 2009 年正式开始实施建设，目前已完成 925km 海缆的网络建设，预计在 2015 年正式运行。此外，欧洲海底观测网（ESONET）也是区域性的海底观测系统，2009 年开始业务化试运行，并在 2011 年继续建设完成了 6 个观测站。

在国际海洋组织推出的全球海洋观测系统（GOOS）框架中，世界各国的海洋观测系统作为子系统发挥作用。目前建设最为先进和全面的子系统为美国的综合海洋观测系统（IOOS），在 NOAA 管理下由众多机构参与，覆盖美国本土 11 个区域，系统主要由 530 多个岸基台站、200 余个锚系浮（潜）标、130 多部高频地波雷达站、数十部水下滑翔器以及动物遥测系统集成组成，具有明确的目标性和应用性，即保障社会安全、服务经济发展和保护生态环境，如为海洋灾害预警、海洋污染示踪、海上救援和生态渔业资源保护等国家目标服务。澳大利亚综合海洋观测系统（IMOS）也是高度集成的系统，其设施由10家机构负责运营，可观测洋盆和区域范围的物理学、化学和生物学变化，在2014年IMOS正式被承认成为GOOS的区域子系统。由此可见，多平台集成观测将是未来综合海洋观测系统的发展趋势。

三、2009年以来国内海洋观测技术研究进展

（一）海洋观测现场传感器技术

在国内海洋物理传感器方面，传统CTD传感器和测波雷达等技术已接近国际先进水平，在国内市场具有一定的竞争力；投弃式XCTD、XBT和船用测流仪器设备接近国际先进水平；而在移动平台和海底观测网用物理海洋传感器方面，刚刚开始研究，目前依赖进口产品。总的来说，我国海洋物理传感器在技术上还相对落后，以验潮仪为例，我国在海洋观测站应用的验潮仪主要是国产的浮子式，个别为压力式，同美国业务化运行的验潮仪相比，在观测精度方面，除压力式外，国产验潮仪虽然已满足根据我国观测精度一级标准（±10mm），但美国产的传感器精度比国产型号高一个数量级（已达mm级），测量范围也更大，最高可达70m，并且非接触式的雷达和声波验潮仪几乎无生物附着腐蚀现象，可靠性更高，维护周期相对更长。

在海洋气象传感器方面，国产气压传感器在技术上难以达到测量精度和保证观测稳定性，目前几乎全部依赖进口产品，如美国Setra公司的270和278型等。国产海洋气温湿度传感器有商业成品，较为代表性的是XZY4型，其湿度测量范围和精度分别为（10～100）%和±5%、温度精度为±0.5℃，低于外国常规商业产品的指标（0～100）%和1%～3%与±0.15℃，但在观测可靠性和稳定性上与外国产Young41382LC和HMP155等型号相当。在风传感器方面，国产代表性为XFY3风杯型，同代表同类型国际领先水平的YOUNG 05系列性能指标对比可知，广泛使用的国产XFY3型在风向测量方面已达国际领先水平，但在风速的测量范围和准确度上仍有一些技术差距。

在海洋生态传感器方面，海水COD、营养盐、重金属（电化学法、质谱法、光度法）、DO、悬浮颗粒物和农残生物监测等监测技术取得了显著进步，但国内的原位测量传感器还很少。在声学探测传感器方面，我国在深海多波束测深技术方向处于国外3代水平，而合成孔径声纳在浅海技术方面基本与国外同步，水体测流测速方向已经形成了多个频段产品。

经过多年的发展，我国在海洋环境监测传感器技术方面取得了长足的进步，与国际先进水平的差距正在缩小，有的已达到甚至代表国际先进水平。但是由于种种限制，相关的传感器产品较少，大多还是处于原理样机以及工程样机阶段，国际竞争力弱，有些核心技术仍需进一步攻关解决。

（二）海洋环境观测平台技术

在海洋定点观测平台方面，2008 年以后，我国海洋站水文气象自动观测系统也发展到第二代，实现了低功耗、无人值守和友好人机交互等功能，整体性能与国外基本相当。国内已经开发出成熟的 OSMAR 高频地波雷达产品，在可靠性方面不低于国外产品，甚至在环境适应性方面优于国外产品。我国的大型浮标平台最大布放水深超过 3000m，最远布放在印度洋和格陵兰海；研制了波浪传感器和波浪浮标，并且经过了较长时间的业务化运行，积累了大量的理论和实际经验，在标体设计、标体运动特性、波浪理论与信号提取方面具有良好的基础；研制了柱形海气通量浮标和圆盘形分层海气通量浮标，并进行了海洋观测实验，具有较好的技术基础和积累，但还没有基于浮标的大气剖面观测技术的相关研究；我国已经研制成功了基于马达驱动式、浮力控制式和波浪控制式的海水剖面观测系统，并进行了海洋观测实验；我国已经布放了两个进口海啸观测浮标，台风观测浮标也进行了前期的理论研究，地震检波也进行了相关的理论研究，具有一定的理论基础。2009 年至今，我国研制了浅海和深海海洋水文潜标系统，分别应用于获取 400m 以浅和 4000m 以浅海域，实现了潜标数据的实时传输，实现了海床基观测系统的业务化运行。在海底观测网方面，2013年5月，中科院南海海洋所牵头的海底观测示范系统在三亚海域完成建设；2014 年 10 月，Z2ERO 系统在摘箬山岛海域成功运行，应用了自主研发的节点和接驳盒设备；2014 年，由中科院声学所主持，在国家 863 计划支持下，以开展光纤水听器阵工程试验和相关技术研究为目标，在海南陵水铺设了实验性质的光纤水听器阵。

在海洋移动平台观测方面，我国从事移动平台观测技术研究与开发的单位主要集中在高等院校、中科院系统、中船重工集团下属研究所和国家海洋局相关研究所。“十二五”期间，我国的 AUV“潜龙一号”可以在水下 6000m 处以 2 节的巡航速度续航 24 小时，2013 年该 AUV 在东太平洋最大下潜深度至 5080m。“十二五”国家“863”计划分别支持天津大学、华中科技大学、中科院沈自所和中国海洋大学等单位，牵头开展温差能驱动型、喷水推进型、电能驱动型、声学深海滑翔机研制，潜深已达到 1000m，连续航行已达到上百公里。沈阳自动化所的 Sea-Wing 和天津大学的“海燕”Glider 可续航一个月以上，标志着我国已基本掌握水下滑翔器技术，即将达到实用化装备水平。我国的 Argo 浮标起步较晚，但发展较快，已研制出了不同 C-Argo 浮标，并获得了工程应用，一些产品也应用于国际 Argo 计划。在 ROV 方面，我国自主研发的 3500m 海龙 ROV 目前能在 3500m 水深、海底高温和复杂地形的特殊环境下开展海洋调查和作业，上海交通大学研发了 4500m 海马 ROV 和 11000m 海龙 ROV，其中 2014 年 4 月，海马 ROV 在南海通过了 863 计划海上验收，最大潜深 4502m。无人艇 / 船方面已成功研制投产小型中低速无人遥控 / 自主航行测量艇，已经初步具有智能控制、自主导航、实时数据通讯、多传感器数据集成、智能遥控绞车及人工视频避障机动功能。“蛟龙号”是我国自行研发的载人潜水器，2012 年 6 月下潜深度 7062m，60% 的部件和设备由我国制造。

（三）海洋观测通用技术

在导航定位方面，在863计划的支持下，超短基线、长基线定位技术与装备和水下GPS定位技术，已打破国外的技术垄断。超短基线定位技术“十二五”期间实现了装船应用，具备产业化条件。目前已装备了“大洋一号”船和“科学号”船并投入使用，用户反应使用效果良好；此外，“向阳红9”船上的加装工作正在进行。长基线技术和综合定位系统技术已通过原理试验，将服务于“蛟龙号”载人潜水器和4500m国产化载人潜水器。水下GPS已完成湖上验证，正在积极攻关浅海多目标精密水下跟踪和定位以及2000m水深的精密水下定位关键技术问题。

在通信与数据传输方面，水声通信方向取得了大量的理论研究成果，多家单位研制了水声通信机，并开展了水声通信网络的研究与试验工作，一些试验结果和国外水平相当，在技术上还有所创新。在卫星通信方面，北斗卫星通信技术近年发展比较快速，随着国家北斗导航系统的逐步完善和应用推广的加强，开发基于北斗卫星通信的海上实时传输终端已经成为可能。在蓝绿光通信技术方面，通过“十二五”的支持，已经开展了若干次海上实际试验，取得了阶段性的突破，目前正进入工程化研制阶段。对于LED/LD通信而言已不存在技术难点和壁垒，可方便形成水下200m传输的样机和产品，通信速率可以达到Mbps量级。

在能源获取、传输与管理方面，我国的海洋能源获取传输与管理技术基础仍较为薄弱，尚未形成完善的产学研模式。在能源获取上，通过海缆为水下设备提供电能的方式刚刚通过了试验，开始进入长期试验阶段，仍需可靠性等方面的验证和研究。在可再生能源利用上，海流能、波浪能、温差能等各种形式的海洋能源利用技术得到了空前的发展，部分技术已经进入了产业化和通用化阶段，并在国内外市场具有一定的竞争优势。在能源传输与转换上，直流恒压的10kV/10kW等级的电能传输变换技术通过了浅海验证，取得了技术上的突破，但技术应用尚未完成成熟，而在恒流和交流恒压的电能传输与变换技术上，国内基本上还是空白状态。在能源管理与控制上，小功率等级的技术在海洋监测上获得了大量的应用，但大功率等级的相应技术仍然处于研发阶段。水下能源的故障诊断与隔离技术取得了一定程度上的突破。上述工作为我国海洋监测事业的快速发展奠定了一定的基础，但仍需努力实现全面进步。

在标准检验与试验场技术方面，近年来，科技部和国家海洋局等有关部委对海洋科技平台、海洋综合试验平台、深海技术研发与试验平台和海洋技术成果转化等做出了一系列决策部署，在国家海洋相关政策规划中均提出建设海上综合试验场的建设。针对已开发的海洋水文动力、生态、气象、地质探测等大批量的海洋仪器装备，完成了对大部分海洋仪器装备实验室内的定型标准及其试验方法的定制。对于海洋仪器装备的室外试验，我国针对水中兵器试验、声学设备试验和气象设备试验等建设了海上或淡水湖中的试验场或基地，为相应仪器装备产品的中试和定型提供了有力地试验环境保障，为该学科或研究方向的科学试验深入提供了实践基地。同时，国家从海洋公益性行业科研专项经费等渠道对海上试验场建设技术、原理设计和原型建设进行支持，为后续试验场建设积累了宝贵经验。

（四）海洋观测系统

我国的海洋观测系统在近年来也取得了巨大的进展，目前已初步建立了由海洋站、雷达、浮（潜）标、海上观测平台和船舶等定点和移动平台组成的海洋观测网络，并研发了海底观测示范系统，如浙江大学的摘箬山岛海底观测网络示范系统 Z2ERO 已在 2013 年 8 月 11 日成功布放，其包括岸站、叶绿素仪、浊度仪和有色可溶解有机物探测仪等。根据《全国海洋观测网规划（2014—2020 年）》，我国业务化的海洋观测系统在未来发展重点是提高海洋观测系统的数量和质量，将海洋观测覆盖范围将从近岸、近海延伸到邻近大洋和极地，将海洋观测空间范围从海表面延拓到深海和海底。

四、国内外海洋观测技术研究进展比较

经过多年的发展，我国的海洋观测技术已有了很大进展，部分技术在科研方面处于世界先进水平，但就装备的生产规模、能力以及产业化状况而言，与发达海洋国家还有较大的差距。

在海洋观测传感（仪）器方面，除潮汐、海洋气象等测量仪器外，大多数国产海洋观测仪器设备的可靠性不高，产业化水平低；入网观测仪器设备管理制度不完善，业务化海洋观测仪器设备的研制、生产、应用和管理处于不协调的亚健康状态，导致业务化海洋观测的数据获取能力和数据质量不高，甚至在恶劣海况下不能获得灾害环境预警报必需的基础数据。总体上讲，虽然部分设备已经具有很强的竞争力，但很多产品和技术仍依赖先进海洋国家，急需自主创新突破。

在海洋定点观测技术方面，我国已经基本掌握了海上定点平台观测技术的核心关键技术，平台结构设计、传感器集成、数据采集与控制和数据实时传输等方面基本达到国外同类产品的技术水平。但在系统的长期稳定性和可靠性方面还有一定的差距。专用观测平台技术和产品的原始创新与国外相比则存在较大差距。

在海洋移动观测技术方面，我国目前的发展水平和世界先进水平相比差距很大，由于起步较晚、经费不足等原因，装备整体研制和生产能力与发达国家相比还比较落后，缺少拥有自主知识产权的产品。首先是功能单一，目前研制的产品功能主要集中在水下目标探测、水下搜救、水下测量和水下爆破等方面，不能执行较为复杂的任务；其次是产品化程度低，除了少量的形成产品投入使用，其他的主要是研制样品，并没有形成系列产品投入实际运用。

在海洋观测通用技术方面，基础技术薄弱，关键技术如能源动力技术、水下传感器技术、定位导航技术和自主控制技术等研究不足，关键技术产品主要依靠进口，整体技术水

平与国外差距 5 ~ 10 年。

在海洋观测系统方面，我国业务化运行的海洋观测系统仍主要以近岸台站观测为主，近海、中远海及深海的观测能力仍存在很大不足，Glider、AUV 和动物遥测等新兴观测方式尚未实现业务化运行，同国外综合性海洋观测系统相比差距较大。

五、展望与对策

（一）着眼国际，立足业务需求开展创新研发

我国海洋观测仪器装备的研发应着眼国外，在国际发展的趋势下紧密围绕业务需求进行。围绕我国业务化海洋观测系统建设的战略需求，发展海洋基础学科，突破核心技术，提升海洋观测技术的自主创新能力，努力缩小同国外传感器产品的差距，减少对国外产品和技术的依赖，加速形成我国海洋观测设备产业。

（二）加强创新研发转化和产业化机制建设

加强体制建设，积极接纳国内外相关成果，建立海洋观测仪器研发创新团队，积极促进产学研相结合的模式，加速创新成果的转化。在海洋观测装备的建造和设备配套等方面，要加快配套设备供应配套链的建设。建立海洋观测装备生产行业标准和相关产业标准，对设备标准、仪器接口标准等进行统一，有利于各厂家所生产的同类型装备相互通用，提高厂商的竞争性，进而促进海洋观测技术的不断创新和装备的完善升级。

（三）加大创新投入，打造创新型人才队伍

加大科研经费投入，建立多渠道投入机制，特别是鼓励企业加大创新投入，支持海洋装备的研发和创新。依托国家科技计划和海洋科技专项，加大对海洋观测、监测及探测等海洋科技活动的支持力度。依托骨干研发制造企业，建设国家工程研究中心、国家工程实验室和企业技术中心等。同时，通过各种渠道，吸收包括欧洲、美国以及国内研发机构在内的各类专业配套人才，建立技术人才库，并实施长效激励机制。加大人才培养力度，争取更多的培训经费和机会，建立适合专业人员快速成才的国内外培养渠道和基地。

（四）加强合作交流，整合优势资源

鼓励参加国际海洋技术的合作和交流，加强同国外先进的装备制造企业的合作，加速先进装备设计和制造技术的转移和吸收。巩固和加强国内各大专院校、设计院所与装备制造企业的合作。利用专业技术和创新人才的优势，开发新产品、新技术和新工艺。整合现有资源，逐步形成由大型骨干企业、科研机构、高校和专业技术服务公司等组成的海洋观测仪器装备产业联盟，构建产业集群，加快我国海洋观测装备制造业发展。

参考文献

[1] 曹学鹏，王晓娟，邓斌，等．深海动力源发展现状及关键技术［J］．海洋通报，2010，29（4）：46-471.

[2] 国家海洋局．《全国海洋观测网规划（2014—2020 年）》［R］，2014.

[3] 金翔龙．中国海洋工程与科技发展战略研究—海洋探测与装备卷［M］．北京：海洋出版社，2014.

[4] 刘洪滨，刘振，孙丽．韩国海洋发展战略及对我国的启示［M］．北京：海洋出版社 2013.

[5] 罗续业．海洋技术进展 2014［M］．北京：海洋出版社，2015.

[6] 王祎，高艳波，齐连明，等．我国业务化海洋观测发展研究—借鉴美国海洋综合观测系统［J］．海洋技术学报，2014，33（6）：34-39.

[7] 朱心科，金翔龙，陶春辉．海洋探测技术与装备发展探讨［J］．机器人，2013,（03）：376-384.

[8] 赵聪蛟，周燕．国内海洋浮标监测系统研究概况［J］．海洋开发与管理，2013,（11）：13-18.

[9] Antoine Y. Martin. Unmanned Maritime Vehicles：Technology Evolution and Implications［J］. Marine Technology Society of Journal , 2013, 47（5）: 72-83.

[10] D'Asaro E A, Black P G, Centurioni L R, et al. Impact of Typhoons on the Ocean in the Pacific：ITOP［J］. Bulletin of the American Meteorological Society, 2013.

[11] Roy E. Hansen. Synthetic Aperture Sonar Technology Review[J]. Marine Technology Society of Journal, 2013, 47(5): 117-127.

[12] Stephen L. Wood, Cheryl E. Mierzwa. State of Technology in Autonomous Underwater Gliders［J］. Marine Technology Society of Journal, 2013, 47（5）: 84-96.

[13] The Word AUV Gamechanger Report 2008-2017［R］. Douglas-Westwood Limited，2007.

[14] Tyler Schilling. 2013 State of ROV Technologies［J］. Marine Technology Society of Journal, 2013, 47（5）: 69-71.

[15] U.S. Integrated Ocean Observing System（U.S. IOOS）2013 Report to Congress［R］. 2013.

[16] William Kohnen. Review of Deep Ocean Manned Submersible Activity in 2013［J］. Marine Technology Society of Journal, 2103, 47（5）: 56-68.

[17] Zdenka Willis, Laura Griesbauer. U.S. IOOS：An Integrating Force for Good［J］. Marine Technology Society of Journal, 2013, 47（5）: 19-25.

撰稿人：罗续业　王　祎　李　彦

卫星海洋遥感技术研究进展

一、引言

2009 年至 2015 年是我国海洋卫星和卫星海洋遥感应用快速发展的时期，海洋卫星已成为我国海洋立体监测体系中的重要组成部分，并发挥着越来越重要的作用。2007 年发射的第二颗海洋水色卫星 HY-1B 继续在轨稳定运行，对我国及全球重点海域的海洋水色和海洋环境进行连续监测。2011 年 8 月我国第一颗海洋动力环境卫星 HY-2A 成功发射，用了较短的时间就从实验应用进入到业务应用阶段，实现了对全球海洋动力环境要素的监测，实时获取包括海面风场、海面高度、海面温度、有效波高、海洋重力场和大洋环流等重要海洋动力环境要素信息。2012 年 3 月，《陆海观测卫星业务发展规划（2011—2020 年）》获得了国务院正式批复，我国海洋卫星业务发展进入国家的卫星发展规划中。在卫星海洋遥感机理研究方面，我国也取得了丰硕成果，如研究开发了考虑风生粗糙水面的海—气耦合矢量辐射传输模型，提出了利用平行偏振等效辐亮度开展水色遥感的新概念，为海洋水色遥感发展提供了一种新框架。近几年，随着我国海洋卫星遥感技术的发展，海洋遥感应用的领域和应用的深度也在不断地扩大和延伸，海洋遥感数据已经业务化地应用到我国海洋环境预报、海洋防灾减灾以及海洋安全服务保障中，取得了巨大的社会效益和经济效益。海洋卫星遥感在海洋科学研究和国际合作中也正在发挥着非常重要的作用。

二、我国海洋卫星的发展及应用研究现状

2000 年 11 月发布的《中国的航天》白皮书明确了海洋卫星系列是我国长期稳定的卫星对地观测体系的重要组成部分。根据总体规划，我国将以“海洋一号”水色卫星系列为起点，陆续发射海洋水色卫星、海洋动力环境卫星和海洋监视监测卫星系列，逐步形成以

我国卫星为主导的海洋空间监测网。在 2011 年 12 月发布的《中国的航天》白皮书中，又进一步指出，要完善已有的“海洋”卫星系列，大力推动卫星应用产业发展。

2007 年 4 月 11 日，我国第二颗海洋水色卫星海洋一号 B（HY-1B）卫星在太原卫星发射中心成功发射升空，卫星设计寿命为 3 年，到目前为止已在轨运行 8 年多，不断刷新着海洋卫星在轨运行的纪录，也是我国目前在轨运行有效工作寿命最长的一颗低轨遥感卫星。至 2014 年底，已获取全球长时间序列的水色遥感数据 17000 余轨，制作的 42 种水色遥感产品数据向全国用户进行了分发，为我国海洋环境监测与预报、海洋防灾减灾、海岸带资源开发利用、海洋科学研究、国际交流与地区合作等提供了连续、稳定、丰富的信息数据源。

2011 年 8 月 16 日，我国第一颗海洋动力环境卫星海洋二号（HY-2A）在太原卫星发射中心成功发射，HY-2A 卫星是继 HY-1A 和 HY-1B 卫星之后，我国成功发射的第三颗海洋卫星。该卫星是我国最为复杂的对地遥感卫星之一，集主被动微波遥感器于一体，首次实现了高精度厘米级的测定轨，星上搭载微波散射计、雷达高度计、扫描微波辐射计和校正微波辐射计 4 个微波遥感器，具有全天时、全天候、全球连续探测的能力，能够实现全球海洋高精度、多要素同步测量，可获取海面风场、海面高度、有效波高、海流和海面温度等多种海洋动力环境要素信息，可为灾害性海况预警报和海洋科学研究提供实测数据，改变和加深人们对全球海洋的认识。目前，HY-2A 卫星已在轨运行 4 年多，获取了大量全球海洋动力环境探测数据，持续向国内外用户提供了数据产品分发服务，已逐步在海洋防灾减灾、海洋环境预报、海洋资源开发、海洋安全、海洋科学研究及国际地区间合作等领域发挥了显著作用。

海洋三号（HY-3）系列卫星是海洋监视监测卫星，主要载荷是 C 波段的多极化合成孔径雷达（SAR）。HY-3 卫星主要用于获取海上目标、波浪谱、海冰、溢油、海面风场、风暴潮漫滩、内波、极地冰山等海洋监视监测信息。

由中、法两国联合研制的中法海洋卫星已于 2009 年批准立项，其遥感载荷为旋转扇形波束散射计和星载波谱仪，分别由中法双方研制，用于观测全球海浪谱和海面风场。2014 年 3 月，中法两国共同发表了《中法关系中长期规划》，明确了中法海洋卫星计划于 2018 年 6 月前发射。

此外，根据 2012 年 3 月国务院正式批复的《陆海观测卫星业务发展规划（2011—2020 年）》，在“十二五”和“十三五”期间，我国将发射 8 颗海洋业务卫星，包括 4 颗海洋水色卫星、2 颗海洋动力环境卫星和 2 颗海洋监视监测卫星。这些海洋卫星的发射，将极大地推进我国海洋卫星和卫星海洋遥感应用的发展，使我国的海洋卫星遥感事业迈上新的台阶。

（一）海洋卫星地面接收站建设

我国已成功发射了三颗海洋卫星，其中 HY-1B 和 HY-2A 两颗卫星目前在轨稳定运行。为保证海洋卫星数据的可靠接收，在国家有关部门的大力支持下，建成了以北京为中心的北京、海南、牡丹江和杭州四个布局合理、功能完备、性能可靠的海洋卫星地面接收站，接收覆盖中国全部海域及周边国家海域的卫星遥感数据，最南可达赤道以南 6 度以上（覆盖马六甲海峡）。此外，还将在南北极、境外以及雪龙极地科考船上建设海洋卫星接收站，形成覆盖全球的海洋卫星数据接收能力。

（二）海洋卫星定标与真实性检验

我国的海洋卫星定标工作始于 2002 年第一颗海洋卫星发射前后，2007 年和 2009 年第二颗和第三颗海洋卫星发射后，海洋卫星定标工作又有了长足的发展。

由于 HY-1 系列海洋水色卫星星上无绝对实时定标设备，必须依靠地面进行再定标，通常做法是利用与卫星同步的海上现场测量数据，以替代定标和交叉定标为主。国内科研人员使用美国高精度 SeaWiFS 卫星资料对 HY-1A/B 卫星在轨交叉定标方法进行了研究，该方法利用准同步的 SeaWiFS 数据，模拟出两卫星交叉定标海区的 HY-1A/B 卫星 COCTS 的总辐射量，与 HY-1A/B 卫星测量的辐射值进行比较，从而确立两颗卫星的不同波段间的交叉定标系数。研究结果表明，星—星交叉定标的精度能够满足海洋水色要素探测的要求。

HY-2A 卫星雷达高度计海面高度定标方法，主要有基于专用定标场的绝对定标方法、基于岸基验潮仪的潮汐外推方法、有源定标器法和多任务 / 单任务对比法。此外，还开展了一些新的定标方法研究，如 2012 年，我国科研人员利用岸基验潮仪潮汐数据外推法，对 HY-2A 卫星高度计定标方法进行了研究，还论述了用 GPS 浮标数据为高度计定标的可行性与技术难点。对 HY-2A 卫星微波散射计的定标方法主要以海洋目标定标法为主，还开展了利用亚马孙热带雨林对微波散射计的在轨性能跟踪研究。对 HY-2A 卫星扫描微波辐射计，星上搭载的定标系统可以对仪器进行内定标，但是随着仪器设备的老化，观测数据在长时间序列上可能会有一定漂移或系统偏差。因此，需要使用外定标的方法对仪器的系统偏差进行再校正，主要对地物替代定标、星星交叉定标和模拟器实地测量定标法进行了应用和研究。如 2013 年，科研人员利用 HY-2A 卫星扫描微波辐射计对地观测数据和天线方向图，计算了地表进入冷空反射面的亮温贡献，从而对辐射计冷空观测的地球辐射亮温进行了标定。

（三）海洋水色遥感发展现状

我国海洋水色卫星遥感虽起步略晚，但进展显著。特别是近 5 年，我国海洋水色卫星遥感研究取得了丰硕的成果，在自主辐射传输模型、浑浊水体大气校正、碳参数反演及多尺度过程对海洋生态影响等研究领域取得了创新成果。

在海洋水色遥感机理研究方面，研制出了考虑风生粗糙水面的海 - 气耦合矢量辐射传输模型 PCOART；基于矢量辐射模拟和偏振遥感资料，提出了利用平行偏振等效辐亮度开展水色遥感的新概念，与传统水色遥感（基于总辐亮度）相比，可有效降低太阳耀斑和提高水色信噪比，为水色遥感发展提供了一种新框架。此外，在水光学研究方面，开展了我国近海水体固有和表观光学特性的实验分析、现场观测及辐射传输模拟等研究。

在近海浑浊水体大气校正算法研究方面，通过分析全球典型近海浑浊水体光谱，发现蓝紫光波段离水辐亮度相比长波可忽略不计，进而提出了基于蓝紫光的浑浊水体大气校正算法（UV-AC）并将此算法应用于静止轨道水色卫星 GOCI 资料，实现了杭州湾极端浑浊水体悬浮物浓度的遥感反演。基于气溶胶散射光谱满足 Angstrom 定律的假设，提出了利用现场实测水体光谱库的大气校正算法（ENLF），可同时适用于大洋和近海水体，并可有效估算气溶胶散射反射率。

在水色遥感模型研究方面，针对水色遥感算法或产品在我国近海的适用性问题，开展了覆盖渤海、黄海、东海及南海北部的真实性检验，开发了区域的叶绿素浓度、悬浮物浓度等水色要素遥感模型。在固有光学量遥感模型方面，主要是发展了水体吸收、后向散射系数的半分析算法，以及进一步分离出各组分吸收系数的方法。此外，我国学者亦开展了浮游植物类群的遥感反演，建立了甲藻和硅藻藻华的遥感识别算法，提出了一种基于现场光学测量的浮游植物粒径反演方法。此外，利用静止水色卫星 GOCI 资料的时间观测优势，反演获得了东海原甲藻藻华日变化特性。

除传统的水色要素和水体光学特性反演外，我国学者进一步发展了边缘海复杂水体碳循环关键参数的遥感机理与方法，利用多个航次数据，建立了基于水色卫星资料的东海表层盐度遥感模型，并首次获得了十年序列的夏季长江冲淡水扩散分布。以遥感盐度作为盐淡水混合表征，提出了适用于复杂边缘海的基于控制因子分析的海水二氧化碳遥感半分析模型。此外，通过分析溶解有机碳（DOC）的保守行为，建立了综合考虑黄色物质吸收系数（表征陆源输入）和叶绿素浓度（表征源生贡献）的东海表层 DOC 浓度遥感模型，并结合 DOC 的垂直分布类型，建立了东海 DOC 储量遥感模型。这些新方法拓展了水色卫星遥感在海洋生物地球化学领域的应用。

由于高时空分辨率观测的优势，海洋水色卫星遥感已成为研究多尺度海洋过程及其生态响应的重要手段。我国学者利用水色卫星资料开展了浮游植物藻华的多尺度变化及其调控机制研究，包括台风、中尺度涡、季风和短期气候振荡等不同尺度过程的影响。研究发现台风不仅可引起表层、次表层浮游植物藻华和增加渔丰度，且可引起跨陆架的物质输运。中尺度涡对南海浮游植物时空分布及粒级均有显著影响。同时，探讨了吕宋海峡附近冬季藻华现象的动力机制。利用长时序的水色遥感叶绿素浓度数据，分析了我国近海浮游植物的动态变化，发现黄海藻华强度指数在 1998—2011 年上升了一倍，但长江口没有显著的趋势变化。

（四）海洋动力环境遥感发展现状

我国海洋动力环境遥感是随着中国载人航天工程的神舟飞船多模态微波遥感器的上天才逐步开展的，应用研究工作大多集中在对国外已有算法模型的引进和改进完善等方面。

直到 2011 年 8 月，我国第一颗海洋动力环境卫星 HY-2A 上天后，海洋动力环境遥感才得到快速发展，在反演模型的研究和应用方面均取得了大量创新性的成果。

在有效波高的反演算法研究方面，基于二阶理论回波模型，导出了带有偏度系数的二阶理论回波模型。引入奇异值分解滤波，根据不同的最大似然估计算法反演参数，得到多种重跟踪方法，经比较分析发现四参数模型最适合 HY-2A 卫星雷达高度计波形反演，有效波高反演精度达到 0.31m。

在海面风场反演算法方面，利用多解反演算法和二维变分模糊解去除方法，对 HY-2A 卫星散射计数据进行处理，结果表明风速与风向精度均有较大提高。同时，风向模糊解去除能力明显提高，尤其是发生台风时期的风场反演，其风向反演精度有明显改善。

在海面温度反演算法研究方面，利用辐射传射方程模拟，建立了海面温度、海面风速、大气水汽含量等海洋环境参数的反演算法。在归纳多元线性回归算法和非线性迭代算法的基础上，对反演海温的影响因素作了分析研究。

在海冰密集度反演算法研究方面，我国学者根据海冰与海水辐射特征，提出一种基于多频段双极化反演海冰密集度方法。该方法利用简化的辐射传输模型和地物参考点模拟亮温并逼近观测亮温，可有效利用卫星数据反演海冰密集度，监测海冰边缘与面积变化。还有学者对典型海区光谱梯度率和极化梯度率进行了统计分析，确定了计算海冰密集度所需的亮温特征值，计算结果与美国冰雪数据中心和德国不来梅大学提供的两种业务化海冰密集度产品一致。

此外，在 HY-2A 卫星的精密定轨方面，利用简化动力学方法，通过非差状态估计和非差模糊度固定进行参数估计，提高了定轨与定位的精度。在 DORIS 和激光精密定轨方面，采用动力学方法实现了 MOE 和 POE 两种卫星精密定轨的解算。这些定轨方法的应用，使我国海洋动力环境卫星的精密定轨水平达到了世界先进水平。

（五）我国卫星海洋遥感应用及发展现状

我国的海洋卫星应用和卫星海洋应用，经过近几年的快速发展，已先后在海温、海冰、赤潮、绿潮、海上溢油、海洋水质、渔场环境、海岛海岸带、台风风暴潮以及碳循环和全球变化等方面开展了应用研究和业务化应用，取得了非常好的应用效果，产生了巨大的社会和经济效益。

1. 海洋环境业务化监测

海温是我国海洋环境监测预报部门对社会发布的一个重要环境要素。从 2005 年开始，以 HY-1 系列卫星探测数据为基础研发建立了海温遥感处理业务应用系统，开始业务化地向海洋预报等应用需求部门提供日、周、旬和月平均海温监测产品，并通过中央电视台、网站等形式向社会公众发布海温监测和预报信息，取得了非常好的社会效益。在 2011 年 8 月 HY-2A 卫星成功发射以后，其星载的扫描微波辐射计获取的全天候全天时海温数据也加入至业务应用系统中，提供不受云影响的海温监测产品，极大地提高了海温监测数据的利用率和空间时效。目前，卫星遥感获取的海温业务产品已经应用到海洋预报部门的三维温盐流数值预报系统中，为其提供了高精度高时效的海温初始场。

海面风场是海洋动力学的基本参数，海面风场调制和控制着海气变化过程，包括热量、湿度、CO_2 和液态固态粒子等，海气交互作用是区域天气或气候建立和维持的主要条件。HY-2A 卫星搭载的微波散射计和雷达高度计，可同步获取海洋风场和海浪信息，已经部分应用到我国海洋预报部门的海浪同化模式中，为海浪同化模式的运行提供了高精度的初始场，提高了海面风场和海浪数值同化模式的精度，为我国的海洋环境数值预报提供重要信息支撑。

随着我国海洋经济的快速发展，我国部分地区沿海海域污染加剧，海水呈现富营养化，进而导致海洋生态环境日趋恶化，海洋渔业资源严重萎缩，严重影响水产品质量和人类健康，影响海洋经济的可持续发展。针对我国沿海地区的发展特点和具有的强吸收性物质与复杂藻类分布的特性，在大量海上调查验证的基础上，我国科研人员研制了海洋水质遥感分类与评价模型，进而建立了长三角沿海水质遥感实时监视和速报业务系统，实现了从光化物质遥感到非光化物质遥感的跨越，填补了我国沿海水质遥感监测空白。此系统利用 HY-1 系列卫星获取的叶绿素浓度、悬浮泥沙浓度、海表温度、海水透明度、水体漫衰减系数、离水辐亮度等海洋环境要素信息，制作近海水质分类、重点海区污染状况图等海洋水质时空分布产品。

2. 海洋灾害业务化监测

我国是世界上受台风危害最为严重的国家。HY-2A 成功发射运行以来，其上搭载的微波散射计观测数据，能够准确地给出海上台风的强度、位置、方向和结构，进而预测台风登陆的时间地点和登陆后可能造成的降水强度和范围。HY-2A 卫星具有的全天候全天时监测能力，已连续四年获取了中央气象台编号的全部台风监测信息，并将其获取的台风风场信息及时提供给海洋预报部门，为海洋防灾减灾决策提供了准确可靠的信息服务。

海啸是一种具有强大破坏力的海浪。HY-2A 卫星高度计具有监测海面高度和有效波高的能力，可为海啸监测提供非常及时的观测数据。监测数据的可靠性和能力已成功在 2012 年 4 月 11 日发生在印尼苏门答腊北部的地震海啸监测中得到了认证。

赤潮已成为我国主要海洋灾害之一，特别是进入 21 世纪以来，我国沿海赤潮发生的尤为频繁。基于赤潮生物自身特性和赤潮光谱特性，并利用 HY-1 系列卫星监测的海洋水色信息，科研人员开展了卫星遥感赤潮监测工作，成功地对我国海域的赤潮发生、发展和消亡过程进行了监测，并向有关部门发布赤潮监测信息，在我国赤潮防灾减灾中发挥了重要作用。

2008 年以来我国黄东海发生了大规模的绿潮浒苔灾害，它的集中爆发对当时在青岛举办的奥运会帆船赛造成了严重的干扰。为了应对当时的绿潮浒苔灾害，在边应用、边实践、边建设的方针指导下，我国研发建立了卫星遥感绿潮浒苔监测系统。从 2008 年开始，我们利用此系统和 HY-1 系列卫星并辅以其他卫星数据对黄东海海域发生的绿潮进行业务监测，并将监测结果发布及时给相关灾害监管部门，取得了非常好的应用效果。

我国的渤海及黄海北部在每年的冬季均有结冰现象出现，冰情状况直接影响海上油气资源的开发、交通运输、港口海岸工程的正常作业。2002年我国即开始了海冰遥感业务监测工作，定量化地提供海冰实况图、冰厚、冰密集度、冰外缘线和冰温等5种用于海冰业务的监测产品。近几年，随着遥感技术的进步，海冰遥感监测在方法研究和产品精度都得到了进一步提高，极大地提高了海冰监测预报的准确性，推动了我国海洋卫星资料定量化应用水平。

海上溢油是近年来对我国海洋环境造成危害比较突出的问题。2007年开始，我国建立了基于SAR卫星遥感数据的卫星遥感海上溢油监测系统，对发生在我国海域的海上溢油开展业务化监测，可以全天候的监测海上发生的溢油事件，准确地获取溢油发生的位置，估算污染面积，并对可能的扩散趋势进行预测。这些监测信息通过相关渠道，及时发布给政府决策部门，采取相应措施，减少由此造成的环境污染和损失。

3. 海岛海岸带监测

我国拥有18000km的大陆岸线，海岸带资源丰富，具有高度的自然能量和生物生产力，是地球系统中最有生机的一部分，也是我国经济发展最活跃的区域之一。

自2009年以来，国内外的高分辨率卫星相继投入业务化应用，海岛海岸带遥感监测特别是远离大陆的面积较少的海岛监测已成为可能。通过近些年的实践和探索，利用遥感等先进技术手段对海岛海岸带的监测理论和技术方法有了新的发展。特别是2012年通过验收的908专项中，以我国海岛海岸带管理的实际需求为出发点，创新性地提出了我国首套海岛海岸带遥感信息分类体系，发展了海岛海岸带地物遥感解译技术，形成了《1∶50000海岛海岸带卫星遥感调查规范》。利用GIS技术和空间定位技术，并针对海岸带海–陆交互特性，以图像空间结构认知理论和方法为指导，基于智能计算模型，研究和发展了面向目标单元的特征提取及目标识别的智能化技术方法，攻克了高分辨率卫星遥感影像调查量测复杂海岸线长度和海岛面积、以及利用高分辨率SAR和亚米级光学影像协同识别岛礁等技术难题。

海岛海岸带遥感监测调查技术的发展，促进了监测调查成果的广泛应用。其高精度DEM数据为风暴潮漫滩预警预报提供了足够精细的基础资料，有效地提高了预警预报准确性。首次利用高分辨率卫星遥感数据解译制作出版的《南沙群岛岛礁高分辨率卫星影像图集》，已经应用到我国的海上维权和军事保障中，填补了我国在南沙群岛岛礁卫星遥感定量调查资料方面的空白。

4. 海洋渔场环境业务监测

海洋渔场环境信息对于指导海洋渔业的高效生产是不可缺少的。特别是在当今近海洋渔业资源逐渐减少的情况下，它对指导远洋渔业生产、提高我国在渔业生产上的国际影响，具有更加深远的意义。HY–1系列海洋水色卫星可以获取海表温度、叶绿素浓度等产品；HY–2卫星可以获取海表温度、海面动力高度等产品；对这些数据进行进一步的处理还可以得到诸如上升流、水团、涡等动力环境要素信息。这些信息对于指导海上渔业生产都是非常重要的。在卫星遥感信息获取的基础上，以我国远洋渔业产业需求为牵引，研制了卫星遥感渔场信息速报服务系统，对太平洋、印度洋和大西洋等 11 个渔场的 3 个鱼种（柔鱼、金枪鱼和竹荚鱼）开展每周一次的渔场环境、渔情分析与预报，并实现了产业化应用，取得了显著的经济和社会效益。

5. 极地科学考察保障

海冰信息和海洋动力环境信息是极地科考航行保障最重要的信息。基于星载微波辐射计（AMSR2、SSMIS、HY-2A/RM 等）数据，建立了海冰密集度和海冰漂移反演算法；基于星载中高分辨率光学数据（MODIS、Landsat TM、HJ1-A/B CCD 等）和 SAR 数据（Radarsat-2、COSMO 等），建立了海冰覆盖范围、海冰类型等反演算法，为极区船舶航行提供海冰保障信息。这些信息为 2009 年第 26 次、2013 年第 30 次南极科考的雪龙号脱困发挥了重要作用。

6. 全球气候变化应用

海洋碳循环研究，对预测未来大气 CO_2 含量乃至全球气候变化具有重要意义。人类当前对于边缘海海—气二氧化碳通量的认识尚处于数据不足的阶段，海洋碳循环的观测需要集成各种观测手段。利用 HY-1 系列卫星获取的海温、叶绿素浓度产品，结合 HY-2 系列卫星提供的海面风场数据，基于海气界面二氧化碳通量模型估算的海气界面二氧化碳通量，将为全球碳循环研究提供数据支持。

（六）海洋遥感人才队伍建设

随着我国海洋卫星事业和海洋遥感技术的发展，我国已建成了一支业务素质高、技术力量强的海洋遥感与业务应用科研队伍。多年来，在多项国家科研专项的支持下，在 HY-1、HY-2 卫星地面应用系统建设和遥感数据业务化应用工作中，海洋遥感人才队伍得到了锻炼，同时承担并完成了各种国家重大科研专项。特别是在卫星与载荷技术指标确定，海洋遥感反演机理研究、卫星在海温反演技术、海冰监测技术、海上溢油监测技术、海上目标识别技术、海岛海岸带信息提取技术、海岛（礁）精确定位技术和大洋渔业遥感技术等方面积累了丰富技术知识和经验，并取得丰硕的科研成果。此外，还建立了专门为我国海洋卫星工程建设、海洋卫星遥感应用和海洋遥感人才培养的开放式交流平台。

三、国内外海洋卫星发展比较

（一）国外海洋水色卫星发展

国际上最先发射的海洋水色卫星是美国于 1978 年发射的雨云 -7 号（Nimbus-7）卫星。星上装载 9 部遥感器，其中海岸带水色扫描仪（CZCS）和多波段微波扫描辐射计（SMMR）为首次搭载试验的海洋专用遥感器：SMMR 可用于全天候海面温度和大气水汽测量，CZCS 主要用于海洋水色探测。Nimbus-7 原设计寿命为 3 年，而从 1978 年 10 月至 1986 年 6 月，实际有效运行了 7 年半，获取了大量海洋水色资料，验证了星载水色遥感测量、估算全球海洋有机碳和初级生产力的设想。

在 CZCS 取得成功之后，美国于 1997 年发射另一颗海洋水色卫星 SeaStar。卫星上装有 CZCS 的改进型传感器 SeaWiFS——海洋宽视场水色扫描仪，SeaWiFS 扫描仪具有 ±20° 的倾斜扫描功能，以避免太阳耀斑影响，提高数据的利用率。SeaWiFS 获取了连续 10 多年的全球海洋水色遥感资料。

美国于 1999 年 12 月和 2002 年 5 月先后发射了 TERRA/MODIS 和 AQUA/MODIS 卫星，MODIS（中分辨率光谱成像仪）共有 36 个波段。这两颗卫星采用上午星与下午星组网的方式运行，以弥补由于太阳耀斑造成的影响。目前，两颗卫星均在轨正常运行。

美国国家宇航局（NASA）于 2011 年 10 月又成功发射一颗新型对地观测卫星 NPP，其上搭载的可见光红外成像辐射套件 VIIRS，用于观测地球表面环境，包括火情、冰雪、水色、植被、云层、以及海表温度等。其探测谱段有可见 / 近红外、短波 / 中波红外和长波红外共 22 个谱段。VIIRS 综合了 SeaWiFS 的旋转望远镜光机扫描和 MODIS 的星上定标先进技术，从而降低了仪器的杂散光系数和偏振灵敏度，提高了定标精度，因此 VIIRS 的定量化测量精度将得到很大程度的改善。

韩国于 2010 年发射了一颗通讯与海洋气象卫星 COMS（Communication Ocean & Meteorological Satellite），其上搭载世界上第一台静止轨道水色成像仪 GOCI，用于朝鲜半岛区域海洋水色业务化观测。GOCI 共配置 8 个可见光近红外波段，波段设置与 SeaWiFS 相近，空间分辨率为 500 米。GOCI 可实现针对朝鲜半岛区域 1 小时 1 次的区域水环境监测，每天监测 8 次。

欧洲空间局（ESA）2002 年 3 月发射的 ENVISAT 上装载一台 MERIS，采用推扫方式成像，性能优良，获得了大量高质量的海洋水色遥感资料。

此外，日本和印度等国家也发射了自己的海洋水色卫星。

（二）国外海洋动力环境卫星发展

1975 年 4 月 NASA 发射的测地卫星 3 号（Geos-3）上载有一台高度计，测高精度为 ±25cm，波高精度为 ±2.5% $H_{1/3}$，海面后向散射系数测量精度为 ±0.5dB。其主要任务是测量全球重力场、大地水准面、全球海况、环流及地球物理学研究。星上辅助设备有激光反射器（用于地面激光测距）和多普勒测距系统。

NASA 于 1978 年发射了一颗综合性的海洋卫星 SEASAT-1，星上载有雷达高度计、微波散射计、微波辐射计及合成孔径雷达（SAR）等主要传感器，散射计测量风向精度为 ±20°、风速为 ±2m/s 或 10%；高度计的高度测量精度已达 ±8cm，波高为 ±10% $H_{1/3}$（0.5m）；多波段辐射计海面温度测量绝对精度为 ±2K，相对精度 ±0.5K。

美国海军于 1985 年发射了测地卫星 Geosat，星上主要设备是一台雷达高度计，测高精度为 3.5cm，前期采用地面非重复轨道，后期改为精确重复轨道，用于海洋动力环境研究。卫星直到 1989 年底才停止工作，积累了 4 年的测量数据，现在这些数据仍被开发利用。

欧空局于 1991 年发射了 ERS-1(Earth Resource Satellite) 卫星，星上装有微波散射计、雷达高度计和微波辐射计等遥感器，其主要目的是开展卫星测量海洋动力基本要素。散射计风速测量精度为 ±2m/s 或 10%、风向精度为 ±20°；高度计的测高精度为 ±3cm，波高测量精度为 $\pm 10\% H_{1/3}$（0.5m）；辐射计测量海面温度精度为 ±0.5K。

1992 年美国和法国联合发射了 TOPEX/Poseidon（T/P）卫星，这是一颗专业地形卫星，星上载有一台美国 NASA 的 TOPEX 双频高度计和一台法国空间中心（CNES）的 Poseidon 高度计，用于探测大洋环流、海况和极地海冰，研究这些因素对全球气候变化的影响。T/P 卫星高度计的运行结果表明其测高精度达到 ±2cm，完全适合于卫星的业务应用。2001 年 12 月发射的 Jason-1 继承了 T/P 的使命，它的主要任务之一就是实现近实时应用。由 CNES、NASA 共同研制的 Jason-2 卫星于 2008 年 6 月发射，搭载有 Posiedon-3 卫星高度计和微波辐射计，是 T/P 卫星和 Jason-1 卫星的继承。2010 年 4 月，欧空局发射了 Cryosat-2，搭载有高度计，其主要目的是探测极地海冰和陆架。

（三）国外海洋监视监测卫星发展

1978 年，NASA 发射了世界上第一颗 SAR 卫星 SEASAT（Seafaring Satellite Sets）。SEASAT 主要用于海洋观测，其搭载的 SAR 系统工作于 L 波段采用水平发射和水平接收电磁波的单极化工作方式，探测刈幅固定为 100km，入射角固定为 20° ~ 26°。除了获取海面波浪和内波外，SEASAT 的 SAR 图像显示了大量在当时来说即使不是第一次也是在最大范围内观测到的海洋现象，如海流边界、多尺度涡旋（10 ~ 400km）、锋面、降雨、浅海地形、风暴等大气现象造成的特殊海面现象。

随后的空间 SAR 系统是 1991 年欧空局的 ERS-1 卫星，为 C 波段垂直发射垂直接收电磁波的极化工作方式，探测刈幅与 SEASAT 类似为 100km，入射角为 20° ~ 26°。ERS-1 取得了很好的效果，因此在 1995 年 ESA 发射了其后续卫星 ERS-2。1992—1998 年，日本宇航局发射了 L 波段 HH 极化 SAR 卫星 JERS-1，它是以陆地观测为主，入射角为 32° ~ 38°，JERS-1 搭载的 SAR 系统仅提供了有限的有价值的海洋观测图像。

加拿大空间局在 1995 年发射了 RADARSAT-1，为 C 波段 HH 单极化系统，其入射角可变，且提供了多种探测带宽（40 ~ 500km）的观测模式。2007 年 12 月加拿大发射了 RADARSAT-1 的后续卫星 RADARSAT-2，其在完全继承 RADARSAT-1 工作模式的基础上又增加了 5 种观测模式，具有全极化工作方式和左侧视观测能力。加拿大的 RADARSAT 系列卫星开创了 SAR 卫星业务化运行的先河，对海冰和海洋溢油的业务化监测精度达到了顶峰，其在 SAR 卫星海洋遥感上具有里程碑式的意义。

2002 年 3 月欧空局发射的 ENVISAT 上搭载了 C 波段双极化 SAR 系统，刈幅在 100

至400km间可变；2014年3月发射了其未来双星星座Sentinel-1的第一颗SAR卫星。日本2006年发射的ALOS卫星上搭载了的L波段全极化SAR系统，在2014年4月发射了其后续卫星ALOS-2。德国在2007年和2010年分别发射了X波段双星干涉SAR系统TerraSAR-X和TanDEM-X。意大利在2007年至2010年间发射了X波段四星星座SAR系统Cosmo-Skymed。

（四）我国海洋卫星与国外的差距

我国从第一颗海洋卫星的成功发射至今，海洋卫星和卫星海洋遥感应用工作的水平不断提升。正如2011年发布的《中国的航天》白皮书中指出："海洋"卫星系列实现对中国海域和全球重点海域的监测和应用，对海冰、海温、风场等的预报精度和灾害性海况的监测时效显著提高。

但是，与国际先进水平相比，尚存在差距。主要表现在我国海洋遥感起步较晚，直到2002年我国才发射了第一颗真正意义上的海洋卫星，到目前为止也仅发射了三颗海洋卫星。虽然目前在轨运行的HY-1B和HY-2A卫星在诸多涉海领域得到了很好的应用，但卫星的时空覆盖能力较弱，难以形成长期稳定的业务化应用支撑能力。而美国及欧洲等国家自上世纪80年代就发射了海洋卫星。二是我国海洋遥感技术研究基础与国际先进国家相比还有差距，部分星载遥感器技术指标还有待提高。三是针对海洋遥感问题研究的深度和广度还有待加强和拓展。

四、发展趋势与展望

十三五期间，我国卫星发展规划将逐步得到实施。HY-1系列海洋水色卫星将实现两星上下午组网的方式运行，业务化地获取时效更高的观测数据。两颗后续的HY-2系列卫星将陆续发射升空，逐步形成海洋动力环境卫星组网运行能力，为海洋环境监测预报、防灾减灾和海上应急响应提供实时遥感数据保障。HY-3系列卫星也将实现首飞，对海上目标、海上溢油等开展业务化监视监测。在此期间，中法海洋卫星也将实现对全球海洋波浪和海面风场的同步观测，新一代海洋水色卫星科研工作也将开启。至此，我国海洋立体监测系统中的海洋卫星将可提供全方位、多要素、多时相、全球化的业务化海洋遥感监测数据。

随着我国海洋卫星的发展，由海洋卫星观测的海洋要素将不断增加，观测的时效性和数据精度也将不断提高，数据产品的种类也将越来越全面，这将进一步加强和拓展海洋卫星遥感应用的深度和广度，使海洋卫星遥感全面服务于我国的海洋环境预报、海洋防灾减灾、海洋安全管理，服务于海洋科学研究和国际交流，服务于我国的海洋经济发展，推动我国卫星海洋遥感应用水平的不断提高。

党的十八大提出了建设海洋强国的战略目标，特别是目前我国正在实施的"一带一路”战略，为海洋遥感的发展提供了非常广阔的发展空间。因此，我们要紧跟国家发展的大好形势，奋力开拓进取，加强国际合作与交流，促进我国海洋遥感事业不断前进。

参考文献

[1]《2011 年中国的航天》白皮书，2011，12.

[2] 何贤强，潘德炉．海洋—大气耦合矢量辐射传输模型及其遥感应用［M］．海洋出版社，2010，ISBN 978-7-5027-7806-4.

[3] 李秀仲，何宜军，赵海峰．HY-2 卫星高度计不同重跟踪方案对反演海浪有效波高的影响［J］．海洋学报，2014，36（7）：45-56.

[4] 蒋兴伟．海洋动力环境卫星基础理论与工程应用［M］．海洋出版社，2014.

[5] 潘德炉，白雁．我国海洋水色遥感应用工程技术的新进展［J］．中国工程科学，2008，10（9）：14-24.

[6] 孙广轮，关道明，等．星载微波遥感观测海表温度的研究进展［J］．遥感技术与应用，2013，28，4.

[7] 石立坚，王其茂，邹斌，等．利用海洋（HY-2）卫星微波辐射计数据反演北极区域海冰密集度［J］．极地研究，2014，4.

[8] 王磊，王萍，等．基于雷达高度计增益自动控制数据的风速反演算法研究［J］．海洋学报，2012，34（3）：55-60.

[9] 王振占，鲍靖华，李芸，等．海洋二号卫星扫描辐射计海洋参数反演算法研究［J］．中国工程科学，2014，6：70-82.

[10] 汪栋，范陈清，贾永君，等．HY-2 卫星雷达高度计时标偏差估算［J］．海洋学报，2013，35（5）：87-94.

[11] 周武，林明森，李延民，等．海洋二号扫描微波辐射计冷空定标和地球物理参数反演研究［J］．中国工程科学，2014，14（7）：75-80.

[12] Bai Y, Pan D, Cai W J, et al. Remote sensing of salinity from satellite - derived CDOM in the Changjiang River dominated East China Sea［J］. Journal of Geophysical Research：Oceans, 2013, 118（1）：227-243.

[13] Bai Y, Cai W J, He X, et al. A mechanistic semi-analytical method for remotely sensing sea surface pCO2 in river-dominated coastal oceans：A case study from the East China Sea［J］. Journal of Geophysical Research：Oceans.2015, doi：10.1002/2014JC010632.

[14] Chen X, Pan D, He X, et al, Upper ocean responses to category 5 typhoon Megi in the western north Pacific［J］. Acta Oceanologica Sinica, 2012, 31（1）：51-58.

[15] Chen C, Jiang H, Zhang Y. Anthropogenic impact on spring bloom dynamics in the Yangtze River Estuary based on SeaWiFS mission（1998—2010）and MODIS（2003—2010）observations［J］. International Journal of Remote Sensing, 2013, 34（15）：5296-5316.

[16] Chen J, Yin S, Xiao R, et al. Deriving remote sensing reflectance from turbid Case II waters using green-shortwave infrared bands based model［J］. Advances in Space Research, 2014, 53（8）：1229-1238.

[17] Chen J, Quan W, Cui T, et al. Remote sensing of absorption and scattering coefficient using neural network model：Development, validation, and application［J］. Remote Sensing of Environment, 2014, 149：213-226.

[18] Cui T, Zhang J, Groom S, et al. Sathyendranath, S. Validation of MERIS ocean-color products in the Bohai Sea：A case study for turbid coastal waters［J］. Remote Sensing of Environment, 2010, 114（10）：2326-2336.

[19] He X, Bai Y, Pan D, Tang J, et al. Atmospheric correction of satellite ocean color imagery using the ultraviolet wavelength for highly turbid waters［J］. Optics express, 2012, 20（18）：20754-20770.

[20] He X, Bai Y, Pan D, et al. Using geostationary satellite ocean color data to map the diurnal dynamics of suspended particulate matter in coastal waters［J］. Remote Sensing of Environment, 2013, 133：225-239.

[21] He X, Bai Y, Pan D, et al. Satellite views of the seasonal and interannual variability of phytoplankton blooms in the eastern China seas over the past 14 yr [J]. Biogeosciences, 2013, 10: 4721–4739.

[22] He X, Pan D, Bai Y, et al. A new simple concept for ocean colour remote sensing using parallel polarization radiance [J]. Scientific Reports, 2014, 4, 3748, doi: 10.1038/srep03748.

[23] He X, Bai Y, Chen C T A, et al. F. Satellite views of the episodic terrestrial material transport to the southern Okinawa Trough driven by typhoon [J]. Journal of Geophysical Research: Oceans, 2014, 119 (7): 4490–4504.

[24] Lou X, Hu C. Diurnal changes of a harmful algal bloom in the East China Sea: Observations from GOCI [J]. Remote Sensing of Environment, 2014, 140: 562–572.

[25] Liu Q, Pan D, Bai Y, et al. Estimating dissolved organic carbon inventories in the East China Sea using remote–sensing data [J]. Journal of Geophysical Research: Oceans, 2014, 119 (10): 6557–6574.

[26] Mao Z, Chen J, Huang H, et al. Establishment of a hyperspectral evaluation model of ocean color satellite–measured reflectance [J]. Science China Information Sciences, 2010, 53 (9): 1891–1902.

[27] Mao Z, Chen J, Pan D, et al. A regional remote sensing algorithm for total suspended matter in the East China Sea [J]. Remote Sensing of Environment, 2012, 124: 819–831.

[28] Mao Z, Pan D, Hao Z, et al. A potentially universal algorithm for estimating aerosol scattering reflectance from satellite remote sensing data [J]. Remote Sensing of Environment, 2014, 142: 131–140.

[29] Pan D, Liu Q, Bai Y. Review and suggestions for estimating particulate organic carbon and dissolved organic carbon inventories in the ocean using remote sensing data [J]. Acta Oceanol. Sin., 2014, 33 (1): 1–10.

撰稿人：蒋兴伟 王其茂 何贤强

海水淡化与综合利用研究进展

一、引言

水资源是基础性自然资源和战略性经济资源，水资源可持续利用是关系到我国经济社会发展的重大战略问题。我国是水资源严重短缺的国家，全国660多个城市中，有400多个城市缺水，其中108个为严重缺水城市。淡水资源短缺乃至水危机是我国经济社会可持续发展过程中的瓶颈，特别是在沿海地区表现更为明显。淡水资源匮乏已严重制约了该地区社会、经济的可持续发展和海防安全。

我国是海洋大国，海洋资源丰富。党的十八大做出了“建设海洋强国”的重大部署。海水利用是海洋工作的重要组成部分，主要包括海水淡化、海水直接利用和海水化学资源利用等，已被列入海洋战略性新兴产业。发展海水利用可有效缓解我国沿海缺水地区和岛屿水资源短缺，对保障沿海地区经济社会可持续发展具有战略意义。

截止2014年9月，全球淡化工程规模已达8528万t/d，解决了近2亿人口（世界人口的1/30左右）的供水问题。反渗透海水淡化水能耗已降到4度/吨以下，淡化水成本在0.52美元/吨左右。海水直接利用是用海水代替淡水作为工业用水和其他用水。经近百年的发展，世界海水冷却水用量已经超过5000亿m^3/a，广泛用于发电、炼油、化工、钢铁等耗水大的行业，所以用海水代替淡水作为工业冷却用水以及其他用水，对沿海城市十分重要。在海水综合利用方面，涉及制盐、海水全利用（与海水淡化结合）、卤水全利用、海水中微量元素的提取以及相关元素的高附加值产品的开发等。这对于改造传统产业的旧工艺、提升盐化工的水平和保护海洋环境等是非常重要和必要的。

经过40余年的研究和开发，我国已初步构建起具有我国特色的海水利用技术体系，先后建成一批具有自主知识产权的千吨级万吨级示范工程。在海水淡化的蒸馏技术和反渗透技术方面都取得长足的进步，海水淡化水日产量约90万t，吨水成本已达到5 ~ 8元/t，解决了诸多岛屿、沿海一些地区的工业和人民生活用水的供水问题，具备规模化应用和产业化发展的基本条件；我国的海水直流冷却技术已有80余年发展历史，应用广泛；我国海水循环冷却技术单机规模已达10万t/h，具备产业化推广的条件。我国海水化学资源综合利用技术在海水提钾、提溴、提镁和盐田卤水综合利用新工艺等方面取得较大进展，提钾、提镁实现了产业化示范。

近年来，党和国家高度重视海水淡化产业，相继将海水利用纳入到循环经济、节能减排、建设节约型社会以及战略性新兴产业等多个国家法规、政策、规划及文件中。2012年年初，国务院办公厅发布了《国务院办公厅关于加快发展海水淡化产业的意见》，提出到2015年我国海水淡化能力达到220万~260万t/d；海水淡化原材料、装备制造自主创新率达到70%以上；建立较为完善的海水淡化产业链，关键技术、装备、材料研发和制造能力达到国际先进水平。随后国家发改委、科技部、国家海洋局又出台《海水淡化产业发展"十二五"规划》《海水淡化科技发展"十二五"专项规划》《关于促进海水淡化产业发展的意见》，对未来一段时间我国海水淡化产业的发展做出了明确的要求。我国海水淡化面临着广阔的发展空间。

二、我国海水淡化与综合利用学科发展现状

（一）我国海水淡化科技创新发展现状

我国海水淡化技术经过50多年的发展已基本成熟，掌握蒸馏法和反渗透法两大主流海水淡化技术，技术经济日趋合理，设备造价比国外降低了30%~50%，产水成本已接近国际先进水平，达到每立方米5~8元人民币。我国海水淡化产水能力已从10年前的不足3万t/d提升到近93万t/d。

在蒸馏法海水淡化技术方面，2009年以来，完成了海水淡化传热材料、关键设备和部件、专用药剂和材料、仿真及智能化控制技术、相关标准等研究，改进和优化了装置的工艺、结构设计，形成集多效、闪蒸、TVC技术优势为一体的整体工艺方案；建立了与沿海电厂主流发电机组（300MW、600MW、1000MW）相匹配的具有自主知识产权的3000t/d、5000t/d、10000t/d、15000t/d、25000t/d等不同规模低温多效淡化工程成套技术。自主设计制造的1套2×4500t/d、2套2×3000t/d低温多效海水淡化装置顺利出口并交付使用，开创了我国低温多效海水淡化装置进军国际市场的先河，主要技术和经济指标接近或达到国际先进水平。在对进口装备消化吸收的基础上建成了国华沧东1.25万t/d、2.5万t/d低温多效海水淡化工程。

在反渗透（膜）法海水淡化方面，2009年以来，自主设计建成浙江六横2×1万t/d反渗透海水淡化示范工程和曹妃甸5万t/d反渗透海水淡化示范工程，目前正在开展古雷港经济开发区10万t/d反渗透海水淡化国家示范工程建设。反渗透海水淡化系统配套关键装备开发取得重大突破，膜压力容器已完全实现国产化，与5000t/d反渗透系统配套的

海水高压泵研制成功并投入使用，自主研制生产的反渗透海水膜元件已用于万吨级示范工程，开发出与千吨海水淡化系统相配套的能量回收装置，并进入工程化考核验证阶段。

（二）我国海水直接利用科技创新发展现状

在海水循环冷却方面，2009 年以来，完成了 10 万 t/h 海水循环冷却成套技术与工程示范研究，建成我国首例 2×10 万 t/h 示范工程，突破国外浓缩倍率 1.5 ~ 2.0 的极限，实现海水循环冷却 1.8 ~ 2.2 高浓缩倍率运行和大规模集成创新。突破海水循环冷却水处理药剂产业化关键技术，形成 3000t/a 海水水处理药剂生产能力，建成我国首个海水水处理药剂生产基地。初步形成我国自主创新海水循环冷却标准体系，总体技术填补国内空白，达到国际先进水平。研究成果先后应用于浙江宁海电厂和天津北疆电厂 1000MW 超超临界发电机组海水冷却工程，成功支撑目前国内 2 个规模最大 2×10 万 t/h 海水循环冷却示范工程，连续安全稳定运行 2 年以上，累计替代淡水量 8000 多万吨，年运行费用比淡水循环冷却大幅降低，温排水较海水直流技术相比减少 95% 以上，实现海水循环冷却应用规模与国际接轨。

在大生活用海水技术方面，自 20 世纪 50 年代末开始，我国香港地区开始大规模应用大生活用海水技术，是世界上唯一以海水作为主要冲厕用水的城市，节约了大量的淡水资源。目前，香港已较好解决了海水净化、管道防腐、海生物附着、系统测漏以及污水处理等技术问题。在我国大陆地区，通过对单项技术进行有机集成和整体优化，在海水净化药剂与工艺研发、使用后大生活用海水的无害化处理、大生活用海水技术成套、相关标准与环境影响评价体系的建立等方面均取得了突破，形成了大生活用海水成套技术，建立了 46m^2 大生活用海水示范工程，取得了多项科技成果。

（三）我国海水化学资源综合利用科技创新发展现状

在海水提钾方面，具有我国原创性自主知识产权的沸石离子筛法海水提钾技术实现了重大突破，开发出了海水提钾高效节能成套技术与装备，并投入万吨级产业化应用。在国际上率先实现了海水提钾工业化，海水提钾生产能力约 5 万吨 / 年。

在海水提溴方面，目前溴素的生产方法主要为空气吹出法和水蒸气蒸馏法，我国空气吹出法占全国溴素生产能力的 90% 以上，多从地下卤水中提取。近年来，在溴素生产工艺上，我国在空气吹出提溴工艺的改进、气态膜法和超重力法提溴方面开展了有益的探索。在海水淡化后形成的浓海水提溴方面，应对其工艺路线、离子溴氧化、解析、吸收、富集等技术进行更深入研究，使其技术路线先进合理，工艺参数和经济指标最优。同时开展含溴精细化学品的研究开发。

在海水提镁方面，重点突破了浓海水提取氢氧化镁、硼酸镁晶须、层状氢氧化镁铝等镁系产品的关键、共性和公益技术与装备，建立了万吨级浓海水提镁示范工程、百吨级硼酸镁晶须及层状氢氧化镁铝中试线，初步构建了具有自主知识产权的浓海水提镁及镁系物深加工的技术、装备、标准体系，整体水平国际先进。

在浓海水利用方面，开展了浓海水利用新工艺研究，完成了元素分离提取顺序及产品品种优化研究、综合利用集成技术研究，建立了 $30m^3/d$ 浓海水利用中试平台，形成了浓海水利用新工艺。此外，作为战略元素，铀和锂的海水提取早就受到关注。吸附法是目前海水提铀和锂最有前景的方法。含偕胺肟基的吸附剂是海水提铀研究的最多材料，吸附容量 5mg/g ~ 10mg/g 左右；对海水提锂用离子筛型氧化物的研究集中点为单斜晶系锑酸、尖晶石型钛氧化物和锰氧化物，特别是锂锰氧化物的研究最多，目前效果也最好，离子筛吸附容量 20mg/g ~ 50mg/gMnO_2。下一步应对吸附剂的吸附机理深入研究，提高合成技术、吸附剂的强度、吸附量、交换速度和进一步降低溶损率。

三、国内外海水淡化与综合利用学科发展比较

（一）国外海水淡化科技发展现状与趋势

海水淡化作为实现水资源可持续利用的开源增量技术，已成为解决沿海地区淡水资源危机的重要途径，在国外沿海缺水国家和地区得到了广泛的应用。

据统计，截止 2014 年 9 月，全球淡化工程规模已达 8528 万 t/d，其中近 60% 为市政供水工程。使用的国家和地区既包括了海湾地区产油国家，也包括了西班牙、以色列和澳大利亚等发达国家。

在反渗透海水淡化技术方面，反渗透海水淡化关键设备、材料和工艺技术不断提高，技术水平持续进步。在预处理方面，超微滤膜的应用提升了预处理的技术水平。在反渗透膜方面，开发出大量高性能的新型膜材料，膜制备工艺水平和产品性能迅速提高，海水反渗透膜元件脱盐率最高达到 99.8%，水通量增加 50% 以上，而且膜产品不断呈现系列化和功能化，广泛用于海水 / 苦咸水淡化、废水再生利用、超纯水处理、料液浓缩分离等。在能量回收技术方面，开发出透平式、差压式、功交换式、转子式等不同结构和类型的能量回收装置，能量回收效率最高可达 90% 以上。能量回收装置的应用，已使反渗透海水淡化的电耗从 20 世纪 80 年代的 6 ~ $8kW \cdot h/m^3$ 降低到 3 ~ $4kW \cdot h/m^3$。这些技术进步迅速提升了反渗透海水淡化的市场份额。

韩国政府支持了“大型海水淡化床”科技专项，支持斗山公司开发大型反渗透海水淡化工程技术。日本政府支持了“百万吨级巨型淡化”项目，有两个研发团队竞争合作，通过超低压反渗透海水淡化膜的研发、系统工艺集成以及与污水处理厂结合等措施实现降低水价和减少排放的双重目标。

目前世界上反渗透海水淡化单机最大规模已达到 2.1 万 t/d，正在研发单机生产能力为 2.7 万 t/d 的反渗透装备，工程最大规模已达到 54 万 t/d。反渗透约占世界淡化市场总装机容量的 65%。

热法海水淡化技术（多级闪蒸、多效蒸馏）相对反渗透技术，具有对海水水质要求宽

松，对低温、重污染、高浊度海水的适应能力强，淡化水纯度高等优点，在中东地区有广泛的应用。热法海水淡化工程多与沿海电厂共建，以便充分利用电厂余热或低品位蒸汽造水，实现电水联产。低温多效相比多级闪蒸，具有耗电和投资成本低，可使用廉价传热材料等特点，市场发展空间很大。

目前热法海水淡化装置，造水比设计值已由 8 提高到 15。多级闪蒸单机规模从上世纪 60 年代的 4500t/d 提升到目前的 9.2 万 t/d；低温多效单机规模从上世纪 80 年代的 5000t/d 提高到目前的 6.8 万 t/d。

此外，正渗透、纳米复合膜、石墨烯和电容去离子等新技术是国际海水淡化研发热点。

随着技术的持续进步、工程规模不断扩大和运行水平的不断提高，海水淡化成本已由上世纪 70 年代的 10 美元 / 吨降至 1 美元 / 吨左右，最低只有 0.52 美元 /t，接近甚至低于当地自来水价格。预计到 2018 年，全球淡化工程总装机容量将达到 1.23 亿 t/d。

（二）国外海水直接利用科技发展现状与趋势

海水循环冷却技术是上世纪七十年代以来发展起来的一种环保型节水技术，在国外已经成熟，在美国、德国、沙特等国均得到了较广泛的应用。经过几十年的发展，国外的海水循环冷却技术已经进入大规模应用阶段，产业格局基本形成，市场范围不断扩大，单套系统海水循环量已达 15 万 t/h 之多，建造了数十座自然通风和上百座机械通风大型海水冷却塔。

目前，国际上海水循环冷却产业按照关键技术分工细化，形成了德国 GEA 公司、美国 SPX 公司等专门从事海水冷却塔设计建造的公司，主要从事机力通风海水冷却塔设计、加工和安装、自然通风海水冷却塔设计及塔芯构件销售；另外纳尔科、通用贝茨、陶氏、威立雅、栗田等公司专门从事海水水处理剂研发生产，并提供与之相配套的技术服务和系统运行管理。

（三）国外海水化学综合利用科技创新发展现状与趋势

海洋环境与资源的特殊性决定了海洋开发对科学技术的高度依赖性，纵观世界各大海洋强国，在海洋科技创新体系建设方面，均提供了庞大的资金支持，部分发达国家甚至达到年均数百亿美元。在海水化学资源领域不但实现常量元素的低能耗工厂化规模提取利用，同时在其精细化深加工方面取得了长足进展，并将发展战略眼光投向了海洋微量元素锂、铀、重氢的提取利用方面。

其中，在低能耗提取利用技术方面，其电渗析浓缩技术能耗较我国现有水平低约 40%，配套大型机械热压缩蒸发装置核心技术处于垄断地位；在精细化深加工方面，仅英国的海洋化学集团溴化物产品达 600 多种，是我国全部溴化物种类的 5 倍之多；在战略性微量元素提取方面，日本已于上世纪 80 年代建成年产 10kg 海水提铀实验装置。韩国近年来欲建年产 10t 海水提锂工业化装置。

（四）我国海水利用科技创新面临的主要问题

我国海水利用虽然起步较早，且是世界上少数几个全面掌握海水淡化先进技术的国家之一，但存在规模小、发展慢、市场竞争力不强、无法可依、无规可循等问题。特别是在产业领域国家投入严重不足，规模示范不够，缺乏技术持续创新作为支撑，国产化率有待提高。此外，社会各界对海水利用的重要性认识不足，缺乏统筹规划和宏观指导，缺乏鼓励海水利用的激励政策和法规规定。

在海水淡化方面，我国自主海水淡化技术虽已取得了一定的突破，但大型海水淡化工程核心技术难以突破，反渗透膜元件、高压泵、海水淡化药剂等关键设备、核心部件还主要依靠进口。已建万吨级海水淡化工程大多采用国外技术，缺乏自主大型海水淡化示范工程引导。急需在核心技术突破、关键部件制备和技术规模化应用等方面开展工作，提升总体技术自主创新能力。

在海水循环冷却方面，我国海水循环冷却技术基础理论研究还较薄弱，技术应用市场才刚刚形成，总规模还较小。海水循环冷却运行工程大都集中在沿海火电企业，应用领域十分有限。海水水处理药剂产品种类还有待丰富，产品系列化还有待加强，大型或超大型海水冷却装备的优化设计和测试评价能力还不能完全适用技术发展的需要。海水循环冷却技术的标准体系已初步建立，但有关海水冷却技术的环境安全评价监管和强制性标准还是空白。

在大生活用海水方面，关键技术在节能、环保等环节亟待完善和改进，在关键技术、产品、装备等方面尚未形成体系，相关的科学研究、技术开发与产业化推广环节的衔接也做得不够，制约了产业发展。现已建成的大生活用海水示范工程规模较小，未能很好地体现出节水效益与经济效益。

在海水化学资源利用方面，仍处于以盐田为依托的大宗初级产品生产水平，技术、装备落后，产品品种单一，生产能耗与产品质量同国际先进水平存在较大差距。我国应该继续发展高效、低耗、绿色的海水、卤水、浓海水化学资源提取及综合利用技术。同时，为应对我国经济社会发展对海洋锂、铀等资源的战略性开发需求，相关技术研发工作亟待深入。

四、我国海水淡化与综合利用学科发展趋势

（一）海水淡化

确立以蒸馏法海水淡化技术、膜法海水淡化技术、海水淡化共性技术、海水淡化前沿技术的科技研发作为其主要发展方向，通过开展大量的基础理论研究、核心工艺技术研究、关键装备开发和工程应用示范等科研工作，全面提升我国海水淡化科技创新能力，为我国海水淡化的规模化应用以及水资源安全保障提供有力的技术支撑。

在蒸馏法海水淡化技术方面，结合传热学、流体力学、材料科学、腐蚀与防护等学科发展，开展蒸馏法海水淡化过程强化传热机理、关键部件优化、低成本传热材料开发等研究，探索提高蒸馏淡化顶端操作温度的机理和方法以及水电联产系统的优化配置，以提高蒸汽利用效率、降低造水成本，为大型淡化装置的设计、制造、安装、运行提供理论和技术支持。

在膜法海水淡化技术方面，开展海水淡化反渗透膜材料及元件、大型高压泵及高压增压泵、能量回收装置等核心部件和关键设备研究，开发具有自主知识产权的装备产品，逐步替代进口；开展万吨级以上反渗透海水淡化单机装备设计制造技术研究，通过系统集成与工程示范，推动反渗透海水淡化的规模化应用；开展双膜法海水淡化组合工艺研究及优化，进一步降低海水淡化系统能耗和制水成本；开展淡化产品水后处理技术研究，建立安全可靠的淡化水调质工艺和水质监测评价体系，实现海水淡化在市政供水领域的广泛应用；开展大型反渗透海水淡化系统运行管理技术研究，促进海水淡化系统运行管理的规范化和科学化，保障海水淡化系统长期稳定投入运行。

在海水淡化共用技术方面，在对我国沿海海域海水水质进行调查分类的基础上，针对我国海域海水水质及变化特征，重点开展海水淡化取水技术、海水预处理技术、浓海水处置及利用技术、系统最优控制技术和热膜耦合技术研究，建立浓盐水排放和淡化水水质健全的监测方法、海水淡化设备和材料的质量检测，利用海水淡化集成技术研究其在工业废水、农村苦咸水、应急饮用水及特殊用水等方面应用，由此开发出适用于我国沿海不同海域的海水淡化共用技术，提高工程建设水平，降低海洋环境污染。

在海水淡化前沿技术方面，开展太阳能、风能、海洋能等可再生能源利用技术在海水淡化领域的应用研究，开发具有实用价值的可再生能源海水淡化新工艺和新装备。开展正渗透、膜蒸馏、电容去离子、电渗析和浓差能利用等新型海水淡化关键技术研究，加强技术储备。

（二）海水直接利用

在海水循环冷却技术方面，推动海水循环冷却在各领域的应用，开展石化行业海水循环冷却关键技术研究与应用示范、核电超大型海水循环冷却关键技术研究与应用示范、海水水处理药剂研究、海水循环冷却新技术研究以及海水冷却环境影响研究及评价技术等。

在海水净化技术方面，紧密围绕国家重大战略需求和海水利用产业发展需要，以解决海水淡化预处理关键技术为主要目标，开展高效海水絮凝剂开发及混凝机理研究，进行膜法海水淡化预处理膜污染机理及控制技术研究，探索反渗透海水淡化预处理新技术新工艺，开展海水净化集成技术及装备研发，形成相关工程的设计能力和装备的加工生产能力。

在大生活用海水技术方面，积极开展大生活用海水技术、装备研发与产业化，推进大生活用海水利用政策支持体系与管理体系，积极实施大生活用海水工程示范，推进大生活用海水技术在沿海地区的规模化应用，形成健康、持续发展的海水利用模式。

（三）海水化学资源利用

开展海水卤水提取钾、溴、镁等常量元素以及铷、铯、锂、锶、硼、铀等微量元素的海水化学资源开发应用基础研究、海水化学资源共性关键技术研究以及海水化学资源技术集成与示范等。

在海水化学资源开发应用基础方面，加大海水化学资源开发应用基础研究力度，增强战略性、前瞻性储备技术保障能力。重点开展海水中铷、铯、锂、锶、硼、铀等富集分离过程及机理研究；浓缩分离过程多温、多元水盐相平衡及相关热力学、动力学研究；资源提取利用过程相关传递、反应及其相互作用规律研究；多相复杂系统的过程与装备定量放大与多尺度模拟研究，为海水化学资源开发利用提供理论依据和支撑。

在海水化学资源共性关键技术方面，加强共性、关键技术创新与集成，增强对产业发展的创新引领能力。重点开展海水化学资源利用节能、降耗与资源高效利用工艺过程研发；高效离子分离膜材料开发与应用研究；高容量、高选择性离子交换与吸附材料的开发与应用研究；低能耗、高压缩比大型机械热压缩装置的开发与应用研究；新型、高效结晶与产品纯化技术装备开发与应用研究；精细化、功能化、高附加值海洋化工产品制备技术与应用研究；浓海水非盐田处置利用技术与工艺过程研究。

在海水化学资源技术集成与示范方面，强化技术集成与示范引领，培育和引领海水化学资源利用新兴产业发展。重点开展高效节能提取利用技术集成与示范实验研究，开展集约化盐田处置利用、非盐田工厂化利用等技术的集成与示范实验研究，开展高纯产品与精细化深加工技术集成与示范实验研究，开展稀有元素锂、铀、重水提取技术集成与示范实验。

（四）海水及苦咸水检验检测

开展海水利用工程对海洋生态环境的影响与评价技术研究；开展海水利用装备材料性能检测技术研究，开发拥有自主知识产权的检测装置；开展海水淡化工程浓盐水指标体系及检测与监测方法研究；开展淡化水特性及饮用健康安全研究；开展新型污染物的检测技术研究；开展海上突发污染事件的应急技术研究；开展海洋水质综合参数监测系统的研制等等。

（五）海水利用药剂及材料

开展海水淡化及水处理用高分子分离膜材料研究及应用，低温多效海水淡化阻垢剂、消泡剂、反渗透海水淡化阻垢剂研发，新型环境友好型海水循环冷却水处理药剂研发，新型海水絮凝剂开发及其混凝机理研究以及低表面能防污涂料研究等。

在高分子分离膜材料方面，开展高脱盐、高通量、抗污染、耐氧化以及高脱硼等功能性分离膜材料开发与应用研究，高容量、高选择性离子交换与吸附材料的开发与应用研究，耐久亲水性聚烯烃中空纤维微滤膜制备与应用技术研究，复合中空纤维纳滤膜研制和聚烯烃微滤膜进行改性技术研究等。

在新型环境友好型海水循环冷却水处理药剂方面，研发新型有机缓蚀剂、可降解阻垢剂和菌藻抑制剂，优化药剂配方和运行投加方案，进一步提高海水循环冷却的环境友好性。研发荧光示踪型海水水处理药剂并研发配套的检测技术。

在新型海水絮凝剂开发及其混凝机理方面，开展常规无机絮凝剂与天然吸附材料复配改性、无机—有机复合絮凝剂制备及其混凝机理研究。开展低表面能防污涂料研究。

（六）海水利用关键材料、部件及装置

开展海水利用关键部件及装置的研究，包括海水淡化膜制备设备、元件卷膜设备、大型海水淡化膜元件、高压泵、能量回收装置、机电一体化反渗透海水淡化装备等，以及超大型海水冷却塔、大生活用海水技术装备研发与产业化。其中：

开展低能耗、高压缩比大型机械热压缩装置的开发与应用研究；开展新型、高效结晶与产品纯化技术装备开发与应用研究。

开发反渗透海水淡化高性能无机、有机高分子膜材料、复合膜制备设备、大型元件自动化卷膜设备、高性能海水淡化膜大型元件、大型高压泵和高压增压泵、压力交换式能量回收装置及其用耐磨蚀材料、机电一体化反渗透海水淡化装备等。

开展超大型海水冷却塔设计建造技术研究，开展超大型（淋水面积≥ $16000m^2$ ）自然通风海水冷却塔结构优化设计、制造安装，塔芯构件研发及工艺优化设计，优化冷却塔塔芯构件布局，确定最佳组合形式，解决超大型海水冷却塔配风、配水问题，提高冷却效率。

开展大生活用海水技术装备研发与产业化关键技术研究，完成大生活用海水技术配套相关管道附件、海水源热泵高效传热装备、居民海水计量装置、污水处理装备等产品的定型，构建大生活用海水技术、装备体系。

五、我国海水淡化与综合利用发展对策和建议

一是强化指导与协调，建立规划的实施机制。研究制定推动海水利用的沿海地区发展战略，明确海水替代与开源战略在沿海地区水资源利用中的战略地位。提高沿海各级政府对海水利用规划制定工作的重视程度，加快沿海地区海水利用规划制定和实施步伐，并将其纳入水资源综合发展规划和城市建设规划之中。加快成立行业协会，在行业内指导、协调和推动产业发展。

二是依靠科技进步，构筑海水利用技术装备支撑体系。加大对海水资源开发利用科技创新持续投入力度。建议国家设立专项科研资金，支持海水淡化、海水循环冷却和海水化学资源利用技术的研发，支撑自主技术规模化示范，突破核心关键技术和大型装备成套化，提升自主创新能力；实现从技术跟踪向技术引领转变，早日形成国际竞争能力。

三是加大示范推广，促进海水利用在沿海地区的应用。积极推广海水利用工程应用。允许经检验合格的淡化水进入市政管网；鼓励新建电厂采用海水循环冷却技术，鼓励已有电厂海水直流冷却改循环冷却；鼓励沿海居民区应用海水进行冲厕等。通过海水利用工程示范、供水试点、产业基地建设、产业联盟组建以及海水利用试点示范城市的创建等方式，积极培育完整的海水利用产业链，建立海水利用产业体系。通过试点示范，提高海水利用技术，总结产业发展经验；在此基础上，积极开展推广应用工作，真正体现和发挥试点示范的作用，提升我国海水利用产业发展的整体水平。

四是推进依法管理，加快建立海水利用法律法规和标准体系。完善海水利用相关法规标准，明确规定个人和单位利用海水的责任和义务。研究制定海水取排水标准、淡化水产品标准和卫生标准、原材料及药剂标准等；研究制定海水利用工艺标准、检测标准、监管标准以及相关设备设计标准和质量标准等，加强对海水利用产业的技术引导和规范。

五是实行激励政策，大力扶持和促进海水利用产业化发展。加大海水利用财税政策支持力度。各级政府要加大对发展海水利用产业的投入力度，中央预算内投资积极支持实施海水利用重点示范工程和以市政供水为主要目的海水利用工程项目。采取企业自筹、银行贷款、社会融资、利用外资、地方配套、国家补助等多种方式，建立多元化、多渠道、多层次的海水利用投资保障体系。

六是强化海水利用宣传培训。利用各种宣传媒介广泛宣传海水利用的重大意义，不断提高公众的水资源忧患意识，充分认识海水淡化水作为水资源的重要补充和战略储备以及在提高资源利用效率和保护环境方面的重要作用。积极开展各级各类培训，不断提高海水利用从业人员的技术水平和业务素质。

参考文献

[1] 国家海洋局科学技术司. 2014 年全国海水利用报告［R］. 2015.

[2] 侯纯扬. 中国近海海洋—海水资源开发利用［M］. 北京：海洋出版社，2012.

[3] 黄西平，王俐聪，王玉琪，等. 海水卤水镁系物开发利用技术［J］. 化学工业与工程，2010，27（6）：530–536.

[4] 科技部. 海水淡化与综合利用关键技术和装备成果汇编（征求意见稿）［R］. 2014.

[5] 潘献辉，王生辉，等. 反渗透海水淡化能量回收技术的发展及应用［J］. 中国给水排水，2010，26（16）：16–19.

[6] 袁俊生，纪志永，陈建新. 海水化学资源利用技术的进展［J］. 虎穴工业与工程，2010，27（2）：110–116.

[7] 张慧峰，等. 提溴技术研究进展与展望［J］. 化学工业与工程，2010，27（5）：450–455.

[8] 赵国华，童忠东. 海水淡化工程技术与工艺［M］. 北京：化学工艺出版社，2011.

[9] Christopher Gasson. Desalination market outlook 2012—2016.［EB/OL］. http：//www.desaldata.com, 2012-03-06.

[10] Deborah A.Kramer. Magnesium Compounds［EB/OL］.USGS 2011 Minerals Yearbook. 2011-09［2012-12-20］. http：//minerals.usgs.gov/minerals/pubs/commodity/magnesium/index.html#mcs.

[11] GWI DesalData Forecast：October 2014[EB/OL]. http：//www.desaldata.com,[2014–10–10] .
[12] Joyce A Ober. Bromine[EB/OL]. USGS 2010 Minerals Yearbook, 2011–09
[13] Maulbetsch J S, Nifilippo M N. Performance, cost, and environmental effects of saltwater cooling towers [R]. 2010
[14] Leon Awerbuch. Water Desalination and Sustainability Water and Energy [R]. 北京国际海水淡化高层论坛，2012：23–27.
[15] Norman N L, Maxwell T. Advances and Future Prospects of Reverse Osmosis Membrane Technology [R]. 北京国际海水淡化高层论坛，2012：3–7.

撰稿人：高从堦　张雨山　刘淑静　王　静

海洋可再生能源技术研究进展

一、引言

海洋可再生能源是指海洋中所蕴藏的可再生的自然能源，一般包括以海水为能量载体的潮汐能、潮流能/海流能、波浪能、温差能、盐差能等（又称海洋能）。广义的海洋可再生能源还包括海洋上空的风能以及海洋生物质能等。海洋可再生能源具有蕴藏量大、可持续利用、绿色清洁等特点，是全球应对化石能源短缺以及气候变暖、发展清洁能源的重要选择之一。欧美等发达海洋国家非常重视海洋可再生能源，将其作为战略性资源进行技术储备。本专题重点介绍潮汐能、潮流能、波浪能、温差能、盐差能等（海洋能）技术发展情况。

我国海洋能资源储量丰富。根据国家海洋局实施的“我国近海海洋综合调查与评价”专项（“908”专项）调查成果，我国近岸海洋可再生能源（潮汐能、潮流能、波浪能、温差能、盐差能、海洋风能）资源的潜在量约为15.8亿kW，技术可开发量接近6.5亿kW。因地制宜地开发海洋能，可切实解决海岛发展、海上设备运行、深远海开发等用电用水需求问题，对于维护国家海洋权益、保护海洋生态环境也具有十分重要的意义。

当前，我国海洋能发展正迎来新的战略机遇期。党的十八大提出了“建设海洋强国”战略，要求我们加快发展海洋能技术，提升海洋资源开发利用能力。“节约、清洁、安全”的国家能源战略的提出，成为推动我国海洋能技术不断走向成熟的强大动力。沿海地区经济社会发展为海洋能发展提供了稳定而广泛的市场需求。随着我国海洋能核心关键技术的不断突破，海洋能装备制造及运行维护必将成长为对经济社会长远发展具有重大引领带动作用的战略性新兴产业。

二、国际海洋能技术发展现状与趋势

根据联合国政府间气候变化专门委员会（IPCC）的研究（2011 年 5 月），全球海洋能资源潜在量理论上每年可提供高达 2000 万亿 kWh，约为 2008 年全球电力供应量的 100 多倍。当然，不同种类的海洋能资源的技术可开发量可能会远小于理论资源量，这主要取决于海洋能技术的发展情况。

根据国际可再生能源署（IRENA）发布的研究报告（2014 年 8 月），国际潮汐能技术是海洋能技术中最为成熟的技术，其技术成熟度（TRL）达到 9 级（商业化运行阶段），国际潮流能技术 TRL 达 7 ~ 8 级（全比例样机实海况测试阶段），国际波浪能技术 TRL 达 6 ~ 7 级（工程样机实海况测试阶段），国际温差能技术 TRL 为 5 ~ 6 级（实海况测试阶段），国际洋流能技术和盐差能技术 TRL 为 4 ~ 5 级（实验室技术验证阶段）。

（一）国际海洋能技术现状

近年来，英国、美国、日本等海洋能强国持续加大对海洋能研发应用的投入力度，墨西哥、印度、尼日利亚等发展中国家也都开始加大对海洋能的支持。在国际社会的持续支持和不断努力下，国际海洋能技术得到了长足发展。世界最大的潮汐电站装机达 254MW；多个较成熟的潮流能发电技术已达 1MW，并开始应用于潮流能发电场建设；多种原理的波浪能发电技术已开展了多年的实海况试验，个别技术已接近商品化；少数国家开展了温差能综合利用技术示范，美国计划开工建设十兆瓦级温差能电站；盐差能技术进展略显缓慢。

1. 潮汐能技术

作为最成熟的海洋能发电技术，传统拦坝式潮汐能技术早在数十年前就已实现商业化运行，如建成于 1966 年的法国朗斯电站（240MW）和 1984 年的加拿大安纳波利斯电站（20MW）。拦坝式潮汐能技术主要包括单库双向、单库单向、双库单向、双库双向等几种方式。目前，国际上在运行的拦坝式潮汐电站主要采用单库方式。

2011 年 8 月，总投资约 4.62 亿美元的韩国始华湖（Siwha）潮汐电站（254MW）建成投产，电站采用单库单向发电方式，装有 10 台各 25.4MW 的灯泡贯流式水轮机组，为目前世界上装机容量最大的潮汐电站，设计年发电量 5.5 亿 kWh，年可节约 86 万桶原油，减少二氧化碳排放 31.5 万 t。2014 年始华湖电站发电量为 4.92 亿 kWh。始华湖潮汐电站建设目的之一是解决始华湖水体富营养化严重的状况，电站建成运行后，由于引入了外界海水，湖内水体化学需氧量（COD）指标由 17ppm 降到了目前的 2ppm。此外，韩国还计划在加露林（Garorim）、江华（Ganghwa）、仁川（Incheon）等地建设更大的潮汐电站。目前，加露林潮汐电站（520MW）已进入设计阶段。

除了传统拦坝式潮汐能技术之外，英国、荷兰等国研究机构还开展了开放式潮汐能开发利用技术研究，提出了潮汐潟湖（Tidal Lagoon）、动态潮汐能（DTP）等具有环境友好特点的新型潮汐能技术。英国威尔士的塞文河口（Severn Estuary）具有丰富的潮汐能资源，因塞文河口十分狭长，具备天然的潮汐能利用优势。

英国潮汐潟湖电力公司（Tidal Lagoon Power, TLP）在塞文河口附近的斯旺西海湾（Swansea Bay）论证了建设潮汐潟湖电站的可能性，即利用天然形成半封闭或封闭式的潟湖，在潟湖围坝上建设潮汐电站，利用潟湖内外涨落潮时形成的水头推动涡轮机发电，由于无需在河口拦坝施工，因而对海域生态损害很小。2014 年，TLP 公司向英国政府申请建造世界上首个潮汐潟湖电站，该电站规划为双向潮汐发电，在电站设计寿命为 35 年的情况下，建造首个潮汐潟湖电站的发电成本约合 1.68 元 /kWh。

动态潮汐能是通过建造垂直于海岸的 T 型水坝，干扰沿海岸平行传播的潮汐波，在 T 型坝两侧引起潮汐相位差，从而产生水位差并推动安装在坝体内的双向涡轮机进行发电。2012 年 8 月，中国和荷兰签署了《中荷动态潮汐能合作工作计划》，并列入 2014 年 5 月李克强总理访荷签署的两国能源开发合作项目之一。

2. 潮流能技术

近年来，国际潮流能发电技术得到了长足发展，基本进入了实海况示范试验甚至前商业化应用阶段。潮流能发电技术主要包括垂直轴式发电技术、水平轴式发电技术、振荡水翼式发电技术等。目前，国际上达到前商业化应用水平的潮流能装置约 10 余个，主要采用水平轴式工作方式。

英国海流涡轮机公司（Marine Current Turbines, MCT）研发的 1.2MW SeaGen 潮流能发电装置（双叶片、转子直径 16m）是世界上首台商业化潮流能发电装置，于 2008 年布放在北爱尔兰斯特兰福德湾（Strangford Lough）示范运行并实现并网发电。截止到 2014 年 2 月，该电站累计发电已超过 900 万 kWh，并得到英国政府批准继续在斯特兰福德湾开展示范至 2018 年。2012 年，西门子公司收购了 MCT 公司，从而进入海洋能领域，成为潮流能装备新兴市场领军者。该公司目前正在研制 2MW 型装置（三叶片、转子直径 20m），并计划用于在威尔士建设十兆瓦级潮流能发电场。

爱尔兰 OpenHydro 公司研制的 1MW Open-Center 空心导流罩式潮流能发电装置，采用坐底式安装方式，已在英国的欧洲海洋能源中心（EMEC）和加拿大芬迪湾海洋能研究中心（FORCE）成功进行了海试。2013 年 4 月，法国海军造船服务公司（DCNS）控股了 OpenHydro 公司，并计划在法国诺曼底、加拿大新斯科舍省等海域建设潮流能发电场。

此外，挪威哈默菲斯特能源公司（Hammerfest Energy）的 1MW HS1000 装置和英国亚特兰蒂斯资源公司（Atlantis Resources）的 1MW AR1000 装置也较为成熟，并被选用于在苏格兰建设百兆瓦级潮流能发电场（MeyGen 计划）。

3. 波浪能技术

国际波浪能发电技术在近几年也取得了较快发展，基本进入了实海况示范试验阶段。波浪能发电技术类型较多，主要包括振荡水柱式、振荡浮子式（包括摆式、筏式、点吸收式、衰减器式等）和越浪式等。目前，国际上经过多年海试的波浪能装置较多，但还都未具备商业化运行条件。

西班牙Mutriku振荡水柱式波浪能电站由16台威尔士空气透平组成，总装机296kW，自2011年运行以来年均发电40万kWh。美国海洋电力技术公司（Ocean Power Technologies, OPT）研发的PowerBuoy点吸收式波浪能发电装置，于2011年进入前商业化应用阶段，有40kW和150kW两种规格产品，目前正在美国俄勒冈州建设由10台150kW型波浪能装置组成的兆瓦级波浪能发电场。英国海蓝宝石能源公司（Aquamarine Power）研发的800kW Oyster摆式波浪能发电装置，自2012年布放到EMEC进行测试并实现并网发电，目前已获得全球多个海域波浪能电站建设许可。

4. 温差能技术

海洋温差能转换（OTEC）技术除用于发电外，还在海水制淡、空调制冷、海洋水产养殖以及制氢等方面有着广泛的应用前景。根据构成热力循环系统所用工质及流程不同，OTEC发电技术可分为开环式循环、闭环式循环和混合式循环三类。美国、日本、韩国、印度等国家非常重视发展OTEC技术。近年来，随着高效热循环技术、陆上温差发电技术、大型热交换器、海上浮式工程技术、先进材料技术等科技进步，温差能迎来了又一轮研发热潮。但总体上看，国际OTEC技术仍处于初期样机阶段。

美国洛克希德马丁公司与美国海军和能源部合作，正在设计一个十兆瓦级温差能试验电站。2013年6月，日本在冲绳建设的100kW混合式温差能电站开始示范运行，并开展热力循环和热交换器测试。韩国近年来加大了对OTEC研发的支持力度，2013年建成了20kW OTEC试验电站，2014年建成了混合式循环OTEC示范电站，2014年10月与太平洋岛国基里巴斯签署合作协议，将在塔拉瓦岛（Tarawa）建设1MW OTEC综合利用电站。印度具有多年的OTEC研发经验，除了OTEC发电外，还试验了OTEC海水制淡等其他应用，2012年在米尼科伊岛（Minicoy）建造了日产淡水约100吨的温差能制淡示范电站。

5. 盐差能技术

国际盐差能技术仍处于样机研发阶段，正在研究的发电技术主要包括缓压渗透法、反向电渗析法以及蒸汽压法。其中，缓压渗透法和反向电渗析法的研究较多，其核心技术主要在渗透膜的研究上，近年来，日本富士胶片公司和日本电工公司（Nitto）均在开发盐差能专用膜技术。2009年，挪威Statkraft公司建成了世界上第一个盐差能发电示范装置——4kW缓压渗透式发电样机，并持续运行到2013年12月。但国际盐差能技术在短期内并不具备竞争性。

（二）国际海洋能技术发展趋势

从国际上看，拦坝式潮汐能技术已达到商业化阶段，环境友好型潮汐电站是潮汐能技术的发展方向之一。潮流能技术和波浪能技术朝着高效率、高可靠、易维护、低成本的方向发展。随着大口径冷水管制造、海上浮式工程技术等关键技术的不断突破，温差能技术的大型化、综合利用的趋势益发明显。盐差能技术尚需突破渗透膜、压力交换器等关键技术和部件研发。

法国海洋能研究所（FEM）的一项研究表明：潮汐能已达到商业化阶段，潮流能、波浪能、温差能将相继在2025年前实现商业化，盐差能预计在2025年后实现商业化。

随着西门子、阿尔斯通、通用电气、三菱重工、现代重工等一批国际知名公司先后涉足海洋能，海洋能必将加快迈入商业化。

1.总体技术水平日渐成熟，更加接近商业化

随着国际海洋能技术总体水平的日渐成熟，海洋能发电装置及电站的投资和运行成本逐年下降，与其他可再生能源技术的差距逐步减小，更加接近商业化应用。

根据IPCC发布的研究报告（2011年5月），2010年潮流能和波浪能发电装置的投资成本中值约为11000 ~ 12000美元/kW，随着全球累计装机容量的快速增长（2010年约为300WM），到2020年，潮流能和波浪能发电装置的投资成本中值有望下降到2600 ~ 5400美元/kW，均化发电成本（LCOE）有望下降到13 ~ 25美分/kWh。美国洛克希德马丁公司关于OTEC电站投资成本的估算表明，10WM OTEC试验电站投资成本为32500美元/kW，商业化运行的100WM电站的投资成本将下降到10000美元/kW。

2.阵列式应用和综合利用成为研究热点

国际上主流潮流能技术已达到单机1 ~ 2MW。由于潮流能发电装置主要布放在近海，受水深限制，潮流能涡轮机转子直径一般不超过20m，很大程度上限制了通过加大叶片尺寸来提升装置单机功率的可能性。因此，MCT公司、OpenHydro公司、哈默菲斯特能源公司等国际知名潮流能装置研发机构正大力推动潮流能发电装置的阵列式应用，以建设十兆瓦级、甚至百兆瓦级潮流能发电场。国际主流波浪能技术的研发机构也开始探索波浪能发电场建设。

此外，已有研究开展波浪能平台与太阳能、海水淡化等综合利用，提高了综合利用效率。潮流能与海上风电的综合利用也是当前热点之一，在海上风机的桩基上加装潮流能发电装置，一方面可以大大降低海工基础建造和安装成本，另一方面，也可大大节省海缆布放及运行维护成本等。温差能除了发电外，在海水淡化、制氢、空调制冷、深水养殖等方面有着广泛的综合应用前景。

3.更加重视环境友好型技术的发展

随着国际社会对海洋环境保护越来越关注，国际海洋能研发机构越发注重开发环境友好型的海洋能发电技术，降低海洋能发电装置的安装、运行和维护等对海洋生态环境造成的负面影响。

以潮汐能为例，传统拦坝式潮汐发电技术会对局部海域生态造成一定损害，因此，潮汐潟湖发电、动态潮汐能等环境友好型潮汐能利用技术已成为国际潮汐能技术新的研究方向。潮流能技术中，Open-Center的空心贯流式设计有效降低了装置对大型海洋哺乳动物

的伤害风险；美国 Vortex Hydro Energy 公司研制的涡激振动式潮流能发电装置，利用水流在一定流速下产生涡激振动，经传动装置将水下的往复运动传至水上并转化为单向转动，带动发电机发电，由于不采用叶片装置，鱼类可以自由穿行而不会与装置发生撞击。

三、我国海洋能技术的主要进展

（一）综述

近年来，国家十分重视海洋可再生能源开发利用工作。国家能源局在出台的《可再生能源中长期发展规划》和《可再生能源发展“十二五”规划》中，强调“加快推进海洋能技术进步，逐步扩大海洋能利用规模”，“解决缺电岛屿电力供应问题，促进海岛经济发展”。2010 年 10 月，国务院印发《关于加快培育和发展战略性新兴产业的决定》，提出了加快培育和发展七大战略性新兴产业，其中，新能源产业、高端装备制造产业明确提出要积极推进海洋能技术产业化及装备制造。2014 年 6 月，国务院发布《能源发展战略行动计划（2014—2020 年）》，将海洋能发电作为 20 个重点创新方向之一，提出积极推动海洋能清洁高效利用，开展海洋能发电示范工程建设。

为了推进我国海洋可再生能源的开发利用，2010 年 5 月 18 日，财政部和国家海洋局联合印发了《海洋可再生能源专项资金管理暂行办法》，由中央财政从可再生能源专项资金中安排部分资金，作为海洋可再生能源专项资金，重点支持：①以提高偏远海岛供电能力和解决无电人口用电问题为目的独立电力系统示范项目；②在海洋能资源丰富地区建设的海洋能大型并网电力系统示范项目；③海洋能开发利用关键技术产业化示范项目；④海洋能综合开发利用技术研究与试验项目；⑤海洋能开发利用标准及支撑服务体系建设等五类项目。截止到 2015 年 5 月，专项资金共投入经费近 10 亿元，支持了 96 个项目。其中，独立电力系统示范项目 12 项，投入资金 2.15 亿元；并网电力系统示范项目 3 项，投入资金 0.67 亿元；产业化示范项目 8 项，投入资金 1.29 亿元；技术研究与试验项目 48 项，投入资金 1.39 亿元；标准及支撑服务体系建设项目 25 项，投入资金 3.76 亿元。

“十二五”期间，国家高技术研究发展计划（“863”计划）、国家自然科学基金等也投入了数千万元经费支持海洋能技术研发。

在国家相关部门的大力支持，尤其是海洋能专项资金的推动下，我国海洋能工作的整体水平得到明显地提升，取得了显著的成效。经过多年的发展，我国已经初步形成了海洋能技术研发、装备制造、海上施工、运行维护的专业队伍。据不完全统计，目前从事海洋能源开发利用的单位涉及科研院所、大专院校、国有及私营企业等共 290 多家，其中包括能够进行大型和超大型海洋装备设计、制造、运输、布放、安装、运行维护等业务的大型国企和民营企业。

总体来看，我国潮汐发电技术与国外差距不大，浙江温岭江厦潮汐电站已正常运行三十余年；潮流能发电技术处于关键技术研究与示范阶段，已开展了百千瓦级垂直轴潮流能示范电站和水平轴潮流能示范电站的研建及海试工作；在波浪能开发利用方面，主要开展了一些小规模示范试验工作，研建了从 30 ~ 100kW 的试验电站；在温差能利用技术方面，开展了 15kW 样机试验；海洋生物质能利用技术方面，主要是支持开展了一些海洋微藻培养技术、生物柴油制备技术等；盐差能利用技术研究较少。

（二）我国海洋能技术进展

1. 潮汐能技术

我国拦坝式潮汐发电技术基本处于国际先进水平。建成于 1980 年的江厦潮汐试验电站（3.9MW），装机规模现居世界第四，先后经历多次技术改造。2012 年，在海洋能专项资金支持下，启动了 1 号机组增效扩容改造，机组单机容量将由 500kW 增至 700kW，电站总装机将提升至 4.1MW，2015 年年中投产发电。

近年来，我国还相继开展了健跳港、乳山口、八尺门、马銮湾等多个万千瓦级潮汐电站工程预可研项目。2011 年 3 月，在世界银行和浙江省政府资助下，龙源集团完成了“浙江省三门县健跳港潮汐电站预可研”，电站设计采用单库单向落潮发电的开发方式，总装机规模达 20MW，预计工程静态总投资约为 8.6 亿元。在 2010 年海洋能专项资金支持下，中国海洋大学牵头完成了“乳山口 4 万千瓦级潮汐电站工程预可研”，电站设计采用单库单向贯流式落潮发电方式，总装机规模达 40MW，预计工程静态总投资约为 17.5 亿元。在 2011 年海洋能专项资金支持下，以中国水电顾问集团华东勘测设计研究院为主完成了“厦门市马銮湾万千瓦级潮汐电站工程预可研”，电站设计采用单库单向落潮发电的开发方式，装机容量为 24MW，预计工程静态总投资约为 9.1 亿元。在 2011 年海洋能专项资金支持下，中国海洋大学牵头完成了“福建沙埕港八尺门万千瓦级潮汐电站工程预可研”，电站设计采用单库单向落潮发电的开发方式，装机容量为 36MW，预计工程静态总投资约为 9.2 亿元。在 2013 年海洋能专项资金支持下，华东勘测设计研究院联合中国海洋大学完成了“温州瓯飞潮汐电站预可行性研究”，电站设计采用单库单向落潮发电运行方式，装机容量为 451MW，预计工程静态总投资约为 473.4 亿元。

在潮汐发电新技术研究方面，2011 年海洋能专项资金支持国家海洋局第二海洋研究所开展了“利用海湾内外潮波相位差发电的环境友好型技术研究”，支持河海大学开展了“新型高效低水头大流量双向竖井贯流式机组研制”。此外，华东勘测设计研究院、清华大学等还围绕动态潮汐能技术开展了基础理论、适用低水头模型机组水力学特性、站址调查等方面的研究。

2. 潮流能技术

我国潮流能发电技术研发起步较早。近年来，在国家“863”计划、国家科技支撑计划、海洋能专项资金等大力支持下，研发了十余个潮流能试验装置，基本实现了小功率（十千瓦级）机组的海上稳定发电，大功率（百千瓦级）机组的实海况试验效果不理想。

哈尔滨工程大学 10kW“海明Ⅰ”坐底式水平轴潮流能发电装置，自 2011 年 9 月投放于浙江省岱山海域，为灯塔的照明和供热持续提供电力。大连理工大学 15kW 直驱式垂直轴潮流能发电装置于 2013 年 10 月开展了 4 个多月的海上试验，最大输出功率 8kW，能量转换效率超过 25%。浙江大学 60kW 半直驱水平轴潮流能发电装置自 2014 年起进行海上现场试验，累计发电超过 2 万 kWh，系统效率达到 39%。

以我国已开展海试且效果较好的小功率机组为技术基础，2013 年海洋能专项资金支持的四个百千瓦级机组定型项目正在进行中。此外，哈尔滨工程大学研制的海能系列潮流能发电装置（100kW–300kW）自 2012 年起也相继开展了较长时间的海试。

3. 波浪能技术

在波浪能发电技术研究方面，由于我国波浪能资源适于发展大功率装置的海域不多，近年来主要开展了一些小功率装置的研发试验。2010 年以来，有近 20 个波浪能装置开展了海试，部分装置取得了较为理想的海试效果。

自 2010 年起，中科院广州能源所先后进行了多台波浪能装置海试，包括鸭式一号（筏式，10kW，2010 年）、鸭式二号（筏式，10kW，2012 年）、鹰式一号（筏式，10kW，2012 年）、哪吒二号（点吸收式，20kW，2013 年）和鸭式三号（筏式，100kW，2013 年）。鹰式一号海试效果较好，经历了一年多的海试，目前正在其技术基础上开展 100kW 装置样机定型。国家海洋技术中心 50kW 浮力摆式波浪能装置 2012 年开展了海试，目前正在其技术基础上开展 50kW 装置样机定型。浙江海洋学院 10kW 波浪能装置（点吸收式）2013 年开展了近半年的海试，能量转换效率超过 16.4%。集美大学 10kW 波浪能装置（摆式）2014 年开展了持续海试，最大发电功率 3.6kW，海洋动能（海浪、海风）转化效率 15%。

此外，2010 年以来，山东大学、中国海洋大学、中船重工 710 所、中科院电工所等多家单位研制的波浪能装置也都开展了海试，目前仍在改进。

4. 温差能、盐差能及其他技术

我国温差能发电技术尚处于原理验证阶段，国家海洋局第一海洋研究所研制了 15kW 温差能发电试验装置，于 2012 年开展了电厂温排水试验，在 2013 年海洋能专项资金支持下，目前正在开展高效氨透平、热交换器等关键技术研发。国家海洋技术中心正在开展温差能技术为海洋观测仪器供电的研究。中国海洋大学近期还开展了黄海冷水团的深水冷源（DWSC）应用研究。

我国盐差能利用技术还处于原理研究阶段，中国海洋大学近期开展了缓压渗透式盐差能发电关键技术研究。

在海洋生物质能开发利用技术方面，2011 年以来，海洋能专项资金分别支持了中科院海洋所、中国海洋大学、国家海洋局第一海洋研究所、中科院南海所、山东农业大学等单位开展了海洋微藻高效培养、海洋微藻生物柴油制备等技术研究，在海洋微藻培养中试、规模化培养、微藻养殖耦合 CO_2 减排等方面取得了一定进展。此外，海洋能专项资金还支持中国海洋大学开展了海泥电池供电技术研究，成功实现了海泥电池驱动小型海洋监测仪器平稳运行，并在海上示范运行最长达 15 个月。

（三）我国与国外的差距

与国际先进海洋能技术相比，我国海洋能基础研究相对薄弱，原创性技术较少，海洋能公共平台能力建设进展缓慢，装置转换效率、可靠性和稳定性普遍不高，示范应用效果不佳。总体来看，我国海洋能技术的总体水平离国际先进水平尚有一定差距。

1. 海洋能基础研究相对薄弱

在海洋能资源调查方面，尽管“908”专项调查对我国近海海洋能资源进行了普查，但现有调查数据尚无法满足海洋能资源区划与选划以及海洋能电站选址等工程要求，海洋能资源精细化评估技术和方法等研究不够，难以适应电站低成本规模化建设的需要。在海洋能发电理论研究方面，跨学科、多领域交叉的应用基础研究开展较少，能量俘获与转换机理、俘获系统对海洋环境的适应性及响应控制、装置结构在海洋环境下的腐蚀及疲劳作用机理、最佳功率跟踪及负载特性匹配等基础研究亟须加强，以便形成对我国海域海洋能资源与环境特征、海洋能俘获与转换机理以及海洋环境长期作用影响的系统性认识。

2. 海洋能关键技术未取得突破、示范应用规模较小

我国潮汐能技术位居世界前列，但尚未拥有万千瓦级潮汐电站建设实践。总体上看，我国海洋能关键技术尚未取得突破，潮流能、波浪能、温差能等发电装置均存在可靠性和稳定性较差等问题，距离产品化应用水平尚有差距。例如我国研制的百千瓦级潮流能机组开展海试时间尚短，装置可靠性、长期生存性、发电成本等距离国际先进水平尚远；国内百千瓦级波浪能技术刚进入海试阶段，而国际上 150 ~ 750kW 装置已完成了最长接近 10 年的海试。此外，我国海洋能装置示范应用规模（不足百千瓦级）远远小于国际上的兆瓦级水平。

3. 海洋能技术公共服务平台建设滞后

海洋能技术要从实验室阶段走向产业化应用必须经过长期、严格、系统的实海况测试验证，因此，海洋能发电装置的海上布放和运行维护具有投资大、工程复杂、风险高等特点；同时，海洋能技术开展示范应用还面临着用海用地难、审批手续繁琐等问题。借鉴国外经验，建设海洋能海上公共测试场与示范区，为海洋能发电装置提供标准统一的检测与认证服务体系，是解决这一系列问题的有效手段。国际上运行时间最长的欧洲海洋能中心（EMEC）建于 2003 年，已经为全球数十台海洋能装置提供了权威的测试服务。相比而言，国内海洋能公共服务平台建设起步较晚，2014 年 11 月，国家海洋技术中心、威海市人民政府、哈尔滨工业大学（威海）签署了《共建国家浅海海上综合试验场合作框架协议》，我国第一个海洋能海上综合试验场开工建设；同时，我国还在浙江舟山海域建设潮流能示范及试验区、在广东万山海域建设波浪能示范及试验区，目前已完成选址和总体设计等相关工作。

四、我国海洋能技术发展建议

（一）发展目标

国际海洋能技术尚未进入规模化应用阶段，为赶超国际先进水平，我们应紧抓“建设海洋强国”与“建设21世纪海上丝绸之路”的战略机遇，坚持“夯实基础研究，提升技术成熟度，推进海岛应用示范”的思路，从基础研究、重大共性关键技术、技术集成与示范等方面一体化推进我国海洋能技术的发展。争取到2020年，建成国家级海洋能海上综合试验场和专业试验场，掌握兆瓦级潮流能机组设计及装备制造关键技术和百千瓦级波浪能发电关键技术，实现海洋能海岛示范应用的稳定可靠运行。

提高基础研究水平与公共服务能力。进一步创新海洋能发电理论、模型试验、数值模拟、资源详查及评估方法、水动力特性、海洋环境影响评估、阵列化应用、综合利用等方面的基础研究；开展海洋能发电装置现场测试、运行维护、并网等公共测试技术基础研究。

突破关键技术、提升技术成熟度。继续提高海洋能发电装置的可靠性、稳定性及可维护性，开展大功率海洋能发电装置研发，通过300kW潮流能机组产品化、600kW潮流能机组装置标准化，掌握兆瓦级潮流能机组设计及制造能力；通过百千瓦级模块化波浪能发电装置研发，以及新型波浪能技术研究，进一步提高波浪能装置的俘获效率、可靠性以及生存性。到2020年，我国潮流能及波浪能等代表性发电技术的技术成熟度达到全比例样机示范运行阶段，温差能发电技术的技术成熟度达到中试样机海试阶段，开放式潮汐能发电技术实现兆瓦级适用机组设计及加工能力。

强化示范效果、推进海岛海洋能应用。依托现有示范工程，稳步推进300kW级、600kW级潮流能发电装置以及百千瓦级波浪能发电装置的海岛应用示范，为海洋能发电装置的持续改进提供实海况试验依据。到2020年，实现海洋能海岛独立电站及并网发电示范工程的稳定、可靠运行。

（二）政策建议

1. 制定并出台国家海洋能发展规划

作为战略性新兴产业，海洋能装备制造及运行维护对经济社会发展具有重大带动作用，为抢占国际战略制高点，有必要加强顶层规划设计，研究制定我国海洋能中长期发展战略目标及路线图，抓紧出台国家海洋能发展专项规划，研究制定符合我国国情的海洋能电价补贴、费用分摊、绿色信贷等产业激励政策，加快推动我国海洋能技术进步，培育海洋能产业快速发展。

2. 逐步建立国家财政引导、社会多元化投入的资金体系

我国海洋能技术仍然处于技术突破与示范应用的关键阶段，应当坚持国家财政投入为

主、社会多元化投入为辅的原则，继续实施并发挥海洋能专项资金在推进技术创新、提升公共服务能力、加强示范应用等方面的带动作用，并逐步实现由项目资助与补贴向装备制造奖励、电价补贴等多种方式的转变。同时，积极发挥社会资金的重要作用，拓宽海洋能企业融资渠道，制定进出口设备及售电增值税等税收优惠政策，提供贴息贷款或延长还款期限等金融政策，形成社会多元投入支持海洋能发展的良好局面。

3. 全方位完善海洋能创新体系建设

继续瞄准世界海洋能科技发展前沿，在高等院校建立海洋能学科，加快专业基础人才培养，不断提升理论研究水平；支持科研院所加快建立海洋能重点实验室和公共服务平台，突破海洋能共性关键技术，迅速提升海洋能应用研究能力；加大以企业为主体的自主创新力度，掌握海洋能核心技术，培育一批海洋能产业化及中试基地，构筑科研院所与企业对接的平台，加强产学研结合，促进国内逐步成熟的海洋能装备进入规模化生产，推动我国海洋能产业化进程。

参考文献

[1] 罗续业，夏登文．海洋可再生能源开发利用战略研究报告［R］．北京：海洋出版社，2014.

[2] 夏登文，康健．海洋能开发利用词典［M］．北京：海洋出版社，2014.

[3] 国家海洋技术中心．中国海洋能技术进展 2014［M］．北京：海洋出版社，2014.

[4] IEA OES–IA. Anuual Report 2010. 2011.

[5] IEA OES–IA. Anuual Report 2011. 2012.

[6] IEA OES–IA. Anuual Report 2012. 2013.

[7] IEA OES–IA. Anuual Report 2013. 2014.

[8] IEA OES–IA. Anuual Report 2014. 2015.

[9] ECORYS Research and Consulting. Blue Growth.2012.

[10] IRENA. Ocean Energy Technology Readiness, Patents, Deployment Status and Outlook. 2014.

[11] IPCC. Special Report Renewable Energy Sources. 2011.

撰稿人：夏登文　麻常雷

海洋腐蚀与防护学科研究进展

一、引言

随着海洋资源的不断开发和利用，海洋产业，包括临海工业、海上风电、海洋大通道工程、人工岛和码头以及海上石油平台、海底油气输送管线等海洋工程设施成倍增加。所有这些大型工程的基本构架都是由钢结构或者钢筋混凝土结构所组成的，它们不可避免地要遭受到海洋腐蚀环境的破坏。海洋腐蚀严重威胁着这些海洋工程设施的安全，保障海洋工程设施的安全是开发利用海洋资源的重中之重。

海洋对于各种结构材料来说都是一种十分严酷的腐蚀环境。海洋腐蚀不仅引起各种基础设施、设备及构筑物腐蚀损坏和功能丧失，缩短材料和构筑物的使用寿命，造成材料、资源和能源的巨大浪费；而且还会导致突发性的灾难事故，引发油气泄露，污染海洋环境，甚至造成人身伤亡。

虽然海洋腐蚀的危害非常严重，但它又是可以通过人类的技术活动加以控制的，可以把它的危害降低到最小。如果采取了合理有效的防护措施，其中25% ~ 40%的腐蚀损失可以避免，这样每年可以节约巨额资金。防腐蚀的作用还不仅仅局限于节约钢铁等金属材料本身；海洋工程设施通常是由钢铁材料制造而成的，但其价值远远超过所用钢材自身价值的数十倍。这些设施、产品的腐蚀和报废，就会造成巨大经济损失。所以海洋腐蚀与防护研究工作对保障和促进国民经济建设又好又快发展具有重要作用，海洋腐蚀与防护学科作为一门交叉基础性和前沿应用性学科，具有重要研究价值和意义，许多国家都非常重视这一领域的研究。

在多年研究基础上，特别是近年来在国家各类科技计划等支持下，我国海洋腐蚀与防护领域发展极为迅速，在海洋腐蚀基础和防护应用技术领域取得了一大批成果。随着我国海洋资源开发、海洋国防建设等的进一步发展，海洋腐蚀规律与防护技术的研究正在从近岸、近海向深远海发展，海洋腐蚀与防护学科正在得到进一步发展。

（一）海洋腐蚀损失的严重性

海洋环境是一种十分苛刻的腐蚀环境，海洋环境的腐蚀问题是海洋工程设施面临的共性问题之一。海洋环境中的工程设施一旦发生腐蚀破坏，将对人身安全、海洋环境等造成巨大危害。由腐蚀造成的损失是巨大的。根据美国2002年发布的第7次本国腐蚀损失调查报告，美国每年的直接腐蚀损失为2760亿美元，约占其GDP的3.1%。而海洋腐蚀所造成的损失约占整个腐蚀损失的1/3左右。按3%计算，2013年，我国因腐蚀造成的直接经济损失达20000亿元，海洋腐蚀损失估计超过7000亿元。因此，开展海洋腐蚀与防护研究，发展海洋腐蚀防护技术，培育海洋腐蚀防护技术人才，对于降低腐蚀损失，延长海洋设施寿命、避免腐蚀灾害具有重大意义。

（二）海洋强国战略对海洋腐蚀与防护学科发展提出更高要求

我国是海洋大国，随着我国建设“海洋强国”和“21世纪海上丝绸之路”等国家战略的提出，海洋经济和海洋科技在国家经济和科技发展中的比重逐渐增加，我国海洋资源开发能力不断得到提升。海洋国防、海上交通、海洋能源、海洋渔业、海洋旅游等海洋国防和经济产业不断发展，与此相关的各种滨海和海上工程设施诸如跨海大桥、港口码头、船舶、海上平台、海底管道、人工岛礁、滨海核电、海洋国防设施等各类工程设施不断增加。这些重大设施价值巨大，有的运行服役条件十分苛刻，保证这些设施的安全性和耐久性意义重大，腐蚀安全是设施安全和耐久性中最重要和关键因素之一。这客观要求人们对设施和材料的海洋腐蚀环境破坏规律的认识要不断深入，腐蚀防护技术要不断创新，这必将给海洋腐蚀与防护学科的发展带来前所未有的机遇与挑战。

（三）海洋腐蚀与防护是交叉性、前沿性和科学与工程性兼具的学科

从腐蚀的角度，海洋腐蚀环境分为海洋大气区、浪花飞溅区、海水潮差区、海水全浸区和海底泥土区，海水全浸区还包括深海腐蚀区。这五个腐蚀区带的影响因素和规律各不相同，各种物理、化学、生物、力学等因素如氯盐、光照、污损生物、深海压力、海浪冲刷、泥沙磨损等对腐蚀产生重要影响，涉海工业设施所面临的高温、油气、酸碱等环境条件使海洋腐蚀更加复杂化。海洋腐蚀研究的对象并不仅仅包含单纯的材料，还需要解决由材料构成的整体设施的腐蚀防护问题，这决定了海洋腐蚀与防护学科是一门基础性、交叉性、前沿性和科学与工程性兼具的学科。

海洋腐蚀与防护学科不仅涵盖各种海洋腐蚀基础理论研究，同时，海洋腐蚀与防护研究还涉及腐蚀科学、腐蚀工程以及从材料腐蚀防护到工程设施腐蚀防护的研究。海洋腐蚀与防护学科的发展，需要在深入海洋环境腐蚀规律和海洋腐蚀与污损防护技术研究的基础上，发展各种海洋腐蚀与防护标准，研发海洋腐蚀防护用技术包括防护材料和设备，建立

海洋腐蚀与防护科学中心和研究平台。国内外海洋腐蚀与防护学科的发展也说明了这个发展趋势。

二、国内海洋腐蚀与防护学科发展

我国的腐蚀与防护学科及其科学研究，自 20 世纪 50、60 年代即已开始，北京钢铁学院（现北京科技大学）、中国科学院长春应化所（后其腐蚀研究部分合并到中科院腐蚀所，现腐蚀所已合并到中科院金属所）、中科院上海冶金所（现已并到中科院硅酸盐所）、中科院福建物构所（二部，现已合并到物构所）等较早开始腐蚀科学和腐蚀人才培养的单位。中国科学院海洋研究所从 50 年代末即开展海洋腐蚀研究，是国内最早从事海洋腐蚀与防护科学研究的单位之一。中国海洋大学、大连海事大学（火时中教授等）、中船重工 725 所（青岛分部）、钢铁研究总院青岛海洋腐蚀研究所也先后开展了海洋腐蚀与防护研究，是我国海洋腐蚀与防护学科发展和研究的主要单位，培养了一大批海洋腐蚀与防护领域的人才，在海洋腐蚀与防护基本理论、海洋电化学保护技术等方面开展了开创性研究。

近年来，特别是“十一五”“十二五”发展的近十年来，随着海洋资源开发和海洋经济建设的不断发展，海洋腐蚀与防护研究不断得到国家和有关部门的重视。像许多学科领域一样，海洋腐蚀与防护研究得到国家和有关企业研发经费创历史新高。特别是近 3 至 5 年来，我国的海洋腐蚀与防护学科发展呈现蓬勃发展的趋势，海洋腐蚀与防护理论得到更加深入的研究，发明发展了若干重要的新型防腐蚀技术，也涌现了一大批中青年海洋腐蚀与防护领域的人才。下面重点就我国海洋腐蚀与防护学科有关方面的发展做一简明综述。

（一）国内海洋腐蚀与防护学科发展

青岛是国内海洋腐蚀研究单位最为集中的城市，是海洋腐蚀研究人才的聚集地，有海洋腐蚀与防护研究领域的专门研究机构和高级人才，有着较完善齐备的腐蚀与防护研究平台，与海洋石油工业、交通行业、国防部门等重大基础设施业主有着广泛深入的业务联系和合作，与日本、美国、欧洲、加拿大、中国香港、中国台湾等国家和地区的同行有着广泛的联系和交流。

中科院海洋所多年来一直从事海洋腐蚀与防护的研究工作。20 世纪 70 年代初，侯保荣等即开展海洋环境腐蚀规律的研究，提出了电连接模拟海洋环境腐蚀实验装置与方法，绘制了海洋环境腐蚀规律曲线与实海长尺实验具有完全类似的规律，为我国海洋用钢的筛选评价做出了重要贡献。70 年代末在上海陈山码头成功开展了我国第一个海洋阴极保护工程，80 年代初研制成功海龙 I 型牺牲阳极。2000 年初，侯保荣等出版了《海洋腐蚀环境理论及其应用》《海洋腐蚀与防护》等专著，提出了海洋环境腐蚀理论，填补了我国在海洋腐蚀与防护学科发展领域的空白，为我国海洋腐蚀与防护学科的发展建设方面做出了重要贡献。

2005年，侯保荣等六位院士向国家有关部门提交了“我国浪花飞溅区的海洋钢铁设施保护工作亟待加强”的建议，建议获得时任国务院副总理曾培炎和国务委员陈至立的批示。2006年，由侯保荣任首席科学家的“海洋工程结构浪花飞溅区腐蚀控制技术及其应用”“十一五”科技支撑计划项目获得科技部立项，获批研究经费4600余万元。国内中科院金属所、装甲兵工程学院、北京科技大学、厦门大学、中船重工725研究所、西北大学等20余家单位参与。该项目针对海洋钢结构、钢筋混凝土结构浪花飞溅区腐蚀难题开展了联合攻关研究，并取得了丰硕成果。

在该计划支持下，海洋钢结构的浪花飞溅区复层矿脂包覆防腐技术获得四项发明专利并开展了大量的工程示范应用。同时，出版了“海洋工程设施浪花飞溅区腐蚀系列丛书”8本，其中侯保荣编著的《海洋钢结构浪花飞溅区腐蚀控制技术》是我国浪花飞溅区腐蚀防护领域的唯一一本专著。2014年，侯保荣等完成的“海洋钢结构浪花飞溅区复层矿脂包覆防腐技术”获山东省科学技术发明奖一等奖。同年，侯保荣获得“何梁何利科学与技术进步奖”。

由于腐蚀研究受到国家愈来愈广泛的重视，2013年，中国工程院启动了“腐蚀成本经济性分析与防腐策略调查预研”项目。2014年，在中国工程院重大咨询项目资助下，我国启动了新中国成立以来最大的全国性腐蚀损失调查项目，即“我国的腐蚀状况及其控制战略”的全国性腐蚀调查研究，侯保荣任首席专家。

同年，美国NACE邀请侯保荣担任全球腐蚀成本与防腐策略调查的大型公益项目（IMPACT）中国委员会主席。该项目于2014年1月正式启动，重点关注腐蚀对公共安全和环境的影响，同时聚焦于对典型的腐蚀防护案例的分析以及行业最佳实践经验的收集与整理，全球采用统一的标准和方法开展此次调查。通过该研究，将向腐蚀科学家、政府和企业的决策者提供一整套具有公信力的科学的详尽的腐蚀成本与防护策略的数据，提高并加强人们对腐蚀危害与防腐策略的认识，从而最大程度上减少腐蚀对经济、公共安全以及环境的影响。研究成果将向社会公开，并在全球范围内免费共享。

在研究平台建设方面，近十年来，中科院海洋所由最初的海洋腐蚀与防护研究室，逐渐发展为青岛市海洋环境腐蚀与防护重点实验室（2000），山东省腐蚀科学重点实验室（2005），山东省海洋腐蚀防护工程技术中心（2011）。特别是2012年，获得科技部批准，成立国家海洋腐蚀防护工程技术研究中心。2013年，获中科院批准，成立了中国科学院海洋环境腐蚀与生物污损重点实验室。

中船重工725所在青岛建设有海洋腐蚀防护国防重点实验室，在三亚建设有三亚海水腐蚀试验站，在厦门分部建设有厦门海水腐蚀试验站。中船重工725所在深海材料腐蚀实验研究方面在国内首次开展了实海挂片实验，并取得了成功；在船舶压载水电解防污技术领域拥有多年的研究基础，并开展了规模化示范应用。另外，在生物污损研究、深海牺牲阳极研究等领域也具有相应的人才团队和特色。

多年来，中国海洋大学一直开设有专门的海洋化学和海洋腐蚀课程，并设有专门的海洋腐蚀与防护研究队伍，为我国的海洋腐蚀与防护领域的人才培养做出了重要贡献。在海洋腐蚀电化学理论、海洋阴极保护技术、缓蚀剂技术、海洋防污涂料技术等领域开展了大量研究，拥有比较显著的特色。

海洋化工研究院在海洋防腐防污涂料领域有着显著优势，现建设有国家海洋防腐涂料工程研究中心（企业）。钢铁研究总院青岛海洋腐蚀研究所（现青岛钢研纳克有限公司）在材料海水腐蚀试验积累、材料海洋大气腐蚀试验积累方面做了大量工作。

中科院金属所（中科院金属腐蚀研究所后合并到该所）原建设有金属腐蚀防护重点实验室，在中科院曹楚南院士、柯伟院士等带领下，在腐蚀电化学、材料应力腐蚀和材料腐蚀防护领域等领域开展了大量的腐蚀研究，许多研究也涉及海洋腐蚀领域。

随着海洋腐蚀与防护日益得到重视，北京科技大学、钢研总院、大连理工大学、哈尔滨工程大学、上海海事大学、宁波材料所等许多单位也对海洋腐蚀防护研究极为重视，分别在深海应力腐蚀、耐蚀材料、阴极保护计算、深海防腐研究、海洋防腐材料等领域并各自开展了有特色的研究工作，并建立了相关的研究团队和仪器设施设备。我国的海洋腐蚀与防护学科已进入蓬勃发展阶段。

在海洋腐蚀与防护基础研究领域，2013 年，由中科院宁波材料研究所主持，北京科技大学、中科院海洋所、中科院金属所、中船重工 725 研究所、钢铁研究总院、上海海事大学等共同承担的国家重点基础研究发展计划（“973” 计划）“海洋工程装备材料腐蚀与防护关键技术基础研究” 获得批复立项，李晓刚教授担任首席科学家。

该项目面向国家海洋重大工程和装备的战略需求，聚焦于海洋环境中腐蚀和生物污损两大问题，瞄准高湿热海洋大气、深水生物污损和深海极端三个典型海洋环境，拟解决“多因素下材料腐蚀及损伤的力学—电化学交互作用机理与规律”“高湿热环境下材料腐蚀的化学—电化学相互作用机理与规律”“海洋环境中生物在材料表面的粘附与微生物腐蚀机理”和“深海和高湿热环境下新型耐蚀耐磨金属和防护材料的结构与性能调控”等 4 个关键科学问题，为实现我国海洋强国梦奠定科学基础。该项目的开展，也必将对我国海洋腐蚀与防护学科的发展起到积极推动作用。

总之，海洋环境腐蚀有其特殊性，海洋大气环境遭受光照、干湿交替的影响严重，海水腐蚀遭受微生物腐蚀和生物污损是其显著特色，海洋工程设施还遭受海浪冲击等力学载荷的影响。同时，海洋设施安全要求进一步发展腐蚀监检测和预警技术。相信今后我国海洋腐蚀与防护学科会在海洋光腐蚀、海洋生物腐蚀与污损、海洋力学化学腐蚀、海洋先进耐蚀材料、深海腐蚀及其相关的先进腐蚀与污损防护材料和监检测技术等领域得到进一步显著发展。

（二）国内海洋腐蚀与防护科学研究平台建设情况

在海洋腐蚀与防护研究平台建设方面，海洋大气和海水腐蚀网站作为自然环境腐蚀网站之一最早在 20 世纪 50 年代末开始建设，60 年代初作为国家重要科技任务列入 1963—

1972年国家科技发展十年规划。1978年又列入全国技术科学发展规划。“六五”期间国家科委把“常用材料大气、海水、土壤腐蚀试验研究”列为国家基础研究重点项目。自1983年以来我国已耗资2000多万元初步建成自然环境（大气、海水、土壤）腐蚀试验网（站）。其中，海水腐蚀试验站4个，分别在青岛、舟山、厦门和三亚，基本上能代表我国四个海域。目前，由科技部整合建立了国家材料环境腐蚀平台，挂靠在北京科技大学。该平台将协调我国若干环境腐蚀试验台站的腐蚀试验和数据收集汇总工作，有助于为我国材料腐蚀和海洋腐蚀的进一步集成研究。

作为青岛海洋科学与技术国家实验室的组成部分，海洋防腐防污技术实验平台获得筹建，总建筑面积6000余平方米。该平台的建设将进一步提升海洋腐蚀与防护学科发展水平和速度。

（三）国内海洋腐蚀与防护学术交流情况进展

在海洋腐蚀与防护领域学术交流方面，学术交流活动十分活跃。中国腐蚀与防护学会每4年召开一次全国代表大会，海洋腐蚀是重要的学术研讨内容之一。其所属的水环境专业委员会每两年召开一次会议，海洋腐蚀与防护是主要研究内容。山东省暨青岛市腐蚀与防护学会主要由在青的海洋腐蚀与防护研究和企业应用单位组成，每两年举办一次学术会议，海洋腐蚀与防护是其主要交流内容，多年来为推动海洋腐蚀与防护学科的发展做出了重要贡献。

随着海洋腐蚀与污损研究的日益重要，在侯保荣、马士德等老一辈海洋腐蚀科学家积极呼吁下，2011年成立了中国海洋湖沼学会海洋腐蚀与污损专业委员会，挂靠中科院海洋所。该委员会联系了一大批海洋腐蚀特别是海洋生物污损领域的专家，至今已举办3次全国性的学术交流活动，为推动海洋腐蚀与污损的发展做出了有益工作。

由中国大陆和台湾共同发起主办的海峡两岸材料腐蚀会议自2000年起，每两年举办一次，分别在大陆和台湾轮流主办，2014年在武汉举办了第七届会议，海洋腐蚀、工业腐蚀等是重要的交流内容，为推动中国大陆和台湾学者的交流、推动海洋腐蚀与防护技术及学科的发展做出重要贡献。

2013年以来，周廉院士等承担了中国工程院咨询项目“中国海洋工程材料研发现状与发展战略初步研究”，中国工程院还发起主办了“海洋工程材料研发及应用发展趋势”系列研讨会，在全国范围内召开多次会议，各海洋工程用各主干材料的研发生产现状、海洋工程的发展对材料的需求以及海洋腐蚀问题被作为专题进行研讨，促进了人们对材料海洋腐蚀问题的日益重视。

2014由中国腐蚀学会、中国金属学会等发起主办的海洋材料腐蚀大会，聚焦于海洋材料与海洋腐蚀，是首次将海洋材料腐蚀列为专门议题的全国性大会。

在学术期刊方面，目前我国出版发行《中国腐蚀与防护学报》《腐蚀科学与防护技术》《腐蚀与防护》和《材料与保护》等，但还没有专门的海洋腐蚀与污损杂志，也没有专门的工程设施腐蚀类期刊编辑出版。

三、国外海洋腐蚀与防护学科发展

在海洋腐蚀与防护及其相关学科领域，各国特别是临海发达国家如美国、英国、法国、日本、俄罗斯及德国等国家历来非常重视。随着人们对海洋的认识和对海洋开发的不断深入，海洋腐蚀与防护正在受到愈来愈广泛的关注。

（一）英、法等欧盟国家海洋腐蚀与防护学科及其研究发展

英国是世界上最早开展海洋腐蚀与防护研究与学科发展的国家，其腐蚀与防护学科发展在当今世界上仍是首屈一指。英国著名的科学家戴维最早提出牺牲阳极技术保护海洋舰船免受海水腐蚀的威胁。后来，美国爱迪生提出了外加电流保护船舶的腐蚀。英国的曼彻斯特大学建设有闻名于世的腐蚀与防护中心，开展各领域的腐蚀与防护研究。南安普顿大学、斯旺西大学在海洋船舶材料的腐蚀与防护、腐蚀磨蚀等领域都在开展有特色的研究，并取得十分显著的成绩。

在海洋生物污损领域，达尔文最早对典型污损生物藤壶的生态和分类开展了多年研究。目前，英国纽卡斯尔大学在污损生物附着、船舶防污的水动力学等方面研究国际领先。伯明翰大学在藻类附着和防污机理及新型防污材料（与有关公司合作）发展方面在国际上享有较高的声誉。

法国、意大利、瑞典等许多欧洲国家在海洋腐蚀与防护领域研究有其特色。欧洲现设有欧洲腐蚀学会（EFC），各国也都设有本国的腐蚀防护学会或协会。欧盟科技框架计划（FP）计划已连续资助多个涉及海洋腐蚀与防护领域的重大项目，如材料的海水腐蚀规律研究、材料的微生物腐蚀研究和先进纳米防污材料的研究等。法国原子能委员会下属专门的腐蚀研究所，在海水腐蚀规律、滨海核电设施腐蚀、海洋微生物腐蚀等领域有其重要贡献。意大利的科学家最早观察到不锈钢等钝性材料在海水中腐蚀电位正移，后来的发现认为是海水微生物腐蚀影响。瑞典在海洋大气腐蚀方面国际领先，建设有若干个大气腐蚀试验站。

在德国，德国马普学会的材料腐蚀研究所与微生物所合作，在 2004 年《自然》上发表过一篇名为《新的厌氧微生物及腐蚀机理》的文章。他们从海洋沉积物中发现一种类硫酸还原细菌，并阐述了钢铁提供电子供细菌生长的过程。

（二）美国的海洋腐蚀与防护学科及其研究发展

美国是当今世界上经济和科技最发达的国家，也是世界上最大的濒海国家，分别濒临大西洋和太平洋。同时，美国的各类舰船遍布世界许多海域和港口。因此，美国历来对腐蚀特别是海洋腐蚀与防护学科的发展和研究极为重视。

在 20 世纪 40 年代，美国即开展了海洋环境腐蚀研究，并绘出了第一份海洋环境腐蚀曲线，至今仍为许多研究者所引用。20 世纪 70 年代，美国出版了《海水腐蚀手册》，在美国海军等有关项目经费的额资助下，开展了 Fe、Cu、Ni、Al 等各种金属材料及其合金在环境中的腐蚀挂片实验，获得大量基础腐蚀数据。但时至今日，关于深海环境的腐蚀数据，在公开文献上仍少见报道。

美国非常重视腐蚀对经济的影响，并基于此大力发展各种腐蚀防护技术。美国自 1949 年起，至今已进行过 7 次腐蚀损失调查。

在美国有许多大学和研究机构开展材料、腐蚀及海洋腐蚀等领域的研究。美国 Uhlig 教授最早在麻省理工学院建立了专门的腐蚀实验室。Uhlig 教授编著出版了著名的《Uhlig 腐蚀手册》。该实验室在核电站临界点腐蚀、应力腐蚀等材料腐蚀领域世界知名。

美国的佛罗里达大学建有海洋腐蚀与污损中心，在海洋腐蚀特别是海洋生物污损领域开展了系统研究，建立了生物污损的评价方法和有关标准。美国蒙大拿州立大学建立有生物膜中心。俄亥俄大学、俄克拉荷马大学在油气管线腐蚀与控制、海洋油气田材料的微生物腐蚀等领域具有领先技术和研究特色。美国海军实验室在 Stennis 宇航中心建有专门的海洋腐蚀实验室，开展海洋材料腐蚀、微生物腐蚀等方面的研究。

（三）日本的海洋腐蚀与防护学科及其研究发展

日本是西临日本海，东邻太平洋的岛国，严苛的海洋及大气环境经常导致严重的腐蚀状况。为此，日本很早就开展腐蚀和海洋腐蚀与防护技术的研究，海洋腐蚀与防护学科发展齐全、先进。

日本曾两次进行过腐蚀损失调查。1995 年至 1998 年，由社团法人日本腐蚀防食协会和社团法人日本防锈技术会联合实施的日本国腐蚀状况及成本调查结果显示，日本的年腐蚀损失约占其 GDP 的 2.1% 左右，这是有报道的腐蚀损失最低的数值。日本作为临海国家，腐蚀损失相对美国等其他国家低，从侧面说明日本对腐蚀防护研究发展的重视，也表明其对腐蚀防护措施和管理的重视。日本的腐蚀调查表明，各个行业领域的防腐涂料的费用占 66%。但对于海洋及港湾建筑物和设施的防腐费用比例，电化学保护防腐费用约占 40%，重防腐保护费用包括涂料和包覆等降低为 57%，其余为材料本身腐蚀等造成的腐蚀损失。

日本对防腐蚀标准的制定十分重视。日本早在 20 世纪 70 年代即制定了钢筋混凝土保护的有关标准以及有关跨海桥梁、钢桩等的保护技术。日本最早发现海砂对滨海构筑物设施有严重影响，禁止不能直接将海砂用作建筑材料。

日本的东京工业大学，是最早进行海洋腐蚀防护领域研究的大学之一。著名学者大即信明，在 20 世纪 80 年代发表了关于海洋环境中混凝土钢筋腐蚀状况的系统性结果。水流徹教授在海洋大气腐蚀、应力腐蚀和疲劳腐蚀机理及电化学实验方法等方面成果丰硕，声誉卓著。水流教授与中科院海洋所等单位有着二十余年的合作历史，培养了很多海洋腐蚀与防护领域的人才。

日本北海道大学、日本筑波的国立材料研究所（NIMS）在先进镀层材料、海洋耐蚀材料、镁合金等海洋轻合金开发和材料腐蚀机理方面有深入研究。日本还有若干研究机构如日本中川防蚀技术研究所、海湾工程研究所、日本 DNT 涂料有限公司等在海洋钢结构保护技术领域国际领先。

（四）国外其他国家的海洋腐蚀与防护学科及其研究发展

许多临海国家也非常重视海洋腐蚀与防护的研究和学科发展。俄罗斯在海洋用耐蚀材料如海洋用钢、铝、钛等合金材料发展方面都十分先进。澳大利亚在热带海水材料腐蚀试验方面开展了多年的试验并发表多篇研究论文。印度在深海腐蚀方面曾开展过实海试验并发表了有关研究结果。韩国在海洋材料腐蚀、海水淡化设备及其腐蚀、防腐防污涂料等方面都有大量研究。新加坡国立大学在海洋腐蚀与生物污损试验等方面开展过许多研究。

（五）国际上的海洋腐蚀与防护学会组织及其活动

美国的腐蚀工程师协会（NACE）是世界最大的国际性腐蚀组织，其会员达到 3 万多人，每年在美国（或加拿大等）召开腐蚀年会，参会人数常达数千人。海洋腐蚀与防护的有关议题包括海洋油气、海洋阴极保护、微生物腐蚀、各种海洋工程设施如桥梁、管线、混凝土设施等的腐蚀是广受关注的热点。

世界腐蚀大会（ICC）是世界性的腐蚀组织，在世界上不同国家轮流召开，每三年召开一次大会。我国在 2005 年成功举办了第 16 届世界腐蚀大会。2014 年在韩国召开了第 19 届大会，海洋腐蚀被列为专门议题。

欧洲腐蚀学会（EFC）每年在各欧洲国家召开腐蚀年会，成为国际上最重要的腐蚀会议之一。由法国在 20 世纪 60 年代发起的海洋腐蚀与污损国际大会（ICMCF）原来每四年召开一次，从 2002 年起改为每两年召开一次，至今已召开 17 届大会。亚太腐蚀会议（APCCC）由环太平洋和亚洲国家参与，海洋腐蚀与防护是大会的重要内容之一。

（六）国际上海洋腐蚀与防护学科的发展趋势

从上述进展描述中可以看出，在海洋腐蚀与防护学科发展方面，国外许多大学与研究所研究特色鲜明，研究技术先进，研究实力雄厚，学术活动活跃，培养了许多专门人才。

另一方面，许多研究机构与工业部门联系密切，研究对象明确，许多研究内容与实际密切联系，学科发展与研究十分务实。实际上，海洋腐蚀与防护学科不仅涉及许多基本的基础理论研究，同时又与工程实践有着密切联系，是一门应用背景很强的学科。在腐蚀学科发展中，做到腐蚀理论与应用兼顾，科学与工程兼顾，值得我们借鉴。

另外，海洋腐蚀防护的许多关键技术如防腐涂料、防污涂料，耐蚀材料及其他腐蚀防护检监测技术等，通常掌握在许多大公司手里，如涂料企业国际油漆（IP）、佐敦涂料

（Jouton）等在海洋防腐防污涂料领域技术领先。

国外许多科研机构经常与企业联合，受到政府部门资助，针对某个腐蚀科学问题建立专门研究中心，研究经费受到企业资助和政府投资，多个企业资助同一个共性科学问题，研究成果共享。

四、我国海洋腐蚀与防护学科今后发展趋势与建议

（一）要进一步宣传海洋腐蚀安全与防护的重要性

海洋腐蚀与海洋工程结构设施的安全密切相关，几乎所有的海洋工程设施都面临腐蚀问题，海洋腐蚀是海洋开发必须面对和解决的共性问题。因此，海洋腐蚀与防护研究是一项长期性、公益性的科学研究，海洋腐蚀与防护学科的发展也就显得尤为重要。在当前发展的基础上，海洋腐蚀与防护学科要进一步发挥优势，不仅需要在科研上进一步结合国家需求，结合海洋开发实践上进一步聚焦研究，国家也需要在学科、人才、平台上需要进一步持续投入。

（二）海洋腐蚀与防护学科的科学研究要更加注重基础，引领创新

海洋环境是一个特定的极为复杂的腐蚀环境。海洋腐蚀与防护学科涉及海洋化学、海洋材料、海洋生物、海洋物理、海洋生态等问题，海洋环境腐蚀的研究不仅要关注材料本身，更要研究海洋环境的腐蚀动力过程。海洋腐蚀与防护学科的发展，只有坚定地做好基础研究，掌握海洋腐蚀规律，才能因地制宜地进行腐蚀防护。

目前，国内外在海洋环境腐蚀规律、浪花飞溅区腐蚀防护、海水阴极保护技术等科学问题方面取得了重大进步，但由于海洋腐蚀环境的复杂性，在海水腐蚀机理，特别是微生物腐蚀机理，海洋生物污损机理，材料的环境腐蚀破坏规律特别是深海腐蚀规律等方面仍有许多科学问题亟待探索。今后海洋腐蚀与防护学科的发展，要结合国内外研究积累所发现的重要共性问题，结合我们的实际情况，要凝练和提出重大的科学问题，开展原创性科学研究，才能对海洋腐蚀与防护学科的发展做出进一步贡献。

（三）要更加注重应用——与国家需求相结合，与海洋工程应用发展相结合

目前，我国在海洋油气田开发、港口建设、跨海大桥、海底隧道、船舶工程和深海勘探等领域已建和在建大量的各种钢结构及钢筋混凝土结构设施，这些设施结构千差万别，所处海域不同，所处海水深度不同，或处于不同腐蚀区带，服役运行条件不同，导致其腐蚀现象千差万别，比如发生局部腐蚀、腐蚀断裂等。

海洋腐蚀与防护学科的发展，必须充分认识到国家海洋资源开发的巨大需求，并自觉地适应这种需求，要聚焦具体的海洋工程所出现的具体腐蚀问题，与企业的腐蚀防护需求积极结合，积极主动思考如何为海洋工程设施的腐蚀安全提供技术支撑和服务。在实践中

进一步发现问题、提出问题和解决问题。也只有这样，才能为海洋腐蚀与防护学科的发展做出重要贡献。

（四）更加注重人才——在大学、研究所设立材料腐蚀、工程腐蚀学科

海洋腐蚀与防护学科的发展，归根结底是人才的发展。随着海洋工程设施的增多，海洋工程设施的腐蚀与防护的日趋复杂化、精细化，需要大批的工程师和研究人员从事海洋腐蚀与防护的应用、研究和开发。腐蚀与防护技术的发展需要更多专业化的科研人才。需要大量的大学生、研究生充实到该领域中，也需要培养和引进一批领军人才和优秀人才。

要在材料科学的基础上，设立腐蚀与海洋腐蚀与防护研究生专业，设立工程腐蚀学科，开设腐蚀和海洋腐蚀基础理论课程，培养更多腐蚀专业人才。要编辑出版更多海洋腐蚀类书籍，普及宣传腐蚀科学知识。要以重大项目为牵引，打造一批高素质技术人才。要加强创新型研发人才培养，培育海洋工程设施腐蚀防护领域的专家。

（五）更加注重国内协作联合，更加注重国际合作

随着国家科技政策的调整和优化，在科学研究上，国家进一步引导围绕产业链创新和产业链出现或存在的问题，开展重大科学问题、重大技术问题的攻关。这将大大有利于各学科进一步交叉。海洋腐蚀与防护学科要进一步加强国内协作，进一步开展国际合作，提出实质性科学问题和重大技术难题，切实解决问题。只有这样，才能在腐蚀基础机理、腐蚀防护技术和先进防腐蚀产品研发方面获得重大进步。

（六）海洋腐蚀与防护学科今后发展方向建议

结合海洋开发需求，在海洋腐蚀科学共性基础理论，重大海洋工程设施腐蚀防护技术方面，开展创新性基础理论研究、开展先进防腐防污材料与技术、先进检监测技术等的研究开发。具体结合当前我国国家需求和海洋经济资源开发，提出学科重点研究方向和科学问题。

主要包括海洋工程腐蚀形成机理研究与应用、海洋工程生物污损形成机制的研究与应用、南海海洋工程设备腐蚀防护技术、海底管线、桥梁、码头、储罐等各专门设施的腐蚀与防护、海洋工程腐蚀大数据的检测、监测及预警技术的构建与应用、海洋工程腐蚀综合防御技术的研究与应用等。

参考文献

[1] 中国科学院海洋领域战略研究组. 中国至2050年海洋科技发展路线图[M]. 北京：科学出版社，2009.
[2] Gerhardus H, Michiel PH, Neil G, et al. Corrosion cost and preventive strategies in the United States. FHWA-

RD-01-156.
[3] わが国における腐食コスト（調査報告書）[M]. JSCE社団法人腐食防食協会，JACC社団法人日本防錆技術協会，2001.
[4] 侯保荣. 海洋腐蚀与防护 [M]. 北京：科学出版社，1997.
[5] 鋼管杭の防食法に関する研究グループ. 海洋鋼構造物の防食技術 [M]. 日本：技報堂出版株式会社，2010.
[6] 曹楚南. 悄悄进行的破坏—金属腐蚀 [M]. 北京：清华大学出版社，2000.
[7] 洪定海. 混凝土中钢筋的腐蚀与保护 [M]. 北京：中国铁道出版社，1998.
[8] 舒马赫M.（李大超，杨荫译）海水腐蚀手册 [M]. 北京：国防工业出版社，1979.
[9] 朱相荣，王相润. 金属材料的海洋腐蚀与防护 [M]. 北京：国防工业出版社，1999.
[10] 侯保荣，张经磊. 钢材在潮差区和海水全浸区的腐蚀行为 [J]. 海洋科学，1980, 4：16-20.
[11] 曹楚南. 中国材料的自然环境腐蚀 [M]. 北京：化学工业出版社，2005.
[12] 侯保荣. 海洋结构钢腐蚀试验方法的研究 [J]. 海洋科学集刊，1981，18：87-95.
[13] 侯保荣. 海洋腐食環境と防食の科学 [M]. 东京：海文堂，1999.
[14] 李金桂. 腐蚀控制设计手册 [M]. 北京：化学工业出版社，2006.
[15] 侯保荣. 钢铁设施在海洋浪花飞溅区的腐蚀行为及其PTC包覆防护技术 [J]. 腐蚀与防护，2007，28(4)：174-175.
[16] 侯保荣. 海洋腐蚀环境理论及其应用 [M]. 北京：科学出版社，1999.
[17] 侯保荣. 腐蚀研究与防护技术 [M]. 北京：海洋出版社，1998.
[18] 侯保荣. Marine Corrosion and Control（Ⅰ）[M]. 北京：海洋出版社，2000.
[19] 侯保荣. Marine Corrosion and Control（Ⅱ）[M]. 北京：海洋出版社，2006.
[20] 侯保荣. 海洋工程结构浪花飞溅区腐蚀与控制研究 [M]. 北京：科学技术文献出版社，2009.

撰稿人：段继周　侯保荣　马秀敏　郑　萌　徐玮辰

深海油气与天然气水合物资源勘查开发进展

一、引言

油气资源是直接关系到我国社会经济发展和国家能源安全的重大问题，保障油气资源的持续供应是我国现代化建设的迫切需求。自 1993 年我国成为石油净进口国以来，我国原油消费量以年均 5.8% 的速度递增，目前已成为世界石油消费大国之一。

天然气水合物（俗称“可燃冰”）在世界海域具有分布范围广、埋藏浅、储量大和能量高（1m^3 水合物可释放 164m^3 甲烷气）等特点，科学家普遍认为它将成为 21 世纪一种洁净、新型的可替代能源。

据国家发改委能源经济与发展战略研究中心和国土资源部发布的统计资料：2013 年全国石油产量 2.1 亿 t（其中海上生产原油 6684 万 t），净增 370 万 t，同比增长 1.8%，连续 4 年保持在 2 亿 t 以上；天然气产量 1209 亿 m^3，其中常规天然气产量 1177 亿 m^3（其中海上 196 亿 m^3），净增 105 亿 m^3，同比增长 9.8%，连续 3 年保持在 1000 亿 m^3 以上；煤层气和页岩气分别超过 30 亿 m^3 和 2 亿 m^3。

2013 年我国石油和原油表观消费量分别达到 4.98 亿 t 和 4.87 亿 t，同比分别增长 1.7% 和 2.8%；石油进口量 2.82 亿 t，同比攀升 4.03%，对外依存度为 58.1%，与上年基本持平，超过国际警戒线。天然气全年表观消费量达到 1676 亿 m^3，同比增长 13.9%，占一次能源消费的比重由上年的 5.4% 上升至 5.9%，天然气进口量达到 530 亿 m^3，对外依存度 31.6%。目前我国已成为世界石油消费第二大国和天然气消费第三大国。

2014 年我国石油需求增长在 4% 左右，达到 5.18 亿 t。石油和原油净进口量将分别达到 3.04 亿 t 和 2.98 亿 t，较 2013 年增长 5.3% 和 7.1%，石油对外依存度达到

58.8%；天然气表观消费量达到 1860 亿 m^3，同比增长 11.0%，在一次能源消费中所占比重增加到 6.3%。

改革开放 30 多年来，我国海洋油气工业迅猛发展，在对外合作与自营勘探开发以及开拓海外油气勘探开发市场方面都取得一系列重大发现、突破和进展，而且在深海油气勘探也取得初步成效，在南海北部深水区先后发现了流花 11-1、荔湾 3-1、陵水 17-2 等大油气田。

中国海洋石油总公司发布 2013 年可持续发展报告称：2013 年，我国海域油气产量已连续第 4 年逾 5000 万 t 油当量（相当于大庆油田高峰时期的产量），这意味着我国已跨入世界海洋油气生产大国行列。2014 年，中海油生产原油 6868 万 t、天然气 219 亿 m^3（注：含海外权益份额）。

为了保障能源安全和降低对外依存度，我国提出并实施“走出去”发展战略。通过直接投资、收购和参与油气勘探开发来获得份额油气产量是解决国内油气供应不足的一种重要途径。鉴于上述我国面临油气能源的严峻形势和国际环境，“立足国内调查、勘探、开发，按照市场规律合理适量进口，努力建立能源节约型社会及积极发展替代能源（如天然气水合物）和可再生清洁能源”是今后数十年内必须坚持的能源发展战略原则，也是指导油气资源科学技术发展的行动纲领。

2007 年 5 月，我国在南海北部神狐海域首钻获取天然气水合物实物岩心，成为继美国、日本、印度之后第四个通过国家计划获取“可燃冰”实物样品的国家，神狐海域也成为世界上第 24 个采到样品的地区。神狐海域钻探目标区内（140km^2）共圈定 11 个矿体，含矿区总面积约 22km^2，矿层平均厚度约 20m，资源量 693.3 亿 t 油当量，评价预测储量约 194 亿 m^3。

2013 年 6 月～9 月，在南海珠江口盆地东部海域钻获高纯度天然气水合物样品。其矿藏赋存于水深 600 ～ 1100m 的海底下 200m 以内的两个矿层中（上层厚 15m、下层厚 30m），含矿率平均为 45% ～ 55%，其中甲烷（CH_4）含量高达 99%。控制天然气水合物分布面积 55km^2，折算成天然气，控制储量为 1000 亿～ 1500 亿 m^3，相当于一个特大型常规天然气田规模。

根据初步实际调查的资料显示，东海陆坡区是一个资源量丰富的天然气水合物成矿远景区，应当抓住有利时机，加大勘查力度。

二、国内发展现状及主要进展

（一）深海油气

“十五”期间，国家“863”计划开展了“深水油气地球物理关键勘探技术”课题研究，并获得成功。在此基础上，“深水油气综合地球物理采集处理及联合解释技术”课题从 2007 年启动。研究人员从勘探技术方法入手攻关，开展重、磁和地震综合反演解释技术等一系列有关深水油气地球物理探测关键技术集成研发，已初步建立适应我国南海特点的深水大型油气盆地勘查及综合评价技术系统。

“十一五”期间，我国海域深水区精确定位的超长缆 2D 地震采集技术及高精度的重力、磁力、地震联合质量监控的综合地球物理探测技术集成研发获得成功。经南海北部深水区试验获取了高质量的深部地层反射信号和相关数据。这一技术使地球物理勘探有效深度可达近万米，将为识别深水区含油气盆地构造、深部基础地质条件等提供高精度、高分辨率的地球物理信息。它标志着我国已具备深水油气勘探能力。

1. 深水油气勘查起步

目前我国海上最大、最深的气田——LW3-1 深水气田的开发，已于 2009 年 3 月正式启动。这个投资规模在 60 亿～ 100 亿美元的能源项目于 2012 年年底建成投产，由此将揭开我国深海油气开发的序幕。

位于南海东部珠江口盆地白云凹陷的 LW3-1 深水气田是我国开发的首个深水气田，探明储量为 1000 亿～ 1500 亿 m^3，年产量达到 50 亿～ 80 亿 m^3。南海是我国深海油气勘探开发潜力最大的海域。为此，中海油计划在未来 20 年内投资 2000 亿元加大勘探开发南海油气资源的力度，期望建成一个“深海大庆”。预计到 2020 年，在南海陆坡深水区建成年产 5000 万 t 油气当量能力。未来中海油将把海南省建成化工生产、海上勘探开发供应和海上生产三大基地。

2. 初步取得的成果

南海拥有丰富的油气资源，石油地质资源量约为 230 亿～ 300 亿 t，占我国油气总资源量的 1/3，其中 70% 蕴藏于深水区域。这一海域油气储量将是我国最具开发潜力的区域。现阶段深水勘查主战场是南海北部深水区，主要集中在珠江口盆地—琼东南盆地深水区，水深介于 300 ～ 3200m，面积约 12 万 km^2。

2006 年，中海油在珠江口盆地水深 1500m 处发现了 LW3-1 大气田，标志着作业领域实现了由浅水向深水的跨越；2009 年年底发现的 LH34-2 完井深达 3449m（水深 1145m）；2010 年 2 月发现的 LH29-1 完钻井深达 3331m（水深 720m）；2014 年 9 月，中海油深水钻井平台“海洋石油 981”在南海北部 1500m 深水区发现陵水 17-2 大气田。此前在南海北部已发现探明并开发的大油气田有崖城 13-1 气田（1077 亿 m^3，1983 年）和东方 1-1 气田（996.8 亿 m^3，1992 年），探明深水区流花 11-1 油田（2.18 亿 t，1987 年）、荔湾 3-1 气田（1400 亿 m^3，2006 年）和陵水 17-2 气田（逾 1000 亿 m^3，2014 年）。

2010 年海洋油气产量达 5100 万 t 油当量，建成了“海上大庆油田”，预计到 2020 年还将会有 2 ～ 3 个深水油气田建成投产，再建成一个“深海大庆油田”。“十二五”油气产量目标要达到 1 亿～ 1.2 亿 t 油当量，其中国内海洋油气产量要达到 6500 万～ 7000 万 t 油当量，海外要达到 2000 万～ 3000 万 t 油当量；进口液化天然气达到 1000 万～ 2000 万 t，煤制气 80 亿～ 100 亿 m^3。

中海油承担的国家重大专项“莺琼盆地高温高压天然气成藏主控因素及勘探方向”的

科技新成果有以下几点创新：① 首次创建了新生代盆地地层临界温压环境下水溶相关天然气脱溶成藏理论模式和“动态生气—耦合成藏—近源聚集”的天然气生烃—成藏理论；② 首次构建了伸展—走滑型盆地重力流沉积模式，发展了海底扇精细刻画技术；③ 集成创新了海上深层地震采集、处理技术—研发了三维波场照明和波动方程正演模拟地震采集系统、多域组合保幅去噪和平面波偏移成像技术；④ 高效钻完井技术，首创多机超压成因地层压力预监测技术。科研人员对盆地温压演化与成藏动力学等专项科技攻关取得重大突破，解决了一系列世界性难题。在莺琼盆地高温高压领域发现了东方大气田，探明天然气储量 1092 亿 m^3，三级天然气储量 4500 亿 m^3，与此同时发现了 3 个千亿方的潜力区。

3. 研发深水勘探开发技术及装备

我国深水油气的勘探开发尚处于起步阶段，面临着许多难题，例如深水是低温、高压环境，这给钻井和采油气造成极大困难；海况条件复杂恶劣给钻井施工带来风险。目前能在深水作业的钻井平台也很少，难以满足深水油气勘探的需要。

“海洋石油 981”深水半潜式钻井平台，自 2012 年在南海正式开钻以来，已成功实施多项深水勘探，经历了多次台风考验，最大作业水深 2454m，为我国第一个深水气田 LW3-1 的顺利投产奠定了基础。“海洋石油 720”大型深水物探船投产以来屡次刷新深水 3D 地震作业纪录。“海洋石油 201”成功完成 LW3-1 气田 1500m 水深海底管道铺设。这些大型深水装备为我国海洋深水油气勘探提供了技术支撑。

2014 年 8 月 1 日，“海洋石油 708”为国家科技重大专项“南海深水油气开发示范工程项目”的“南海北部陆坡地质灾害风险评价预测”课题第一孔钻探取样圆满完成作业，水深 588m，连续钻进 100m 地层，获岩芯 63 根，取芯率超过 80%。

深水油气勘探开发在地震勘探技术方面，有两项新技术值得关注：第一种是 4D 地震技术，目前已成为海上油气田勘探的一种成熟方法；第二种是海上多分量勘探技术。对于这些目前国外已经成熟的技术，我国通过合资合作来消化吸收和集成创新，研发出具有自主知识产权的勘探技术和大型开发设备与装置，加快提高我国的深海油气勘探技术水平。

（二）天然气水合物

20 世纪 90 年代后期以来，中国地质调查局在南海北部陆坡、西沙海槽、东海陆坡、台西南盆地东缘等发现了大面积的天然气水合物存在的 BSR 证据，同时探讨了南海和东海陆坡天然气水合物的成因机理，分析了南海海域地质条件下的天然气水合物成因，先后在神狐海域和东沙海域钻获实物样品取得了可喜成果（南海北部陆坡区天然气水合物资源量约 74.4 万亿 m^3）。

1. 南海北部海域先后钻获可燃冰及资源评价

我国通过国家“118”专项于 2007 年 5 月在南海神狐海域钻探验证富含甲烷的天然气水合物，接着按专项计划和“973”计划（南海天然气水合物富集规律与开发基础研究）

继续进行调查和基础研究，在南海天然气水合物分布规律和成矿机制理论方面取得了重要成果，如珠江口盆地东部海域钻获高纯度天然气水合物样品。此次发现的天然气水合物，在同一矿区有多种类型、多层位富集，且矿层厚度大，含矿率高、甲烷纯度高，在国际上罕见。

2. 模拟实验取得了长足的发展

为了更好地服务于水合物勘查工作并为未来的商业性开发做好技术条件的准备，世界发达国家的天然气水合物实验室都开展实验模拟工作。国土资源部中国地质调查局青岛海洋地质研究所天然气水合物模拟实验室，以业渝光研究员为首的科研团队联合南京大学、南京理工大学和南京化工大学共同组成设备研制组，2001 年 10 月底完成了我国第一套实验设备安装调试。他们通过光的通过率记录反应釜内“可燃冰”的生成，并借助超声波主频的变化规律探测海洋沉积物中“可燃冰”的形成过程。当年 11 月 23 日，首批人工合成“可燃冰”——天然气水合物成功点燃，宣告了我国第一个拥有自主知识产权的模拟实验室诞生。

目前，青岛海洋地质研究所水合物实验室，经过 10 多年的努力，已建成了我国第一个运用多种检测手段、以沉积物中天然气水合物为主要研究对象的专业水合物实验室，并自行开发和掌握了一系列实验技术。实验室的设备功能齐全、仪器配置完善，具备了开展各种水合物实验研究的条件，是国内先进的专业水合物实验室。

实验室拥有 9 套实验装置，可运用多种检测手段、以沉积物中天然气水合物为主要研究对象，基本涵盖了地球物理、地球化学等水合物勘探开发所需的实验技术。2008 年又建成了水合物低温物性实验室，其中有效使用体积 0℃ ~ 10℃为 135m^3，−10℃ ~ −50℃为 35m^3。实验室的仪器配置较为完善，拥有激光拉曼光谱仪、X- 衍射谱仪、固体核磁共振及成像系统、气相色谱、气相色谱—质谱仪、MAT253 同位素分析仪、高压差示扫描量热仪（DSC）、红外岩心扫描仪、孔隙度分析仪等仪器设备，具有测定水合物的声速、电阻、饱和度、渗透率、热导率等物性参数和对水合物结构进行表征的能力。实验室为我国海域天然气水合物的勘探开发提供了基础参数和技术支撑，研究成果达到了世界先进水平。

3. 建立海域“可燃冰”基础理论及研发找矿系列技术

我国重大基础研究计划（“973”计划）“南海天然气水合物富集规律与开采基础研究”项目，首次建立起我国南海天然气水合物基础研究系统理论。该项目利用国家调查专项获取的大量资料，先后开展了 3 个有针对性的补充调查航次。在此基础上，重点围绕南海北部陆坡天然气水合物有关的成藏条件、成藏过程动力学、成藏富集规律等关键科学问题开展深入研究，取得了一系列重要研究成果和创新性认识。

“十一五”期间，广州海洋地质调查局和青岛地质海洋地质研究所，作为海洋地质调查高新技术领域的主力军，承担的国家级研究开发项目包括：“863”计划、“973”计划、大洋专项、国家自然科学基金和部、局项目近 50 个项目（课题）。在探查海底能源领域中，重点围绕天然气水合物、近海油气勘查、深水油气调查和实验测试、模拟合成，取得一系列令人瞩目的科技成果。

（1）科技攻关集中瞄准“可燃冰”

我国高度重视“可燃冰”的调查研究，虽起步较晚，但发展很快。2002年，我国专门设立了“我国海域天然气水合物资源调查与评价”专项。在调查研究过程中得益于海洋高技术的支持，研发工作始终以“高清晰度、高分辨率、高保真度”为核心进行研究。

“十一五”期间，“863”计划将“天然气水合物勘探开发关键技术”列为重大项目，设立11个研究课题。以广州海洋地质调查局和青岛海洋地质研究所为依托单位，联合国内多家涉海科研、高等院校等百余名科技人员，针对“可燃冰”资源勘探开发及利用所面临的关键技术，开展联合科技攻关，并取得了一批具有自主知识产权的创新性成果。

主要成果有：

1）研制了海底高频地震仪（HF-OBS）、多路OBS精密计时器及配套设备，突破了三维地震与HF-OBS联合同步采集、高密度速度提取、三维速度体及矿体速度结构分析、矿体三维可视化及定量评价等多项核心技术，形成一套适合我国海域天然气水合物矿体目标探测的技术体系。研发技术首次应用于南海北部神狐海域天然气水合物矿体目标探测，成功获得了首幅“天然气水合物矿体的外形及内部结构特征”图像。

2）热流原位探测技术研制了剑鱼Ⅰ型海底热流原位探测系统、飞鱼Ⅰ型微型温度测量仪和海底热流原位立体探测系统，开发了热流数据处理软件，建立了适用于天然气水合物勘探区的海底热流资料解释分析流程，形成集海底热流原位探测的采集、处理和解释于一体的系列技术。

3）流体地球化学现场快速探测技术，研发了孔隙原位采集系统，攻克了深海低温高压下沉积物原位孔隙水采集的泥水分离过滤技术等多个技术难点；研制了世界上第一套沉积物孔隙水分层原位采集系统，实现了在短时间内同时获取深海多层位、气密性、无污染的原位孔隙水样品；研发了海水分层气密采样系统，将压力自适应平衡技术成功运用于海水分层气密采样系统；研制了一套能够对不同类型水体中烃类气体等地球化学指标进行现场快速检测的船载平台系统。

（2）圈定矿体评价资源量

在高科技探测技术的有力支撑下，我国海域可燃冰资源调查与评价取得一批重大进展和成果：发现了南海北部陆坡区和东海陆坡区天然气水合物赋存有利区；评价了这两个海区天然气水合物资源潜力；确定了南海神狐海区两个可燃冰重点目标区，为实施钻探验证提供了目标靶区；证实了我国南海北部陆坡区存在天然气水合物资源，并在神狐海区成功钻获可燃冰实物样品。

通过调查研究，圈定南海北部陆坡区异常分布范围及远景最有利目标区，预测了含天然气水合物层的厚度和水合物资源远景，评价了这一区域天然气水合物资源潜力，确定了东沙、神狐 2 个重点目标，圈定矿体范围，为进一步实施水合物钻探验证和探明地质储量提供了目标靶区。

在东海陆坡冲绳海槽区开展了针对天然气水合物资源的地质地球物理和地球化学调查，进行了资源和环境评价，圈定了远景区，为进一步开展调查和研究工作奠定了基础。

（3）实验模拟与测试

我国在天然气水合物的模拟实验及实验测试方面，取得一系列成果主要有：首次报道了沉积物中水合物的相平衡条件图，天然气水合物储气量的直接测定结果，水合物氢氧同位素分馏系数，水合物元素地球化学异常的实验研究结果，多孔介质中甲烷水合物生成的排盐效应及其影响因素，水合物声学特性的实验结果，水合物饱和度与声学参数响应关系。

首次提出 CO_2 水合物核理论模型，报道了多孔介质中水合物的地球化学实验研究，双棒型热—TDR 探针法在沉积物中水合物各项热物理特性测试结果，甲烷水合物分解过程模拟实验研究，沉积物中水合物及开采模拟实验研究。

使用最先进的激光拉曼光谱和气相色谱仪，对青海祁连山冻土区可燃冰和神狐海域可燃冰样品进行了测试：前者水合物气体组分相对复杂，初步判断其为Ⅱ型结构（sⅡ）水合物，小、大笼甲烷占有率的比值（θ_S/θ_L）为 26.38，远远大于神狐海域水合物的 0.87；后者的组分主要是甲烷，占 99% 以上。而祁连山冻土区天然气水合物组分则是甲烷（70%）、乙烷（11%）、丙烷（14%）、丁烷（4%），还有少量的戊烷及 CO_2 等。

经过 10 余年的发展和科技攻关，我国已形成了具有自主知识产权的高精度地震、原位及流体地球化学等关键探测技术，建立起适合我国海域特点的天然气水合物综合探测系统，为国家天然气水合物资源勘查和钻获实物样品提供了目标优选、保真取芯等核心技术，为打破国外的技术垄断、实现我国海域天然气水合物勘探技术的跨越式发展，为今后我国天然气水合物区域规模找矿发挥重要的技术支撑作用。

目前，我国天然气水合物调查研究工作已列入“十二五”和“十三五”规划，国土资源部新一轮的天然气水合物资源调查和试采工作已经展开。今后，我国天然气水合物的基础研究的主要内容是：围绕以天然气水合物成藏机制，富集规律及开发理论基础为重点，采用地质，地球化学和地球物理综合研究方法和技术，研究天然气水合物的成藏理论及及其综合识别标志（地形，特别是麻坑等微地形、沉积物、矿物、化学、BSR、极性及空白带等）及技术方法，探索成藏机理及其富集规律和开发相关技术，为我国天然气水合物勘探和资源评价提供科学理论依据。

三、国外发展现状与趋势

（一）深水油气

21 世纪是海洋开发利用的新时代，海洋将为人类社会可持续发展做出越来越大的贡献。海洋经济正在并将继续成为全球经济新的增长极，其中海洋油气产业占全球海洋经济的比重50%以上。

1. 从陆架向陆坡深水区扩展

国际能源机构最新统计数字表明，海洋油气储总量的44%蕴藏在500m的深水区和大于1500m的超深水区中，而现在发现的储量仅占3%～5%，可见其潜力之大。在水深超过500m的大陆坡区已发现50多亿t油当量的油气资源（油与气的比例是64%、36%）。目前正在开发和计划开发的有巴西坎波斯盆地、墨西哥湾、西非安哥拉，英国、挪威北海、南里海等油田和菲律宾马拉姆帕亚深水气田。这些深水含油气盆地主要分布于被动大陆边缘。近10多年来，全世界发现的新油气田有45%～50%来自陆架深水区，据统计，2008年全球储量在4亿桶油当量以上的重大油气发现共有14个，其中有8个来自深海区。

当前，世界范围海洋油气钻井和水平井呈现的发展新动向是巴西、挪威和英国领先，钻井数占深井总数近半；南美委内瑞拉和哥伦比亚紧跟其后，荷兰、中国、沙特阿拉伯、伊拉克、卡塔尔、阿联酋、菲律宾、越南以及西非近海的一些国家也开始起步。深水勘探开发活动在全球海洋石油工业中所占比重越来越大，充分反映了世界海洋油气勘探开发活动由陆架区向深水陆坡区进军的扩展趋势，钻探水深从200～500m的浅海、半深海区扩展到1000～2000m的深海、超深海区。

2. 深水区油气资源的前景及主要发现

全球超过50%的油气资源蕴藏在海洋，深水区已发现约30个超过5亿桶（约6850万t）的大型油气田。据估计，未来世界石油地质储量的44%来自深海。近年来，在全球获得的重大勘探发现中，有50%来自海洋，主要是深水海域（中东、西非、南美、北美）。深水海域已成为国际上油气勘探开发的重要接替区域。今后发现海洋新储量的最大场所将是大陆架边缘的半深海、深海和超深海区。石油地质与地球物理学家认为，大陆坡和陆隆区的油气资源的潜在量相当或超过大陆架的储量，估计水深超过200m的外陆架区蕴藏了50%～60%的海底油气资源。这些深水区发现的油气田大多分布于大西洋两岸，在墨西哥湾和巴西、委内瑞拉海域主要是油田；而在英国、挪威北海和西非海域主要是气田。据预测，在世界深水大陆坡范围内的油气资源的分布是：西非占32%、南美和墨西哥30%、西北欧15%、亚太地区13%、其他地区10%。

巴西近海、美国墨西哥湾、非洲安哥拉和尼日利亚近海是备受关注的世界四大深海油气区，几乎集中了世界全部深海探井和新发现储量。据统计，在已发现的深海储量中巴西有148亿桶，其中的五大油田的发现就超过100亿桶；墨西哥湾有140个发现，储量达115亿桶；安哥拉近海有14个发现，储量95亿桶；尼日利亚的25个近海油田，储量达83亿桶。

目前，世界上英国BP公司、巴西国家石油公司、挪威国家石油公司、埃克森、壳牌、哈斯基和优尼科等石油公司拥有深水勘探开发核心技术，从事深水区油气勘探开发工作

（表 1）。2010 年，深海石油产量达到 4.3 亿 t，可满足全球石油需求量的 9%。

表 1　世界主要深海区油气资源量

国　家	海　域	油气储量（亿 t 油当量）	石油（亿 t）	天然气（亿 m^3）
美　国	墨西哥湾北部	21	15	6000
巴　西	东南部海域	27.3	23.2	4100
西　非	三角洲、下刚果	28.6	24.5	4100
澳大利亚	西北陆架区	13.6	0.5	13100
东南亚	婆罗洲	5.3	2.0	3300
挪　威	挪威海	5.1	1.1	4000
埃　及	尼罗河三角洲	4.8		4800
中　国	南海北部	3.5		4000
印　度	东部海域	1.6		1600

资料来源：据美国地调局、国际能源机构评估，2010 年。

3. 高新技术促进油气工业发展

深水区油气的勘探开发受恶劣而复杂的海况和储藏特征的限制，具有“四高”特点，即高技术、高风险、高投入、高回报。要实现深水油气勘探开发的突破，一方面需要加强深水陆坡区的区域地质—地球物理综合调查研究，从大地构造和石油地质成藏条件进行评价，选出有利的含油气远景区（盆地、区带）；另一方面要研发、集成高效先进的深水油气勘探开发技术。其中最关键的技术，就是包括 3D 的海上数字地震勘探技术、中深层高分辨率地震勘探技术和深水钻井技术。

深水油气勘查技术主要是以地震勘探技术为主的综合地球物理勘探方法。目前，国外深水地震方法包括 3D 地震、多波多分量地震、高分辨地震以及相应的处理解释系统等。总的发展趋势是利用海底地震电缆（OBC）排列的多波多分量地震方法。多分量方法能够解决深水作业遇到的一系列技术问题，同时该方法的费用持续下降，使之比一般海上拖缆地震费用只高 50%。

目前，巴西深海油气勘探开发技术一流，其国家石油公司可用于 3000m 水深的半潜式钻井综合平台已研制成功，这意味着在大部分陆坡可以进行深水油气勘探开发。巴西国内开采的石油 80% 来自海上油气田，其中绝大部分集中在东南部里约热内卢州沿海的坎普斯海盆、东北部桑托斯盆地盐下层系（瓜拉海区拥有 10 亿 ~ 20 亿桶石油储量）和邻近海域（占巴西国内石油产量的 85%）。近年来由于使用了高新技术，在盐下层系发现丰富的油气藏，估计巴西石油储量在 500 亿 ~ 800 亿桶（相当于 68.5 亿 ~ 109.5 亿 t），将足够开采 50 年。

经过多年的发展，巴西国家石油公司在深海和超深海勘探开发领域拥有了世界顶尖的技术水平。该公司不断刷新世界深海油气勘探开发的水深纪录（最深达 3051m）。如利用 3D 地震技术陆续发现了大批深水油田，其中有 4 个可采储量超亿吨的大型油田，可采储量共达 13.51 亿 t。目前已实现水深 2000m 以下海底石油商业性开采，水下机器人可将采油设备运送到海底安装，输油管线将油井与海面上的油船连接，开采出来的原油就源源不断地输送到油船的贮舱。

（二）天然气水合物

天然气水合物（Natural Gas Hydrate）是由气体和水在低温高压下形成的一种类冰状固体络合物，主要含有甲烷（CH_4）、乙烷（C_2H_6）等烃类气体，此外还可能含有 CO_2、H_2S 等非烃类气体。其资源量巨大，据国际天然气潜力委员会估算，世界天然气水合物资源量约为 1.8 亿 ~ 2.1 亿 m^3，是煤炭、石油和天然气总量的两倍。

1. 世界主要国家的发现及分布状况

1965 年，苏联在西伯利亚的永久冻土中首次发现了天然产出的天然气水合物。1971 年，美国在其东海岸利用地震反射剖面发现了具有水合物标志的 BSR。20 世纪 70 年代以来，美国、日本、加拿大、俄罗斯、挪威、德国、印度、巴西等国相继投入大量资金进行天然气水合物的调查研究。1979 年，国际深海钻探计划（DSDP）在大西洋和太平洋中发现了海底天然气水合物。从 2001 年开始，美国、加拿大、日本、中国、俄罗斯及印度等国加大了水合物调查研究的投资力度，并开始了对水合物开发工艺的研究和开采试验。

目前有俄、美、加、日、德、澳、新西兰、挪威、冰岛、南非、智利、巴西、土耳其、乌克兰、印度、印尼、韩国、中国等 40 多个国家都在本国海域陆坡或大陆边缘进行天然气水合物调查和研究。至今，世界各地海域钻探发现和 BSR 推测，天然气水合物产地约 150 处。

2. 美、日、印等国调查研究主要成果

20 世纪 90 年代，美国对阿拉斯加北坡海岸带永久冻土区进行了天然气水合物调查评价，并实施了钻探施工（估计资源量 7140 亿 ~ 44680 亿 m^3）。2008 年 10 月，以美国能源部和地质调查局为首的项目组对阿拉斯加北坡进行了大规模的陆地永久冻土区天然气水合物全面综合的调查评价及开采试验研究。资源评价结果表明，在阿拉斯加北坡陆地永久冻土区，天然气水合物可能存在的甲烷资源量达 2.4 万亿 m^3。水合物层厚 154m。

日本从 1998 年开始，在经济产业省的领导下，每年投入 60 亿日元，有 20 多个机构 200 多位科学家参与天然气水合物的调查研究。1999 年日本利用美国的“决心号”深水钻井船首次在其南海海槽实施海洋天然气水合物取样钻探施工，取得了一定的进展。

2001 年日本制定“国家天然气水合物开发计划”（简称 MH21）分三个阶段实施：第一阶段（2001—2008 年）在东南海海槽海域（静冈县—和歌山县海域）进行地震调查和钻探来确定水合物储量，用减压法验证水合物开采方法；第二阶段（2009—2015 年）研制开发水合物生产技术，2012 年利用“地球”号钻探船试验钻探生产技术；第三阶段（2016—2018 年）通过第一、第二次生产试验实现生产技术突破。

印度国家水合物计划的主要目标是为了评估水合物矿藏的地质背景及产出特征，以便进行水合物的长期开发。2006 年 4 月 ~ 8 月，美国的“决心号”历时 113.5d，在印度实施了 21 个站位 39 个孔的钻探，21 个站位中有 1 个位于印度西南海域，15 个位于 KG 盆地，4 个位于东北部的 Mahanadi，1 个位于安达曼的深海。总进尺超过 9250m，获取岩心 2850m。12 个孔实施了随钻测井，13 个孔实施了电缆测井，并获得了天然气水合物岩心样品，在印度天然气水合物勘探方面取得了突破性进展（资源总量 1894 亿 m^3）。

2014 年 7 月 28 日至 8 月 1 日，第 8 届国际天然气水合物大会在北京召开。来自 28 个国家和地区的 700 多位专家、学者的 620 多篇论文和口头报告，涵盖了水合物研究的各个领域，从水合物的基础物性研究、探查技术、实验模拟、勘探开发技术、开采工艺及设备、工业应用到全球变化等。大会在天然气水合物调查技术、成藏理论、探测技术、环境效应和试开采技术等方面，展示了最新研究进展与成果。

从大会交流和研讨的情况来看，近五年来天然气水合物调查研究取得一系列的成果和试采的成功。但与会专家、学者仍认为：天然气水合物研究，无论是调查技术、成藏理论、探测技术、环境效应和开采技术、工业应用等方面都还不十分成熟，还有较长的路要走。专家、学者都表示，未来的商业性开采指日可待、大有可为。

3. 陆地 / 海洋成功试采

为了获得水合物钻探取样的施工经验，1998 年，加拿大地质调查局负责组织，美国、日本参与钻探施工了 Mallik2L-38 测试井，深度达 1150m，采集了部分水合物岩心样品证实了天然气水合物的存在，实现了对陆域冻土天然气水合物认识上的飞跃。此后，加拿大地质调查局又联合德国、印度和 ICDP 等国家和国际组织，于 2002 年在该地区再次进行了 Mallik5L-38 井钻探取样和试开采施工项目，并成功开展了开采试验。为了开发利用陆地冻土天然气水合物，加拿大地调局于 2007—2008 年，又组织有关国家进行了代号为 Mallik 2007 和 Mallik 2008 的开采试验研究。2007 年共进行了 17d 的开采试验，2008 年又连续进行了 6d 的开采试验，均采用的是降压开采法。开采试验的层段为 1093 ~ 1105m。在 2008 年的 6d 连续开采试验中，平均每天的采气量为 2000m^3。

2004 年，日本在南海海槽再次租用美国的“决心号”深水钻井船，在水深 2033 ~ 772m 进行了世界上最大规模的海洋水合物取样钻探施工，完成了 32 口水合物钻探取样孔，对该海域水合物资源进行了全面调查评价（甲烷气总量 1.1 万亿 m^3），并进行了开采试验研究。

2013 年 3 月 12 日，日本产经省宣布：“地球”号深海勘探船在爱知县附近海域成功地从海底蕴藏的甲烷水合物中分离出甲烷气，试采 6d，共产气 12 万 m^3，从而成为世界上第一个掌握海底可燃冰开采技术的国家。预计到 2018 年将研发出成熟技术，实现商业性开采。值得注意的是，日本企业直接参与并领导了加拿大 Mallik 水合物研究计划，日本在水合物研究领域已经走在世界的最前列。

4. 研发有效的开采技术工艺

目前一些发达国家正在进行的开采试验技术工艺中，基本途径可分为三种技术方法。

1）热力开采：通常采用蒸汽注入、热水注入、热盐水注入、火驱及电磁加热等技术，对天然气水合物矿层进行加热，使温度达到足以使水合物发生分解，再将导管抽吸析出的甲烷气于贮藏器内或采用常规天然气的输气管道输送到船载贮藏器中。

热力开采一般采用油气钻探技术，通过进入海底一定深度的套管输入加热的溶剂或将地表水加热循环到海底水合物矿层，使水合物融渗并使气体通过另一层套管被压升到海面。这种回收套管大多要下到水合物析出气“囊”处。

2）降压开采：通过钻探方法或其他途径降低天然气水合物矿层下的游离气聚集层位的平衡压力，破坏水合物水藏的稳定性，使水合物水解而析出甲烷气体。这种降压法只需较少的能量注入，所需能量来自地球内部的地热流。

3）化学剂注入开采：用化学剂来促使水合物溶解，如采用压裂方法注入低浓度的甲醇、乙二醇和氯化钙等抑剂，造成水合物稳定层的温度与压力失去平衡，使天然气水合物在原地的温压条件下不再稳定而分解析出。

上述三类技术方法，究竟哪种更简易、方便，且开采成本较低，不仅需要通过实际的试采和相互对比，也要根据海区的海洋环境和海底水合物矿层的实际条件来决定。

4）综合方法：单独采用某一种开采方法显然是不经济的，只有结合不同方法的优点才能达到对水合物的有效开采。如降压法和加热法开采技术结合使用，即先用加热法分解天然气水合物，后用降压法提取分解后的游离气体。

此外，还有一些新型方法，如置换法，通过注入 CO_2 或其他形成水合物的相平衡条件低于甲烷的流体，将水合物中的甲烷气体置换出来并进行收集。固体开采法是直接采集海底固态天然气水合物，将其拖至浅水区进行控制性分解，这种也称为混合开采法或矿泥浆开采法。机械—热开采法，此方法是考虑常规开采法传热及开采效率慢，且结合水合物的常规开采方式和我国水合物地层的地质、力学的基础上，提出的一种新设想（概念模型），尚需要攻克许多复杂的工程科学问题。

四、国内战略需求与发展目标

（一）战略需求

1. 维护国家海洋权益的需要

我国海域周边有 8 个邻国同我国存在海域划界问题，争议海域面积达到 120 万 km^2。东海与日本，南海周边与菲律宾、马来西亚、越南尤为激烈。据有关资料显示，目前在南海传统九段线内外有十几个国家数十家公司大肆掠夺油气资源，从我国南海南部传统海域每年开采石油逾 5000 万 t、天然气逾 300 亿 m^3。“岛礁被抢占、资源被掠夺”的态势有增无减，我国的海洋权益正在受到严重的损害。国际海域之争，实质是资源的竞争，也是综合国力的竞争。资源安全就是国家的安全。因此，加强管辖海域的勘查，探明油气资源，有效地开发海洋油气资源，成为维护我国海洋主权和权益的当务之急。

我国位于深水区的 20 余个沉积盆地，油气资源也十分丰富，据南海中—南部 14 个盆地新一轮资源评价结果表明，其石油地质资源量达 130.09 亿 t，可采资源量为 42.87 亿 t；天然气地质资源量 8.84 万亿 m^3，可采资源量为 5.45 万亿 m^3，均超过我国近海盆地的油气资源量，展现了相当可观的勘探前景，是我国新区勘探和资源接替的主要地区。目前我国除已在珠江口和琼东南盆地的陆坡区进行了钻探外，其他所有深水区盆地到目前为止均未钻井。因此认为，无论从资源战略接替还是从维护我国海洋权益角度考虑，应加快深水区油气的勘探部署。

天然气水合物是未来的替代能源。预测我国油气产量到 2030 年前后将过高峰期，加之国民经济持续快速发展，油气消费量逐年增长。我国天然气水合物按计划路线图到 2030 年前后实现商业性开采，将在较大程度上可弥补油气资源供应的不足。为此，加快勘查和资源评价、矿区勘探和海上试采，是今后 10 年的主攻目标。

2. 能源供需形势的需要

2010 年我国已成为世界第一大能源消费国。其中石油消费量从 3.25 亿 t 增加到 4.28 亿 t，年均增长 5.7%；天然气消费量从 468 亿 m^3 增加到 1090 亿 m^3，平均增长 18.5%。统计数字显示，我国石油产量连续 5 年突破 2 亿 t；2014 年石油产量达到 2.1 亿 t；天然气产量 1329 亿方；全年石油进口量达到 3.0838 亿 t，对外依存度继续突破国际警戒线高达 58%。

预计到 2030 年，常规石油年产量仍会保持在 2 亿 t 水平，非常规石油年产量 3000 ~ 5000 万 t；常规天然气年产量可接近 3000 亿 m^3，非常规天然气年产量 1500 亿 m^3。总的石油产量有望超过 2.5 亿 t，天然气产量达到 4500 亿 m^3。

中国国民经济的快速发展，决定了油气需求量的高速增长。据预测未来 5 年国内石油需求量还会大幅上升，年均增长将达 4.9%，这也决定了我国的原油对外依存度不断攀升是不可避免的趋势。《中国能源发展报告》指出，到 2020 年中国对进口原油的依存程度可能会上升至 65%。对此，专家们认为："中国石油企业走出去，从多途径获取海外权益石油，是避免我国石油对外依存度走高的主要出路。"

3. 海洋产业发展的需要

《全国海洋经济发展规划纲要》实施 10 年来，我国海洋经济取得了巨大成就，海洋经济规模不断扩大，海洋新兴产业在海洋经济中所占比重逐年增加。党的十八大提出"提高海洋资源开发能力，发展海洋经济，保护海洋生态环境，坚决维护国家海洋权益，建设强国。"标志着建设海洋强国已上升为国家战略，海洋经济已成为拉动我国国民经济发展的有力引擎。

2014 年，我国海洋产业总体保持稳步增长。全国海洋生产总值 59936 亿元，比上年增长 7.7%，占国内生产总值（GDP）的 9.4%。2013 年在 12 个主要海洋产业中，海洋油气业保持稳定发展，海洋原油产量 4540 万 t，比上年增长 2%；海洋天然气产量 120 亿 m^3，比上年减少 4%，全年实现增加值 1648 亿元，比上年增长 0.1%。海洋油气业占主要海洋产业增加值（22681 亿元）的 7.3%，居第 4 位。

4. 发展新型替代能源的需要

目前，世界各国都在积极发展新型能源——非常规油气资源（油页岩、油砂、致密砂岩气、煤层气、页岩气、水溶气等）、天然气水合物、海洋再生能源（太阳、风、潮汐、波浪、温盐差能等）。我国非常规油气资源潜力巨大，远远大于常规油气资源，如煤层气资源量 37 万亿、页岩油资源量 476 亿 t、油砂资源量 60 亿 t。页岩气资源潜力也十分巨大，其可采资源量 25 万亿～31 万亿 m^3。“十二五”规划目标探明可采储量 2000 亿 m^3，产量将达到 65 亿 m^3。到 2020 年，在全国优选出 50～80 个有利目标区和 20～30 个勘探开发区。页岩气可采储量稳定增长达到 1 万亿 m^3，页岩气产量快速增长，可达到常规天然气产量的 8%～12%，成为我国重要的清洁能源。

2014 年，我国率先在四川盆地取得勘探突破探明首个千亿方整装页岩气田。至 7 月底，我国累计生产页岩气 6.8 亿 m^3，目前进入规模化开发初期阶段，前景良好。2014 年页岩气产量 15 亿 m^3，2015 年有望达到或超过 65 亿 m^3 的规模目标。

（二）发展目标

1. 海洋油气

《中国至 2050 年油气资源科技发展路线图》提出近期（2025 年前后）目标：通过一系列油气地质科学技术的进步，使得我国油气总体勘探开发科技水平接近当时国际先进水平，石油资源探明率达到 50%、天然气 30%，原油采收率提高到 40%，非常规油气替代率达到 10%。

中国海洋石油总公司“十二五”油气产量目标要达到 1 亿～1.2 亿 t 油当量，其中国内海洋油气产量要达到 6000 万～7000 万 t 油当量，海外要达到 2000 万～3000 万 t，进口液化气要达到 1500 万～2000 万 t、煤制天然气要达到 80 亿～100 亿 m^3。目前，中海油正在筹建 3 个“海上大庆”——在渤海建设 5000 万 t 原油生产基地；在南海深水区建设 400 亿～500 亿 m^3 天然气生产能力；在沿海地区建设 5000 万 t（650 亿 m^3）液化天然气 LNG 接收站的规划目标将在 2015—2020 年实现。届时海洋油气业将在全国海洋主要产业中列居前三位。

2. 天然气水合物

《中国至 2050 年能源科技发展路线图》对我国海域的天然气水合物研究开发路线图提出三个阶段发展目标：从 2008—2020 年，建立水合物成藏、勘探评价、开采利用、环境影响等的基础理论和技术体系，完成资源调查、勘探与评价，开发其勘探识别技术，选择开采区域，研究其开发的可行性及环境影响评估；2021—2035 年，进行海上商业性试采；2036—2050 年将开展海上大规模商业化开采。

五、发展我国深海油气与天然气水合物勘探开发的对策建议

为加快我国深海油气和天然气水合物资源勘探开发进程和实现发展目标，提出以下几

点对策建议。

1）在国家中长期发展规划中，科技部、国土资源部、国家海洋局、中国科学院等部门及相关高等院校，在“十三五”及今后一段时期，要继续将深海油气和天然气水合物资源勘探开发基础理论、应用技术和勘查评价项目作为专项或重点项目纳入国家重大计划，专项或重点项目采取部门强强联合科技攻关。做大项目，出大成果。

2）加强基础理论（前沿性、原创性）和应用基础技术研发。深海油气的主要科学问题：① 深水盆地形成的地球动力学、结构构造特征等基础地质理论问题；② 深水盆地异常温压下油气的生烃动力学机制，盆地构造演化及不同期次构造变形对油气运聚成藏与分布的控制作用；③ 深水盆地油气资源潜力与勘探前景预测；④ 深水—超深水条件下的地球物理勘探、钻探设备与技术系列研发。

天然气水合物研究的关键科学问题：① 确定我国管辖海域（主要是南海和东海）水合物的存在、分布范围、远景资源量和评价矿区地质储量；② 不同类型天然气水合物的地质条件和资源评价方法体系；③ 天然气水合物的实验模拟，开采技术方法及工艺设备等。

3）重视海洋高技术人才和创新研究团队的培养。对承担国家专项或重点项目的科研人员给予足够的资金支持，创造良好的实验环境和宽松的学术交流研讨氛围，使科技人员更积极主动发挥其自主创新、集成创新的能力和水平。

4）充分发挥已有海洋技术与实验平台的作用，积极筹建海洋高新技术研发实验基地。建设好青岛海洋科学与技术国家实验室的油气地质研发实验基地、天然气水合物实验模拟与系统仿真基地，研发探测识别技术、采样技术、评价技术和开采工艺技术等。

5）跟踪世界油气、天然气水合物科技发展前沿，积极参与国际海洋科技合作与交流。发扬“团结、协作、求实、创新、奉献”的科学精神和实干的作风，在国内应充分交流研讨、资源共享，深入综合分析研究，提交高质量、高水平的成果。

参考文献

[1] 杨胜雄. 南海天然气水合物富集规律与开采基础研究文集［C］. 北京：地质出版社，2013.

[2] 莫杰. 深海资源开发利用研究［J］. 科学，2013，65（1）：31-35.

[3] 李绪宣、王建范、杨凯，等. 海上深水区气枪震源阵列优化组合研究与应用［J］. 中国海上油气，2012，24（4）：1-6.

[4] 莫杰. 深海探测技术的发展［J］. 科学，2012，64（5）：11-15.

[5] 莫杰，蔡乾忠，姚长新. 海洋矿产资源［M］. 北京：海洋出版社，2012.

[6] 袁光宇. 中国海油深水技术体系与装备能力建设［J］. 中国海上油气，2012，24（4）：45-49.

[7] 谢彬，姜哲，谢文会，等. 一种新型深水浮式平台—深水不倒翁平台的自主研发［J］. 中国海上油气，2012，24（4）：60-65.

[8] 戴春山，等. 中国海域含油气盆地群和早期评价技术［M］. 北京：海洋出版社，2011.

[9] 业渝光，刘昌岭，等. 天然气水合物实验技术及应用 [M]. 北京：地质出版社，2011.
[10] 国土资源部. "十一五" 全国油气资源勘查开采重要成果通报（内部出版物），2011，11.
[11] 中国科学院油气资源领域战略研究组（总负责路甬详、组长刘光鼎）. 中国至 2050 年油气资源科技发展路线图 [M]. 北京：科学出版社，2010.
[12] 张功成，米立军，吴景富，等. 凸起及其倾没端—琼东南盆地深水区大中型油气田有利勘探方向 [J]. 中国海上油气，2010，22（6）：360-368.
[13] 施利生，柳保军，颜承志，等. 珠江口盆地白云—荔湾深水区油气成藏条件与勘探潜力 [J]. 中国海上油气，2010，22（6）：360-374.
[14] 李友川，张功成，傅宁. 南海北部深水区油气生成特性研究 [J]. 中国海上油气，2010，22（6）：375-381.
[15] 杨少坤，代丁一，吕音，等. 南海深水天然气测试关键技术 [J]. 中国海上油气，2009，21（4）：237-241.
[16] 龚再升. 生物礁是南海北部深水区的重要勘探领域 [J]. 中国海上油气，2009，21（5）：289-295.
[17] 庞雄，陈长民，陈红汉，等. 白云深水区油气成藏动力条件 [J]. 中国海上油气，2008，20（1）：9-14.
[18] 李大伟，李德生，陈长民，等. 深海扇油气勘探综述 [J]. 中国海上油气，2007，19（1）：18-24.
[19] 张宽，胡根成，吴克强，等. 中国近海主要含油气盆地新一轮油气资源评价 [J]. 2007，19（5）：289-294.

撰稿人：莫　杰　周永青

深海矿产资源勘查与开发研究进展

一、引言

“国际海底区域”是地球上具有特殊法律地位的最大政治地理单元，蕴含着丰富的多金属矿产资源。目前，已被认识到的主要有三种：分布于深海盆地，富含 Cu、Ni、Co、Mn 等元素的多金属结核（也叫铁锰结核或锰结核）；分布于海山上斜坡，富含 Co、Ni、Zn、Pb、Ce、Pt、REE 等元素的富钴结壳（也称铁锰富钴结壳），分布于大洋中脊和弧后盆地扩张中心，富含 Cu、Fe、Zn、Pb 及贵金属 Au、Ag、Pt 的多金属硫化物。它们是地球上尚未被人类充分认识和利用的潜在资源，美国、俄罗斯（苏联）、德国、法国、日本、韩国、印度和中国等国家相继开展了多金属资源调查研究。其中，多金属结核资源勘查工作已经基本完成，国际上的深海矿产资源勘查主要围绕富钴结壳和多金属硫化物开展，而热液活动及硫化物的形成是目前学术界研究的热点。

二、本学科发展现状

2009 年以来，我国深海大洋事业发展迅速，全面实现了面向多种资源的勘查研究，研发了一系列重大装备并逐渐投入使用，多条调查船同时勘查步入常态化，重大装备的保障能力进一步提升，航次管理、成果管理进一步优化。

（一）深海矿产资源勘查与研究

我国对“区域”的探索始于 20 世纪 70 年代，1983 年国家海洋局“向阳红 16”号调查船进行了东北太平洋海域多金属结核调查，首次获得了多金属结核、深海沉积物等样品和其他多种数据资料，开创了我国系统调查深海矿产资源的先河。1997 年起开始了富钴结壳系统调查，2005 年开始了多金属硫化物系统调查，逐步实现了由单一多金属结核资源勘查开发向多种资源同步开发的战略性转变，成为当前世界上唯一同时在三大洋拥有三类主要多金属矿区的国家。

1. 多金属结核

1990 年，中国向国际海底管理局提交了矿产资源先驱投资者申请书，1991 年获得批准，中国成为继苏联（俄罗斯）、日本、法国、印度之后的第五个先驱投资者，在东太平洋海域拥有 15 万 km^2 的开辟区。1991 年起我国开始全面进军国际海底区域，到 1999 年 10 月，在东北太平洋进行了 10 个航次的海上勘探研究工作，从开辟区优选出 7.5 万 km^2 矿区。这一矿区在当前预期的回采率条件下，可满足矿区内年产 300 万 t 多金属结核、开采 20a 的资源需求。

2001 年，中国大洋协会与国际海底管理局签订了《多金属结核勘探合同》，为我国在国际海底区域获得了 7.5 万 km^2 具有专属勘探权和优先开采权的多金属结核矿区。

（1）多金属结核资源勘查

2009 年以来，以全面履行多金属结核矿区勘探合同义务为目标，“大洋一号”考察船、“向阳红 09”调查船、“海洋六号”调查船先后执行了多个大洋航次，在东太平洋海盆 CC 区多金属结核富集区开展了海上调查工作，“大洋一号”考察船还在中印度洋多金属结核富集区开展了海上调查工作。

1）东太平洋 CC 区。2011 年，“大洋一号”考察船执行的大洋 22 Ⅸ航段在 CC 区开展了以全水柱 CTD 测量及采水、浮游生物拖网和电视多管取样为主要调查手段的环境调查，首次获取了多金属结核环境特别受关注区内大范围、多站位、全深度的垂直剖面水体温、盐、溶解氧及营养盐等环境数据以及浮游生物、叶绿素、底栖生物和微生物样品，为我国参与国际海底管理局 CC 区环境管理计划提供了大量宝贵的数据资料。“海洋六号”调查船执行的大洋 23 Ⅰ航段、大洋 29 Ⅱ、29 Ⅲ航段和大洋 32 航次在东太平洋 CC 区中国多金属结核合同区开展了 CTD 测量及采水、浮游生物拖网、多金属结核拖网和底质沉积物取样等作业，补充完善了合同区环境数据，为履行多金属结核勘探合同提供了技术支撑，为多金属结核选冶试验提供了样品。

“向阳红 09”调查船执行的大洋 31 Ⅱ航段在东太平洋 CC 区中国多金属结核合同区西区试采区内选定的详细勘探区，应用“蛟龙”号载人潜水器，进行了 6 次下潜作业，开展了海底视像剖面调查和取样。除 1 个工程潜次外，其余 5 个潜次开展了生物诱捕装置布放、近底观测、高清摄像、生物和地质取样等作业，拍摄了大量高清视像，采集了底栖生物和多种地质样品，为底栖生物多样性研究和多金属结核资源量估算提供了翔实的视像资料和实物样品，履行了与国际海底管理局签订的《多金属结核勘探合同》义务。

2）中印度洋海盆。“大洋一号”考察船执行的大洋 21 Ⅷ航段在中印度洋海盆结核富集区开展了海底地形测量、海底视像与地球物理调查和地质采样工作，初步了解了中印度洋海盆结核富集区的结核分布情况和丰度、品位特征。“大洋一号”考察船执行的大洋 22Ⅰ

航段在中印度洋海盆结核富集区开展了海底视像调查、多金属结核采样和底质采样，获取了多金属结核样品。

（2）多金属结核成矿作用与资源评价研究

1）成矿元素富集机制。借助相分析中的偏提取方法对东太平洋多金属结核进行了选择性提取实验，研究了稀土元素在其中各矿物或氧化物相中的分布模式以及铁氧化物和锰氧化物对稀土元素的吸附机制，结果显示稀土元素主要富集在无定形铁的氧化物 / 氢氧化物中，成岩型结核的 Ce 负异常是因其产出于缺氧微环境，从而可溶性的 Ce^{3+} 难以氧化为不溶性的 Ce^{4+} 沉淀所致（姜学钧等，2009）。

2）资源开发利用。采用分步溶解法分析了钴的赋存状态，选择还原氨浸法浸取了多金属结核中的金属。结果表明，大洋锰结核中钴的质量分数可达 0.30%，且主要以硅酸钴、氧化钴和硫化钴的形式存在。氨浸提取可以有效地使金属离子从结核中溶出，其中钴的浸出率最高可达 93.25%（于德利等，2009）。

以多金属结核氨浸渣的开发利用为目标，开展了氨浸渣脱硫实验研究，发现 480℃煅烧的大洋锰结核氨浸渣产物具有最高的氧化性、最高的硫容量，1g 煅烧产物可去除 310mg · S^{2-}（常冬寅等，2009）。多金属结核还原氨浸渣纳米态钾锰矿热法合成实验表明，反应体系中存在 K^+、SO_4^{2-} 对合成纳米态钾锰矿十分有利，降低了钾锰矿合成成本，为钾锰矿商业化生产提供了新的思路，为多金属结核氨浸渣的资源化利用开辟了新的途径（孙杰等，2010）。

2. 富钴结壳

“十五”期间，中国大洋协会的工作方针调整为“持续开展深海勘查、大力发展深海技术、适时建立深海产业”，我国大洋矿产资源研究开发目标从单一的多金属结核资源逐步转向多种资源，其中一项重要任务是在国际海底区域圈定一块满足商业开发规模所需资源量要求的富钴结壳矿区。自 2001 年起，“大洋一号”科考船和“海洋四号”科考船全面投入富钴结壳资源勘查，先后对太平洋 20 多座海山开展了系统勘查。

（1）富钴结壳资源勘查

2009 年以来，“大洋一号”考察船、“海洋六号”调查船执行了多个大洋航次，在中西太平洋海山区开展了以地质取样、浅地层剖面测量、深拖调查为主的富钴结壳小尺度分布特征调查和生物环境调查，进行了多波束地形测量、浅地层剖面测量、重力调查、磁力调查、海底摄像、CTD 测量及海水采样、底质采样等作业，以深海浅钻、电视多管、箱式等方式采集了样品，加深了对富钴结壳成矿空间变化规律的认识，提高了区块工程控制程度。

“向阳红 09”考察船执行的大洋 31 Ⅲ、35 Ⅰ航段利用“蛟龙”号载人潜水器，在中、西太平洋海山区共完成了 15 次下潜作业，开展了测深侧扫声纳精细地形地貌勘查和近底视像调查，采集了富钴结壳、岩石和生物样品，抵近观察了不同水深段结壳的分布状况。

（2）富钴结壳成矿作用与资源评价研究

1）海底多金属成矿系统研究。从全球视野，在系统研究富钴结壳与多金属硫化物、多金属结核成矿分布规律与成矿关系的基础上，初步建立了海底多金属成矿系统，探讨了富钴结壳与多金属结核、多金属硫化物成矿作用的内在联系（石学法等，2009）。铁锰矿床（多金属结核和富钴结壳）主要产出于相对稳定的构造环境中，而硫化物矿床则产出于大洋中脊、弧后扩张盆地、板内火山中心及大陆边缘构造带等海底构造活动区，是岩石圈和水圈之间热—化学反应的结果。

2）富钴结壳资源的全球分布特征。统计结果显示，太平洋海山富钴结壳矿点的数量占全球已知数量的73.3%，是全球海底富钴结壳资源主要的产出区（刘永刚等，2013），富钴结壳产出面积约为2123087km^2，干结壳资源量为（513.2 ~ 1026.5）$\times 10^8$t（张富元等，2015），锰为（111.2 ~ 222.3）$\times 10^8$t，钴为（3.04 ~ 6.08）$\times 10^8$t，镍为（2.23 ~ 4.46）$\times 10^8$t，铜为（0.66 ~ 1.32）$\times 10^8$t（张富元等，2011）。

3）富钴结壳成矿时代与年代学研究。钙质超微化石地层学研究表明，马尔库斯—威克海岭富钴结壳主要成矿时代为晚古新世—更新世，而麦哲伦海山区富钴结壳主要成矿时代为晚古新世—更新世，最早可追溯至白垩纪晚期（约大于70.0Ma）（张海生等，2015）。马尔库斯—威克海岭CM3海山主要成矿时代可划分为白垩纪（或更古老）、晚古新世—早始新世、中—晚始新世、中—晚中新世、上新世—更新世等5个阶段，中太平洋海山区CB海山主要成矿时代可划分为晚古新世—早始新世、中—晚始新世、中中新世、上新世—更新世等4个阶段（张海生，2014）。

通过匹配电子探针原位测量元素含量变化曲线与米兰柯维奇周期获得的富钴结壳生长速率，与$^{230}Th_{ex}/^{232}Th$测年法获得的结壳的生长速率（2.15mm·Ma^{-1}）相吻合，表明地球轨道周期印记法是确定富钴结壳的生长速率有效可靠的新方法，可用于世界海域富钴结壳高分辨率长序列年代框架的建立（韩喜球等，2009）。

4）富钴结壳稀土元素富集机制研究。富钴结壳不同壳层的REE赋存特征与富集机制不同，REE和Y主要赋存于δ-MnO_2相中外，也赋存于独立于碳氟磷灰石（CFA）相中。过剩Ce（Ce_{xs}）与Co含量之间呈明显的正相关关系，而与生长速率呈负相关关系，表明壳层生长速率是制约结壳Ce含量的主要因素，富钴结壳极低的生长速率是引起其Ce含量过剩的主要原因（任向文等，2010）。磷酸盐化导致壳层中稀土元素总量相对降低，而重稀土元素则相对增加，壳层在生成后与周边海水发生稀土元素交换，导致壳层生成得越早，其重稀土元素相对于其他稀土元素越富集，而Eu则越亏损（李江山等，2011）。

3. 多金属硫化物

1977年，人类首次在东太平洋的加拉帕戈斯群岛海域发现了具有资源前景的多金属硫化物。我国对海底多金属硫化物的调查最早可追溯到20世纪80年代，中德合作开展了马里亚纳海槽热液活动合作研究。2003年执行的大洋12、14 Ⅵ航段在东太平洋热液区开展了我国组织的首次硫化物资源调查，但硫化物资源的系统性持续调查始于 2005 年执行的我国第一个大洋环球调查航次（大洋 17A 航次）。

（1）多金属硫化物资源勘查

多金属硫化物资源勘查是近年来大洋调查工作的重点，在三大洋中脊均开展了调查工作，取得了丰硕的成果。

1）西南印度洋中脊。2009 年以来，“大洋一号”船在西南印度洋中脊执行了大洋 21 航次、26 航次、30 航次、34 航次等 4 个航次的调查。大洋 21Ⅴ、Ⅵ、Ⅶ航段在西南印度洋中脊开展了大规模海底地震台阵探测调查，开展了地质取样与环境生物调查，发现了活动热液区和非活动热液区，以及大面积出露的超基性岩；利用拖网和电视抓斗等采样手段，采集了热液活动区样品和大量岩石样品。大洋 26 航次在西南印度洋中脊开展了 1 个航段的海底地形调查、重力测量和水文环境调查，并采集海底岩石样品。

大洋 30 航次是履行《多金属硫化物勘探合同》规划第一个 5 年海上勘探任务的首个航次，在西南印度洋中脊热液活动区域开展了地球物理、地质取样、热液异常探测、电法探测、无人遥控潜水机器人（ROV）观测、环境与生物多样性调查，以及中深钻、深海电视抓斗取样等综合调查，新发现 7 个热液矿化点，11 个潜在热液异常活动点。该航次首次利用 ROV 观察到正在喷发的活动喷口，首次在硫化物勘探合同区成功试用中深钻并取得了最深达 5 米的硬岩和硫化物样品。

2015 年，“向阳红 09”考察船执行的大洋 35 Ⅱ、Ⅲ航段首次利用“蛟龙”号载人潜水器，在西南印度洋中脊海底地形复杂海域完成了 13 次下潜作业，开展了测深侧扫勘查和近底视像调查，在热液活动区开展了现场精细调查，拍摄了高分辨率的现场视像资料，采集了地质与生物环境样品。

2015 年，“大洋一号”船执行的大洋 34I~34 Ⅳ航段在西南印度洋多金属硫化物合同区开展了热液综合异常探测、地质取样、沉积物化探、水体结构调查、电磁法调查、近底磁力调查、多波束地形测量、重力测量、ADCP 测量等工作，并首次利用海底中深钻钻取了 2.7 米的岩心样品，获取了大量地形地貌、环境基线、近底影像、水体异常等数据及硫化物、岩石等样品。

2）南大西洋中脊。除了西南印度洋外，南大西洋中脊也是我国近年来重点调查和研究的区域。我国在与俄罗斯开展深海多金属成矿系统国际合作研究基础上，通过南北大西洋中脊岩石学、构造地质学、水体化学、沉积学等基础地质、地球物理、地球化学特征对比研究，认为南大西洋中脊具有类似北大西洋中脊的多金属硫化物成矿条件。2009 年以来，“大洋一号”执行的大洋 21、22、26 航段在南大西洋中脊开展了热液异常探测、海底地形、浅底层剖面、重力测量、近底磁力测量、生物环境等调查，获取了地质地球物理数据、和生物环境基础数据，发现了 7 处高温热液活动区、多处热液喷流异常区和低温热液成矿区，采集了大量岩石、沉积物和硫化物样品，捕获了深海热液鱼、热液盲虾等生物环境样品。除常规调查外，首次使用无人缆控潜水器（ROV）开展了硫化物新区探测调查，成功观测到非活动硫化物并获得样品。2015 年由“竺可桢号”船执行的大洋 33 Ⅱ航段在南大西洋中脊开展了多波束地形测量、重力测量和热液异常探测与样品采集工作，基本查清了洵美热液区的范围，新发现了彤管和允藏两个热液活动区，并采集了样品。

3）西北印度洋中脊。西北印度洋中脊是我国继南大西洋之后又一个新的调查和研究区域。该洋脊段属慢速扩张洋脊，也具有与大西洋中脊类似的多金属硫化物成矿条件。2012—2014 年我国先后在该洋脊段开展了系统调查，先后发现三处热液硫化物区和九处热液异常区，并取到了硫化物样品。2012—2015 年，执行大洋 24 航次的“李四光号”船、执行大洋 26 航次的“大洋 1 号”船和执行大洋 28 航次、33 航次的“竺可桢号”船在西北印度洋中脊多金属硫化物调查区开展了多波束地形、重力和磁力测量、热液异常探查、水体结构调查，获取了大量海底地形、地球物理、水文气象数据，发现了非活动型热液区并采集了样品。

4）东太平洋海隆。大洋 21 Ⅲ航段在东太平洋洋隆已知热液活动区和周边异常区开展了综合地球物理、高精度海底观测与取样、热液异常探测和水体结构调查，采集了大量地质和生物化学样品。“大洋一号”船执行的大洋 22 航次在东太平洋洋隆执行了 3 个航段的工作，通过综合地球物理调查、热液异常探测、水体结构调查、电法调查，发现了新的热液活动区，并采集了大量样品，首次开展了 20 米海底深钻探作业，并获得了样品。

（2）多金属硫化物成矿作用与资源评价研究

1）区域控矿特征研究。石学法等（2013 年）通过对慢速扩张洋脊成矿规律分析和总结，提出了南大西洋中脊五种有利成矿环境，分别为轴部新生洋脊区、不对称洋脊段裂谷壁、转换断层与洋脊交汇处的内角高地、次级非转换断裂带、洋中脊火山高地等，并强调不对称洋脊段裂谷壁上的构造断裂部位是最易产出硫化物矿点的有利环境。地质及地球物理资源研究显示，南大西洋中脊已探查热液硫化物矿区成矿机制复杂多样，主要包括新生洋脊岩浆作用控制成矿、转换内角大洋核杂岩体系统成矿（Li et al., 2014）、洋脊—热液交互作用成矿等。

2）成矿特征研究。西南印度洋中脊热液硫化物矿石的 Cu、Fe、Zn 平均含量为 2.83wt%，45.6wt% and 3.28wt%（Tao C et al.，2011）。矿物学研究指示，西南印度洋脊高温硫化物矿石主要为富 Zn 型（闪锌矿 + 黄铁矿 + 黄铜矿）和富 Fe 型（黄铁矿 + 闪锌矿）。两种类型矿石中 Au 元素含量均明显高于快速扩张东太平洋海隆产出的硫化物，富 Zn 型矿石中 Au 含量可高达 17ppm，见有镶嵌于闪锌矿产出的自然金颗粒（Ye J et al，2012）。

3）热液活动特征研究。矿物学和地球化学特征研究表明，中北印度洋脊 Edmond 热液区黄铁矿的三种标型特征分别对应了高温、中高温和低温成矿过程，对成矿环境和成矿条件演化具有重要指示意义（王叶剑，2011）。陈代庚等（2010）通过绘制布拜图阐明了东太平洋海隆 13° N 附近热液流体经历了由高温（＞200℃）到低温

（25℃ ~ 200℃）的演化过程，并指出黄铁矿作为优势矿物在此过程中形成机制发生了明显改变。

4）成矿物源研究。同位素地球化学特征研究显示，西南印度洋热液区 Fe 同位素分布范围较大，为 –0.011‰ ~ –1.333‰，Cu 同位素比值分布范围较为集中，为 –0.364‰ ~ 0.892‰，指示主要金属成矿物质来源于深部地幔，热液淋滤作用是为热液系统提供金属元素的主要机制（王琰，2013）。Pb 同位素研究结果显示，中北印度洋脊 Edmond 热液区 Pb 主要来源于地幔，硫同位素（5.7‰ ~ 7.2‰）表明海水硫酸盐贡献可能超过 30%，指示热液区存在活跃的浅循环系统（王叶剑，2012）。

4. 稀土资源

2015 年由“大洋 1 号”船执行的大洋 34V 航段在印度洋开展了我国首次稀土资源系统调查，采集了柱状沉积物、表层沉积物等底质样品和海水样品，获取了浅地层剖面调查和多波束海底地形测量数据。现场分析测试表明，中印度洋海盆局部区域沉积物高度富集稀土资源，具有一定的成矿潜力，并据此初步划定了两个富稀土沉积区，为下一步在印度洋开展稀土资源调查评价奠定了基础。

（二）我国在国际海底区域中的矿区申请

中国大洋协会与国际海底管理局分别于 2001 年、2011 年和 2014 年签署了多金属结核、多金属硫化物和结壳深海资源勘探合同，获得三块资源勘探区。勘探区位置分别位于太平洋 CC 区、西太平洋海山区和西南印度洋脊区，勘探合同期限均为 15 年。在合同区内，我国将具有勘探权和资源优先开采权。另外，2014 年 8 月 8 日，由中国政府担保的中国五矿集团又向国际海底管理局提交了 1 份多金属结核勘探工作计划申请，申请区域位于中太平洋 CC 区多金属结核保留区内。当前，该申请正处于国际海底管理局审核阶段。

1. 多金属结核矿区申请

1991 年 3 月 5 日，国际海底管理局和国际海洋法法庭筹备委员会批准了我国位于东北太平洋国际海底区域 15 万 km^2 的多金属结核资源开辟区，从而使我国成为在国际海底管理局和国际海洋法法庭筹备委员会登记的第五个先驱投资者。2001 年 5 月 22 日，中国大洋矿产资源研究开发协会与国际海底管理局签署了《国际海底多金属结核资源勘探合同》，确定了我国对东北太平洋国际海底区域 7.5 万 km^2 多金属结核矿区拥有专属勘探权和优先商业开采权，标志着中国大洋协会代表中国提出的多金属结核矿区的申请获得联合国的批准。

2. 多金属硫化物矿区申请

国际海底管理局 2010 年 5 月 7 日通过《区域内多金属硫化物探矿和勘探规章》。此后，中国大洋协会于率先提交国际海底区域多金属硫化物矿区申请，申请矿区位于西南印度洋海域，面积为 1 万 km^2，限定在长度 990km、宽度 290km 的长方形范围内。

2011 年 7 月 19 日，国际海底管理局理事会核准了中国大洋协会提出的多金属硫化物矿区申请，使中国大洋协会在西南印度洋国际海底区域获得了 1 万 km^2 具有专属勘探权的多金属硫化物资源矿区，并在未来开发该资源时享有优先开采权，这是中国大洋协会继 2001 年在东太平洋获得 7.5 万 km^2 多金属结核资源勘探合同区后，在国际海底获得的第 2 块享有专属勘探权和优先开发权的海底矿区。

2011 年 11 月 18 日，中国大洋协会与国际海底管理局在北京签署《国际海底区域多金属硫化物勘探合同》。这是国际上第 1 份国际海底多金属硫化物资源勘探合同，标志着我国在开发利用作为人类共同继承财产的国际海底资源方面迈入世界先进国家行列。依照合同，中国大洋协会将履行有关环境监测、环境基线调查与研究、完成 75% 勘探区面积的放弃、培训发展中国家的科技人员等义务。

3. 富钴结壳矿区申请

2012 年 7 月 27 日，国际海底管理局通过了《“区域”内富钴结壳探矿和勘探规章》，中国大洋协会在这之后率先向国际海底管理局提出富钴结壳矿区申请。2013 年 7 月 19 日，在国际海底管理局第 19 届会议期间，国际海底管理局理事会核准了中国大洋协会提出的富钴结壳矿区申请。2014 年 4 月 29 日，中国大洋矿产资源研究开发协会与国际海底管理局在北京签订了国际海底富钴结壳矿区勘探合同，标志着我国继 2001 年在东北太平洋获得 7.5 万 km^2 多金属结核矿区、2011 年在西南印度洋获得 1 万 km^2 多金属硫化物矿区之后获得的第 3 块具有专属勘探权和优先开采权的富钴结壳矿区完成了所有法律程序。

根据合同，中国获得的这块具有专属勘探权和优先开采权的矿区位于西北太平洋海山区，面积 3000km^2，限定在长度 550km、宽度 550km 的范围内，勘探时间为 15a。此次签订的合同是国际海底管理局同中国大洋协会签订的第 3 份勘探合同。中国大洋协会因此成为第一个与国际海底管理局签订 3 种主要海底矿产资源勘探合同的承包方。

（三）深海矿产资源勘查技术发展

1.“蛟龙”号载人潜水器

2009—2012 年，“蛟龙”号接连取得 1000m 级、3000m 级、5000m 级和 7000m 级海试成功。2012 年 7 月，“蛟龙”号在马里亚纳海沟试验海区创造了下潜 7062m 的中国载人深潜纪录，同时也创造了世界同类作业型潜水器的最大下潜深度纪录。这意味着中国具备了载人到达全球 99.8% 以上海洋深处进行作业的能力，可开展深海探矿、海底高精度地形测量、可疑物探测与捕获、深海生物考察、小尺度地形地貌精细测量、定点采样、摄像、照相热液喷口温度测量及热液流体采样、水下设备定点布放等各种复杂作业。

从 2013 年起，“蛟龙”号载人潜水器进入试验性应用阶段，先后在南海特定海域、东太平洋 CC 区中国多金属结核矿区、西北太平洋富钴结壳资源勘探区开展了定位系统的试验、海底视像剖面调查和取样，以及开展近底测量和取样。“蛟龙”号载人潜水器 2014 年试验性应用航次（大洋 35 航次）先后在西北太平洋采薇海山区和马尔库斯—威克海山区和中国西南印度洋多金属硫化物矿区开展科考作业，取得了大量高质量的视频和照片，开展了包括微型遥控潜水器试验、海底土工力学测定试验、超短基线测试等在内的配套设备试验，使“蛟龙”号在复杂地形下开展定点作业、精细调查的独特技术优势得到进一步发挥。

2. 潜龙一号

2013 年 10 月“海洋 6 号”科考船执行的大洋 29 航次在多金属结核详细勘探区对“潜龙一号”水下无人无缆潜器进行了应用性试验，最大下潜深度 5162m，开展了近底声学、水文等综合调查，获取了海底测深侧扫资料、浅地层剖面数据，以及相应的温、盐等物理海洋数据。试验表明，“潜龙一号”水下航行姿态稳定，能够准确按规划线路航行作业。

3. 深海岩心取样钻机

深海岩心取样钻机适用于在深海硬质基底上开展岩心钻取作业，是深海矿产资源评价和地球科学研究的利器。经过多年的发展，现已形成包括铠装同轴缆和铠装光电复合缆两大系列，涵盖 1.5m 浅地层、5m 中深度和 20m 大深度等 4 个型号的深海岩心取样钻机系列产品。20m 大深度岩心取样钻机 2010 年大洋 22 航次海试阶段，在东沙海域 1740m 海底成功获取了深孔岩心，并创下 15.7m 的深孔记录。在大洋 22 Ⅷ、30 Ⅲ航段，该设备得以应用并获取了深海岩心样品。2015 年 2 月，“大洋 1 号”科考船在执行大洋 34 Ⅲ航段任务期间，利用 20m 大深度岩心取样钻机首次钻取了热液活动区连续岩心样品，对多金属硫化物隐伏矿体勘查开发具有重要意义。

三、国内外学科发展比较

截止 2015 年 2 月，国际海底管理局共核准了 26 份国际海底资源勘探工作计划（其中多金属结核 14 份，富钴结壳 3 份，多金属硫化物 4 份）（表 1）。值得提出的是，自 2011 年至今，国际海底管理局核准的勘探计划为 18 份，而此前近 20 年仅核准勘探计划 8 份，显示出近 5 年来，世界各国围绕战略空间和资源配置的竞争愈演愈烈的趋势。更为重要的是，2014 年国际海底管理局核准了英国海底资源有限公司提交的第二块多金属结核勘探区工作计划申请。就目前矿区申请形势来看，矿区申请仍在继续提速。由于英国海底资源有限公司的示范作用，世界各国很可能在未来几年内就国际海域同种资源“第二块”矿区的圈矿展开竞争。

表 1　国际海底资源勘探计划核准与合同签署情况一览表 *

资源类型	国别	合同期限	勘探区位置	备注
多金属结核	俄罗斯	2001 年 03 月 29 日—2016 年 03 月 28 日	CC 区	
	海金联	2001 年 03 月 29 日—2016 年 03 月 28 日	CC 区	
	韩国	2001 年 04 月 27 日—2016 年 04 月 26 日	CC 区	
	中国	2001 年 05 月 22 日—2016 年 05 月 21 日	CC 区	
	法国	2001 年 06 月 20 日—2016 年 06 月 19 日	CC 区	
	日本	2001 年 06 月 20 日—2016 年 06 月 19 日	CC 区	
	印度	2002 年 03 月 25 日—2017 年 03 月 24 日	印度洋	
	德国	2006 年 07 月 19 日—2021 年 07 月 18 日	CC 区	
	瑙鲁	2011 年 07 月 22 日—2026 年 07 月 21 日	CC 区	
	汤加	2012 年 01 月 11 日—2027 年 01 月 10 日	CC 区	
	比利时	2013 年 01 月 14 日—2028 年 01 月 13 日	CC 区	
	英国	2013 年 02 月 08 日—2028 年 02 月 07 日	CC 区	
	基里巴斯	2015 年 01 月 19 日—2030 年 01 月 18 日	CC 区	
	新加坡	2015 年 01 月 22 日—2030 年 01 月 21 日	CC 区	
	英国			通过核准，待签署合同
	库克群岛			通过核准，待签署合同
富钴结壳	日本	2014 年 01 月 27 日—2029 年 01 月 26 日	西太平洋	
	中国	2014 年 04 月 29 日—2029 年 04 月 28 日	西太平洋	
	俄罗斯	2015 年 03 月 10 日—2030 年 03 月 09 日	太平洋麦哲伦海山	
	巴西			通过核准，待签署合同
多金属硫化物	中国	2011 年 11 月 18 日—2026 年 11 月 17 日	西南印度洋脊	
	俄罗斯	2012 年 10 月 29 日—2027 年 10 月 28 日	大西洋中脊	
	韩国	2014 年 06 月 24 日—2029 年 06 月 23 日	中印度洋脊	
	法国	2014 年 11 月 18 日—2029 年 11 月 17 日	大西洋中脊	
	印度			通过核准，待签署合同
	德国			通过核准，待签署合同

* 备注：据国际海底管理局网站：http：//www.isa.org.jm 及中华人民共和国常驻国际海底管理局代表处网站资料整理。

四、我国学科发展趋势与对策

尽管我国近几年来在深海矿产资源勘查学科领域取得了巨大的进步，但必须看到，我国同发达国家之间还存在着不小的差距，特别是在深海技术装备方面差距更大。我国今后仍要加大深海科学考察支持，大力发展深海技术，加快深海高科技装备建设研发，持续加大区域勘查力度，以增强我国发现、圈定和开发深海资源的能力。在加快富钴结壳、海底硫化物勘查的同时，增强深海新资源的发现能力，加快大洋资源勘查评价关键技术开发，努力突破深海作业技术、海底多参数探测技术、深海海底原位探测技术、深海工作站、矿产和生物基因直视取样技术，不断推进深海探测与取样技术体系发展。

参考文献

[1] Li Bing, Yang Yaomin, Shi Xuefa, et al. Characteristics of a ridge-transform inside corner intersection and associated mafic-hosted seafloor hydrothermal field (14.0° S, Mid-Atlantic Ridge) [J]. Marine Geophysical Research, 2014, 35 (1): 55-68.

[2] Tao Chunhui, Li Huaiming, Huang Wei, et al. Mineralogical and geochemical features of sulfide chimneys from the 49° 39′ E hydrothermal field on the Southwest Indian Ridge and their geological inferences [J]. Chinese Science Bulletin, 2011, 56 (26): 2828-2838.

[3] Ye Jun, Shi Xuefa, Yang Yaomin, et al. The occurrence of gold in sulfide deposits of the 49.6° E hydrothermal field, Southwest Indian Ridge [J]. Acta Oceanologica Sinica, 2012, 31 (6): 72-82.

[4] 常冬寅，陈天虎，吴雪平，等. 大洋锰结核氨浸渣热处理对脱硫的影响 [J]. 矿物学报，2009，30 (4)：417-422.

[5] 陈代庚，曾志刚，翟滨，等. 东太平洋海隆 13° N 附近热液 Fe-S-H_2O 系统布拜图及其地质意义 [J]. 海洋地质与第四纪地质，2012，30 (2)：9-15.

[6] 韩喜球，邱中炎，马维林，等. 富钴结壳高分辨率定年：地球轨道周期印记法与 $^{230}Th_{ex}/^{232}Th$ 测年法对比研究 [J]. 中国科学 D 辑：地球科学，2009，39 (4)：497-503.

[7] 姜学钧，文丽，林学辉. 稀土元素在成岩型海洋铁锰结核中的富集特征及机制 [J]. 海洋科学，2009，33 (12)：114-121.

[8] 李江山，石学法，刘季花，等. 古海洋环境演化对富钴结壳稀土元素富集的制约 [J]. 中国稀土学报，2011，29 (5)：622-629.

[9] 刘永刚，何高文，姚会强，等. 世界海底富钴结壳资源分布特征 [J]. 矿床地质，2013，32 (6)：1275-1284.

[10] 任向文，石学法，朱爱美，等. 麦哲伦海山群富钴结壳铈富集的控制因素 [J]. 中国稀土学报，2010，28 (4)：489-494.

[11] 石学法，任向文，刘季花. 太平洋海山成矿系统与成矿作用过程 [J]. 地学前缘，2009，16 (6)：55-65.

[12] 石学法，叶俊，杨耀民，等. 大西洋中脊热液成矿作用与成矿背景 [J]. 矿物学报，2013，33 (S2)：664.

[13] 孙杰，叶瑛，夏枚生. 大洋锰结核氨浸渣制备纳米态钾锰矿的研究 [J]. 矿物学报，2010，30 (4)：423-428.

[14] 王琰，孙晓明，吴仲玮，等. 西南印度洋超慢速扩张脊热液区多金属硫化物 Fe-Cu-Zn 同位素组成特征初步研究大西洋中脊热液成矿作用与成矿背景 [J]. 矿物学报，2013，33 (2)：665.

[15] 王叶剑，韩喜球，金翔龙，等. 中印度洋脊 Edmond 区热液硫化物的形成——来自铅和硫同位素的约束 [J]. 吉林大学学报 (地球科学版)，2012，42 (2)：234-242.

[16] 王叶剑，韩喜球，金翔龙，等. 中印度洋脊 Edmond 热液区黄铁矿的标型特征及其对海底成矿作用环境的指示 [J]. 矿物学报，2011，31 (2)：173-179.

[17] 于德利，张培萍，肖国拾. 大洋锰结核中钴的赋存状态及提取实验研究 [J]. 吉林大学学报 (地球科学版)，2009，39 (5)：824-827.

[18] 张富元，章伟艳，朱克超，等. 太平洋海山钴结壳资源量估算 [J]. 地球科学——中国地质大学学报，2011，36 (1)：1-11.

[19] 张海生，韩正兵，雷吉江，等. 太平洋海山富钴结壳钙质超微化石生物地层学及生长过程 [J]. 地球科

学——中国地质大学学报，2014，39（7）：775–783.

[20] 张海生，胡佶，赵军，等. 西太平洋海山富钴结壳钙质超微化石变化与E/O界限的地质记录［J］. 中国科学：地球科学，2015，45：508–519.

[21] 常冬寅，陈天虎，吴雪平，等. 大洋锰结核氨浸渣热处理对脱硫的影响. 矿物学报，2009，30（4）：417–422.

撰稿人：石学法　卜文瑞　叶　俊

海洋药物学科研究进展

一、引言

海洋中生活着 500 ~ 5000 万种海洋生物和数亿种微生物，生物总量占地球总生物量的 87%，是地球上最大的生态系统，孕育着丰富的海洋生物资源（管华诗，2009）。由于海洋生物长期生活在低温、寡营养、高盐、低光照或无光照等环境中，拥有独特的生存策略和代谢机制，能够产生结构与活性独特的天然产物，是海洋药物及生物制品研究和开发的资源基础。据统计，有记载的海洋生物有 140 万种，但已进行过化学成分研究的物种不到 1%，尤其对已发现的各种海洋天然产物进行过系统生物活性测试的不到 10%，这预示着海洋生物具有巨大的开发潜力。世界各国纷纷投入巨资加大海洋药物的研发力度，海洋药物学科就是在该背景下逐渐形成并成为一门深受关注的交叉学科（王长云，2012）。本文总结了海洋药物学科近 5 年来的研究进展情况。

二、海洋药物国内外研究进展

（一）国外海洋生物医药研究进展

海洋药物特指以海洋生物为药源，运用现代科学技术和方法研制而成的药物。国际海洋药物的研究始于 20 世纪 40 年代，并于 1964 年从海洋真菌中成功开发上市了第 1 个抗菌药物头孢菌素，以该先导分子为模板至今已开发上市了 50 多个头孢类抗生素药物。阿糖胞苷（1969 年）和阿糖腺苷（1976 年）是从海绵中发现并开发上市，并分别用于治疗白血病和单纯疱疹病毒的核苷类药物。以上述核苷类先导分子为模板，至今已开发上市了 8 个具有不同生理活性的抗肿瘤和抗病毒药物。此外，用于治疗肝素过量所导致出血症的硫酸鱼精蛋白也是由美国 FDA 批准并在临床应用多年的药物。近 10 年来，国际上又接连开发上市了 7 个海洋药物，即具有镇痛作用的齐考诺肽（2004），具有抗肿瘤作用的曲贝替定（2007）、艾日布林（2010）和阿特赛曲斯（2011），具有降甘油三酯作用的 Ω-3- 脂肪酸乙酯（2004）和伐赛帕（2012），以及具有抗流感病毒作用的硫酸多糖药物 Carragelose®（2013）。目前，还有 20 多种具有抗肿瘤和抗炎活性的海洋药物进入Ⅰ~Ⅲ期临床研究，有望从中产生具有临床应用前景的海洋药物（刘宸畅，2015）。另外，在已发现的 25847 个化合物中，有 1420 多个化合物显示较强的抗肿瘤、抗菌、抗病毒、抗凝血、抗炎和抗虫等活性（Martins A, 2014）。近 5 年来，在推动海洋药物学科发展方面，美国国立卫生研究院（NIH）、美国 Scripps 海洋研究所、日本京都大学、韩国科学技术研究院（KIST）、西班牙 PharmaMar 公司、日本大鹏制药公司和麒麟公司、瑞士诺华制药公司、英国阿斯利康制药公司等一批科研实力雄厚的机构做出了重要贡献，部分化合物显示了强劲的药用开发应用潜力。

（二）国内海洋药物研究进展

我国对海洋天然产物及药物的研究始于 20 世纪 70 年代末，90 年代形成热潮。1996 年我国正式将海洋生物资源利用技术列入国家“863”计划，并成为“863”领域最具生命力的主题方向之一。在此期间，成功开发上市了藻酸双酯钠、甘糖酯、海力特、降糖宁散、甘露醇烟酸酯、岩藻糖硫酸酯、多烯康和角鲨烯共 8 个海洋药物。目前，还有 D-聚甘酯、泼力沙滋、几丁糖酯、HS971、玉足海参多糖、K-001 和河豚毒素共 7 个海洋药物处于Ⅰ~Ⅲ期临床研究中。近年来随着国家投入的不断增加，尤其在“十二五”国家“863”计划的支持下，我国海洋天然产物的发现及药物开发技术研究进入了一个快速发展期，逐步缩小了与发达国家的差距，呈现出了良好的发展势头。海洋天然产物研究的对象现已扩展到了各种海洋无脊椎动物、海洋植物和海洋微生物；海洋生物采集的海域也由东南沿海扩展到了广西北部湾及西沙、南沙等海域，逐步向远海、深海延伸。据统计，迄今为止我国科学家已发现约 3000 多个海洋小分子新活性化合物和 500 余个海洋多糖（寡糖）类化合物，在国际海洋天然产物化合物库中占有重要的位置。据权威杂志 *Natural Product Reports* 分析，中国学者平均每年从海洋生物中发现 200 多个新化合物，发现的新化合物数量居世界第 1 位。近 5 年来，在海洋活性化合物规模化发酵技术方面取得了新进展，已经在 1000l 反应器中实现了抗癌药物 1403C 和纤溶药物 FGFC1 等产品的规模化发酵，单次发酵和分离纯化后可获得百克级高纯度的活性化合物，为其成药性研究奠定了物质基础。对 10 种结构新颖的先导化合物开展了药效学、安全性和初步药代动力学等研究，并制订了相应的质量标准。如从角果木枝叶中分离的 Tagasin C，可以通过线粒体和受体介导机制靶向抑制小鼠 H22 肝癌细胞的增殖，具有显著的抗恶性肿瘤作用；从海芒果中提取的 GSW-1 化合物，是一种选择性 MR 拮抗剂，可显著改善 DIO 和 db/db 小鼠胰岛素抵抗，具有抗 2 型糖尿病作用；从南极真菌中分离的 HDN-1 化合物，是一种 HSP90 抑制剂，具有强效诱导 M2 型白血病细胞分化凋亡作用，效果优于 As_2O_3 且与临床药物维甲酸具有协同作用，对正常白细胞和小鼠体重无明显影响。

三、海洋药物国内外研究进展比较

虽然国外海洋天然产物的研究起始于 20 世纪 40 年代，但海洋药物学科体系的建立是近 10 多年才逐步形成的。总体来说，国外发达国家的海洋药物基础研究成果丰硕，一批大型制药公司资金雄厚，在海洋药物研发方面处于领先地位。如西班牙 PharmaMar 公司自 2006 年以来已经累计投入 4.7 亿欧元，先后从 13.5 万种海洋生物中发现了 700 个新化学实体及 30 个新骨架化合物，申请和授权了 1800 多项专利，开发上市了具有抗肿瘤作用的海洋药物 Yondelis，并有 3 个化合物（Plitidepsin，PM01183，PM060184）进入了不同阶段的临床研究。

我国海洋药物研究开发较晚，最近 10 年来才进入高速发展期，海洋药物学科作为药学新的分支学科也刚刚形成。虽然近 5 年来我国海洋天然产物发现的总数处于世界领先地位，但由于海洋药物相关开发经费的投入累计不足 2 亿美元，造成海洋小分子药物的结构优化与合成技术较为落后，从而使药源问题成了限制海洋小分子药物的最大瓶颈因素。化合物的药理、药效、作用机制及成药性研究因而受到明显限制。到目前为止，除了几个海洋糖类药物外，鲜有海洋小分子药物应用于临床研究。我国转让给美国 SINOVA 公司的抗老年痴呆海洋寡糖药物 HS971，已顺利进入Ⅲ期临床研究，有望 2016 年获得新药证书并成为我国首个进入国际市场的小分子海洋寡糖药物。值得欣慰的是，自 2010—2015 年，我国“863”海洋生物资源利用技术主题设立了海洋功能天然产物规模化制备与利用、海洋功能天然产物发掘利用与合成、海洋传统药源生物（中药）资源开发利用等专项课题；2014 年国家基金委与山东省政府也采取联合基金方式，资助了“海洋药物与功能制品中心”建设项目。在这些专项资金的支持下，已在海洋药用新资源的获取、先导化合物的发现与结构优化、创新药物的开发及海洋中药研究等方面，聚集了一批优秀人才，获得了一批重要的研究成果，大大促进了海洋药物学科的发展。总的来说，我国海洋药物研究开发的队伍偏小，政府资金投入远远不足，大型制药企业投入海洋药物领域的资金比例和参与的力度更小，技术水平整体上与国际先进水平差距至少有 10a。

四、海洋药物发展趋势与展望

近年来由于多个海洋药物的成功上市，激发了国际上对海洋药物开发的新热潮。2013 年欧盟设立了 590 个海洋生物医药相关研发项目；2014 年英国阿伯丁大学马塞尔·贾斯帕斯（Marcel Jaspars）领导 13 个国家共 25 个研究所和商业集团启动了总投资达 960 万英镑的“药物海洋”（PharmaSea）国际项目，以期从海洋极端环境中寻找和开发面向疑难和复杂疾病的海洋药物。预计到 2016 年，全球海洋药物市场可以达到 86 亿美元。纵观国际海洋药物的发展历程和趋势，结合我国海洋药物的发展特色，预测未来 5 年海洋药物的研究重点方向如下。

（一）海洋药用生物新资源研究

海洋生物新资源的发现是海洋先导化合物及创新海洋药物研究开发的前提和资源保障，需要采用各种独特的技术进行资源的深度挖掘。如利用化学生态学原理及基因组学技术从复杂的海洋生态系统中发现新生物资源，以及采用基因组学、组合生物合成、突变生物合成、基因操作、异源表达等技术挖掘极端环境（如深海、极地、热/冷泉等）的微生物新基因资源等，从而持续为创新海洋药物的研发提供源头药用新物种和基因资源的保障。

（二）海洋先导化合物的发现研究

在海洋先导化合物的高效靶向发现方面，由于某些海洋天然产物含量低、结构复杂，难以分离纯化，限制了其活性多元化的研究，是目前制约海洋药物研发的瓶颈技术之一。国内外的趋势是采取化学筛选和高通量分子水平与高内涵细胞水平相结合的活性筛选技术，对复杂海洋生物样品进行活性组分快速筛选；利用多种色谱技术对活性组分进行单体化合物的分离纯化；利用各种波谱—质谱—圆二色谱激子手性法及 X- 射线单晶衍射技术等，确定单体化合物的平面结构和立体构型，从而发现海洋活性小分子化合物。通过这些技术的联用，可以大大加快海洋活性先导化合物发现的速度，并可为药物合成化学家提供模板分子。

（三）海洋药物活性筛选与评价研究

海洋化合物具有含量少、样品获取难的特点，建立高通量活性筛选技术十分重要。国外采用现代多色荧光—化学发光—荧光共振能量转移等集成技术，建立了分子靶向和细胞形态与功能相结合的多参数、多层面的活性筛选体系。另外，还建立了先进的斑马鱼模型、人肠道微生物模型、人体血液筛选模型等评价模型。利用这些筛选和评价技术体系，有利于快速发现先导化合物，阐明其构效关系，并通过动物模型进一步评价其体内药效及分子靶向作用，为海洋创新药物的开发提供理论依据。

（四）海洋活性分子的理性设计与结构优化合成研究

海洋活性分子的理性设计与结构优化合成是海洋创新药物开发的重要方面。国际上主要采用生物与化学相结合的方法，针对不同来源和不同结构特点的化合物，或者以活性天然产物为母体结构进行化学和生物合成及结构优化，或者对某些特殊微生物进行代谢途径改造，或者采用组合生物合成技术获得结构新颖、活性独特的化合物。这些化合物将为海洋创新药物的成药性研究提供重要的物质基础。

（五）现代海洋中药研究

海洋中药是我国医药宝库中不可分割的重要组成部分。目前，陆地中药得到了较好的开发利用，但海洋中药的研发始终没有得到足够的重视。在《中华海洋本草》中记载了613种药和1479个物种，有3100余个经典方、验方和偏方，急需建立一套适合我国国情的海洋中药开发利用技术，特别是建立海洋中药材的鉴定、炮制、质量标准制订与控制、海洋中药（组分）复方药效筛选与药理评价的技术体系。2013年国家“863”计划首次设立了海洋中药主题，重点开展海洋传统药用生物资源的挖掘整理、海洋生物来源中药材质量标准及海洋中药新药等研究。目前正在按中药5类或6类新药的研发要求，开展海参三萜降尿酸片、抗肺癌海牡胶囊、资骨胶囊、免疫调控剂牡蛎素和银桑降糖胶囊等5个海洋中药新药的成药性评价研究。未来5年，预计有10余个海洋中药材质量标准进入国家药典，有1 ~ 2个海洋中药上市。我们相信，通过两个5年计划的投入，海洋中药的研究开发将取得重大突破，进而形成我国独有的海洋药物研发特色。

参考文献

[1] 管华诗，王曙光．中华海洋本草（第1卷）[M]．上海：上海科学技术出版社，2009.

[2] 林文翰，管华诗，于广利，等．海洋天然药物研究进展 //2010—2011 药学学科发展报告 [M]．北京：中国科学技术出版社，2011.

[3] 刘宸畅，徐雪莲，孙延龙，等．海洋小分子药物临床研究进展 [J]．中国海洋药物，2015，34（1）：73-89

[4] 王长云，邵长伦．海洋药物学 [M]．北京：科学出版社，2011.

[5] 于广利，赵峡．糖药物学 [M]．青岛：中国海洋大学出版社，2012.

[6] 张书军，焦炳华．世界海洋药物现状与发展趋势 [J]．中国海洋药物，2012，31（2）：58-60.

[7] Gribble G W. Recently Discovered Naturally Occurring Heterocyclic Organohalogen Compounds [J]. Heterocycles, 2012, 84（1）：157-207.

[8] Gerwick WH, Moore B S Lessons from the past and charting the future of marine natural products drug discovery and chemical biology [J]. Chem. Biol，2012, 19（27）：85-98.

[9] Leal M C, Puga J, Serodio J, et al. Trends in the discovery of new marine natural products from invertebrates over the last two decades - where and what are we bioprospecting [J]. PLOS ONE, 2012, 7（1）：e30580 1-15.

[10] Leibbrandt A, Meier C, König-Schuster M. Iota-Carrageenan Is a Potent Inhibitor of Influenza A Virus Infection, PLoS ONE, 2010, 5（12）：e14320.

[11] Ludwig M, Enzenhofer E, Schneider S, et al. Efficacy of a Carrageenan nasal spray in patients with common cold：a randomized controlled trial [J]. Respir Res. 2013, 14（1）：124.

[12] Martins A, Vieira H, Gaspar H, et al. Marketed marine natural products in the pharmaceutical and cosmeceutical industries：tips for success [J]. Mar. Drugs, 2014, 12, 1066-1101.

[13] Serova M, Gramont A, Bieche I, et al. Predictive factors of sensitivity to elisidep- sin, a novel Kahalalide F-derived marine compound [J]. Marine Drugs, 2013, 11, 944-959.

[14] Hu YW，Chen JH，HU GP, et al. Statistical research on the bioactivity of new marine natural products discovered during the 28 years from 1985 to 2012 [M]. Mar. Drugs，2015, 13, 202-221.

撰写人：于广利　赵　峡　王长云　管华诗

深海运载与作业装备研究进展

一、引言

深海运载和作业装备是运载各种电子装置、机械设备、甚至人员到深海特定区域的超常环境中进行特定作业的深潜装置。深海运载装备的发展涉及冶金、材料、机械加工、船舶制造、水下定位、水下通信、电子电力、自动控制等多个领域，代表着深海高技术领域的最前沿。水下潜水器分为三种形式：① 载人潜水器（HOV），通常能够达到 6500m 以内的范围。可以完成各种任务，包括观察及回收采样目标。HOV 通常工作时间较短（主要由于人类生理能力的限制），并且操作及维修相对昂贵，其部分原因是要保证人的安全；② 遥控潜水器（ROV）是无人有缆的，并通过脐带缆来提供能源、传输传感器数据和传输水面操纵命令。ROV 在近海石油及天然气领域有着广泛的应用，其可以完成各种检测和操作任务，且可以铺设海底电缆，也常被用在海洋科学研究中，用于观测和采样。ROV 在其脐带缆范围内（最大通常 1km）可以很灵活地操纵，并且在海底作业时间可以无限长。大型的 ROV 通常要配备专门的水面支持母船（工业上，通常临时通过建筑物、人工制造的工具或平台进行 ROV 的下水与回收工作）；③ 水下自主航行器（AUV）属于无人无缆潜水器，靠自带蓄电池、燃料电池或其他能源供电，通常是在很少甚至没有人工干预下经过预编程来完成预定的任务，AUV 的实时性是其显著的特点，且 AUV 可以完成大范围的探测与搜索任务，水下滑翔机也是 AUV 的一种。

在过去 20 年里，这些潜水器的功能越来越受到人们的关注。先进的传感器、控制系统、通信和操作系统使得 ROV 的作业能力越来越强，从而在商业上大有取代 HOV 之势。这些先进的技术也使得 AUV 能够完成更加复杂及精细的调查与采样任务。此外，将 ROV 和 AUV 的功能进行融合，发展的混合遥控潜器 HROV 也受到越来越多的重视。

二、我国学科发展现状

（一）载人潜水器（HOV, Human Occupied Vehicle）

为推动中国深海运载技术发展，为中国大洋国际海底资源调查和科学研究提供重要高技术装备，同时为中国深海勘探、海底作业研发共性技术，2002 年科技部将深海载人潜水器研制列为国家高技术研究发展计划（“863”计划）重大专项，启动“蛟龙”号载人深潜器的自行设计、自主集成研制工作。2009—2012 年，蛟龙号载人潜水器分别开展了 1000m、3000m、5000m 级和 7000m 级海上试验。2012 年 6 月 27 日 11 时 47 分左右，“蛟龙”号最大下潜深度达 7062.68m。

蛟龙号载人潜水器具有四大特点：① 在世界上同类型中具有最大下潜深度 7000m，这意味着该潜水器可在占世界海洋面积 99.8% 的广阔海域使用；② 具有针对作业目标稳定的悬停，这为该潜水器完成高精度作业任务提供了可靠保障；③ 具有先进的水声通信和海底微貌探测能力，可以高速传输图像和语音，探测海底的小目标；④ 配备多种高性能，确保载人潜水器在特殊的海洋环境或海底地质条件下完成保真取样和潜钻取芯等复杂任务。

2013 年起“蛟龙”号开展了多个试验性应用航次，成功下潜总数突破百次。2013 年 6—9 月，“蛟龙”号载人潜水器在南海特定海域开展定位系统的试验，同时协助南海深部科学计划开展科学考察研究；在中国大洋协会多金属结核合同区进行海底视像剖面调查和取样，为底栖生物多样性和结核覆盖率估算提供视像资料和样品，同时开展常规环境调查，收集环境基线数据；在西北太平洋富钴结壳资源勘探区开展近底测量和取样，为参与海山区环境管理计划提供技术支撑。2014 年 6—8 月在西北太平洋开展了第一航段的调查任务，先后在西北太平洋采薇海山区开展了 8 次下潜作业，在西太平洋马尔库斯——威克海山区开展了两次下潜作业。多名科学家、工程技术人员先后随潜水器深入海底作业，获取了丰富的海底生物、岩石、结壳等样品以及大量高清视像资料；第二、第三航段在我国西南印度洋多金属硫化物资源勘探区开展下潜任务，开展了西南印度洋脊不同类型的热液系统地质环境特征、热液流体特性、生物多样性特征等方面的精细调查、观测和对比研究，取得了大量高精度数据资料和样品。首次发现多个海底热液喷口，为我国多金属硫化物合同区的资源评价和环境基线研究，以及全球尺度下的热液生物区系划分提供了较可靠的科学资料，同时还为我国科学家自主开展深海热液环境下的生物、海洋地质等多学科综合研究提供了支撑。

未来几年，中国船舶科学研究中心将建造中国新一代 4500m 级载人潜水器。建造目标是研制一台更小、更轻的潜水器，能够便于布放，同时应用更多的国产部件。多家机构也在同时着手万米级全海深载人潜水器的设计与研制。

（二）遥控潜水器（ROV，Remotely Operated Vehicle）

我国对于水下机器人的研究与开发起步较晚，从20世纪70年代末才开始研究，相比于欧美国家和日本，我国一直处于落后水平。从70年代末起，中国科学院沈阳自动化研究所和上海交通大学开始从事ROV的研究与开发工作，合作研制了我国第一个ROV“海人一号”。近20年来，我国的水下机器人研究有了飞速发展，能够制造大中小型各种ROV，在ROV的研制与开发方面也基本能够满足国内需求，在国际上也占有一席之地。

目前，我国比较先进的无人有缆水下机器人是“海龙”号3500m级ROV，由上海交通大学的科研团队历经9年研究完成，具有我国自主知识产权。ROV由脐带缆连接，由于海洋气候变幻莫测，风浪常常会使脐带缆断裂，花费巨资的ROV就会沉没海底，“海龙”号则破解了脐带缆断裂难题。在2009年“大洋一号”21航次第3航段的深海热液科考任务中，“海龙”号在东太平洋海隆区域2770m下方首次观察到了罕见的巨大“黑烟囱”，并且用机械手获取了热液“黑烟囱”样品，还从“黑烟囱”附近搜集了微生物样本。这标志着我国成为国际上少数能使用遥控潜水器开展洋中脊热液调查和取样研究的国家之一。后续又参加多次大洋硫化物调查。在“863”等计划支持下，上海交通大学又继续研发了4500m海马ROV和11000m海龙ROV。4500m海马ROV系统是我国迄今为止工作水深和系统规模最大、国产化率达90%以上的无人遥控潜水器。在ROV本体结构、液压动力和推进、浮力材料、作业机械手和工具、观通导航、控制软硬件、升沉补偿装置、加工制造和总体集成等关键技术的国产化方面取得了重大突破，2013年完成系统集成和实验室试验，升沉补偿器已完成海上试验，正在开展全系统深海试验。11000m海龙ROV样机完成，开展了湖上试验和系统整体万米耐压试验，关键技术已得到验证。

（三）水下自主航行器（AUV，Autonomous Underwater Vehicle）

“潜龙一号”是我国2011年启动研发的6000m级自主水下航行器，用于深海海底锰结核探测，是中国国际海域资源调查与开发“十二五”规划重点项目之一。外形是一个长4.6m、直径0.8m、重1500kg的回转体，最大工作水深6000m，巡航速度2kn，最大续航能力24h，配有浅地层剖面仪等探测设备。“潜龙一号”可完成海底微地形地貌精细探测、底质判断、海底水文参数测量和海底多金属结核丰度测定等任务。2013年“潜龙一号”在东太平洋多金属结核区作业区连续3次成功下潜作业，水下作业时间总计将近30h，累计完成7次下潜，最大下潜深度4159m，设备布放与回收成功率100%，试验性应用取得阶段性成果。

“十二五”期间，“863”海洋技术领域启动了1000m级深海潜水器技术与装备的研究，包括50kg级便携式AUV和300kg级AUV的研制，同时在重大专项——潜水器装备与技术中研发4500m级AUV。4500m级AUV主要针对我国多金属硫化物资源矿区的探测与勘察需求，集成热液异常探测、微地形地貌探测、海底照相和磁力探测等技术，形成一套实用化的深海探测系统。2015 年 8 月，4500m 级 AUV 完成第一阶段南海海上试验，共进行了 15 个潜次的试验，最大下潜深度 4446m，AUV 各项性能指标得到了充分验证。

水下滑翔机是一种通过内置执行机构调整重心位置和净浮力来控制其运动的水下自主航行器。可实现海洋 3 维空间加时间尺度自主调查，作业成本低，可实现集群、协同垂直剖面观测。具有工作持久、传感器搭载灵活、群体工作组队灵活和应对复杂海况等应用优势。水下滑翔机器人载体主要由以下几个模块组成：水下控制模块、俯仰调节模块、横滚调节模块、浮力调节模块和传感器模块。按照能源供给方式分为电能驱动、温差能驱动和波浪能驱动等几种。其中，电能驱动式的国内研究机构包括中国科学院沈阳自动化研究所、天津大学、西北工业大学、中国船舶科学研究中心、中船重工第 710 研究所、国家海洋技术中心、海军工程大学、台湾大学等。中国科学院沈阳自动化研究所 2003 年起开始研发，2008 年研制成功样机，并开展了多次湖试和海试，其开发的水下滑翔机器人 SEA-WING 分为浅海型 300m 和深海型 1000m 两种。近期中国科学院沈阳自动化所研制的水下滑翔机完成 3 次海上试验，海上累计工作 80d，航程 2400 多 km，观测剖面数超过 600 个。天津大学研发的“海燕”号水下滑翔机是一款混合驱动水下滑翔机，身长 1.8m、直径 0.22m、重约 70kg，传感器搭载能力为 5kg，工作深度 1500m，续航时间为一个月。它融合了浮力驱动与螺旋桨推进技术，不但具备传统滑翔机剖面滑翔的能力（即进行“之”字形锯齿状运动），而且能实现和 AUV 一样的转弯、水平运动。“海燕”号水下滑翔机已经在南海海域做了多次试验。2014 年 5 月连续无故障航行 21d，运行 219 个剖面，总航程为 626km，最大下潜深度达到 1094m。通过多次海上试验，我国电能驱动式滑翔机基本达到实用化装备水平，将进入推广阶段。

温差能驱动式的研究机构包括天津大学、上海交通大学等。目前主要研究集中在基于温差能源的热机系统，以及姿态调整机构与控制系统等方面。原理样机已完成，并进行了湖上实验。

波浪滑翔器是一种利用波浪能量的滑翔机。波浪滑翔器主要由一个类似冲浪板的水面艇体与用承力挂缆连接的水下滑翔驱动装置组成。在波浪作用下水下滑翔驱动装置产生向前的动力带动水面艇体前进，安装在甲板上的太阳能电池板提供系统所需能源供给，为传感器、无线通信系统和导航控制系统提供能源。传感器能够测量海水的温度、盐度和波浪高度和海面气象等数据信息，并通过卫星将这些数据实时传到岸站指挥中心。波浪滑翔器的原型样机由美国 Roger Hine 等人从 2005 年开始研制，并很快制造出第一代样机。国家“863”计划支持湖北海山科技有限公司和国家海洋技术中心开展波浪滑翔器的研制工作，现陆续进入海试阶段。

（四）混合遥控潜器（HROV, Hybrid Remotely Operated Vehicle）

混合型遥控潜器兼有 ROV 和 AUV 两种工作模式。当带光纤缆时，工作在 ROV 模式，并且一般搭载采样篮，携带传感器及作业工具较多；当不带光纤缆时，工作在 AUV 模式。

其工作流程：一般先利用AUV模式对目的海域进行测绘、探测等宏观调查，当发现目标区域后，换成ROV模式，对具体区域进行详细调查。混合遥操作机器人具有很多优点，比如ROV和AUV两种工作模式工作在同一载体，占用船上空间小，节省了材料、技术等软硬件的投资。国内目前正处于初期研发应用阶段，主要是中国科学院沈阳自动化研究所研发的混合型水下机器人ARV，应用于北极科学考察。

通过上述各种深海运载器的研制，使我国在耐压结构及密封、水声导航定位、图像传输、预编程控制、主从式机械手控制等技术方面都已取得突破性成果；在路径规划、动力定位、光学、声学图像识别及导引，智能编队等方面也取得长足的进展，部分技术达到国际深海运载与作业装备的先进水平，同时还锻炼和培养了一支专业素质高、科研经验丰富的全国性攻关队伍。

三、国内外学科发展比较

（一）载人潜水器（HOV, Human Occupied Vehicle）

载人潜水器包括大深度型和中浅水型载人潜水器。法国、俄罗斯、日本、美国等发达国家研制了当前世界上仅有的几艘大深度载人潜水器（下潜深度大于4500米）。据美国海洋技术协会MTS的载人潜水器分会的数据库统计，截止目前，世界上共有96台比较活跃的载人潜水器，它们被广泛地应用在水下科研、工业开发和军事安全等领域。近年来比较令人瞩目的深海载人潜水器介绍如下。

1.“深海挑战者”号

“深海挑战者”号载人潜水器有7.3m长、11.8t重。在2012年3月26日，詹姆斯·卡梅隆搭乘它完成了在马里亚纳海沟开展的单人下潜，下潜到10908m的极限深度区域。该潜水器经历了10年的计划和不断创新，最终目标是缩减潜水器的下潜上浮时间，并采集尽量多的海底图片、视频，以及获取来源于1960年“里亚斯特”号载人潜水器下潜所获得的相关证据。潜水器设计的核心是利用设计尽量小的载人舱空间来增强舱体的耐压能力以及减小自重。潜水器的外径为48ft（约122cm），钢制球体可以容纳一人。该潜水器建造采用了一种新的高性能浮力材料，它占据了潜水器70%的空间。该潜水器特点是潜水器具有垂直下潜上浮的特性，这将缩短潜水器下潜上浮所用的时间，而提高潜水器坐底后的工作效率。值得一提的是，潜水器在布放入水之前，一直处于水平状态，一旦入水，潜水器将慢慢由水平姿态变向垂直姿态。此时，载人舱将处于潜水器垂直姿态的底部。这种设计方式使得潜水器可以以150m/min的速度垂直运行。减少下潜时间所带来的效果是可以增加在海底20% ~ 30%的作业时间。同传统的研究型载人潜水器一样，“深海挑战者”号同样利用1100lb（约500kg）的钢制球形压载铁，用于潜水器下潜和上浮的浮力调节。该潜水器通过锂电池为推进器、导航和通讯系统供电。在潜水器本体外侧，布置有丰富的LED光源、高清照相机，以及纤小的3D视频系统。该潜水器还配置有一系列Lander着陆器系统，这些系统配置有常规传感器以及一些视频传感器，可实时拍摄“深海挑战者”号的下潜。在 2013 年 3 月，卡梅隆将“深海挑战者”号赠送给了伍兹霍尔海洋研究所。

2. SHINKAI 6500

“深海 6500”号载人潜水器由日本 JAMSTEC 的海洋技术与工程中心管理。该潜水器在 1989 年建造于日本神户，最大下潜深度 6500m。2011 年，“深海 6500”开始了 5 年一次的例行大修，主要对载人球的焊接处进行检查。在此次大修即将完成的时候，JAMSTEC 总部受到了日本东北部名古屋地震的影响。在此次地震以后，载人潜水器在福岛附近开展了环境监测相关的紧急调查任务。一些新的技术被集成到载人潜水器上，包括两个高清照相机的体积被优化地更小、固定式照相机更换了广角镜头。所有的视频数据使用 iVDR（多标准样式互动平台）作为存储媒介，经应用证实该方式非常稳定可靠；另一个升级是给潜水器加置了光纤，用于实现潜水器同母船之间的图像传输。该潜水器还进行了推进器的更换。为了调整这些升级改造所带来的重量变化，电池箱的皮囊更换成了玻璃纤维增强塑料。JAMSTEC 正在寻找下一代载人潜水器发展的创新点和突破点。为了继续支撑深海研究，在下一代载人潜水器研制完成并应用之前，JAMSTEC 计划继续升级“深海 6500”号载人潜水器。到 2012 年，“深海 6500”号载人潜水器下潜次数超过 1300 次。

3.“和平”号

“和平Ⅰ”和“和平Ⅱ”号两艘载人潜水器建造于 1985—1987 年之间，截止 2013 年，这两个潜水器已经在全球范围开展了 39 个航次任务。39 个航次包括 16 个科学应用航次、7 个水下电影拍摄航次、7 个国家安全应用航次、5 个水下观光航次和 4 个水下失事残骸搜救航次。

截止 2012 年，和平号系列载人潜水器已开展了 1095 次下潜应用，大约有 50% 的下潜用于海洋科学研究，25% 用于水下电影拍摄，还有剩余的 25% 用于各种其它工作及水下观光应用。这些下潜结果已经形成了物理海洋、海底勘查及关于和平号系列载人潜水器内容相关的 19 本书。

4. 新“阿尔文”号

“阿尔文”号载人潜水器的研制始于 1964 年，至今已应用了近 5000 次，已搭载近万人开展了下潜工作。伍兹霍尔海洋研究所的深潜操作组已经完成了“阿尔文”号载人潜水器的升级工作。2012 年 4 月完成了最终的系统组装，在 5 月完成了整个系统集成及主要功能系统验证。2012 年 5 月 13 日，该潜水器被转运到“亚特兰蒂斯”号支持母船，于 5 月 25 日驶入太平洋。载人的海上下潜试验需要通过 NAVSEA 的许可和认证后才可以开展。经过升级改造后的“阿尔文”号，具有一个全新的载人球、更先进的科学仪器、更多的观察窗，以及一个全新配置的成像系统。目前潜水器的载人舱已经具备下潜至 6500m 的能力，如果“阿尔文”号载人潜水器整体需要下潜到 6500m，则其他所有配置部件均需耐压 6500m，这需要另外的项目支持。

5. 其他国家

印度的国家海洋技术中心（NIOT）在2007年获批首台4000m级载人潜水器的研制，在2011年又开始申请6000m级深海载人潜水器的研制，正在等待国家的审批。其6000m级载人潜水器被计划用于以下用途：① 深海资源勘探；② 支撑深海海盆区的科学考察与采样；③ 用于深海工程的技术支持。主要有两家单位参与竞标该6000m级载人潜水器的研制，主要包括英国的James Fisher Defense和法国国有船舶制造企业DCNS。

2013年10月25日，韩国海洋科学技术院（KIOST）与法国国家海洋开发研究所IFREMER签署了6000m级载人潜水器研究合作谅解备忘录，截至2020年将联合研发出载人潜水器。

（二）遥控机器人（ROV，Remotely Operated Vehicle）

1. ROV JASON II

Jason II号ROV受美国著名海洋研究机构伍兹霍尔海洋研究运营操作。该潜水器设计的最大下潜深度为6500m，ROV载体上配置有声纳成像仪、采水器、视频与图像照相机、视频云台。Jason II号ROV还配置有两台机械手，便于海底岩石、沉积物和海洋生物的取样，设计水下连续工作时间为100h，实际可在水下连续工作21h。Jason Ⅱ号ROV已在太平洋、大西洋和印度洋的热液区附近进行超过600次的下潜，下潜时间超过12500h。

2. ROV KIEL6000

该ROV受德国莱布尼茨海洋科学研究所运营管理，设计最大下潜深度6000m，由美国加利福尼亚Schilling机器人公司生产，可搭载100kg重物。主要用途是用于海洋工程的介入实施、海底特定研究区域的采样、获取数字视频及图像信息。

（三）混合遥控机器人（HROV, Hybrid Remotely Operated Vehicle）

混合遥控机器人包括伍兹霍尔海洋研究所的海神号Nereus（下潜深度11000米级）、Nereid Under Ice（NUI，下潜深度2000m级）和法国海洋开发研究院Ifremer的新研制的一台（下潜深度2500m级），自2009年来，WHOI的万米级HROV-Nereus系统开展了初期海试，活动范围30km ~ 60km。曾3次下潜到Marianas Trench 10900m深度，下潜次数超过20次，时间超过200h。2014年5月10日在Kermadec Trench近万米水深作业时丢失。Nereid Under Ice（NUI）采用的核心技术与Nereus类似，且专用于极地区域的冰下作业。2014年在北极海区成功作业，活动范围设计为30km ~ 60km。Ifremer的HROV处于研发阶段，工作设计深度2500m。

“海神”号HROV项目的目的是为使美国海洋协会可以率先获得11000m海底的使用权。潜器可以工作在无缆的自治模式及携带小直径光纤的遥控模式下。Nereus在空气中重约3t、长4.25m、宽2.3m，在无缆情况下，其可以像AUV一样在海底进行大范围的探测与扫描，当需要进行近距离观察或精细作业时，HROV可以在船上转变为携带轻质光纤缆的 ROV。光纤具有极细极轻、高带宽和实时性等诸多优点，其可有效减小对潜器机动性能的影响，非常适合于大深度潜器使用。当完成任务时，海神号可切断光纤，抛弃可弃压载，自由上浮至水面。“海神”号组成包括陶瓷耐压罐和浮球、机械手和采样系统、轻质光纤缆系统、照明和成像系统、动力与推进系统、导航系统、潜器的水动力与控制系统、水声通信等。海神号设计成双体，其可以在水面上配置成 ROV 或 AUV。电子单元、电池和内部传感器都安装在轻质陶瓷 / 钛耐压罐中。浮力块是由轻质的陶瓷浮球制作。两个直径为 0.335m 的耐压陶瓷罐中包括电源开关和电路分配系统，DC-DC 电源隔离模块，Linux 操作系统的计算机，成像计算机和直流无刷电机控制器，以太网收发器，航向传感器、外部传感器和马达接口。“海神”号电源是由 1 组 18kWh 的可充电锂离子电池组成，放在两个耐压陶瓷罐中。摄像机、应急照明、无线电收发器和其他的电子单元被分别放在陶瓷 / 钛耐压罐中。照明灯由 LED 阵列组成，耐压形式为充油补偿方式。“海神”号两个尾部垂直的稳定翼提供航向稳定性。

（四）水下自主航行器（AUV，Autonomous Underwater Vehicle）

美国在 AUV 技术方面走在了世界的前列，主要开展 AUV 研制及应用的单位包括以下几个。

麻省理工学院：研制的 ODYSSEY AUV 主要用于科学考察和海洋自动取样网络研究，该 AUV 长度为 2200mm，直径 570mm，水平运动速度大于 4kn，爬升速度大于 3kn，续航力 6h（3kn 时），如果采用最大电池结构，续航力可达 24h。该 AUV 主要采用 1.1kWh 的银锌电池（采用最大电池结构时＞ 5kWh），推进系统在四个控制面之后有一个电动推进器。

Woods Hole 海洋研究所：研制的 ABE AUV 主要用于深海海底观察，其特点是机动性好，能完全在水中悬停，或以极低的速度进行定位、地形勘测和自动回坞。该 AUV 长 2200mm，速度 2kn，续航力根据电池类型在 12.87 ~ 193.08km。其动力采用铅酸电池、碱性电池或锂电池。ABE2010 年 3 月 5 日在 Chile Triple Junction 作业时丢失，下潜次数 221 次，平均每次对海底探测面积 16km^2。

作为 ABE 的后续型号目前伍兹霍尔海洋研究所新研制了 Sentry 号 AUV，最大下潜深度 6000m，活动范围 50 ~ 100km，在水下可连续观测 36h，目前下潜超过 140 次，还可以和 Alvin 和 ROV 配合使用，增大深潜调查作业效率。

MBARI（Monterey Bay Aquarium Research Institute）：研制的 DORADO AUV 在 2010 年墨西哥湾溢油事件中发挥作用，开展高分辨率了水体巡航并根据 CDOM 的荧光峰值在线智能采集水样，为环境评估提供证据。其研制的 Tethys AUV，空气中质量仅有 120kg，在航速 2kn 的情况下最大航程设计为 3000km，2012 年 8 月连续航行 23d，航程超过 1800km。

英国的 Autosub3AUV 冰下作业，最大工作深度 1600m。此外，英国南安普顿大学还参加了欧共体的一项合作研究，目前正从事 Autosub6000 研制，其工作深度为 6000m，航速 0.4m/s 的情况下，航程可达 6000km，能从英国航行到美国，并搜集海洋数据，2011 年进行了初步海试。日本的 AUV 技术在民用方面主要用于地震预报和海洋开发（如水下采矿、海底石油和天然气的开发等），参与部门和机构包括日本科学技术中心（JAMSTEC）、国际贸易工业部、运输部、建设部、机器人技术协会、日本深海技术协会等。JAMSTEC 正在计划研制下潜深度 6000m，航程 3000km 的长航程 AUV。韩国 Daewoo 重工业公司的船舶海洋研究所同俄罗斯海洋研究所共同合作研制了名为 OKPL-6000 的自主式水下无人航行体，该 AUV 主要用于深海探测、搜索与观察海底沉没物体、以及科学研究。该 AUV 长 3.8m，直径 0.7m，重 980kg，最大工作深度 6000m，最大巡航速度 3kn，续航力 10h，动力采用银锌二次蓄电池，推进系统采用四个电动推进装置。OKPL-6000 AUV 已进行了三次考察试验，记录了大量的图像、视频电影和海底地图。此外，该 AUV 还对水深为 2300m 的东海以及 5500m 的太平洋海底进行了观察。

水下滑翔机也属于 AUV 的一种，目前常见的传感器负载包括 CTD、DO、荧光计、PAR、光谱辐射计、多普勒剖面仪、水听器、湍流微结构传感器等。目前，美国的 Glider 技术处于世界的前列，聚集了最为著名的三种 glider，分别是 Slocum glider、Spray glider 和 Seaglider。这三类水下滑翔机已实现了产业化，特别是 Slocum 型水下滑翔机，已由 Webb Research 公司大量生产。美国 Rutgers 大学是目前世界上应用 Glider 的代表性单位之一。到 2012 年，运行轨迹总里程超过 90000km。其水下滑翔机 RU-27（Scarlet Knight's）2009 年从美国的 Tuckerton, New Jersey 出发，在海上航行 221d 后进入西班牙的 Baiona 海域，12 月 4 日完成了第一次大西洋横跨航行，航程近 7400km，完成超过 11000 个剖面。该滑翔机在将近七个月的航程中，收集了有关海洋密度、海水含盐度及其他资料。

美国 Scripps Institution of Oceanography 研制的 Spray Glider 水下滑翔机被设计用于更深的海域，最大下潜深度 1500 米。它采用细长低阻力的流线型外壳，把天线内置于滑翔翼中以进一步减小阻力，当滑翔机浮出水面时旋转 90°，使有天线的一个滑翔翼垂直露出水面，然后就可以进行卫星通信和 GPS 定位。在尾部的垂直尾翼上装有备用的 Argo 天线，在卫星通信失败时启用。

华盛顿大学研制的 Seaglider 水下滑翔机，持续时间可达 6 个月，最大下潜深度为 1000m。它最长的一次任务持续了 5 个月，航行 2700km。Seaglider 已经航行通过了阿拉斯加海湾和拉布拉多海的许多冬季风暴，能够有效地进行测量，能在目标位置进行垂直采样（相当于一个虚拟垂直剖面仪）。Seaglider 的 GPS 卫星天线装在尾部 1 根约 1m 的杆子上，在浮出水面时，不需要辅助的浮力装置，天线就能高出水面，成功地获得 GPS 定位和通信。

The Liberdade Xwing Glider 是 Scripps Institution of Oceanography 的 the Marine Physical Lab 研发的用于专用于水声探测的水下滑翔机。采用高升阻比机翼设计，从而航程更远，速度更快，可容纳更多传感器。2006 年在 Monterey Bay 进行首次试验。现在的 ZRay 升阻比达到 35，已成功完成多次海试。

美国波浪滑翔机已经发展到第三代，累计进行了数万公里海试，以及多达 270 多天的连续航行。目前已经销售数百台，在多个行业都有应用。波浪滑翔机通过集成不同专用传感器可形成不同用途的特种波浪滑翔机。除了常规搭载 CTD、ADCP 和气象传感器的应用外，目前比较典型的应用案例还有携带水质传感器和二氧化碳传感器的波浪滑翔机。

美国正在发起一个 IOOS® National Glider Network Plan，参与单位包括 SCRIPPS 海洋研究所、Rutgers 大学、华盛顿大学、俄勒冈州立大学、南佛罗里达大学等。

（五）水下运载器技术发展趋势

综观世界水下运载器的研制及应用，未来深海运载和作业装备技术的发展呈现以下几个特点。

1. 工作深度进一步扩大

从4500 ~ 10000m，深海运载装备向全海深挺进，深渊探测成为多个学科的研究热点，对水下运载器和作业装备的水密性和耐高压性提出了更高的要求。

2. 工作模式：从单水下运载平台到多平台协作

随着水下调查任务的繁重性与复杂性，以及多平台应用与作业技术的提高，水下运载器的工作模式开始由单水下运载平台转向多平台的协作。主要包括同类型水下运载器的协同作业和不同类型异类水下运载器的协同作业两类多平台协作方式。多平台协作涉及很多技术难点，包括水下运载器之间的通信、多平台协作的稳定性控制等。

3. 整体设计的标准化和模块化

为了提升深海运载器的性能、使用的方便性和通用性，降低研制风险，节约研制费用，缩短研制周期，保障批量生产，整体设计的标准化与模块化是未来的发展方向。深海运载器采用标准化和模块化设计，不但可以加强各个系统的融合程度，提升整体性能，而且通过模块化的组合还能轻松实现任务的扩展和可重构。

4. 高度智能化

新一代的深海运载器将采用多种探测与识别方式相结合的模式来提升环境感知和目标识别能力，以更加智能的信息处理方式进行运动控制与规划决策。它的智能系统拥有更高的学习能力，能够与外界环境产生交互作用，最大限度的适应外界环境，帮助其高效完成越来越倚重于它的各种任务。

四、我国学科发展趋势与对策

尽管国内已经拥有了多种深海运载与作业装备，在技术上部分也达到了国际先进水平，但在全海深、水下综合作业和配套技术方面仍存在一定的差距。面对当前我国深海技术发展的现状，未来几年甚至更长一段时间内，我国深海技术应立足于基础关键技术的研发，集中解决基础关键部件的国产化问题，初步构建并完善我国深海技术装备体系，满足深海科学研究、资源调查等领域对深海技术的需求。具体建议如下。

1）形成系列技术装备体系，如在深海运载平台方面：开展载人潜水器、水下无人遥控潜水器、水下无人自治潜水器人和大深度水下滑翔机研发，在已有 7000m 级蛟龙号载人潜水器的基础上，研发 4500m 级和全海深万米载人潜水器，形成载人潜水器系列化；研发 7000m 无人遥控潜水器（ROV），为“蛟龙”号提供救助服务，形成 7000m 级载人潜水器协同作业能力；研发万米级（全海深）无人遥控潜水器（ROV），6000m 级水下自治潜水器（AUV），大深度水下滑翔机，以及极端环境下的水下运载装备，逐步形成完善的深海运载装备体系。重点发展的技术包括总体布局和载体结构、智能体系结构、运动控制、通讯导航定位和水下目标探测识别。

2）针对已研制并应用的深海运载平台和作业装备，开展网络化、大数据运行体系平台建设。实现所有观测数据及应用过程各种数据的大数据库管理，实现数据传输及访问的网络化管理。逐步建立蛟龙号载人潜水器、海龙号载人潜水器等国内已应用重大深海装备的数据管理系统。并启动正在研制大型深海运载器的数据管理系统，建设形成各深海运载器的网络化、大数据运行体系平台，并逐步做到资源共享。

3）建立重大深海装备的国家管理机制。借鉴世界各国深海重大装备的成功管理和使用经验，实行全国范围内的统一管理与协调使用是节约使用成本，保证装备广泛应用的必然选择。深化深海基地管理中心国家级公共服务平台职能，解决我国重大深海装备的管理与使用问题，使国家重大深海运载平台和作业装备能够真正发挥其应有的作用。制定深海技术装备工程系统发展的国家规划，扶持深海高技术中小企业，健全深海技术装备产业链条，加强深海技术领域基础研究队伍建设，完善深海技术领域人才梯队建设。

—— 参考文献 ——

[1] 操安喜，刘蔚，叶聪，等. 载人潜水器概念设计中的总体多学科设计模型及分析［J］. 船舶力学，2013，17（7）：807-818.

[2] 崔维成，刘峰，胡震，等. 蛟龙号载人潜水器的 7000 米级海上试验［J］. 船舶力学，2012，16（10）：1131-1143.

[3] 丁忠军，李德威，周宁，等. 载人深潜器支持母船发展现状与思考［J］. 船舶工程，2012，34（4）：7-9.

[4] 封锡盛，李一平，徐红丽. 下一代海洋机器人写在人类创造下潜深度世界纪录 10912 米 50 周年之际［J］. 机器人，2011，33（1）：113-118.

[5] 国家海洋局科学技术司. 深海技术与装备需求与现状分析报告［J］. 内部，2015.

[6] 李颖虹，王凡，任小波. 海洋观测能力建设的现状、趋势与对策思考［J］. 地球科学进展，2010，25（7）：715-722.

[7] 李志伟，崔维成. 水下滑翔机水动力外形研究综述［J］. 船舶力学，2012，16（7）：829-837.

[8] 刘健，李冬冬，冀大雄. AUV 海洋温跃层检测方法综述［J］. 海洋技术学报，2014，33（5）：127-136.

[9] 刘涛，王璇，王帅，等. 深海载人潜水器发展现状及技术进展［J］. 中国造船，2012，53（3）：233-243.

[10] 刘正元，王 磊，崔维成. 国外无人潜器最新进展［J］. 船舶力学，2011，15（10）：1182-1193.

[11] 王磊，刘涛，杨申申，等. 深海潜水器 ARV 关键技术［J］. 火力与指挥控制，2010，35（11）：6-8.

[12] 王树新，刘方，邵帅，等. 混合驱动水下滑翔机动力学建模与海试研究 [J]. 机械工程学报，2014，50（2）：19–27.

[13] 徐玉如，李彭超. 水下机器人发展趋势 [J]. 自然杂志，2011，33（3）：125–132.

[14] Ilker F, Algot K, Jenny E. Ullgren，Microstructure Measurements from an Underwater Glider in the Turbulent Faroe Bank Channel Overflow [J]. Journal of Atmospheric and Oceanic Technology，2014, 31：1128–1149.

[15] Mario B, Daito D, Gwyn G. Underwater glider reliability and implications for Survey Design [J]. Journal of Atmospheric and Oceanic Technology, 2014, 31（12）: 2858–2870.

[16] Rodney A, Francis J. First attempt to use a remotely operated vehicle to observe soniferous fish behavior in the Gulf of Maine [J]. Western Atlantic Ocean, Current Zoology , 2010, 56(1): 90–99.

[17] Russ E, NaomiE L, David M. Routing strategies for underwater gliders [J]. Deep–Sea Research II, 2009, 56: 173–187.

[18] Tom D, Justin M, Neil T. The Wave Glider enabling a new approach to persistent ocean observation and research [J]. Ocean Dynamics, 2011, 61: 1509–1520.

[19] Whitcomb L L，Jakuba M V，Kinsey J C，et al. Navigation and control of the Nereus hybrid underwater vehicle for global ocean science to 10,903 mdepth: Preliminary results [J]. Proceedings of the 2010 IEEE International Conference on Robotics and Automation, 3–7 May 2010.

[20] Zhang YW, Robert S, John P，et al. A Peak–Capture Algorithm Used on an Autonomous Underwater Vehicle in the 2010 Gulf of Mexico Oil Spill Response Scientific Survey [J]. Journal of Field Robotics, 2011, 28（4）: 484–496.

撰稿人：王岩峰

数字海洋研究进展

一、引言

近年来，我国海洋开发利用程度不断加大，海洋经济发展迅猛，但与此同时也带来了资源与环境、发展与保护、管理与服务等诸多方面的矛盾与冲突。如何协调与平衡种种关系，促进我国海洋事业全面健康发展，除了思想认识和管理理念的革新外，海洋信息及海洋信息技术在其中同样发挥着举足轻重的作用。

海洋信息作为人们认识、了解、开发和管理海洋的重要基础，是国家发展的重要战略资源。伴随着信息技术的革新与发展，海洋信息化经历了一个应用逐步深入、作用不断提升的过程。高度重视海洋信息化建设，充分发挥海洋信息在海洋各领域活动的重要作用，将成为促进海洋可持续发展、实现海洋开发战略、维护海洋权益、建设海洋强国的必要手段和重要保障。

自 1998 年美国副总统戈尔提出数字地球理念以来，国内外科学家在虚拟三维球体模型构建、可视化表达分析和仿真等关键技术方面开展了基础研究，在应对全球气候变化、灾害影响分析、经济评估等方面开展了应用研究。我国海洋科学家根据数字地球的理念和海洋管理的自身需求，适时地提出了数字海洋的概念，以各类海洋自然因素和自然现象以及相应的海洋观测（监测）类、管理类信息为研究对象，依托海洋空间数据基础设施，以数字化、可视化等手段展现真实海洋世界的各种状况，为人类认识海洋、开发海洋、管理海洋提供综合服务。国家海洋局依托国务院批准的“908”专项，从 2006 年开始组织实施了“中国近海数字海洋信息基础框架构建”项目，2011 年 12 月通过验收，进入持续业务化运行。

随着党的“十八大”建设海洋强国的战略决策提出，数字海洋作为基础性、公益性的海洋信息保障任务其概念、战略意义和应用服务也将有进一步的拓展和延伸，亟须其为海洋强国建设提供全面、准确的数据支持，深入、透明的信息保障，快速、综合的决策支撑，便捷、互动的应用服务等。

二、我国学科发展现状

作为海洋领域和数字地球领域交叉的新兴学科，数字海洋发展依赖于海洋基础设施的保障、自身理论技术的创新性发展和吸纳改造计算科学、信息科学、物理海洋学等交叉学科的理论技术。以下从数字海洋基础理论与方法研究、数字海洋关键技术研究和数字海洋集成与应用服务技术研究三个方面简述数字海洋的发展现状及研究进展。

（一）数字海洋基础理论与方法研究

数字海洋从概念提出到工程应用的突破，需要自身的基础理论研究与方法的实践与支撑。国内学者先后开展了数字海洋原型探索、技术实现和系统模型研发等角度开展了一系列工作。在数字海洋原型探索方面中科院地理所对多源数据和多学科方法进行集成探索。将历史与现实的、不同信息源的、不同载体的多类海洋信息和模型以数字形式集成在数字海洋原型中，以统一的、标准的、可感知、易于使用的方式完成面向主题的服务。在数字海洋工程实践方面，国家海洋信息中心和中科院遥感所合作开展了数字海洋构建基础性研究，包括：数字海洋基于三维球体模型集成海洋调查、观测、监测和再分析等异构数据的可能性和实践方法；基于三维球体实现海底、水体、海面、海岛海岸带的无缝集成方法；从应用服务群体出发，提出数字海洋应面向海洋业务综合管理和公众海洋科普知识宣传及海洋意识提升两方面。同时，国家海洋局和国家海洋信息中心提出了数字海洋中长期目标，并依托“908”专项构建了我国第一个基于三维地球球体模型的数字海洋系统，详细论证了系统的体系架构、关键技术、功能设计和技术实现方法，系统全面地介绍了数字海洋基础理论。

（二）数字海洋关键技术研究

数字海洋的基础是多源异构的海洋数据资料，如何有效管理海洋数据是发挥海洋信息价值的前提。国内学者根据海洋数据的多维、动态、时空变化特征，开展了海洋时空数据的组织模型与管理方法研究，时空数据索引与检索机制研究和海洋数据仓库构建技术研究。国家海洋信息中心针对各类海洋资源、海洋环境、海洋经济、海洋管理等多源异构数据进行统一的体系规划，构建了统一标准的海洋数据体系框架. 并采用面向对象的思想设计了海洋空间数据模型、海洋立体格网数据模型和关系数据模型，解决了空间数据、格网数据和文本数据的组织存储。同时国内东北大学针对海洋环境数据的特点，讨论了建立海洋环境领域本体的方法. 设计了利用本体创建海洋环境数据仓库多维模型算法，构建了数字海洋数据仓库，有效提高了数据库分析和建模效率。中科院遥感所在对已有的时空数据模型、海洋时空数据模型研究进展评述基础上，提出了 ArcGIS 海洋数据模型中针对海洋要素产品时空数据的组织方法，并通过建立多维时空索引的方式对其进行改进应用于数字海洋海洋环境要素产品时空数据的组织与存储过程。在海洋数据迁移方面，上海海洋大学根据海洋中大数据的生命周期图，针对混合云存储中，设计出一种适合于海洋大数据特征的迁移算法和模型，解决了海洋中大数据在分级存储中的数据迁移问题，初步实现了海洋大数据的高效存储。

针对海洋信息的海量、多源、不确知性，如何提高海洋信息智能化处理和服务能力是数字海洋应用的突破契合点。国内学者开展了数据挖掘、云计算和大数据技术转化应用于数字海洋的技术攻关研究。国家海洋信息中心在总结数据挖掘技术、海洋应用现状的基础上提出海洋数据挖掘应用模式，提供了涉及海洋数据挖掘应用的数据获取、数据预处理、数据处理、结果表达的全过程等功能。在数字海洋云平台构建、优化和安全保障方面，国家海洋信息中心和上海大学合作开展研究了数字海洋云平台上用户管理和定制复合模型工作流过程中的安全问题。根据数字海洋云平台上用户定制服务流时使用公有、私有资源安全问题和用户身份认证等功能，提出了一种工作流安全机制，结合手机和电子邮箱的双因素口令技术，进一步提高了用户在定制服务流的过程中资源使用的安全性。针对基于 HDFS 的数据预调度与访问占用 I/O 访问瓶颈等问题设计并实现了基于数字海洋云的信息服务流和数据调度方案，比 HDFS 的传统机制具有更好的并行性。

科学计算可视化和虚拟现实技术的结合应用能够直观地表现出海洋自然属性，发现隐含在海洋管理信息后的变化规律，以及逼真的模拟出海洋的物理环境信息，是数字海洋直观展示、可视分析海洋信息的有效解决之道。国内学者利用可视化与虚拟现实技术开展了海洋场景、海洋要素时空变化特征和海洋现象动态变化规律的研究。国家海洋信息中心对 ArcMarine 模型进行了扩展，构建了海洋水体要素信息库，实现了对海温、海流要素的时空动态可视化。中科院地理所针对海洋标量场数据探讨标量场的点过程和面过程的网络可视化表达，构建了中国台海区域海表温度场时空过程的网络可视化原型系统，实现了海表温度场面过程时空过程动态演进可视化分析。中科院遥感所在三维球体模型上实现海洋标量场要素时空分析和可视化表达进行了研究，研究表明基于球体的可视化方式能更好地表现海洋现象的区域特点，特点是在进行大范围区域乃至全球性海洋研究时更具优势。并以连续渐变地理实体的表达、组织和存储为研究对象，提出面向过程的时空数据模型，以海洋涡旋为例，实现连续渐变地理实体的过程化组织、动态分析与可视化表达。浙江大学根据海—气 CO_2 通量及其影响因素的特点，进行了科学的时空数据组织，给出了一种高效的三维可视化方法来表现海洋 CO 源与汇分布特征及其影响因素间相互作用的地理过程。中科院对地观测中心基于三维球体模型实现了海洋环境要素时空过程数据的组织存储及可视化表达。

（三）数字海洋集成与应用服务技术研究

数字海洋的根本目标是结合国家海洋综合管控海洋的实际需求，集成各类海洋数据，实现海洋信息的主动式应用服务。国内学者针对数字海洋数据集成、用户集成和应用集成开展了相关研究。上海海洋大学针对底层海洋空间数据的海量性和异构性，利用 FLEX 和 XML 技术，使用 XML Schema 建立了公共模型，利用虚拟空间数据搜索引擎作为中介实现平台，实现了对海量多源异构空间数据的无缝集成。国家海洋信息中心根据数字海洋地方节点的地理位置分散和数据量大的特点，提出了基于 SOA 理念整合数字海洋中分布、异构、海量海洋数据，基于数据总线和服务总线技术，实现数字海洋专网环境下多节点异构系统的分布式数据与服务集成，尝试开展了数字海洋特色应用，奠定了数字海洋应用基础。依据数字海洋授权具体需求，提出了一种基于代理机制的网格环境下对用户集中认证、分散授权的解决方案，从而实现了“数字海洋”集成框架真正意义上的单点登陆。

随着世界各国越来越重视发展海洋，海洋信息在海洋经济发展、海洋综合管理、海洋科学研究等领域的共享应用需求越发迫切。国内学者就如何提高海洋信息共享与服务程度开展了关键技术研究和实际系统研发。国家海洋信息中心攻关了基于网格的海洋数据共享和信息服务平台体系结构技术、网格环境下信息发布技术、信息交换技术和远程多维动态可视化等关键技术，并通过建立规范统一，开展海洋资料整合处理制作了满足不同用户的海洋环境信息产品。并利用并行、虚拟技术，建立基于数字海洋的共享应用服务系统，有效实现海量数据管理与共享。

利用数字海洋丰富的基础设施资源和多维动态可视化平台，面向海洋突发事件应急和海洋防灾减灾辅助决策提供服务是数字海洋决策支持应用服务的重要支点。国家海洋信息中心围绕海平面上升模拟中需解决的水面演进范围判定、进水量计算、水面对象时空数据组织以及水面运动时间动画构建等问题进行了探讨，提出了基于溃堤进水量和改进的有源淹没算法实现的水面演进范围模拟方法，实现了海平面上升在“数字海洋”中的集成应用。利用物理海洋模式和海洋观测监测数据建立了渤海溢油模拟扩散追踪模型和中国东海风暴潮模型，并基于数字海洋实现了溢油突发事件和风暴潮防灾减灾辅助决策系统，为海洋综合管理与应急提供解决方案。利用北斗号通信卫星研发了基于数字海洋的船载实时监控系统，实现了调查船只的实时数据传输与任务发布。

三、国内外学科发展比较

国外发达海洋国家在开展数字海洋基础能力建设的同时，针对海洋科学研究、社会服务和海洋综合管理等具体应用目标，实施了一些国家级和区域级的数字海洋信息化工程，这些大型工程项目以海洋信息化基础建设能力为依托，在组织和实施过程中，充分利用海洋信息化建设成果，发挥多部门和多行业协同建设的优势，在信息资源整合和开发利用方面收到了良好效果，逐步显现出如下特征。

（一）海洋数据获取与更新能力不断增强，呈现立体化、常态化、精细化趋势

负责观测获取海洋数据的国际组织主要有政府间海洋学委员会（IOC）和世界气象组织（WMO）等，他们在全球已建立起全球海洋观测系统（GOOS）、由3000余个Argo浮标网、500余个水位站、1000余套锚系和表面漂流浮标、1000余艘志愿船和机会船、全时空海洋覆盖卫星系统及区域覆盖海底观测系统等组成的全球海洋观测体系，获取资料时间范围可追溯至1846年，空间范围可覆盖全球海域，数据获取和更新频率最高达分钟级。美国、欧共体、日本等世界海洋发达国家，相继建立了由岸基、海基、空基、海底和遥感等平台组成的长期连续、站点密集、要素齐全、实时更新的海洋立体综合观测网络，并不断推出新的海洋观测、监测、调查计划，通过台站、船只等传统观测手段和遥感、浮标、雷达等新型观测手段，持续提升海洋数据获取能力，掌握了海量全球重要海区的战略性数据资源。海洋数据获取与更新呈现立体化、常态化、精细化的新趋势。

（二）海洋数据处理与管理能力不断加强，呈现标准化、智能化、集成化趋势

国际组织和国际海洋计划越来越重视全球海洋数据的处理与管理，建立了海洋数据获取处理（ODAS）、海洋数据门户（ODP）等海洋数据和元数据综合系统，推动了现有局部和区域海洋数据的集成、处理和管理。海洋学和海洋气象学联合技术委员会（JCOMM）2012年实施了全球海洋与海洋气候资料中心（CMOC）建设，整合集成全球所有的海洋和气象资料及信息产品，核心数据和产品集达60余大类，并在合作框架下实现数据处理、管理和交换。世界主要海洋国家大多成立或指定专门的机构，负责组织协调本国和全球海洋数据处理、整合集成和综合管理工作，不断强化国家级海洋数据中心建设，数据处理与管理方式由传统的服务器托管形式，衍变为集大数据运算、存储为一体的数据中心集中管理模式，以满足爆炸式海量数据的处理、管理、共享需求。海洋数据处理与管理呈现标准化、智能化和整合集成的发展趋势。

（三）海洋信息共享与服务水平不断提高，呈现网络化、社会化和高效便捷的特征

世界主要海洋国家均将海洋信息服务视为海洋事业发展的战略要事，通过法律法规、技术标准、共享技术和服务系统等软硬件体系建设，推动海洋数据共享。采取开放、联合、定制等多种策略，主要由国家级海洋数据中心将统一整合后的数据资料及时分发给各个涉海区域性组织、科研机构和企业，提供数据级共享，或者根据具体服务对象与服务需求，加工制作各种信息服务产品和信息应用系统，提供信息和产品级共享，从而实现了海洋数据资源的统一整合、实时分发、产品制作、信息服务的一体化链条式管理。在服务方式上，采用门户网站、信息推送、定制下载、交互体验、教育培训、社区活动等多种形

式，力求服务的便捷性、开放性与公众的参与度。海洋信息的共享与服务呈现出社会化、网络化和高效便捷的特征与趋势。

（四）信息化技术在数字海洋相关领域中的作用日益凸显

云计算、物联网、大数据、智能分析、移动互联、可视化与虚拟现实等信息技术，为各种异构海洋数据的整合和信息应用服务提供了新的技术手段，极大地推动了数字海洋及其相关领域的发展，作用日益凸显。云计算技术的快速发展，显著降低了信息化建设成本，提高了信息资源使用效率，为海洋数据共享和应用服务提供了新的模式。可视化和虚拟现实技术的日益成熟，使海洋信息和海洋现象的表达更加易于理解和真实生动。智能分析等技术的快速发展，使海洋客观变化规律的认知和分析更加深入。大数据技术为海量海洋数据的快速处理和高效管理提供了新手段，保障了海洋信息的服务效能。移动互联等技术将彻底改变数字海洋的服务方式，提升用户的交互性和参与度，海洋空间信息的应用服务将愈加社会化和网络化。

四、我国学科发展趋势与对策

（一）我国数字海洋发展基础

依托国家项目支持和建设，我国在数字海洋领域取得了显著成果，主要包括以下几个方面。

1. 积累了一定的海洋数据资料

我国各级海洋管理部门历来十分重视海洋数据资料的获取收集工作。开展了一系列海洋调查专项，基本实现了我国海域、海底和海洋基本要素场的全覆盖，初步查清了我国近海海洋资源环境变化状况，奠定了我国近海海洋基础数据。我国的海洋观测能力逐步增强，初步形成了由海洋观测台站、雷达观测站、浮标潜标、志愿船和调查船、卫星和航空遥感等组成的立体观测网络，覆盖渤海、黄海、东海和南海主要近岸海域。积极参与国际业务化海洋学合作计划，积累了大量国内外海洋环境历史现场观测与卫星遥感数据资料。这些数据资料为数字海洋应用服务工作的开展奠定了坚实的数据基础。

2. 数字海洋信息基础框架应用服务初见成效

构建“数字海洋信息基础框架”（以下简称“基础框架”）是“我国近海海洋综合调查与评价”（“908”专项）的重点任务，现已顺利完成并取得一批重要成果，取得良好应用。初步建立了数字海洋标准规范体系，制订了 13 项标准规范、5 项数据接口约定和 6 项管理制度；建成了覆盖 11 个沿海省市和国家海洋局 18 个单位的数字海洋网络，实现了数字海洋 39 个节点的业务化运行；开展了“908”专项资料和历史资料的整合，建成了数字海洋数据仓库，累计提供数据和产品服务 48TB；构建了数字海洋三维可视化原型系统，开发了面向海洋管理的专题信息应用系统和特色服务系统，提升了海洋信息化管理水平；建成并发布了基于因特网的数字海洋公众版（iOcean）和基于智能手机的数字海洋移动版（iOcean@touch），成为了提高公众海洋意识的重要窗口。

3. 基本具备全面开展数字海洋应用服务的技术与人才储备

早在1999年，我国就提出了数字海洋的建设构想。通过“基础框架”建设，进一步明确和丰富了数字海洋的概念与内涵，探索了以海洋信息基础平台、原型系统、应用系统示范为主体的服务理念与模式，出版了该领域的第一部专著《中国数字海洋理论与实践》。通过联合攻关，突破了多尺度多维度海洋时空数据组织与管理、多源海洋信息融合、海洋动态可视化表达等多项关键技术，探索了海洋信息虚拟现实、互操作、动态仿真等高新技术的应用，为数字海洋应用服务打下了坚实的技术基础。“基础框架”建设还为数字海洋发展培养了一批专业技术人才和管理人才。2011年，国家海洋局批准成立了国家海洋局数字海洋科学技术重点实验室，从而在理论研究、技术研发和人才培养等方面持续给予支持，基本具备全面开展数字海洋应用服务的技术与人才储备。

4. 数字海洋应用服务已列入国家相关规划

数字海洋应用服务的任务已经列入国家的相关规划，并经国务院和相关部门批准。2012年9月，国务院批复《国家海洋事业发展“十二五”规划》，国务院印发《全国海洋经济发展“十二五”规划》，2012年7月，国务院和中央军委联合颁布《统筹经济建设和国防建设“十二五”规划》，都把数字海洋应用服务作为重要任务列入，2011年8月国家海洋局、科技部等部门联合发布《国家“十二五”海洋科学和技术发展规划纲要》将推进数字海洋建设列为主要任务。

（二）我国数字海洋发展对策

1. 数字海洋研究存在的问题

目前我国数字海洋关键技术研究和系统建设应用取得了明显进展，但与国外海洋发达国家相比，我国数字海洋建设尚不完善，仍然存在相当大的差距，主要表现包括：

1）海洋信息化起步晚差距大。近年来我国构建数字海洋和应用服务方面取得了长足进步，但海洋信息化工作相对于我国水利、国土等其他行业信息化起步较晚，投入较少，与国外发达国家和地区的数字海洋相关领域相比存在较大差距。

2）数据获取体系和能力建设不够全面。“我国近海数字海洋信息基础框架”以“908”调查数据为主，缺乏实时观测和常态化的海洋调查数据支撑，尚未形成真正的空天海地的一体化数据体系，不足以有效保障数字海洋的信息来源。

3）海洋数据管理与共享手段不够畅通。我国海洋资料分散在多个领域、多个部门、多个地区，互不联通，且数据标准和处理方法各异，资料共享能力弱，形成了信息“孤岛”，造成资料获取重复投入，严重制约了海洋资料服务效能的充分发挥。

4）数字海洋关键技术体系不够自主。我国数字海洋是在吸收引进国内外已有的成熟的平台和技术来保障数字海洋系统的功能和性能需求，缺乏自主性的数字海洋基础理论创新、关键技术瓶颈攻关和应用服务技术转化，无法及时跟进当前软硬件国产化的大背景。

5）数字海洋的应用服务水平不够智能。海洋信息产品无论在内容、种类、数量，还是在精准度、时效性等方面都开发不足，缺乏综合性、决策性的信息产品；信息系统的应用与智能辅助决策能力水平相对较低，无法满足海洋综合管控的需要。

2. 数字海洋发展对策

针对国内数字海洋存在问题和国外数字海洋的优势先导，我国数字海洋在未来一段时间内需在以下几方面开展工作，以便数字海洋向透明海洋、智慧海洋转化。

1）应充分借鉴国内外信息化建设的经验，开展数字海洋应用服务建设，从国家到地方加大数字海洋资金和人才投入，使我国数字海洋的总体规划与布局以及信息化服务水平达到国际先进水平。

2）开展常态化海洋调查和海底实时观测监测能力建设，依托卫星和网络实时传输接入数字海洋系统，使数字海洋能够真正的集成整合天空海地的立体数据，保障信息服务基础。

3）建立顺畅的海洋资料汇集机制和共享服务平台，有效提升海洋资料共享交换与服务能力，实现我国涉海部门和行业间海洋资料交流畅通、共享有序。

4）紧密结合建设海洋强国的应用需求，实现海洋资源开发、海洋经济发展、海洋生态环境保护和海洋综合管控等信息服务的网络化与智能化，实现海洋权益维护、突发事件应急和军事海洋环境保障等应用服务的迅捷化和准确化，实现海洋信息服务的社会化。

5）通过引进、吸收和转化数字海洋交叉学科的关键技术，加强数字海洋基础理论自主创新能力建设，突破数字海洋建设的技术瓶颈，形成我国数字海洋自主知识产权的技术体系。

—— 参考文献 ——

[1] 董文，张新，江毓武，等. 基于球体的海洋标量场要素的三维可视化技术研究［J］. 台海海峡. 2010，29（4）：571-577.

[2] 耿姗姗，刘振民，梁建峰，等. 基于数字海洋框架的海洋资料整合与共享服务管理模式浅析［J］. 海洋开发与管理，2015（2）：33-36.

[3]《国家海洋事业发展“十二五”规划》. 国家海洋局，2012.

[4]《国家“十二五”海洋科学和技术发展规划纲要》. 国家海洋局，科技部，等. 2011.

[5] 黄冬梅，张弛，杜继鹏，等. 数字海洋中海量多源异构空间数据集成研究［J］. 海洋环境科学 2012，31（1）：111-114.

[6] 黄冬梅，杜艳玲，贺琪. 混合云存储中海洋大数据迁移算法的研究［J］. 计算机研究与发展，2014，51（1）：199-205.

[7] 黄冬梅，杜艳玲，王振华. 海洋大数据分级存储中迁移模型的研究［J］. 计算机应用与软件，2014，31（9）：45-47.

[8] 李昭，黄克玲，刘仁义，等．海洋大气二氧化碳通量三维时空可视化研究［J］．浙江大学学报（理学版），2011，38（2）：229–233.

[9] 刘金，朱吉才，姜晓轶，等．海洋信息组织与存储模型研究及其在“数字海洋”中的应用［J］．海洋通报，2011，30（1）：73–80.

[10] 刘贤三，张新，梁碧苗，等．海洋 GIS 时空数据模型与应用［J］．测绘科学，2010，35（6）：142–145.

[11]《全国海洋经济发展“十二五”规划》．国家海洋局，2012.

[12] 阮进勇，徐凌宇，丁广太．数字海洋云计算平台工作流安全机制［J］．计算机技术与发展，2015，25（1）：155–158.

[13] 石绥祥，雷波．中国数字海洋—理论与实践［M］．北京：海洋出版社，2011.

[14]《统筹经济建设和国防建设“十二五”规划》．国务院 中央军委，2012.

[15] 王伟，石绥祥，李四海，等．基于代理机制的“数字海洋”授权模型研究，海洋通报，2010，29（2）：206–212.

[16] 薛存金，董庆，等．海洋时空过程数据模型及其原型系统构建研究［J］．海洋通报，2012，31（6）：667–674.

[17] 张峰，刘金，李四海，等．数字海洋可视化系统研究与实现［J］．计算机工程与应用，2011，35.

[18] 张新，刘健，石绥祥，等．中国“数字海洋”原型系统构建和运行的基础研究［J］．海洋学报，2010，32（1）：153–160.

[19] 中国“数字海洋”信息基础框架构建总体实施方案．国家海洋局，2006.

[20] Liu J, Fan X T. Research on data organization and visualization of marine element temporal–spatial process. 2015, Indian Journal of Geo–Marine Sciences.

[21] Shi S X，Xu L Y，Dong H, et al. Research on data pre．deployment in inform ation service flow of digital ocean cloud computing［J］. Acta 0ceano1. Sin.，2014, 33（9）：82–92.

[22] Wei W, et al. Building Real Time Monitoring System on Oceanographic Research Vessel in Distant–Water based on Beidou and Digital Ocean［C］. DCABES 2014.

[23] Xin Z, Wen D, Li S H, et al. Jiancheng Luo and Tianhe Chi, China Digital Ocean Prototype System［J］. International Journal of Digital Earth, 2011, 4（3）：211–222.

[24] Deng Z G,Yu T, Jiang X Y,et al. Bohai Sea oil spill model：a numerical case study［J］. Mar Geophys Res, 2013, 34：115–125.

[25] Deng Z G, Zhang F, Kang L C, et al. East China Sea Storm Surge Modeling and Visualization System：The Typhoon Soulik Case［J］. The Scientific World Journal, Volume 2014.

撰稿人：康林冲　张　镭　魏红宇

ABSTRACTS IN ENGLISH

Comprehensive Report

Research Status and Development Trends of Marine Science

In this report, the achievements of ocean science and technology in China from 2009 to 2015 are comprehensively reviewed, against the global picture of this field. The gaps between China and the advanced countries in the world, together with the influencing factors, are analyzed. On such a basis, future development directions and the associated strategies are proposed. In response to the guidelines of the country for the strategy to develop the marine economy, safeguard the maritime rights and interests, and protect the maritime territorial integrity of the country, great efforts have been made to achieve important breakthroughs in the field of ocean science and technology in China over the last 5 years. The major contributions can be summarized as follows.

In terms of marine scientific research platforms, the State Oceanic Administration in collaboration with the National Development and Reform Commission established a system of China Ocean Research Vessels on April 18, 2012, which had overcome the difficulties for integrated management of the vessels in the past. Since 2009, a number of marine scientific and technological innovation groups have been formulated rapidly in China; by 2015 there have been 24 state-level teams. Marine scientific and technological laboratories at different administrative levels have been established, including one state lab (i.e. Qingdao Ocean Science and Technology State Lab), 15 state key labs (with 5 of them being newly founded after 2009) and 86 provincial or ministerial level labs (with 29 of newly formed labs after 2009). The China Ocean Sample

Repository has been improved and new marine biological resources centers such as the Marine Microorganism Resource Center and the Marine Pharmaceutical Resource Center have been established. In 2013, 75 shore-based ocean monitoring stations were updated, 29 new long-term tide stations were built and 15 seismographic stations for the tsunami warning observation network were operated. In addition, 2 new stations for polar region explorations, i.e., the Kunlun Station (built in 2009) and the Taishan Station (built in 2013), were added to the system; the HY-2 marine satellite was launched and a series of oceanographic buoys and moorings came into service.

Important changes have occurred in China in a number of institutes in terms of staff recruitment and research organizations. The number of research institutions increased from 135 in 2008 to 177 in 2012, and the personnel for ocean research was doubled. Changes in the geographic distribution of the research institutions also took place. For instance, the number of the institutions associated with marine research was more than doubled in Beijing from 2008 to 2012, with a rapid increase in the staff members. The academic publications also increased, of which more than 20% of the articles were published in international journals and the number of marine scientific and technological patents increased by more than 5 times.

With regard to the activities of ocean scientific expeditions, marine surveys, marine mineral resources explorations, a large amount of work has been carried out successfully in China from 2009 to 2015, which included 12 cruises for oceanic surveys, 6 times of Antarctic expeditions, 3 times of Arctic expeditions, “Comprehensive Investigations and Evaluations for the Offshore Environments of China” (i.e., the 908 Special Project), 12 marine regional surveys with a scale of 1:1,000,000, 1 marine regional surveys with a scale of 1:250,000, explorations of marine hydrocarbon and gas hydrates, and comprehensive surveys on environmental geology in key coastal areas and on marine ecosystem dynamics of the Bohai Sea and the Yellow Sea. In these campaigns large data sets have been obtained.

Research in the circulation dynamic processes and their climatic effects over the Western Pacific Ocean have been carried out in China in recent years. Many new results have been obtained in terms of the major current systems in the Western Pacific, the three dimensional structure and its changes and dynamic mechanisms of the West Pacific Warm Pool, the material and energy exchange between the main current system associated with the warm pool and the surrounding waters, and the controlling mechanisms of the warm pool for the eastern Asian climate, which have enhanced the research level of China in the fields of deep ocean circulation dynamics and climate predictability. Based on the surveys in the South China Sea and the Indonesian Sea, it is found that the deep water of the Pacific Ocean flows through the Bashi Channel into the South China Sea in all the seasons, with a background velocity much higher than that in the open ocean, suggesting that the South China Sea serves as an important passage of the throughflow from the Pacific Ocean towards the Indian Ocean. Further, the response of the currents in the South China Sea to the monsoon and the intruding Kuroshio has been studied. In particular, the changing features of the directions of the throughflows in the South China Sea and the Indonesian Sea and their changing mechanisms are identified. The physical oceanography research for the deep part of the Indian Ocean reveals that the Asian summer monsoon is initiated from the Bay of Bengal, for which a conceptual model has been established, providing quantitative indexes for predicting the blowing-up of the Asian summer monsoon.

In the field of marine chemistry, the researchers have started to investigate the atmospheric chemistry and radiochemistry for the offshore areas of China, in addition to the study on the characteristics and their variability in the marine chemical environment. In the field of biogeochemical study, much attention has been paid to the sedimentary records associated with the key burial processes of biogenic elements and the evolution of biogenic compositions and structures in the Yellow Sea and the East China Sea.

Significant results have been obtained in marine biology in the study of copepod diapauses, cell growth modeling and systematical evolution of infusorians, and the biodiversity and ecology in the extreme environments of the deep ocean.

In ecological research, first of all, the carbon storage mechanism has been studied, which includes the controlling mechanism, ecological effect and changing patterns of carbon revenue and expenditure in the continental shelf seas of China. Some important results have been obtained associated with, e.g., the patterns of carbon source and sink and their controlling processes, the structure of biological pumps, the formation mechanisms of continental shelf upwelling, and the ecological effect of ocean acidification. A new concept of "microbial carbon pump" and its theoretical framework have been proposed, which consist of three mechanisms for the micro-production of marine inert dissolved organic matter (DOM) and reveal that the microbial ecological process plays an important role in the formation of carbon sink of RDOM. These ideas offer a new way to understand marine carbon cycle processes and mechanisms, together with their influence on the global change. In addition, the generation, distribution, transportation and transformation, and environmental effects of biogenetic sulfur in the Yellow Sea and the East China Sea are investigated, and research on the records, evolutions and evolutionary mechanisms of the ecological environment in the shelf seas of China in the last 60 years has also been carried out.

In the study of harmful algal blooms in the coastal waters of China, long-term evolution mechanisms and concept models have been proposed. Based on the controlling environmental factors in the succession of harmful algal blooms, countermeasures and recommendations have been proposed.

Important progress has been made in the research on marine ecological restoration. For example, the ecological restoration of coral reefs and the proliferation of characteristic biological resources in the Xisha Islands has been a research focus. Further, the biology and ecology in the submarine hydrothermal environments of the oceans have been also studied.

In the field of marine geology, the formation age, tectonic features and oil and gas resources potential of the South China Sea have been investigated, in addition to the "908" Special Project which was completed recently. New findings have been made from the continued ocean expeditions, in association with mid-ocean ridges, polymetallic nodules, Cobalt-rich crusts and submarine hydrothermal deposits and the formation mechanisms of the mineral resources. Furthermore, China has successfully applied for the priority of exploring and exploiting three types of submarine mineral deposits in three ocean areas.

In the field of coastal and estuarine research, the major progress includes an improved understanding of the evolution of the typical coastal zones in China in the last 50 years, the identification of the importance of human activities as a coastal process and their influences on the evolution of the environment and the ecosystem and new knowledge for the radial tidal ridges in the southern Yellow Sea off the Jiangsu coast and tidal estuary classification.

The progress in the research of regional oceanography in recent years has been reflected in the new publications, e.g., the "China Regional Oceanography", which consists of 8 volumes and summarizes the results from the investigations carried out since the late 1940s; the "China Coastal Seas" and the "Atlas of China Coastal Seas", which are a series of works consisting of 27 monographs and compiling on the basis of the results from the "908" Special Project.

For the polar regions, studies about the "Data of the Antarctic Shelf Ice Collapse and Distribution of the Blue Ice in the Antarctica", the "Under-ice Topographic Mapping in the Central Expedition Area at the Grove Mountains", the "Dynamic Record and Comparison of Penguin Populations in the East and the West Antarctic Islands" and the "Ages of the Antarctic krill" are examples of the recent activities.

In the field of marine technology and equipment, significant progress has been also made, which was supported by the Ministry of Science and Technology and the Natural Science Foundation of

China and through the projects such as "973" and "863" Programs.

"HY-2 Satellite", the first marine dynamic environmental satellite in China, was successfully launched at the Taiyuan Satellite Launch Center of China on August 16, 2011. It has an all-weather, all-time and global detection capability. Its purpose is to monitor the marine environment and to serve the marine disaster prevention and mitigation, to safeguard the nation's maritime rights and interests, to explore the marine resources, to protect the marine environment and to provide data sets for marine scientific research and the national defense.

The achievements in the field of marine survey and observation technology in recent years are mainly represented by a number of new technologies, e.g., the OSMAR071 mode ground wave radar, submarine observation network technology, *in-situ* monitoring technology for submarine chemistry and dynamic environments, key technology for the standard and network integration of observation groups and fast water radioactivity monitor. All these represent a high level of innovation and reached an advanced world standard.

The technologies for seafloor detection and mineral resources exploration are developed rapidly, with many technologies reaching advanced world levels, e.g., the deep-water semi-submersible drilling platform (i.e. Marine Petroleum 981), the 60m "HAI NIU" deep-sea multi-purpose drilling machine, the deep-water high-resolution shallow stratum profiler techniques, the submarine gas hydrate exploration techniques, the submarine hydrothermal sulfide sampler techniques, the deep-sea vehicle techniques represented by 7000m "JIAO LONG" human occupied vehicle and the 3500m "HAI LONG II" remotely operated vehicle. Furthermore, the umbilical cable technique has been developed, with the patent rights being owned by the Chinese researchers.

The major progress in marine engineering technology is the development of corrosion prevention techniques, e.g., the corrosion control technology which is applicable to the areas where waves are breaking and foaming, and the deep-sea universal antifouling coating technology. In addition, the technology for submarine pipeline S-laying under the 1500m water depth has been developed successfully. This is of milestone significance in the laying of deep water pipelines in China.

In the field of biotechnology, "Chinese Marine Materia Medica", an important monograph about marine drugs, was published, representing a new stage of the development of China's marine pharmacology. The start of marine pharmaceutical research was quite recent in China, but so far 3000 types of marine small molecular new active substances and 300 types of carbohydrates, which occupy an important position in the International Natural Compound Library, have been found. Further, more than 20 types of marine drugs have become drug candidates for tumors, cardiovascular and cerebrovascular diseases, metabolic disease, infectious disease and neurodegenerative disease, and are being evaluated as patent medicines. Marine biological products are developed very rapidly, with major breakthroughs occurring in the key technology of developing and applying parts of the enzyme preparations. The industrialization of "amino-oligosaccharide" has been realized.

Outstanding achievements have been obtained in the sequencing and fine spectrum structure of marine biological genome. Of the 11 types of marine biological genome completed in the world in 2012, four were completed by the Chinese scientists, with most of these types belonging to economic species. Progress has been also made in the study of biological gene in other special deep-sea environments.

New progress has also been made in truth-preserving technique and high-fidelity sampler technique.

Disease control in mariculture has received much attention in China. In recent years, progress has been made in the control of fish iridovirus disease and in the studies of quarantine and immune technologies. For example, notable benefit has been obtained from the development of highly-efficient immunostimulants for prawns and sea cucumbers.

In mariculture technology, the breeding of pearl oysters, oysters, white shrimps, scallops, seaweeds and *Undaria pinnatifida* represents recent progress. Further, the technologies for clean culture on beaches and in ponds are also studied.

In the field of the development and utilization of seawater resources, the progress includes the design of desalination devices of seawater, new procedures of comprehensive utilization of seawater, and the technology for cooling circulation using seawater.

The marine renewable energy resources are mainly focused on tidal and wave power generation. The tidal power generation in China has been carried out for decades and has reached a relatively high level. The Jiangxia Tidal Power Station is, for example, being modified and expanded. For the technology of wave power generation, only trial power stations have been constructed. Other types of marine power generation are all at the stage of experimental prototypes or at an initial stage.

In the field of marine information technology, new achievements include the setting-up of the basic framework of the China Digital Marine Information Database, the establishment of a first database which is uniform in standard, reliable in quality, comprehensive in content and abundant with information in the maritime domain of China, the setting-up of the first sphere-based marine digital, three dimensional and visualized platform in China, and the development of the Marine Integrated Management Information Service and Application System which is currently subjected to further improvements to meet the customer demands.

In the field of marine environment forecast, new forecasting methods are proposed, such as the wave-tide-current-coupled marine environment numerical forecast system and the numerical forecasting model of global sea-surface environmental parameters. These methods have been verified in operational applications, from which improved forecasting results have been obtained.

Although significant progress has been made in ocean science and technology in China, as outlined above, large gaps still exist, comparing with the advanced countries in the world. This situation is partly due to the short period of time for the growth of ocean science and technology in China. In the fundamental research, there are only a few high ranking academic leaders with a world standard. From the point of view of marine technology, there have been few significant breakthroughs in the key technologies. Up to now, many marine technologies have to rely on import from abroad, and large gaps lie particularly in the field of high and new marine technologies. For instance, a gap of some 11 years in terms of the level of technology is estimated between China and U.S.A. in marine technology. In order to catch up the world trends of science and technology progress, it is necessary to secure sufficient financial support to the ocean science and technology for a long period of time in the future.

Written by Wang Wenhai, Mo Je, Xu Chengde, Li Yongqi, Ma Shaosai,
Zhang Deyu, Guo Peifang, Zhu Ling and Lin Xianghong

Reports on Special Topics

Research and Development of Ocean Dynamics and Climate Change

With an emphasis on the interaction between multi-scale movements in the ocean, the progress in ocean dynamics and climate change research in China is reported. During recent years, the researchers in China have investigated into the important issues such as air-sea fluxes, wave-circulation interaction, internal wave-circulation interaction, meso-scale eddies, internal wave-wave-tide-circulation coupled modeling, and atmosphere-wave-ocean coupled climate modeling. In particular, the studies on the wave-circulation interaction and the wave effect in the ocean circulation and climate models in China have reached a high level in the world. In the report, we also analyzed the gaps that exist between international and domestic research institutions in ocean dynamics and climate change. Furthermore, to meet the strategic requirements on ocean research, developing targets are proposed to promote the future study on ocean dynamics and climate change.

Written by Qiao Fangli, Song Zhenya and Bao Ying

Research and Development of Polar Marine Scientific Investigations

The polar regions play an important role in the global climate system. There is a need to safeguard China's national interests in the polar regions and to enhance the ability of China in dealing with the international affairs in terms of polar issues. In the present report, the polar expeditions carried out by China since 1984 are reviewed and the major research achievements obtained in China related to the Southern Ocean and the Arctic Ocean in recent years are summarized. Further, the gap between China's level and the advanced world level of polar marine science research is identified. On such a basis, studies on the national polar strategic planning, the enhancement of the ability for polar scientific expeditions, and further investigations into the Southern Ocean and the Arctic Ocean are proposed.

Written by Chen Hongxia, Ma Deyi

Research and Development of Marine Environmental Ecology

Marine environmental ecology, a new discipline formed by interactions of of marine science, environmental science and ecology, is one of the important fields in ocean science. Since the beginning of the 21st Century, a new climax of large-scale coastal development schemes occurred China, which exerts additional pressure to the coastal resources and environment. As a result, pollution in the coastal waters is becoming increasingly severe, the marine ecosystem is being damaged and marine ecological disasters occur more frequently. The government of the country has paid attention to deal with such situations. Hence, the establishment of relevant legal documents, natural reserve areas, the ecosystem service evaluation procedures, health assessment, pollution prevention, ecological restoration and environmental monitorring systems construction has been a fast growing field. In the present report, the important advances in the researches of marine ecological disasters, ecological protection and restoration, marine ecology effect in the global change and marine environmental monitoring are reviewed and compared with the related researches in foreign countries. The major achievements obtained in China are mainly reflected in the following aspects.

Regarding the major marine ecological disasters, a new mechanism is identified for the formation of red tide bloom species, taking into account the biological and ecological adaptation strategies of red tide. The characteristics and patterns of the bloom and dissipation of the Yellow Sea green tide are illustrated. The dominant species and the biological characteristics of the brown tide are identified and the associated physiological and ecological mechanisms are clarified.

In the direction of "marine ecological civilization construction", much attention has been paid to island protection and management, and the "*Island Protection Law of the People's Republic of China*" has been officially implemented from March 1, 2010. The establishment of marine reserves has achieved remarkably. Some rare and endangered sea animals, typical marine ecosystems, marine natural historic heritages and marine natural landscapes have been included in the protection list in China. An "ecological redline system" will be established and implemented for the marine ecosystems in China. The marine ecological restoration will be carried out. The abilities of marine survey, observation and monitoring have been improved significantly.

In terms of the impact of global change on marine ecosystems, it has been revealed that the global warming modifies the distribution pattern of marine biodiversity, the ocean acidification has further intensified the greenhouse effect by influencing the efficiency of marine biological pump, the marine ecological role is intensified by ultraviolet radiation, and the formation mechanism and the marine ecological effect of the hypoxia zone at the bottom in the coastal waters off the Yangtze River Estuary and the Pearl River Estuary have been proposed.

These studies have formed a sound basis for the further development of marine environmental ecology. Taking into account the societal need for the development of this subject, the main scientific issues are addressed. The future development trends and the strategies are proposed as follows.

1) Researches on the ecological carrying capacity of marine ecosystem, the marine environmental capacity and the interrelationships between the natural processes, the economy and the society should be strengthened. Thus, the interaction patterns can be understood, and a harmony between mankind and the marine ecosystem can be reached.

2) For the health and security of marine ecosystem, the impacts of human disturbance and/or natural changes on the marine ecosystem should be differentiated.

3) The standards and methods for marine ecology environment evaluation should be improved.

4) The ecological restoration theory and methodology should be established, incorporating the experiences in ecological design according to different types and targets. Ecological restoration should be carried out on a scientific basis.

5) Scientific management of the ocean should be strengthened, and attention should be paid to the marine ecosystem in formulating management policies.

6) To start with the key regions of marine biodiversity in China with major biological groups, the impacts of the biodiversity on the ecosystem evolution should be studied, and the coastal ecosystem health and the sustainability of biological resources should be maintained.

Written by Li Yongqi, Tang Xuexi

Research and Development of Marine Biotechnology

This report on the progress in marine biotechnology consists of three parts. Part I summarizes the major progress and accomplishments obtained in marine biotechnology at home and abroad in the last three years and analyzes the general trend of the development of this branch of science. The descriptions are focused on the following five aspects: whole genome sequencing and fine mapping for marine animals, gene cloning and functional analysis, genome editing techniques, sex control and polyploid breeding techniques, and cell culture. Part II is concerned with a comparison of current development situations in marine biotechnology at home and abroad, and lists the limitations in the domestic research in this field. Part III is a proposal for future development strategies for the subject, in terms of the characteristics and directions of the marine biotechnology development.

Written by Chen Songlin, Xu Wenteng, Shao Changwei and Li Xihong

Research and Development of Ocean Observation Technology

Ocean observation technology (OOT) plays a very important role in marine disaster mitigation, the exploration of marine resources, economy and the safeguarding of national maritime rights and interests. Nearly all maritime nations in the world have devoted themselves to the development of advanced OOT. In this report, the technologies associated with ocean observation sensors, ocean observation platforms and the *in situ* observation systems are discussed from a strategic point of view. It has been shown that a trend of the OOT development is related to intelligence, standardization, modularization, systematization, high-reliability, multi-energy utilization and integrated network observation. Some ocean observation equipment made in China has technologically reached an advanced world technical level, but in terms of functioning, reliability and industrialization big gaps are still present, as compared with the counterpart in foreign developed countries. Thus, suggestions are proposed in the report for the further development of OOT, which include an enhanced investment for OOT innovations to meet the business requirements, the establishment of a top-ranking and innovative talent group for OOT research, an OOT technical transfer mechanism, a strengthened cooperation, as well as an integrated manner for resource utilization.

Written by Luo Xuye, Wang Yi and Li Yan

Research and Development of Satellite Ocean Remote Sensing

China had made great progress in ocean satellite and satellite ocean remote sensing from 2009 to 2014. During this period of time, China's second ocean color satellite, HY-1B, continued running stably in its orbit; China's first marine dynamic environment satellite, HY-2A, was launched successfully in August 2011, and the China-French ocean satellite project was going smoothly, which has been planned to launch in 2018. In the present report, the progress in the construction of ocean satellite ground station, the marine satellite calibration and the reality testing in China is briefly described. Further, the achievements in the ocean color remote sensing and the marine dynamic environment remote sensing in China are summarized and the latest research and business application results from the application of the marine satellite data in the fields of marine disaster prevention and mitigation, marine environmental forecasting, marine resources exploitation, sea safety and marine scientific research are emphasized.

Written by Jiang Xingwei, Wang Qimao, He Xianqiang

Research and Development of Desalination and Multipurpose Utilization of Seawater

Water resources are basic natural and strategic economic resources. China is a country facing severe shortage in water resources, particularly in the coastal regions and on the islands. To develop the technology to utilize seawater can effectively alleviate the water shortage situation both in the coastal and island areas, being of strategic significance for ensuring the economic and social sustainable development in the coastal regions. In the present report, the development status of the subject of seawater desalination and multipurpose utilization in China since 2009 is summarized, the foreign advanced techniques and experiences in the development of the subject are reviewed and the major problems facing the technological innovation of seawater desalination and multipurpose utilization in china are identified. To meet the demands for national strategic development, the countermeasures are proposed for the future development of the subject of seawater desalination and multipurpose utilization in China, which include strategic positioning, development themes and goals, the focus of research, major project recommendations, strategic roadmap, safeguard measures and policy suggestions.

Written by Gao Congjie, Zhang Yushan, Liu Shujing, Wang Jing

Research and Development of Marine Renewable Energy Technology

The development of Marine Renewable Energy (MRE), including the energies associated withtidal water level fluctuations, tidal currents, waves, ocean thermal energy conversion and salinity gradients, has been an attractive field in the world, as a potentially valuable energy source. In recent years, progress in international MRE technologies has been made, in R&D and demonstration, and a trend of becoming mature and approaching to commercialization has appeared, in terms of for the deployment of MRE array and integrated utilization, and environment-friendly technologies. China has abundant MRE resources, and the marine power strategy provides an opportunity for the development of MRE in China. The financial support, especially the special fund program, enables the MRE technologies to advance in recent years. However, there is still a wide gap between domestic and international advanced technologies, e.g., the relatively weak fundamental research in MRE, few key technologies for breakthroughs, insufficient demonstration projects, and the lag of the formulation of public service platforms for MRE test sites. In other countries, MRE technologies are generally still at an initial stage; there is an opportunity for China to catch up the development trend, in basic research, breakthroughs of key technologies, and the enhancement of the technology integration, for future development of MRE in China.

Written by Xia Dengwen, Ma Changlei

Research and Development of Marine Corrosion and Protection

Research in marine corrosion and protection technology occupies an important position in marine resources exploitation, economic development and national defense. The threatening marine conditions represent an issue that must be faced for ocean exploitation. Marine facilities such as ports, oil platforms, sub-bottom pipelines, cross-sea bridges, ships and various military facilities suffer severe corrosion damage and fouling of organisms in the marine environment, resulting in a huge corrosion loss. According to the statistics from government departments, the corrosion loss accounts for about 3%-5% of the gross national product and the direct economic loss caused by marine corrosion is about $700 billion worldwide every year. Therefore, the study on marine corrosion and protection is of great significance. The heavy corrosion loss tells us that for the ocean development it is necessary to develop the marine corrosion and protection discipline and to pay attention to the study of marine corrosion. Over the years, the marine corrosion and protection discipline has made great progress in the fields of marine corrosion damage mechanism, processes of interaction between the marine corrosion environment and the materials, new and advanced techniques and methods for marine anticorrosion and antifouling, as well as marine corrosion detection and control technology. In order to adapt to the China's strategy of constructing a marine economic powerful nation and to the continuous marine resources exploitation, the marine corrosion and protection discipline needs to develop further in terms of talented researchers, organizations/platforms and projects. The marine corrosion and protection discipline must be established at the forefront of the science, actively responds to the national demands, so that the key scientific issues related to the corrosion of offshore engineering facilities can be identified, and progress in new theory, technology and technical procedures can be made, to contribute to the security of long-term operation of offshore engineering facilities and to the safeguarding of national economy and national defense.

Written by Duan Jizhou, Hou Baorong, Ma Xiumin, Zheng Meng and Xu Weichen

Research and Development of Deep-Sea Oil-Gas and Gas Hydrate Resources

The progress and major achievements of the exploration and exploitation of deep-sea oil-gas and gas hydrate resources in China in the last five years are reviewed. In 2013, the yield of marine petroleum is 66.89 Mt and that of natural gas is $19.6\times10^9 m^3$. For each of the five years, the annual yield of marine oil exceeds 50 Mt. In the northern, deep parts of the South China Sea, several large oil-gas fields, such as LH11-1, LW3-1 and LS17-2, were discovered. Gas hydrate was first discovered by drilling in the Shenhu area of the South China Sea in May, 2007. Subsequently, high-pure gas hydrate samples (CH_4 content 99%) were obtained from the eastern area of the Pearl River Mouth Basin in the South China Sea in 2013. The control area of the gas hydrate distribution is 55km^2, in which the reserves of gas hydrate is about (100—150)$\times10^9$m^3. A new-round of exploration and large-scale drilling for gas hydrate will be carried out in the South China Sea in 2015—2016, which will provide a scientific basis for the exploration, resources assessment and exploitation of gas hydrate in China.

Written by Mo Jie, Zhou Yongqing

Research and Development of Deep-Sea Mineral Resources

The activities of exploration and exploitation of deep-sea mineral resources in China have been developing rapidly since 2009, compared with the previous activities, forming a sound development trend, as indicated by multiple research vessels' joint operations for a variety of resources. China's applications for mining areas both of the polymetallic sulfides and the ferromanganese crusts were approved by the International Seabed Authority (ISA), which makes China the only country that possesses currently the mining areas of three major types of deep-sea polymetallic mineral resources in the world oceans. For the exploration of polymetallic nodules, more detailed work has been done, concentrating on the contract area. Further, the investigations into polymetallic nodules have been carried out also in the Mid-Indian Basin. With regard to the work on ferromanganese crusts, the investigations are mainly carried out in the seamount areas located in the central and western Pacific Ocean, for which applications have been submitted for China's contract area for explorating ferromanganese crusts. For the work on polymetalic sulfides, a target mining area has been identified, with an application being submitted for the Southwestern Indian Ocean; the investigations of sulfides have been carried out also in the Eastern Pacific Ocean, the southern Atlantic Ocean and the northwestern Indian Ocean, acquiring a number of important new findings. Breakthroughs have been made in the study on metallogenic theories, such as those of ferromanganese crusts, polymetallic sulfides and deep-sea metallogenic systems. In deep-sea technology, a lot of equipment represented by manned submersible "Dragon" was tested and applied to the explorations of deep-sea polymetallic nodules, ferromanganese crusts and polymetallic sulfides, which have greatly enhanced the ability of exploring deep-sea mineral resources in China and laid a solid foundation for future exploration, exploitation and the relevant research of deep-sea mineral resources.

Written by Shi Xuefa, Bu Wenrui and Ye Jun

Research and Development of Marine Drug Study

Marine animals, plants and microbes that live in the environments with high pressure, high salt, low temperature and/or low light can produce a large number of secondary metabolites with a novel structure and a unique activity. All these compounds have provided an abundant material basis for the research and development of marine drugs. A gratifying progress has been made internationally in the subject of marine drugs in recent years. More than 10 types of marine drugs represented by non-opioid analgesic agent ziconotide and anti-cancer drug ET-743 have been applied in clinical, more than 1,420 kinds of compounds with significant activities were evaluated for medicinal application, and more than 20 types of leading compounds are being placed in the clinical trial from phase I to III. It can be expected that by 2016 the global market of marine drugs will reach 8.6 billion US dollars. Up to now, in China there are about 3000 marine small molecules and more than 500 marine carbohydrates discovered by Chinese scientists, with 8 marine drugs being listed, 9 marine drugs being in the clinical trial from phase I to III and more than 10 leading compounds being passed by the evaluation for medicinal application. Marine natural products are being discovered at an average rate of 200 new compounds per year in China. China has reached the world leading level in the fields of the chemistry of marine natural products and the development of marine carbohydrate-based drugs. Within the next 5 years, the key directions and developing trends of marine biomedical research in China can be summarized as follows.

1) Microbial resources in extreme environments including deep sea, polar and hot/cold spring will be explored rigourously by adopting the technology of genomics and combinatorial biosynthesis, to provide new species and new medicine sources, for the sustainable research and development of marine innovative drugs.

2) Active screening technologies such as high-throughput screening technology and high content

screening technology will be applied to find leading marine compounds with a high efficiency.

3) The rational design and structural optimization of marine active molecules will be carried out, in combination with chemistry, to provide a material basis for the medicinal research of marine innovative drugs.

4) The identification, processing, quality standard constitution and quality control of the marine materials for Chinese medicine, and the technological research in drug-action screening and pharmacological evaluation of marine Chinese medicine, will be intensified, in order to build up an exploitation technology system suitable for the situation of China.

Written by Yu Guangli, Zhao Xia, Wang Changyun and Guan Huashi

Research and Development of Deep-Sea Vehicles and Operational Equipment

The tendency of the development of deep-sea vehicles and operational equipment is reviewed in this report, for Human Occupied Vehicle (HOV), Remotely Operated Vehicle (ROV), Autonomous Underwater Vehicle (AUV) and Hybrid Remotely Operated Vehicle (HROV). In comparison with some of the developed countries such as USA, Russia, Germany and Japan, gaps still exist in the deep-sea sensor and deep-sea application technology. Since 2009, significant progress has been made in China in the field of deep-sea vehicles, including the successful sea trials of 7000m JIAO LONG HOV in 2012, 3500m HAI LONG ROV in 2009, and 6000m QIAN LONG I AUV in 2013. These achievements indicate that China now has the ability to carry out more deep-sea explorations. The future development trends and emphases of the deep-sea vehicles and operational equipment will be associated with the fields of full-depth observation, multiple platform cooperation, smart automation, standardization and modularization. Furthermore, it is necessary to establish a powerful public platform to manage and make full use of the existing deep-sea vehicle series of China.

Written by Wang Yanfeng

Research and Development of "Digital Ocean"

As an important instrument of marine informatization, the concept of "Digital Ocean" was proposed by the scientists of China, following the framework of Digital Earth and the needs of the construction of marine informatization. China's Digital Ocean information infrastructure was supported by a national 908 project, which implied a step forward from the conception towards a realistic system to explore the components of Digital Ocean. We have reviewed the recent research and discipline innovation of Digital Ocean in terms of the basic theory and research methodology of Digital Ocean, the key technology of Digital Ocean, as well as the integration of Digital Ocean and application service technology. We also summarize the general trend of Digital Ocean worldwide, from ocean data acquisition and transmission, processing and management, information sharing, to information technology transformation applications. This report analyzes the current issues related to the data acquisition system and building capacity, data management and sharing, the independent innovation of key technical system and service levels of applications, within the framework of the national planning. Finally, we propose development strategies of China's Digital Ocean, so that it can be transformed eventually to an apperceive ocean and a smart ocean.

Written by Kang Linchong, Zhang Lei and Wei Hongyu

附　录

2009—2014年海洋科学技术获国家奖项目名录

1. 获特等奖的项目

序号	获奖年度	获奖类型	获奖项目名称	完成单位	完成人
1	2014年	国家 科学技术进步奖	超深水半潜式钻井平台 “海洋石油981”研发与应用	中海石油（中国）有限公司等	

2. 获一等奖的项目

序号	获奖年度	获奖类型	获奖项目名称	完成单位	完成人
1	2009年	国家技术 发明奖	海洋特征寡糖的制备技术 （糖库构建）与应用开发	中国海洋大学	管华诗等
2	2010年	国家 科学技术进步奖	中国海洋油气勘探开发科技 创新体系建设	中国海洋石油 总公司	
3	2011年		深海高稳性圆筒型钻探储油 平台的关键设计与制造技术	南通中远船务 工程有限公司	倪涛等

3. 获二等奖的项目

序号	获奖年度	获奖类型	获奖项目名称	完成单位	完成人
1	2014年	国家自然科学奖	南海与邻近热带区域的 海洋联系及动力机制	中国科学院南海海洋 研究所等	王东晓等
2	2009年	国家 科学技术 进步奖	菲律宾蛤仔现代养殖产业技术 体系的构建与应用	中国科学院海洋研究 所等	张国范等
3			鲟鱼繁育及养殖产业化 技术与应用	中国水产科学研究院 黑龙江水产研究所	孙大江等
4			罗非鱼产业良种化、规模化、加 工现代化的关键技术创新及应用	中国水产科学研究院 淡水渔业研究中心等	李思发等

续表

序号	获奖年度	获奖类型	获奖项目名称	完成单位	完成人
5	2010年	国家科学技术进步奖	海洋水产蛋白、糖类及脂质资源高效利用关键技术研究与应用	中国海洋大学	薛长湖等
6			大洋金枪鱼资源开发关键技术及应用	中国水产科学研究院东海水产研究所等	陈雪忠等
7	2011年		渤海活动断裂带油气差异富集与优质亿吨油田群重大发现	中海石油（中国）有限公司天津分公司等	朱伟林等
8			河口海岸水灾害预警预报关键技术、系统集成及应用	河海大学	张长宽等
9			海洋仪器海上试验与作业基础平台若干关键技术及应用	中国海洋大学等	吴德星等
10	2012年		海水池塘高效清洁养殖技术研究与应用	中国海洋大学等	董双林等
11			海上绥中36–1油田丛式井网整体加密开发关键技术	中海油研究总院等	周守为等
12			3500米深海观测和取样型ROV系统	上海交通大学等	朱继懋等
13			Argo大洋观测与资料同化及其对我国短期气候预测的改进	中国气象科学研究院等	张人禾等
14			海底大型金属矿床高效开采与安全保障关键技术	山东黄金集团有限公司等	陈玉民等
15	2013年		海上油田超大型平台浮托技术创建及应用	中海石油（中国）有限公司等	金晓剑等
16			近海复杂水体环境的卫星遥感关键技术研究及应用	国家海洋局第二海洋研究所等	潘德炉等
17	2014年		东海区重要渔业资源可持续利用关键技术研究与示范	浙江海洋学院	吴常文等
18			南海及周边地区遥感综合监测与决策支持分析	南京大学等	李满春等
19			粉沙质海岸泥沙运动规律研究及工程应用	中交第一航务工程勘察设计院有限公司等	赵冲久等
20	2009年	国家技术发明奖	深海极端环境探测与采样装备技术	浙江大学等	陈鹰等
21	2010年		对虾白斑症病毒（WSSV）单克隆抗体库的构建及应用	中国海洋大学	战文斌等
22	2014年		海水鲆鲽鱼类基因资源发掘及种质创制技术建立与应用	中国水产科学研究院黄海水产研究所	陈松林等
23			海洋钻井隔水导管关键技术及工业化应用	中国海洋石油总公司	姜伟等
24			热带海洋微生物新型生物酶高效转化软体动物功能肽的关键技术	中国科学院南海海洋研究所	张偲等

2014 年、2015 年中国海洋十大科技进展

2-1　2014 年度中国海洋十大科技进展

1. 国产“海马”号无人遥控潜水器（ROV）通过 4500m 海试验收；

2. 我国成功研发具有完全自主知识产权的“海燕”水下滑翔机；

3. 全球及中国近海海底地震监测系统搭建完成，我国初步具备全球海底地震及其引发海啸的自动化监测预警能力；

4. 我国实现自主卫星的大洋渔场信息获取，服务及集成应用；

5. 我国南极科考取得重大进展；

6. 我国首次进行 300m 饱和潜水作业；

7. 我国科学家在全球气候变暖领域的研究取得重要进展；

8. 我国科研人员提出颠覆性理论：“光滑洋壳的俯冲较粗糙洋壳的俯冲更易产生毁灭性的海底大地震”，引发国际关注；

9. 我国科研人员在石油降解微生物方面研究取得重要进展；

10.“蛟龙”号首次下潜到西南印度洋海底热液区作业。

2-2　2015 年度中国海洋十大科技进展

1. 我国科学家首次在《自然》杂志发表海洋领域评述文章，系统综述太平洋西边界流与气候相关研究重要成果；

2. 我国科研人员在大黄鱼遗传与抗病 / 逆的分子机制研究方面取得重要进展，并绘制完成大黄鱼全基因组精细图谱；

3. 我国首次在印度洋发现大面积富稀土沉积；

4. 7000 米深海高精度水下综合定位系统研发成果；

5. 我国建成首个深海多学科观测系统——西沙观测网，并取得重要科学发现；

6. 我国科研人员在黄海大规模浒苔绿潮起源与发生原因研究方面取得重要进展；

7. 我国管辖海域首次实现 1 : 100 万海域区域地质调查全覆盖；

8. 我国膜法海水淡化工艺装备和系统集成关键技术取得重大突破；

9. 我国首口超深水探井南海测试成功；

10. 我国国际海底地理实体命名取得重大进展。

学科重要研究团队名录

3-1 创新团队名录

序号	团 队 名 称	团队带头人	批准日期
1	海洋生物地球化学过程与机制创新团队	戴民汉 焦念志	2006 年
2	中科院南海海洋研究所“热带海洋生态过程研究”创新团队	黄良民 钱培元	2007 年
3	高浊度河口及其临近海域的海陆相互作用创新团队	张径	2008 年
4	我国典型海域生态系统演变过程与机制创新团队	俞志明	2009 年
5	哈尔滨工业大学“应用与海洋微生物”优秀创新团队	阎培生	2009 年
6	青岛大学“海洋生物质纤维新材料”创新团队	夏延致	2009 年
7	“海洋油气井钻完井理论与工程”创新团队	孙宝江	2010 年
8	中国科学院海洋研究所“海洋生物功能基因组学研究及其应用”创新团队	相建海	
9	中国海洋大学“海洋动力过程与气候”创新团队	吴立新	
10	海水养殖科技创新团队		2010 年批准启动建设
11	海洋生物技术产业科技创新团队	严小军	2010 年批准启动建设 2012 年 12 月发布
12	宁波诺丁汉大学“海洋能源关键材料与装备的创新与研发”团队	Christopher Gerada	2012 年 12 月
13	环境友好型海洋功能材料与防护技术创新团队	于良民	2013 年
14	中国海洋大学水产动物营养代谢机理及饲料安全研究创新团队	麦康森	
15	中国海洋大学“海洋创新药物的研究与开发”教育部创新团队	于广利	2013 年验收
16	中科院“热带海洋环流多尺度动力过程”创新国际团队		
17	海洋卫星遥感技术创新团队	潘德炉	2013 年
18	“我国典型海域生态系统演变过程与机制”创新团队		
19	海洋有机生物地球化学创新团队	赵美训	2013 年
20	海洋动力环境的监测与预测创新团队	陈大可	2014 年

3-2 国家涉海重点实验室

1. 国家级实验室

序号	实验室名称	依托单位	简 介	负责人	
				实验室主任	学术委员会主任
1	青岛海洋科学与技术国家实验室	中国海洋大学、中国科学院海洋研究所、国家海洋局第一海洋研究所、农业部水科院黄海水产研究所、国土资源部青岛海洋地质研究所 5 家单位联合共建	2015 年 7 月正式运行。	吴立新	管华诗

2. 国家重点实验室名录

序号	实验室名称	依托单位	简　　介	负责人	
				实验室主任	学术委员会主任
1	热带海洋环境国家重点实验室	中国科学院南海海洋研究所	2011 年 10 月获得科技部批准，2014 年 7 月通过验收。	施　平	苏纪兰
2	遥感科学国家重点实验室	中国科学院遥感应用研究所	2003 年筹建，2005 年通过验收。	施建成	徐冠华
3	卫星海洋环境动力学国家重点实验室	国家海洋局第二海洋研究所	前身为国家海洋局海洋动力过程与卫星海洋学重点实验室，于 2006 年 7 月由科技部批准建设国家重点实验室，2009 年 12 月通过验收。	陈大可	巢纪平
4	河口海岸学国家重点实验室	华东师范大学	1989 年批准筹建，1995 年 12 月通过国家验收。	周云轩	陈吉余
5	近海海洋环境科学国家重点实验室	厦门大学	2005 年 3 月启动建设，2007 年 6 月通过科技部验收。	戴民汉	胡敦欣
6	海岸及近海工程国家重点实验室	大连理工大学	1986 年批准筹建，1990 年通过国家验收。	董国海	欧进萍
7	海洋工程国家重点实验室	上海交通大学	1992 年建成并通过国家验收。	李润培	吴有生
8	海洋地质国家重点实验室	同济大学	2005 年 1 月获准建设，2006 年 12 月通过验收。		
9	深海矿产资源开发利用技术国家重点实验室	中南大学			
10	海洋涂料国家重点实验室	海洋化工研究院有限公司	2010 年 12 月批准建设，2013 年 5 月通过验收。	赵　君	侯保荣
11	环境地球化学国家重点实验室	中国科学院地球化学研究所	1991 年建立，1995 年建成并通过国家验收。	王世杰	刘丛强
12	大气科学和地球流体力学数值模拟国家重点实验室	中国科学院大气物理研究所	成立于 1985 年，同年 9 月正式对外开放，1989 年晋升为国家重点实验室。	陆日宇	李崇银
13	声场声信息国家重点实验室	中国科学院声学研究所	1987 年批准筹建。1989 年底建成。1990 年 2 月通过国家验收。		张仁和
14	有害生物控制及资源利用国家重点实验室	中山大学	1989 年筹建，于 1995 年通过国家验收。	庞　义	苏德明
15	海藻活性物质国家重点实验室	青岛明月海藻集团	2015 年 10 月批准建设。		

2009—2015 年海洋学科发展大事记

2009 年

1 月 27 日，我国第一个南极内陆科学考察站——昆仑站，在南极内陆冰盖最高点冰穹 A 地区建成。

4 月，在长江口外浅水区建成我国第一个有缆的小瞿山海底观测实验室。

9 月 27 日，我国首部海洋药物领域大型志书《中华海洋本草》在京首发。

10 月 23 日，“大洋一号”船科考队员们首次使用我国自主研制的水下机器人“海龙 2 号”，在东太平洋海隆“鸟巢”观察到罕见的巨大“黑烟囱”，并成功使用机械手准确抓约 7000 克“黑烟囱”喷口的硫化物样品。

10 月 28 日，国内最大的海洋高性能科学计算与系统仿真平台在青岛即墨市奠基。

12 月 9 日，我国首次在南大西洋发现多金属硫化物热液区，并成功获取多金属硫化物烟囱体样品。

2010 年

4 月 8 日，“大洋一号”科考船在西南印度洋中脊附近新发现海底热液活动区，并成功获取多金属硫化物样品。

5 月 30 日，西北太平洋海洋环流与气候实验国际合作计划启动大会召开。

7 月，“北极 ARV”水下机器人在北纬 86° 50′首次开展水下调查并取得成功。

7 月 13 日，“蛟龙号”载人潜水器 3000m 海试成功，最大下潜深度达到 3759m。

7 月 31 日，中国水产科学研究院黄海水产研究所和深圳华大基因研究院完成首个鱼类基因组测序半滑舌鳎全基因组序列测定。同期，中国科学院海洋研究所完成牡蛎基因组序列图谱的绘制。

7 月，我国海洋领域第一个大型基础研究计划——国家自然科学基金重大研究计划“南海深海过程演变”正式立项。

8 月 20 日，中国第四次北极科学考察队登临北极点，这是中国北极科学考察队首次依靠自己的能力到达北极点并开展科学考察工作。

8 月 26 日，科技部与国家海洋局在北京联合召开国家技术研究发展计划（“863”计划）载人潜水器海试重大成果新闻发布会。

9 月，焦念志在 *Nature Reviews Microbiology* 上发表 *The microbial carbon pulmp and the recalcitrant dissolved organic matter pool*，提出“微型生物碳泵”新概念。

2011 年

3 月 8—14 日，“十一五”国家重大科技成就展在北京国家会议中心举行，南北极、大洋科学考察“十一五”成就作为我国科技工作的一个重要组成部分亮相成就展。

4 月，我国自主研制的海底观测网组网设备与美国 MARS 海底观测系统在水深 900m 处对接成功。

7 月 21 日—8 月 18 日，“蛟龙”号载人潜水器 5000m 海试在中东太平洋国际海域试验区完成了最大下潜深度 5188m 的下潜试验，并成功地获得了近底精细地形资料。

8 月 2 日，国际海底管理局理事会核准了中国大洋矿产资源研究开发协会提出的 10000km^2 多金属硫化物矿区申请。

8 月 16 日，我国自主研制的第一颗海洋动力环境卫星“海洋二号”发射成功。

2012 年

1 月，中国政府批准了《南海及其周边海洋国际合作框架计划（2011—2015）》，推动南海及印度洋、太平洋周边国家在海洋领域的合作。

2 月 28 日，国家海洋局、国家发改委和财政部在京召开《我国近海海洋综合调查与评价》专项（简称“908”专项）领导小组第九次会议，对该项工作进行总结。

5 月 9 日，中国首座代表世界最先进水平的第六代半潜式深水钻井平台“海洋 981”在南海成功开钻。

5 月 18 日，深水与极地生物探测获取与应用技术系统研究、典型海洋生物重要功能基因开发与利用、海洋生态环境高通量生物检测技术开发、远洋渔业捕捞与加工关键技术研究 4 个主题海洋生物项目正式启动。

6 月 3 日—7 月 16 日，“蛟龙号”载人潜水器 7000m 级海试队在马里亚纳海沟执行并圆满完成海试任务。“蛟龙号”成功下潜到 7062m 深度，创造了我国乃至世界同类作业型载人潜水器下潜的新纪录。

7 月 25 日，我国近海海洋综合调查与评价专项（“908”专项）的重要成果——《中国区域海洋学》《中国海洋物种和图集》首发仪式在京举行。

10 月 17 日，国家海洋局印发《关于建立渤海海洋生态红线制度的若干意见》。

10 月 26 日，我国近海海洋综合调查与评价专项（908 专项）在北京顺利通过总验收。

11 月 5 日—2013 年 4 月 9 日，中国第 29 次南极考察队乘“雪龙”号在南极执行科学考察任务。本航次是“中国极地环境综合调查与评价专项”第一个南极航次。

2013 年

1 月 1 日，国务院正式印发能源发展“十二五”规划，明确提出“十二五”期间，我国将加大海洋能源开发的力度。

1 月 21 日，中国深冰芯钻机在南极昆仑站第一钻试钻成功，并钻取了一支长达 3.83m 的冰芯，这标志着我国深冰芯科学钻探工程取得了关键性突破。

2 月 23 日，国务院印发了《国家重大科技基础设施建设中长期规划（2012—2030

年)》，提出“十二五”时期我国将优先安排包括海底科学观测网在内的16项重大科技基础设施建设。

5月28日—11月6日，“海洋六号”船赴西太平洋在执行中国大洋第29航次科学考察任务中进行了国产Argo浮标试验。

6月10日—9月19日，“蛟龙”号载人潜水器搭乘“向阳红9”船奔赴南海和北太平洋执行并完成了首个试验性应用航次。此航次在南海冷泉区和海山区首次发现了罕见的深海生物，在西北太平洋中国大洋协会富钴结壳勘探合同区首次取得藤壶样品。

7月19日，中国富钴结壳矿区申请获国际海底管理局核准。我国成为世界上首个对3种主要国际海底矿产资源均拥有专属勘探矿区的国家。

10月6—12日，我国自主研制的首个6000m水下无人无缆潜水器“潜龙一号”连续完成3次下潜，下潜深度达5080m，创下我国自主研制水下无人无缆潜水器深海作业的新纪录，圆满完成了首次大洋试验性应用。

11月7日—2014年4月15日，中国第30次南极科学考察队在南极建成我国第四个南极考察站——中国南极泰山站，圆满完成了首次环南极大陆考察航行。

11月7日，我国首个太阳能光热海水淡化示范项目在海南乐东县建设完成。

11月21日，由中船重工集团702所历经10年科技攻关研制的我国首个实验型深海移动工作站圆满完成下水试验。

12月2日—2014年5月29日，“大洋一号”科考期间，在合同区开展了光学摄像拖体作业，首次抓获了碳酸盐“白烟囱”物质，首次获得深海溶解态氢气含量数据。

12月17日，国土资源部就《2013年海域天然气水合物勘探成果》举行新闻发布会，称我国首次钻获高纯度大储量“可燃冰”，控制储量1000亿～1500亿m^3。

2014年

4月1日，国家“863”计划重点项目“深水多波束测深系统研制”在北京顺利通过了国家科技部组织的验收。

4月8日—5月12日，中国“科学”号海洋科考船赴西太平洋执行中科院“热带西太平洋海洋系统物质能量交换及其影响”战略性先导科技专项的相关科考任务，在冲绳海槽发现了“黑烟囱”。

5月23日科技日报讯，天津大学自主研发的水下滑翔机“海燕”号在南海北部水深大于1500m海域通过测试，突破国外技术封锁。

5月28日—11月5日，中国科考船“海洋六号”，在执行中国地质调查局深海资源调查航次任务中，圆满完成了我国自主研制的首台6000m AUV（无缆水下机器人）“潜龙一号”的大洋试验性应用，破多项纪录。

6月20日，中国海洋报讯，由中国地调局地质科学研究院力学地质研究所承担的中国重点海域地应力观测及综合研究海洋地质调查项目，圆满完成了海南三沙石岛西科1A

井深孔地应力现场测量。这是我国完成的首次远海海域深孔地应力测量，填补我国南海海域地应力实测数据空白。

7月26日，我国具有完全自主知识产权全的深海水下设备脐带缆由中天科技集团研制成功。

7月29日，由中交集团一航局承建的全国新能源领域首个海洋能独立电力系统示范工程——200kW 潮流能发电项目通过验收。

8—10月，“科学”号考察船在西太平洋科考期间，在西太平洋西边界流关键海域成功布放了17套深海潜标，其中6000m左右潜标6套；回收了长潜标3套，其中6100m的1套。

9月15日，中海油总公司宣布，“海洋石油981”钻井平台在距海南岛150km南海发现首个自营深水高产大气田——陵水1人工气田。

10月30日—2015年4月8日，“雪龙”号科考船载着中国南极考察队，开始第31次南极科学考察。此航次，创造了我国船舶向南航行纬度最高纪录；成功回收了我国布放时间最长（两年）的海底地震仪。

11月25日—2015年3月17日，“向阳红9”船载着“蛟龙”号载人深潜器首次赴西南印度洋执行2014年—2015年“蛟龙”号试验性应用航次，这是中国载人潜水器首次在海底热液区下潜作业。此航次采集到了硫化物“烟囱”碎片及岩石矿物样本，并取回了在热液喷口布放的自容式高温温度计和硫化物生长仪。

11月，国家浅海海上综合试验场落户威海，该项目建成后，具有多项功能，在促进高新科技研发成果产业化方面起促进作用。

2015年

1月初，中国海洋学会、中国太平洋学会、中国海洋湖沼学会联合组织会议，评选出2014年度中国海洋十大科技进展。

3月24日，《西太平洋洋陆过渡带壳慢—海洋系统与动力学高峰会》在青岛举行，来自美国、英国、澳大利亚、俄罗斯、中国大陆和港台的著名学者81人参会，其中院士11人。

3月，国际大洋发现计划IODP349航次发布初步研究成果，精确标定是南海的形成时代。

5月12日，国内首套Argus视频监测系统在浙江舟山建成。

6月初，我国自主研发的《海底电磁采集站》在南海完成4000m海试。

6月初，国家“863”计划深海脐带缆课题通过验收。该课题取得完全自主知识产权创新性成果。

6月14日，我国自主研发的《海底60m多用途钻机》“海牛”号在南海深海海试成功。

6月18日，胡敦欣等17位国内外海洋学家和气候学家合作撰写的《西太平洋西边界流及其气候效应》一文在美国 *Nature* 杂志上发表。

7 月 20 日，国际海底管理局理事会通过决议，核准了中国五矿集团公司提出的东太平洋海底面积 7.3 万 km^2 多金属结核资源勘探区的申请。

7 月，中科院海洋研究所突破复杂基因组测序和组装技术瓶颈，在世界上首次完成刺参基因组测序和组装。

10 月，科学技术部批准我国首家由企业青岛明月海藻集团建设的“海藻活性物质国家重点实验室”。

附　表

附表 5-1　国家科技支撑计划项目名录

序号	项　目　名　称	承担单位	首席科学家
1	西沙群岛珊瑚礁生态恢复及特色生物资源增殖利用关键技术及示范	中国科学院南海海洋研究所	
2	浒苔大规模发生的生物学基础和生态过程研究	中国科学院海洋研究所	
3	海洋工程结构浪花飞溅区腐蚀控制技术及应用	中国科学院海洋研究所	侯保荣
4	南海环境变化预测与资源潜力评估技术研究		
5	浅海典型生境高效生态增养殖技术研究与开发		
6	我国近海藻华灾害演变机制与生命安全	中国科学院海洋研究所	周名江
7	贝类重要经济性状的分子解析与设计育种的基础研究	中国科学院海洋研究所	张国范
8	南海海气相互作用与海洋环流和涡旋演变规律 2011CB403500	中国科学院海洋研究所	王东晓
9	区域海陆相互作用对全球变化的影响及其可预测性 2010CB950000	中国科学院海洋研究所	
10	高效低成本直接太阳能化学及生物转化与利用的基础研究 2009CB2200004	中国科学院大连化学物理研究所	
11	海水池塘高效清洁养殖关键技术研究（2011.1.2—2015.12）	中国海洋大学	董双林
12	海水养殖与滩涂高效开发技术研究与示范（2011.1—2015.12）	中国科学院海洋研究所	杨红生
13	10kW 水母式波浪能发电装置研究与试验 GHME2011BL06	广州能源研究所	
14	静态海洋装备用防污材料的研发（2012.12—2014.12）	中国海洋大学	于良民
15	海洋水产病害实用化检测及预警技术的建立与应用（2012.12—2015.12）	中国海洋大学	战文斌
16	海洋水产食品加工技术研发与产业化示范（2012.1—2015.12）	中国海洋大学	林　洪

续表

序号	项 目 名 称	承担单位	首席科学家
17	神经细胞功能调节食品成分的制备关键技术、活性评价及其应用（2012.1—2015.12）	中国海洋大学	薛长湖
18	海洋生物寡糖高值化产品开发技术（2013.1—2016.12）	中国海洋大学	于广利
19	海洋酵母菌菊糖酶基因的高效表达和菊糖酶的中试生产（2013.1—2016.12）	中国海洋大学	浅振明
20	全球海面典型环境要素数值预报关键技术研究（2011.1—2013.12）	中国海洋大学	管长龙
21	全球变暖下的海洋响应及其对东亚气候和近海储碳的影响 2012CB956000	中国科学院海洋研究所	
22	太平洋印度洋对全球变暖的响应及其对气候变化的调控作用 2012—2016	中国海洋大学	谢尚平
23	南海中北部珊瑚礁本底调查 2012FY112400 2012—2017	中国科学院南海海洋研究所	施 祺
24	深海微生物活性物质的挖掘及其利用技术 2012AA092104 2012—2015	中国科学院南海海洋研究所	鞠建华
25	鱼类虹彩病毒爆发的细胞基础与分子机制 201213C 114402	中国科学院南海海洋研究所	秦启伟
26	西北太平洋海洋多尺度变化过程、机理及可预测性 2013—2017	中国海洋大学	吴立新
27	渤海海岸带典型岸段与重要河口生态修复关键技术研究与示范	国家海洋局第一海洋研究所	于洪军
28	大气物质沉降对海洋氮循环与初级生产力过程的影响及其气候效应	中国海洋大学	

附表 5-2 2009 年及其以后执行的“973”项目名录

序号	项 目 名 称	承担单位	首席科学家
1	中国东部陆架边缘海海洋环境演变及其生物资源环境效应	中国海洋大学	吴德星
2	北太平洋副热带环流变异及其对我国近海动力环境的影响	中国海洋大学	吴立新
3	重要海水养殖动物病害发生和免疫防治的基础研究	中国科学院海洋研究所	
4	我国近海生态系统食物产出的关键过程及其可持续机理	中国科学院海洋研究所	
5	西太平洋 - 东印度洋暖池海气耦合过程及其对我国气候的影响	中国科学院海洋研究所	
6	大洋碳循环与气候演变的热带驱动		
7	基于全球实时海洋观测计划（Argo）的上层海洋结构变异及预测研究	国家海洋局第二海洋研究所	陈大可
8	南海大陆边缘动力学及油气资源潜力研究	国家海洋局第二海洋研究所	李家彪
9	浮游动物功能群在食物生产中的调控作用	中国科学院海洋研究所	
10	微食物环在近海食物产出过程中的耦合作用	中国科学院海洋研究所	

续表

序号	项　目　名　称	承担单位	首席科学家
11	西太平洋流涡相互作用过程与副热带高压活动关系	中国科学院海洋研究所	
12	中国近海碳收支调控机理及生态效应研究（2009—2013）	厦门大学	戴民汉
13	海洋微生物次生代谢的生理生态效应及其生物合成机制	中国科学院南海海洋研究所	张　偲
14	全球变化背景下东亚能量和水分循环变异及其对我国极端气候的影响	中国科学院大气研究所	王会军
15	养殖贝类重要经济性状的分子解析与设计育种基础研究	中国科学院海洋研究所	张国范
16	我国近海藻华灾害演变机制与生态安全	中国科学院海洋研究所	周名江
17	高、低纬海区的交换及其全球响应	中国科学院海洋研究所	
18	南海新生代大陆边缘沉积演化模式	中国科学院海洋研究所	
19	黑潮与东海陆架动力环境相互作用的关键动力过程	中国科学院海洋研究所	王会军
20	南海中生代主动边缘的构造系统盆地改造及油气资源潜力	中国科学院南海海洋研究所	
21	鱼类虹彩病毒病爆发与流行机制	中国科学院南海海洋研究所	秦启伟
22	亚印太交汇区海气相互作用及其对我国短期气候的影响	中国科学院大气研究所	
23	高效低成本直接太阳能化学及生物转化与利用的基础研究	中国科学院大连化学物理研究所	
24	贝类抗病和抗逆的关键因素及其网络调控机制	中国科学院南海海洋研究所	俞子牛
25	南大洋—印度洋海气过程对东亚及全球变化的影响	国家海洋局第一海洋研究所	乔方利
26	中国近海水母暴发的关键过程、机理及生态环境效应	中国科学院海洋研究所	
27	我国陆架海生态环境演变过程、机制及未来变化趋势预测（2010—2014）	中国海洋大学	赵美训
28	我国典型海岸带系统对气候变化的响应机制及脆弱性评估研究（2010CB951200）	华东师范大学	丁平兴
29	多重压力下近海生态系统可持续产出与适应性管理的科学基础（2011CB409800）	华东师范大学	张经
30	海洋动力环境微波遥感信息提取技术与应用（20013AA09A505 2013—2016）	中国科学院海洋研究所	申　辉

续表

序号	项 目 名 称	承担单位	首席科学家
31	南海关键岛屿周边多尺度海洋动力过程研究	中国海洋大学	
32	养殖鱼类蛋白质高效利用的调控机制	中国海洋大学	
33	杨子大三角洲演化与海陆交互作用过程及效应研究（2013—2017）	南京大学	
34	南海东北部深层环流结构与变异（2011.1—2014.1.2）	中国海洋大学	田纪伟

附表 5-3 2009—2015 年重大基金项目名录

序号	项 目 名 称	申请人	申请人单位	起止时间
1	中国邻近南海海域碳的源汇格局及其关键生物地球化学控制过程研究—深化与集成	戴民汉	厦门大学	2008.01—2011.12
2	南海北部基础生物生产过程及其对碳循环的调控研究—深化与集成	宁修仁	国家海洋局第二海洋研究所	2008.01—2011.12
3	太平洋低纬度西边界海洋混合过程及其对上层环流—次表层环流相互作用的影响	田纪伟	中国海洋大学	2009.1—2012.12
4	低纬度西边界环流系统对暖池低频变异的关键调控过程	吴立新	中国海洋大学	2009.1—2012.12
5	原特提斯海 - 陆格局及微地块早古生代聚合	李三忠	中国海洋大学	2012.1—2016.12
6	中纬度大气不同尺度变异过程对副热带环流的影响	吴立新	中国海洋大学	2015.1—2019.12
7	黑潮及延伸体海域海气相互作用机制及其气候效应	吴立新	中国海洋大学	2015.1—2019.12
8	黑潮及延伸体海域不同尺度海洋过程的动力与热力学及机理	吴德星	中国海洋大学	2015.1—2019.12
9	太平洋低纬度西边界环流系统与暖池低频变异研究	胡敦欣	中国科学院海洋研究所	2009—2012
10	太平洋低纬度西边界上层环流结构、变异规律与动力机制	胡敦欣	中国科学院海洋研究所	2009.1—2012.12
11	太平洋低纬度西边界潜流系统结构及其形成变异机理	王 凡	中国科学院海洋研究所	2009.1—2012.12

附表 5-4 2009—2015 年国家自然科学基金重点项目名录

序号	项 目 名 称	申请人	申请人单位	起止时间
1	北极环极边界流的结构及其对气候变化贡献的研究	赵进平	中国海洋大学	2007.01—2010.12
2	南沙—海槽区古海洋动力环境变化的沉积记录	陈木宏	中国科学院南海海洋研究所	2007.01—2010.12
3	黄东海浮游动物优势种种群动态变化机制	孙 松	中国科学院海洋研究所	2007.01—2010.12
4	深海热液原位长期化学观测系统方法与技术研究	陈 鹰	浙江大学	2007.01—2010.12
5	大气—海浪—环流相互作用机理研究与耦合数值模式改进	乔方利	国家海洋局第一海洋研究所	2008.01—2011.12

续表

序号	项　目　名　称	申请人	申请人单位	起止时间
6	基于多源卫星观测的热带海洋模拟和短期气候预测研究	陈大可	国家海洋局第二海洋研究所	2008.01—2011.12
7	南海冷泉区甲烷通量及其对海底环境与生态系统影响的生物地球化学研究	赵美训	同济大学	2008.01—2011.12
8	中国近海牡蛎的种类分布和系统演化	张国范	中国科学院海洋研究所	2008.01—2011.12
9	南海典型海域重要浮游植物功能群的演变及其与生物地球化学过程的耦合	黄邦钦	厦门大学	2008.01—2011.12
10	渤海中南部底栖生物生产过程与生物多样性集成研究	张志南	中国海洋大学	2008.01—2011.12
11	全新世南极南海典型岛屿对全球变化的生态响应与对比	孙立广	中国科学技术大学	2008.01—2011.12
12	海底热液口环境下甲壳类的特殊生命形式和分子机理	杨卫军	浙江大学	2008.01—2009.12
13	测高卫星海气象参数定量反演与气候模态精细提取	陈戈	中国海洋大学	2008.01—2011.12
14	坛紫菜不同世代光合碳同化途径的比较分析	王广策	中国科学院海洋研究所	2009.1—2012.12
15	条件非线性最优扰动方法在台风目标观测中的应用研究	穆　穆	中国科学院海洋研究所	2009.1—2012.12
16	东太平洋海隆 13° N 附近热液产物的化学组成变化及其控制因素研究	曾志刚	中国科学院海洋研究所	2009.1—2011.12
17	陆源污染物与近海动力过程对琼东沿岸珊瑚礁的影响	张　经	华东师范大学	2009.1—2011.12
18	南海环流中的涡致输运及其在环流季节转换中的作用	王东晓	中国科学院南海海洋研究所	2009.1—2011.12
19	全新世南海珊瑚礁白化的频率与恢复周期	余克服	中国科学院南海海洋研究所	2009.1—2011.12
20	长江口邻近海区沉积动力过程对流域变化的响应	高　抒	南京大学	2009.1—2011.12
21	黄海动力过程对生物生产支持与调节机制的数值研究	魏　皓	中国海洋大学	2009.1—2011.12
22	风浪对大气边界层的影响及其在海气交换中的作用	管长龙	中国海洋大学	2009.1—2011.12
23	北太平洋中纬度海洋—大气耦合系统近 50 年演变特征与机制	刘秦玉	中国海洋大学	2009.1—2011.12
24	海底甲烷渗漏区微生物参与甲烷代谢过程的研究	肖　湘	上海交通大学	2009.1—2011.12
25	近 30 年我国近海及邻近洋区时均海面温度持续升高的动力过程与机制	吴德星	中国海洋大学	2010.1—2012.12
26	南海北部深水盆地油气渗漏系统与天然气水合物富集机制研究	吴时国	中国科学院海洋研究所	2010.1—2012.12
27	海洋酸化对南海藻类固碳作用的影响：耦合作用与机制	高坤山	厦门大学	2010.1—2012.12
28	我国近海海洋细菌的生态过程及关键细菌群影响赤潮生消的机理	郑天凌	厦门大学	2010.1—2012.12
29	北极海冰快速变化及其天气气候效应研究	张占海	中国极地研究中心	2010.1—2012.12

续表

序号	项　目　名　称	申请人	申请人单位	起止时间
30	南海北部陆缘张裂的关键时段与构造转折过程的深部约束	方念乔	中国地质大学（北京）	2011.1—2014.12
31	南海北部内波时空演变动力学及其对黑潮季节变化的影响	侯一筠	中国科学院海洋研究所	2011.1—2014.12
32	海洋再分析中的数据同化问题研究	韩桂军	国家海洋信息中心	2011.1—2014.12
33	南黄海中部环流沉积体系形成和发育与气候环境演化关系	李广雪	中国海洋大学	2011.1—2014.12
34	超慢速扩张西南印度洋中脊首次海底地震仪台阵探测	陈永顺	北京大学	2011.1—2014.12
35	中国东海和黄海中生源硫的生产、分布、迁移转化与环境效应	杨桂朋	中国海洋大学	2011.1—2014.12
36	纤毛虫：重要模型动物的细胞发育、模式建立与系统演化	宋微波	中国海洋大学	2011.1—2014.12
37	海洋油气资源的可控源电磁探测方法研究	李予国	中国海洋大学	2012.1—2016.12
38	养殖扇贝重要经济性状 QTL 精细定位及相关基因功能研究	包振民	中国海洋大学	2012.1—2016.12
39	半滑舌鳎性别决定筛选和功能分析及性别决定机制研究	陈松林	农业部黄海水产研究所	2012.1—2016.12
40	重建西北冰洋晚第四纪的古海洋与古气候演变历史	王汝建	同济大学	2012.1—2016.12
41	超微型光合生物对南海生物藻的贡献与生态调控	黄良民	中国科学院南海海洋研究所	2012.1—2016.12
42	三峡工程对长江口—三角洲动力沉积过程和地貌演化的影响	杨世伦	华东师范大学	2012.1—2016.12.31
43	珠江口与南海北部海盆硝化、反硝化作用的过程机理之比较研究	戴民汉	厦门大学	2012.1—2016.12.31
44	珊瑚礁生态系统中药用生物的化学防御物质及其化学生态效应	王长云	中国海洋大学	2012.1.1—2016.12.31
45	太平洋年代际涛动的机理及可预测性研究	吴立新	中国海洋大学	2012.1.1—2016.12.31
46	80 万年来热带西太平洋上层水体 pH 和 pCO_2 演变及影响机理	李铁刚	中国科学院海洋研究所	2012.1.1—2017.12.31
47	“大陆碰撞带为陆壳增生主要场所”的岩石地球化学验证	牛耀龄	中国科学院海洋研究所	2012.1—2016.12
48	南海灾害性海洋动力环境形成机制和测极方法研究	侯一筠	中国科学院海洋研究所	2012.1—2015.12
49	可预报性研究中最优前期征兆与增长最快初始误差的相似性及其在目标观测中的应用	穆　穆	中国科学院海洋研究所	2013.1—2017.12
50	南海新生代扩张期后岩浆活动及其构造意义	石学法	国家海洋局第一海洋研究所	2013.1.1—2017.12.31
51	有害藻华形成过程中关键甲藻类宏转录组学和宏蛋白质组学研究	王大志	厦门大学	2013.1.1—2017.12.31

续表

序号	项 目 名 称	申请人	申请人单位	起止时间
52	季风环流影响下的南海海洋细菌多样性特征及其生物海洋学意义	张 偲	中国科学院南海海洋研究所	2013.1.1—2017.12.31
53	黄东海浮游动物功能群变动与生态系统演变	孙 松	中国科学院海洋研究所	2013.1.1—2017.12.31
54	DHA/EPA 磷脂结构与营养在海洋食品加工贮藏过程中的应用	薛长湖	中国海洋大学	2014.1—2018.12
55	基于多源卫星遥感的全球涌浪起源与传播路径研究	陈 戈	中国海洋大学	2014.1—2018.12
56	于内共生的松节藻科若干关键海藻次生代谢的藻—菌互作研究	王斌贵	中国科学院海洋研究所	2014.1—2015.12
57	通过生态基因组学分析探索东海原甲藻的生态适应机制	林森杰	厦门大学	2014.1.1—2017.12.31
58	北极海冰与上层海洋环流耦合变化及其气候效应	赵进平	中国海洋大学	2014.1.1—2017.12.31
59	南海浮游生态系统结构及其对生物泵效率的调控机制	黄邦钦	厦门大学	2014.1.1—2017.12.31
60	多细胞趋磁原模生物的生理代谢及进化研究	肖 天	中国科学院海洋研究所	2014.1.1—2017.12.31
61	南北赤道流交汇区海洋环流结构、变异与机理	胡敦欣	中国科学院海洋研究所	2014.1.1—2017.12.31
62	中国东部海岸带—陆架区晚更新世以来沉积体系演化及高分辨率气候—环境变化的沉积记录	刘 建	国土资源部青岛海洋地质研究所	2014.1.1—2017.12.31
63	海洋界面宽频声散射特性及模型研究	刘保华	国家海洋局第一海洋研究所	2014.1.1—2017.12.31

附表 5–5　创新研究群体科学基础项目名录

序号	项 目 名 称	申请人	申请人单位	起止时间
1	高浊度河口及其临近海域的海陆相互作用	张 经	华东师范大学	2008.1—2011.12
2	我国典型海域生态系统演变过程与机制	俞志明	中国科学院海洋研究所	2009.1—2011.12
3	我国近海生态系统关键过程与环境效应	俞志明	中国科学院海洋研究所	2009.1—2012.12
4	海洋动力过程的演变机制及其在气候变化中的作用	吴立新	中国海洋大学	2010.1—2015.12
5	海洋动力过程的演变机理及其在气候变化中的作用	吴立新	中国海洋大学	2010.1—2012.12
6	海洋有机生物地球化学	赵美训	中国海洋大学	2013.1—2015.12
7	海洋动力环境的监测和预测研究	陈大可	国家海洋局第二海洋研究所	2014.1.1—2017.12.31

附表 5-6　南海深海过程演变重大研究计划项目名录

序号	项　目　名　称	申请人	申请人单位	起止时间
1	生物海洋学（含生物技术）	肖　湘	国家海洋局第三海洋研究所	2007.1—2011.12
2	物理海洋学	王东晓	中国科学院南海海洋研究所	2007.1—2011.12
3	物理海洋学	王　伟	中国海洋大学	2008.1—2011.12
4	物理海洋学	吴立新	中国海洋大学	2008.1—2011.12
5	南海海底冷泉喷口自生沉积物纳米矿物学和地球化学	孙晓明	中山大学	2012.1.1—2014.12.31
6	中国南海 ODP184 舰次 1148 站位岩芯古地磁学、磁性地层学与环境磁学综合研究及其对南构造和环境演化的约束	吴怀春	中国地质大学（北京）	2012.1.1—2014.12.31
7	南海海山（链）岩浆活动的时间和成因及其对南海形成演化的制约	邱华宁	中国科学院广州地球化学研究所	2012.1.1—2015.12.31
9	南海北部物质搬运与沉积的海洋动力机制	陈大可	国家海洋局第二海洋研究所	2012.1.1—2015.12.31
10	用地震海洋学方法研究海底喷泉	宋海斌	中国科学院地质地球物理研究所	2012.1.1—2015.12.31
11	南海东北部底层海流和沉积搬运过程的观测研究	刘志飞	同济大学	2012.1.1—2015.12.31
12	南海早期演化的沉积记录	邵　磊	同济大学	2012.1.1—2015.12.31
13	晚第三纪重大冰盖生长期南海深部洋流变迁	田　军	同济大学	2012.1.1—2015.12.31
14	海陆联合天然地震观测研究南海岩石圈及上地幔结构与过程	杨　挺	同济大学	2012.1.1—2015.12.31
15	南海深部结构的海底地震仪台阵探测：检验海南地幔柱假说	陈永顺	北京大学	2012.1.1—2015.12.31
16	南海由张裂到关闭演化过程中台湾的第三纪地层、古环境和沉积响应	黄奇瑜	中国科学院广州地球化研究所	2012.1.1—2015.12.31
17	南海北部“生物泵”全深度锚系观测及调控机制研究	陈建芳	国家海洋局第二海洋研究所	2013.1.1—2015.12.31
18	南海西南次海盆残余扩张中心 MORB 研究对地幔源区性质和海底扩张历史的约束	韩喜球	国家海洋局第二海洋研究所	2013.1.1—2015.12.31
19	南海深部微生物参与有机质甲烷转化的作用、过程和机制的研究	王风平	上海交通大学	2013.1.1—2015.12.31
20	南海深层径向翻转流结构的观测与模拟	王东晓	中国科学院海洋研究所	2013.1.1—2015.12.31
21	微体化石和沉积指标用于追踪南海北部渐新世构造事件和深水环境演变	李前裕	同济大学	2013.1.1—2015.12.31

续表

序号	项　目　名　称	申请人	申请人单位	起止时间
22	从室内培养到地质记录探索颗石藻在南海碳循环中的作用	刘传联	同济大学	2013.1.1—2015.12.31
23	南海中南礼乐断裂的海底地震仪探查与研究	阮爱国	国家海洋局第二海洋研究所	2013.1.1—2015.12.31
24	南海北部海底冷泉探测及其活动特征研究	陈多福	中国科学院广州地球化学研究所	2013.1.1—2015.12.31
25	南海北部有孔虫、放射虫的现代过程研究及其古环境应用	向　荣	中国科学院海洋研究所	2013.1.1—2015.12.31
26	南海北部淹没碳酸盐台地发育演化及混合沉积研究	吴时国	中国科学院海洋研究所	2013.1.1—2015.12.31
27	南海深部过程的 ^{14}C 示踪研究	周力平	北京大学	2013.1.1—2015.12.31
28	南海深海有机质的生物降解过程、机制及微生物在碳循环的作用	张玉忠	山东大学	2013.1.1—2015.12.31
29	南海北部新近纪陆架坡折的发育演化及其对南海盆地动力学过程的沉积响应	林畅松	中国地质大学（北京）	2014.1.1—2017.12.31
30	南海深部生物地球化学—物理耦合过程对海—气界面 CO_2 通量的调控	戴民汉	厦门大学	2014.1.1—2017.12.31
31	珠江陆源氮输入在南海北部产生的新碳汇和跨陆架深海储碳过程	殷克东	中山大学	2014.1.1—2017.12.31
32	南海周缘与板块俯冲相关的岩浆岩研究	孙卫东	中国科学院广州地球化学研究所	2014.1.1—2017.12.31
33	东沙海区反射 / 折射联合成像与南海裂谷发生机制研究	阎　贫	中国科学院南海海洋研究所	2014.1.1—2017.12.31
34	南海东北部三维精细地壳结构及其对岩浆活动和构造属性的约束	夏少红	中国科学院南海海洋研究所	2014.1.1—2017.12.31
35	南海水体硝酸岩动力学与水团示踪	高树基	厦门大学	2014.1.1—2017.12.31
36	评价嗜高压细菌在南海深部碳循环中的作用	方家松	同济大学	2014.1.1—2017.12.31
37	南海化能自养微生物固碳过程和机理研究	党宏月	厦门大学	2014.1.1—2017.12.31

附表 5-7　国家杰出青年自然科学基金项目名录

序号	项　目　名　称	申请人	申请人单位	起止时间
1	生物海洋学（含生物海洋技术）	肖　湘	国家海洋局第三海洋研究所	2007—2010 年
2	物理海洋学	王东晓	中国科学院南海海洋研究所	2007—2010 年

续表

序号	项　目　名　称	申请人	申请人单位	起止时间
3	物理海洋学	王　伟	中国海洋大学	2008—2011 年
4	物理海洋学	吴立新	中国海洋大学	2008—2011 年
5	极地冰川学	侯书贵	中国科学院寒区旱区环境与工程研究所	2009.1—2011.12
6	物理海洋	袁东亮	中国科学院海洋研究所	2009.1—2011.12
7	海洋生物地球化学	刘素美	中国海洋大学	2010.1—2012.12
8	典型海区基于功能群的浮游植物群落结构及其与颗粒有机碳输出的耦合	黄邦钦	厦门大学	2010.1—2012.12
9	扇贝免疫防御的分机制	宋林生	中国科学院海洋研究所	2010.1—2013.12
10	海水鱼类细菌性病害交叉免疫防治研究	孙　黎	中国科学院海洋研究所	2011.1—2014.12
11	物理海洋学	蔡树群	中国科学院南海海洋研究所	2011.1—2014.12
12	极地环境对全球变化的问题	谢周清	中国科技大学	2011.1—2014.12
13	物理海洋学：南海海盆尺度环流—中尺度涡相互作用研究	王桂华	国家海洋局第二海洋研究所	2011.1—2014.12
14	同位素海洋化学研究	陈　敏	厦门大学	2012.1.1—2015.12.31
15	河流与海洋沉积地球化学	杨守业	同济大学	2013.1—2016.12.31
16	海底热液活动研究	曾志刚	中国科学院海洋研究所	2014.1.1—2017.12.31
17	污染物的环境地球化学研究	王震宇	中国海洋大学	2014.1—2017.12
18	构造地质学	李三忠	中国海洋大学	2014.1—2017.12

索　引

J

K

L

M

N

Q

R

S

T

W

X

Y

Z

后　记

在《2014—2015 海洋科学学科发展报告》编写完成即将付梓之际，我们由衷地感谢在报告编写准备和编写过程中给予我们鼓励、支持和帮助的单位和专家：南京大学、厦门大学、同济大学、华东师范大学的相关院系、国土资源部广州海洋地质调查局、中国科学院南海海洋研究所，以及国家海洋局的相关研究所和中心，向我们详细介绍了他们的海洋科研进展情况；中国海洋大学、中国科学院海洋研究所、国土资源部青岛海洋地质研究所、国家海洋局第一海洋研究所、农业部黄海水产研究所不但向我们介绍了相关领域的科研进展、提供报告素材，还派员参加报告的编写和修改。中国科学院院士、南京大学王颖教授给予我们热情指导和帮助，南京大学高抒教授不但对报告修改提出中肯意见，还校核了全部英文摘要；华东师范大学的丁平兴教授向我们提供了编写组没有掌握的资料；国家海洋局第一海洋研究所的魏泽勋研究员、王永刚研究员、董振芳研究员为综合报告提供了部分编写条文；王保栋研究员、沈继红研究员、缪锦来研究员、蒲新明研究员、冉祥滨副研究员、陈军辉副研究员提供了部分参考资料；李瑞香研究员审阅并修改了海洋生物学和海洋生物技术部分条文；中国海洋大学的李凤岐教授仔细阅读并修改了报告的部分内容。在此，特别应当提出的是本报告的专家组，对本报告进行了仔细阅读，热烈讨论和认真修改，为本报告增色不少。还应指出的是国家海洋局第一海洋研究所的科技处和学会办为本报告的编写及日常事务做了大量的工作，报告的编写顺利完成与他们的辛劳分不开。中国老教授协会海洋经济技术分会、中国海洋学会老科学家工作委员会精心组织专家、学者进行调研和编撰。最后必须指出，中国科学技术协会在众多学会的学科报告编写申请中，选择支持中国海洋学会，充分体现了中国科协对我国海洋事业发展的高度重视，对中国海洋学会的充分信任。中国科协学会学术部更是在报告编写过程中给予我们热情及时的指导帮助。这些都极大地鼓励了编写组的工作热情，有力增强了编写组完成报告编写工作的自信心和责任心。

本学会在组织编写《2014—2015海洋科学学科发展报告》过程中得到相关单位与专家的大力支持和倾情帮助，我们会铭记于心。希望学会今后的工作继续得到广大专家学者和研究单位的配合支持和关心指导，不断提升中国海洋学会的学术影响力和社会关注度，努力把中国海洋学会办成国内外有较大影响的海洋学术社团，为把我国早日建成海洋强国不断做出新的更大的贡献。

中国海洋学会

2015年10月